Santé : urgence

sous la direction de

Pr André Grimaldi et Frédéric Pierru

Santé : urgence

Odile Jacob

15, rue Soufflot, 75005 Paris

www.odilejacob.fr

ISBN : 978-2-7381-5183-4

« Il est vrai qu'avoir trop de certitudes est toujours dangereux, il est bon néanmoins, pour tenir le coup, d'avoir quelques convictions. »

Régis DEBRAY, *Du génie français*

Avant-propos

En 2000, l'Organisation mondiale de la santé (OMS) décernait à la France la première place de son classement des systèmes de santé. Les critères, multiples, choisis pour le classement prêtèrent à discussion, reste que cette première place était symboliquement forte et source de fierté. Seulement, voilà, depuis nous ne cessons de reculer dans les classements internationaux. Et la santé a fait son entrée dans le débat public national, non sur le registre des grandes avancées médicales ou de l'excellence du système de soins, mais sur celui des crises : crise des « déserts médicaux », crise du manque de médecins traitants, crise de la sélection des étudiants en médecine, crise des urgences, crise de l'hôpital, crise des EHPAD, crise des infirmiers et des aides-soignants, crise du médicament. Jusqu'à présent, la santé était restée un thème marginal des confrontations de programme lors des élections présidentielles. On a bien eu droit à des controverses sur les « franchises médicales » entre Ségolène Royal et Nicolas Sarkozy, à des polémiques sur la « gouvernance hospitalière » – hôpital-entreprise *versus* service public hospitalier – entre Nicolas Sarkozy et François Hollande, ou encore à un bref échange sur la place des assurances complémentaires par rapport à la Sécurité sociale entre François Fillon et Alain Juppé, mais cela restait marginal et n'entamait pas le consensus national fort sur la santé. Cette fois, pour les présidentielles de 2022, on ne devrait pas échapper à un débat tendu impliquant les citoyens sur les maladies dont souffre notre système de santé, leurs causes et leurs traitements.

Notre système de santé connaît en effet une double crise : crise de financement et crise d'organisation.

À la suite de la crise financière mondiale de 2008, le système de santé a été mis à un régime de rigueur. En se prolongeant, la rigueur s'est transformée en austérité, puis l'austérité en pénurie. Et comme il est très difficile de contraindre les dépenses de ville dépendant d'un accord entre l'assurance-maladie et les syndicats des professionnels de santé libéraux, c'est l'hôpital, sur lequel l'État a la main, qui a servi de volant de régulation. Il a été progressivement étranglé : en dix ans, on a supprimé 70 000 lits et on lui a imposé 8 milliards d'économie. Aujourd'hui, l'hôpital est à l'os. Il n'est plus attractif. Des médecins et des infirmiers le quittent. Des lits sont fermés par manque de personnel, y compris dans des services de réanimation pédiatrique. Des nourrissons atteints de bronchiolite doivent être transférés à plus de 200 kilomètres de Paris en ambulances, faute de place en Île-de-France. La maman suit le bébé, le papa se débrouillera pour garder le petit frère ou la petite sœur. On en est là ! La ministre de la Santé et le Premier ministre ont été contraints d'élaborer en catastrophe un plan pour l'hôpital, après deux plans consécutifs pour les urgences hospitalières et un grand plan de réforme du système tout entier, « Ma santé 2022 », présenté en septembre 2018 par le Président lui-même. Les plans se succèdent mais, faute de moyens, ils finissent par ressembler à des plans com' !

Cette crise du financement se double d'une crise d'organisation. En effet, notre système, qui restait jusqu'ici très performant pour le traitement des maladies aiguës bénignes et les gestes techniques simples et pour la prise en charge des maladies aiguës graves ou les gestes techniques complexes, est profondément inadapté aux demandes nouvelles, qu'il s'agisse de la demande de consultations sans rendez-vous ou du traitement et de la prévention des maladies chroniques qui touchent 20 millions de personnes. Ces demandes nouvelles nécessitent un travail en équipe pluriprofessionnelle entre médecins, infirmiers et paramédicaux, une collaboration entre professionnels de santé et travailleurs sociaux, une coordination entre la médecine de ville, les EHPAD, les centres de soins de suite et les hôpitaux. Ni la vieille médecine libérale avec son travail solitaire en cabinet, son paiement à l'acte, ses consultations courtes et ses longs délais de rendez-vous, ni l'hôpital-entreprise postmoderne avec sa tarification à l'activité (T2A), ses séjours à la chaîne et son néomanagement ne sont adaptés. Les urgences hospitalières sont au carrefour de ces deux crises : crise de l'amont expliquant que 50 % des patients consultant aux urgences pourraient être vus en ville, crise de l'aval expliquant que les patients passent des heures aux urgences allongés sur des brancards faute de lits libres dans les services spécialisés correspondant à leur pathologie.

Comment en est-on arrivé là ? Certes au tournant des années 1980-1990, le néolibéralisme a fait croire que toutes les activités humaines pouvaient être mesurées, quantifiées et valorisées et que la concurrence libre et non faussée était la condition nécessaire et suffisante pour obtenir la qualité au plus bas coût. En santé, c'est l'inverse qui est vrai, en raison notamment de l'asymétrie avant tout émotionnelle entre le patient et le prescripteur, asymétrie dont le médecin prête serment de ne pas abuser. Et aussi parce que la demande d'examens complémentaires exprimée par le patient inquiet, la peur du médecin de « passer à côté » de quelque chose de sérieux, la logique inflationniste du paiement à l'acte et de la T2A, tout pousse à une médecine prescriptive. Au moins 20 % des actes et des prescriptions seraient injustifiés. À la vulgate mondialisée sur les bienfaits de la concurrence sur le marché est venue s'ajouter une particularité française historique, l'allergie, pour ne pas dire plus, des médecins français à l'égard de la santé publique censée favoriser la mainmise de l'État.

Aujourd'hui les big data, l'intelligence artificielle et les nouvelles techniques de communication réveillent l'illusion d'une « médecine industrielle » où la technologie réglerait tous les problèmes et où le médecin devrait laisser la place au technicien ou à l'ingénieur. On nous promet que l'algorithme remplacera la démarche diagnostique, comme le robot remplacera le bistouri. Mais tant qu'il existera des maladies chroniques que l'on ne sait pas guérir, le problème numéro 1 de leur traitement restera la difficulté pour les patients d'adopter de nouveaux comportements et de les maintenir dans la durée. L'observance n'est en moyenne que de 50 %. Les conséquences de la non-observance pour les patients sont majeures en termes de complications, de handicaps et de mortalité, et le coût pour la société se chiffre en dizaines de milliards. L'amélioration de l'observance passe par le développement d'une médecine centrée non plus sur la maladie mais sur la personne malade, pleinement informée et participant aux décisions sur sa santé. Quant à la prévention, elle relève non seulement de changements de comportements individuels et collectifs, mais plus largement d'une politique environnementale dépassant le champ du ministère de la Santé. C'est en réalité une autre médecine qu'il faut développer [1]. Il est plus que temps de passer d'un système de soins à un système de santé développant la prévention et se préoccupant des déterminants sociaux de la santé.

Il faut donc tout repenser et mettre en œuvre la troisième révolution qu'appelait déjà de ses vœux en 1973 Robert Debré, l'architecte de la deuxième révolution, la réforme de 1958, créant les centres hospitalo-universitaires (CHU) à l'origine de l'hôpital moderne et performant pour tous. Grand progrès venu après la première grande révolution : la création, en 1945, de la Sécurité sociale qui visait à assurer l'égalité de toutes et tous face à la maladie et à la mort, grâce à l'instauration d'une solidarité interprofessionnelle à l'échelle nationale. Au sortir de la guerre, la santé apparaissait comme un bien commun ne devant être ni privatisé ni étatisé. Depuis, l'évolution s'est faite à l'inverse vers plus d'étatisation et plus de privatisation. La troisième révolution de la santé, propulsée par les progrès constants des sciences et des techniques, devra donc se faire sur les valeurs du passé parce qu'une médecine égalitaire et solidaire est la garantie de la meilleure qualité des soins pour chacun.

Ce livre rassemble les analyses de différents experts, médecins, paramédicaux, patients, sociologues, politistes, économistes, géographes, présentant les bases d'un programme pour une vraie politique de santé en rupture avec la vision qui domine depuis plus de dix ans associant contrainte budgétaire et management entrepreneurial. La mise en œuvre d'une telle politique suppose le développement d'une authentique démocratie sanitaire. La démocratie représentative tend à se réduire dans notre pays à l'élection tous les cinq ans d'un président de la République, au terme d'une campagne où les enjeux de santé sont absents ou réduits à la portion congrue.

La santé est une affaire trop importante pour être confiée seulement à des experts non élus et à des élus sans expertise et sans mandat. La santé doit être l'affaire de toutes et de tous comme l'avaient voulu les pères fondateurs de la Sécurité sociale.

André GRIMALDI, Frédéric PIERRU

RÉFÉRENCE

[1] A. Grimaldi *et al.*, *Les Maladies chroniques. Vers la troisième médecine*, Paris, Odile Jacob, 2017.

PREMIÈRE PARTIE

La médecine du futur peut-elle répondre à la crise ?

Au tournant du siècle, sur la base des progrès biotechnologiques de la médecine, se sont développés les concepts de « médecine industrielle » et de « médecin ingénieur ». L'idée, imprégnée d'un scientisme positiviste, était que, grâce à la génétique, on pourrait tout prédire, grâce à la thérapie génétique, on pourrait tout prévenir ou tout corriger, grâce à la robotique chirurgicale et à la tolérance immunitaire, on pourrait tout remplacer ou tout greffer, grâce à l'informatique, à la miniaturisation et à l'intelligence artificielle, on pourrait multiplier les organes artificiels et, enfin, grâce aux nanotechnologies, on pourrait réaliser des « frappes de précision » moléculaire… Cette philosophie – car c'est bien une philosophie, même si elle se présente sous les atours du réductionnisme scientiste – ne prétend pas seulement diminuer la variabilité et l'imprévisibilité du développement du vivant en rapport avec son environnement, elle réduit l'être humain, au mieux, à sa biologie ou, au pire, elle le voue à un destin de machine (le « cyborg » des transhumanistes les plus illuminés). Ses promoteurs n'hésitent d'ailleurs pas à comparer la médecine à l'industrie automobile ou aéronautique. La « médecine personnalisée » ou « médecine des 4P » (prédictive, préventive, personnalisée, participative) est le dernier slogan en date produit par les hérauts de l'innovation biotechnologique. Or, nous allons le voir, celle-ci est tout sauf une médecine de la personne. Elle vise, en effet, à adapter les traitements aux particularités cliniques ou génétiques des maladies ainsi qu'aux variabilités individuelles de réponse aux médicaments. Mais elle ne prend absolument pas en compte l'ensemble des dimensions de la personne, en particulier psychologiques et sociales, déterminant ses représentations et ses comportements. Soit la définition « ordinaire » de la notion de « personne » !

Or le grand paradoxe des progrès de la médecine et du développement technologique de la société réside dans l'épidémie des maladies chroniques, maladies que l'on ne sait toujours pas guérir mais que l'on soigne de mieux en mieux. Et le traitement de ces maladies liées au vieillissement et aux changements de l'environnement suppose la participation active des patients amenés à changer leurs anciens comportements et en adopter de nouveaux. Il leur faut donc apprendre à vivre avec. Et si cela s'apprend seul, cela ne s'apprend pas tout seul. Cette médecine de la prévention et du traitement des maladies chroniques est bien une autre médecine, la médecine de la personne qui se pratique en équipe médicale, paramédicale et sociale, faisant du patient et de ses aidants des partenaires. La conception moderne de l'hôpital-entreprise payé à l'activité comme la pratique ancienne de la médecine libérale rémunérée à l'acte sont en échec face aux défis des maladies chroniques.

Les progressistes postmodernistes communient autour du culte de l'innovation, restreinte à sa seule dimension biotechnologique et qui, de surcroît, serait forcément synonyme de « progrès ». Le progrès ne saurait se résumer à la technologie : faire face au défi des maladies chroniques suppose d'abord d'inventer de nouvelles formes, plus collectives et transversales, d'organisation et de division du travail entre soignants, mais aussi entre soignants et patients.

1

Le grand défi du XXIe siècle

André Grimaldi, Thomas Papo, Frédéric Pierru

En 2011, l'assemblée générale de l'ONU déclare : « Nous, chefs d'État et de gouvernement… reconnaissons que les maladies non transmissibles constituent à l'échelle mondiale l'un des principaux défis pour le développement du XXIe siècle, en ce qu'il vient remettre en cause le développement social et économique dans le monde entier… »

Chaque année, les maladies chroniques sont responsables de 41 millions de décès dont 80 % dans les pays à revenu faible ou intermédiaire. Tous les pays sont concernés. En France, en 2017, selon le rapport publié par Santé publique France, 175 000 décès, soit 30 % environ de la mortalité totale, sont dus aux maladies chroniques. Vingt millions de personnes ont une maladie chronique ou un facteur de risque cardio-vasculaire et 10 millions d'entre elles sont prises en charge à 100 % par la Sécurité sociale au titre des affections de longue durée (ALD). La progression des patients inscrits en ALD de 2 à 3 % par an s'explique pour deux tiers par des raisons démographiques (augmentation de la population et de son vieillissement et accroissement de l'espérance de vie des patients) et pour un tiers par l'augmentation de l'incidence des maladies chroniques, c'est-à-dire par un « effet épidémiologique ».

La Sécurité sociale estime par exemple qu'entre 2015 et 2020 elle devrait enregistrer 600 000 nouvelles prises en charge à 100 % au titre des ALD pour les maladies cardio-vasculaires (400 000 en raison de la démographie et 200 000 en raison de l'effet épidémiologique) et 450 000 nouvelles prises en charge pour le diabète (300 000 en raison de la démographie et 150 000 en raison de l'effet épidémiologique).

Huit défis principaux sont posés par cette « épidémie ». Ils doivent être relevés conjointement.

Le coût

Seize pour cent des assurés en ALD utilisent 67 % des dépenses de la Sécurité sociale, laquelle rembourse bien les maladies graves et chroniques ainsi que les hospitalisations. En revanche, les soins courants ne sont plus remboursés par la Sécurité sociale qu'à 50 %, voire moins, au risque de provoquer à terme une rupture du consentement à la solidarité entre les biens portants et les malades, entre les jeunes et les moins jeunes. Pourtant, le surcoût dû aux ALD n'était en 2016 que de 13 milliards d'euros, les 77 autres milliards correspondant à ce que coûteraient ces patients si le dispositif des ALD n'existait pas. Si la dépense annuelle par patient est de 6 300 euros pour les patients bénéficiant de l'ALD contre 1 800 euros pour les patients hors ALD, il faut néanmoins rappeler que le reste à la charge des patients (RAC) payé directement de leur poche ou indirectement par l'intermédiaire d'une mutuelle est en moyenne de 752 euros pour les patients bénéficiaires de l'ALD (dépassements d'honoraires, forfaits hospitaliers, chambre seule, prix de dispositifs supérieur au tarif remboursé...) contre 673 pour les personnes hors ALD.

Rappelons aussi que plusieurs études à la méthodologie rigoureuse ont montré que la gratuité des traitements médicamenteux, lors des maladies chroniques évolutives comme l'insuffisance coronaire ou le diabète, s'accompagne d'une amélioration significative de l'observance des patients et diminue en conséquence la survenue des complications. *In fine* la gratuité du traitement coûte plutôt moins cher à l'assureur. La prise en charge à 100 % n'est donc pas seulement la marque de la solidarité avec les personnes atteintes de maladies chroniques, c'est aussi l'intérêt bien compris de la collectivité.

La prévention

L'épidémie des maladies chroniques s'explique d'abord par le vieillissement de la population, l'âge étant le premier facteur de risque de survenue de maladies « dégénératives » qu'il s'agisse des cancers ou des maladies cardio-vasculaires, rhumatologiques, métaboliques, neurologiques. Mais l'environnement joue également un rôle essentiel. C'est lui qui explique l'épidémie d'obésité et de diabète de type 2, l'augmentation des dépressions et des addictions au point que l'espérance de vie aux États-Unis diminue à cause des complications de l'obésité et des décès par overdose. Les différents facteurs environnementaux (sédentarité, nutrition, tabac, alcool, pollution, perturbateurs endocriniens, médicaments...) sont regroupés sous le terme « exposome » dont l'effet est à la fois sommatif, cumulatif et potentiellement transmissible aux générations suivantes par un effet dit « épigénétique », c'est-à-dire par une modification de l'expression des gènes. La prévention ne se limite donc pas aux modifications de comportements individuels et à une action sur leurs déterminants sociaux, elle suppose une politique environnementale globale dépassant largement les frontières du ministère de la Santé. Or en matière de mortalité prématurée (avant 65 ans) évitable grâce à la prévention (accidents de la voie publique, suicides, alcoolisme, tabagisme, infections...), nous sommes historiquement mal placés parmi les pays européens, 19e pour les hommes et 13e pour les femmes, alors que nous sommes au tout premier rang pour la mortalité évitable grâce au système de soins. Nous avons en effet construit un système centré sur le soin individuel plus qu'un système de santé prenant en compte la prévention dans toutes ses dimensions, personnelles et collectives.

Les inégalités sociales et territoriales de santé

Les inégalités sociales sont à la fois financières, culturelles et territoriales. Elles concernent l'incidence des maladies (obésité, diabète, maladies cardio-vasculaires et cancers sont plus fréquents dans les populations socialement défavorisées) mais aussi l'accès à des traitements de qualité. Le renoncement aux soins pour des raisons financières, en moyenne de 15 %, varie en réalité de 0 à 45 % en fonction du score de précarité. Une étude récente de l'association Renaloo a montré que le délai entre le diagnostic d'insuffisance rénale et le traitement de suppléance variait avec le niveau d'études des patients, de même d'ailleurs que le taux d'inscription sur la liste de greffe rénale. Les personnes les moins éduquées arrivent plus vite en dialyse et bénéficient moins souvent d'une greffe de rein.

La recherche

Les maladies chroniques que l'on sait de mieux en mieux soigner, mais qu'on ne sait pas encore guérir, sont évidemment un défi pour la recherche. En effet, le progrès médical continu change l'évolution des pathologies, bouleverse la pratique médicale et modifie les métiers de la santé. L'ulcère gastroduodénal, la moitié des cancers, l'hépatite C se guérissent. La leucémie myéloïde chronique entre en rémission complète grâce à un médicament ciblant l'anomalie moléculaire à l'origine de la prolifération cancéreuse des globules blancs fabriqués dans la moelle osseuse. Le sida, maladie infectieuse subaiguë mortelle, est devenu une maladie chronique à partir de 1996 grâce à la trithérapie. Certains cancers sont en train de devenir des maladies chroniques, grâce au progrès de l'immunothérapie et des traitements ciblés sur les anomalies moléculaires tumorales.

Les progrès de la médecine permettent aussi de changer de maladies. Grâce à une transplantation d'organe, le patient n'a plus une insuffisance rénale terminale, une insuffisance cardiaque ou pulmonaire ou hépatique sévères engageant le pronostic vital, mais il devient immunodéprimé, devant suivre à vie un traitement antirejet qui augmente le risque d'infections et de cancers. De même, grâce à la chirurgie dite « bariatrique » réduisant ou court-circuitant l'estomac, le patient atteint d'obésité morbide ou sévère peut perdre 30 ou 40 kilos et voir son diabète entrer en rémission prolongée, mais il troque sa maladie métabolique pour une « maladie » digestive nécessitant la prise continue de vitamines et un suivi médical régulier.

Enfin le diabète insulinodépendant (de type 1), maladie décrite en 1500 avant Jésus-Christ dans un papyrus égyptien, subaiguë et mortelle, est devenu une maladie chronique à partir de 1922, date où un premier enfant fut traité par injections d'insuline. Le développement des pompes à insuline et des lecteurs en continu de la glycémie, la mise sur le marché prochainement d'un pancréas artificiel semi-automatique renvoient progressivement au musée de la médecine, la seringue à insuline qui fut pendant près d'un siècle l'emblème de la diabétologie. L'intelligence artificielle laisse espérer raisonnablement pour les prochaines années un pancréas artificiel automatique qui « guérira » les patients et, dans le même temps, changera la fonction des diabétologues qui devront se consacrer essentiellement au diabète de type 2...

L'organisation de la médecine de premier recours

Si tous les assurés doivent avoir un médecin traitant pour réaliser les soins courants et assurer leur pilotage dans le système de santé, le suivi des patients atteints de maladies chroniques fréquentes (diabète de type 2, obésité, hypertension, maladies cardiovasculaires, asthme, insuffisance respiratoire chronique, dépressions, détérioration des fonctions cognitives...) relève en première ligne des médecins généralistes. Ce suivi incluant l'éducation thérapeutique du patient et de son entourage, impliquant souvent un soutien psychologique et nécessitant si besoin une aide sociale, ne peut être assuré par un médecin travaillant seul. Il suppose un travail en équipe. C'est ce que réalisent ou devraient réaliser les 600 centres de santé et les 1 200 maisons de santé pluriprofessionnelles regroupant médecins, infirmiers et paramédicaux (kinés, pédicures-podologues...). La médecine moderne s'exerce en effet en équipe. Il ne s'agit pas seulement de mutualiser des locaux et un secrétariat pour diminuer les frais de fonctionnement, mais d'un véritable travail d'équipe. Pour mériter son nom, un tel travail suppose un dossier médical partagé, la discussion collective des dossiers complexes, le suivi de formations communes, l'organisation de consultations sans rendez-vous effectuées en binôme (l'un voit les personnes médicalement prioritaires pendant que l'autre consulte les patients en fonction de leur ordre d'arrivée), la mise en place de protocoles d'évaluations des pratiques ou de recherche clinique, et autant que possible la participation à l'enseignement des étudiants en médecine et/ou en soins infirmiers. Cette équipe de premier recours doit tisser des liens structurels avec les autres praticiens du premier recours exerçant sur le territoire, en particulier avec les pharmaciens et les travailleurs sociaux. Mais aussi avec les médecins spécialistes, praticiens du deuxième recours installés en ville ou à l'hôpital, voire avec les équipes hospitalières référentes de troisième recours. C'est en effet au médecin traitant que revient la mission de piloter « son » patient dans le système de santé. Il doit donc disposer de correspondants dans chaque spécialité dont il connaît la compétence et les modalités d'exercice et qu'il peut joindre facilement par téléphone portable. Jamais une « plateforme » ou un « booking.com » de la santé ne remplacera le médecin traitant. Parmi les critères de qualité d'un médecin de premier recours figurent donc ses liens avec le deuxième recours. Face à un problème médical non urgent, la réponse des professionnels du premier recours ne devrait plus être, comme c'est souvent le cas aujourd'hui, « Allez aux urgences ! ». Le patient atteint d'une maladie chronique rare ou grave ou au traitement complexe, ou bien le patient souffrant de polypathologies, doit non seulement avoir un médecin traitant pour les soins courants, mais il doit aussi avoir un, voire plusieurs médecins spécialistes référents. Il est alors essentiel que chacun délimite son champ d'intervention, informe tous les intervenants de ses propositions ou de ses décisions et accepte le rôle de coordonnateur du médecin généraliste traitant, véritable chef d'orchestre. Reste la question fondamentale des modalités de rémunération. Il faudrait distinguer les financements de la structure, des équipements et des assurances professionnelles, qui pourraient être couverts au moins en partie par la Sécurité sociale, du mode de rémunération de l'activité de soin. Le paiement à l'acte auquel restent attachés la plupart des syndicats des médecins libéraux conduit à multiplier les actes et les prescriptions indépendamment des besoins réels des patients. La prise en charge des patients atteints de maladies chroniques devrait être rémunérée par une dotation globale, fonction du nombre de patients suivis ou par capitation (dotation annuelle par patient). Mieux vaut un forfait de 200 euros par an avec un cahier des charges à respecter pour le suivi d'un patient diabétique de type 2 et une fréquence de consultations adaptée aux besoins du patient que huit consultations par an chez le médecin généraliste durant quinze minutes et payées 25 euros chacune. Si on ajoute les quinze ou vingt minutes habituellement passées en salle d'attente, cela fait beaucoup de temps perdu chaque année pour le patient et pour le praticien. De plus, l'insatisfaction/culpabilisation du médecin pousse à la surprescription d'examens ou de médicaments, histoire que le patient ne soit pas venu seulement pour renouveler l'ordonnance !

Les nouveaux métiers de la santé

Le développement des maladies chroniques, nécessitant un travail en équipe et une coordination des intervenants, modifie profondément les routines et identités professionnelles. Cela fait des années que des infirmiers spécialisés en diabétologie ayant souvent suivi des formations spécialisées participent à l'éducation thérapeutique des patients, adaptent avec eux leur traitement, assurent leur suivi en consultation face à face ou par « télémédecine ». Ils le font en liaison avec les médecins hospitaliers et les autres personnels paramédicaux, mais à ce jour sans reconnaissance d'un statut d'infirmier clinicien et sans aucune valorisation. Il est grand temps de reconnaître ce statut d'infirmier clinicien coordinateur, spécialisé à l'hôpital et généraliste en ville. Des premiers pas ont été faits dans ce sens. Quant au « parcours de soins », terme vidé de sens à force d'être invoqué à tout propos, il doit être coordonné par le patient lui-même ou par un aidant de son entourage, ou par le médecin traitant ou surtout par un infirmier coordinateur. Tout dépend des besoins et des possibilités du patient. Ce « parcours » doit dans tous les cas rester individualisé et ne pas se transformer en chaîne standardisée sous l'autorité normative du financeur, qu'il s'agisse de la Sécurité sociale ou des assurances privées dites « complémentaires ».

Le plan gouvernemental « Ma santé 2022 » prévoit de créer quatre mille postes d'assistants médicaux, sorte de « supersecrétaire » en charge des tâches administratives et de préparation de la consultation médicale. Censés libérés du temps médical, leur fonction, leur rémunération et leurs conditions d'attribution font débat. Parmi les autres nouveaux métiers de la médecine en équipe, on peut citer également le médiateur socioculturel, en particulier pour la médecine communautaire, et l'art-thérapeute intégrés à une ou plusieurs équipes de soins.

Le « patient expert »

Le qualificatif a fait florès et fait désormais partie du politiquement correct. Mais pour savoir de quoi on parle, mieux vaut partir des missions réellement dévolues à ces patients.

• Il peut s'agir de *patients aidants* intervenant au sein d'associations et sous leur responsabilité. Ils peuvent aider des patients novices ou en difficulté. Ils peuvent participer à des comités de recherche souvent mixtes regroupant professionnels et patients. Ils peuvent apporter à des équipes soignantes leurs compétences dans divers domaines : sorties organisées, randonnées, conférences, droit, informatique, confections d'outils pédagogiques pour l'éducation thérapeutique…

• Il peut s'agir de *patients enseignants* recrutés par les facultés pour intervenir auprès de professionnels ou d'étudiants sur la relation médecin/malade.

• Il peut s'agir de *patients représentants des usagers* intervenant dans les différentes instances du système de santé : hôpitaux, Haute Autorité de santé (HAS), Caisse nationale de l'assurance-maladie (Cnam), Agence nationale de sécurité médicale (ANSM), agences régionales de santé (ARS)… Encore faut-il qu'ils aient acquis une formation spécifique et n'y servent pas de simples cautions. Toutes ces activités, qui nécessitent une compétence et si nécessaire une formation, peuvent justifier une rémunération ou un dédommagement.

• Quant au *« patient ressource »* au sein de l'équipe soignante, il peut apporter une aide importante au processus de résilience des patients. Cela suppose qu'il ait connu des difficultés semblables à celles du patient, qu'il ait pu les surmonter et su en prendre distance, qu'il soit apte à une écoute empathique et qu'il ait du temps à consacrer dans la durée, y compris après la sortie du patient de l'hôpital. Il faut en conséquence que le « patient ressource » bénéficie d'une « supervision » au sein de l'équipe de soins. Cette aide à la résilience ne peut être qu'individualisée. Elle ne saurait être bonne pour toutes et pour tous et elle ne saurait donner lieu à rémunération. C'est celle qui est pratiquée notamment pour des patients alcooliques dans le service d'addictologie de l'hôpital Bichat.

• Cette pratique est différente de celle du « *patient expert* » conçu comme un nouveau professionnel de santé au même titre que l'infirmier, le psychologue ou le médecin, expert bon pour tous les patients, voire pour toutes les maladies chroniques. Cette vision postmoderne pose de nombreuses questions et suscitera immanquablement la désillusion faute de réponse : quels champs de compétences ? Quels prérequis ? Faut-il être patient ou peut-on être seulement « proche parent ou ami d'un patient » ? Faut-il être « observant », sorte de patient modèle, ou, mieux, ancien non-observant « repenti » ? Quelle formation en médecine, en psychologie et en communication ? Quelle sélection ? Quel jury ? Y aura-t-il des reçus et des collés ? Quels débouchés ? Quel statut : CDI, CDD, intérimaire, autoentrepreneur ? Quel salaire ?

Que des patients veuillent, à un moment de leur vie, faire de leur maladie une part importante de leur identité, qu'ils aient envie de soigner les autres pour se soigner eux-mêmes, qu'ils s'engagent dans un combat pour améliorer le système de santé, on peut le comprendre et s'en féliciter, mais il serait naïf de croire que les associations de patients sont à l'abri des querelles de pouvoirs, des ambitions personnelles, des conflits d'intérêts et des jeux politiciens. La démocratie sanitaire en développement n'échappe pas à l'exigence moderne de transparence.

Reste que la règle éthique fondamentale pour les soignants est qu'un malade n'est jamais réductible à sa maladie : ce n'est pas un « porteur de maladie », c'est une personne.

D'ailleurs à qui s'adresse ce qualificatif d'« expert » aujourd'hui attribué à tous les postulants après une courte formation de quarante heures ? Aux autres patients ? Ce serait quelque peu arrogant et bien peu empathique. Non, ce qualificatif s'adresse d'abord aux médecins et ensuite aux autorités de santé. Il dit aux médecins « vous êtes expert de la maladie, nous sommes experts du vécu avec la maladie », comme si le vécu n'était pas singulier mais était le même pour tous, autorisant le « patient expert » à parler au nom de tous les patients. Et comme si les médecins, à part quelques rares exceptions, étaient inaptes à une empathie authentique permettant de comprendre ce que vit l'autre sans le vivre soi-même. Paradoxalement, certains défenseurs du concept de « patients experts » se retrouvent ainsi d'accord avec ceux qui pensent que le médecin n'est qu'un technicien ou un ingénieur, en tout cas un simple « prestataire de services » auquel « on demande seulement un maximum de compétence et un minimum de politesse ». *Exit* l'asymétrie spécifique de la relation médecin/malade. Mais en réduisant le médecin à un prestataire, on réduit le patient à un client, au mieux à un « consommateur éclairé » faisant son choix sur le marché de la santé face à une offre standardisée selon des normes définies par les financeurs. Il deviendrait alors urgent de remplacer le Code de déontologie par le Code de commerce.

La qualité

Les maladies chroniques dont les traitements sont en perpétuelle évolution, au rythme des résultats des études scientifiques, posent aussi la question de la qualité des soins. La qualité ne saurait être pour les soignants une option, une sorte de plus facultatif, c'est une exigence des malades et donc un devoir des médecins. Ces derniers prêtent d'ailleurs serment de le respecter en s'engageant à mettre à jour leurs connaissances, à ne pas outrepasser leur compétence, à assurer la pertinence de leurs prescriptions et de leurs actes. La qualité relève donc théoriquement de la « motivation intrinsèque » du professionnel, indépendamment de toute contrepartie ou de « facteur de motivation extrinsèque ». Parmi ces facteurs de motivation extrinsèque on peut noter le statut social du patient (voire un VIP) ou l'importance de ses recommandations, les liens affectifs ou communautaires éventuels du médecin avec le patient, le dépassement d'honoraires, les dons ou les services reçus en remerciements des « bons soins » dispensés... Le médecin doit la même qualité à tous ses patients. Reste qu'en pratique la qualité des soins est très inégale d'un établissement à l'autre et d'un praticien à l'autre. L'amélioration de la qualité devrait reposer sur le sextuor suivant :

1. Une formation théorique et pratique, continue tout au long de la vie professionnelle, ce qui faisait dire au Pr Bernard Grenier : « Ce qui est dur en médecine, ce sont les quatre-vingts premières années, mais après cela va tout seul. »

2. Une pratique suffisante. Comme pour les sportifs de haut niveau et pour les musiciens professionnels, les soignants ne font bien que ce qu'ils font souvent même si chaque nouveau patient est un cas singulier. Dans les cas complexes, on entend d'ailleurs souvent le médecin dire : « Ça me rappelle le cas de M. X... ou de Mme Y... » Gageons que le traitement des big data par l'intelligence artificielle permettra de dépasser bientôt l'expérience du praticien, de même que le robot dépassera la main du chirurgien. Nous n'en sommes pas encore là.

3. Le travail en équipe avec des personnels en nombre suffisant et stable ayant l'habitude de travailler ensemble. Hélas, à ce jour, il n'y a de quotas impératifs de personnels que pour quelques spécialités comme la réanimation.

4. La pratique de l'éducation thérapeutique et de la codécision ou décision médicale partagée avec le patient.

5. Une coordination structurée avec les professionnels intervenant en amont et en aval dans « le parcours de soins ». C'est-à-dire avec une communication aisée (téléphone portable, mail...), des protocoles de soins élaborés en commun, des infirmiers coordinateurs, voire des professionnels salariés (médecins et paramédicaux) partagés entre l'hôpital et la ville.

6. Une évaluation à plusieurs niveaux : analyse collective des difficultés et des échecs, autoévaluation, évaluations comparatives ciblées entre équipes ayant une activité comparable, évaluation par les professionnels de santé correspondants, évaluation par les patients et leurs associations, enfin, évaluation standardisée institutionnelle.

Pour dépasser le simple relevé du degré de satisfaction, l'évaluation doit porter sur des indicateurs avec un double risque bien connu : induire une sélection des patients si l'indicateur porte sur les résultats (les malades pas trop malades et pas trop pauvres ont souvent de meilleurs résultats que les malades très malades et précaires) et développer des comportements opportunistes visant à soigner l'indicateur plutôt que le patient, si l'indicateur porte sur les procédures (verser le produit hydroalcoolique dans l'évier améliore le score ICALIN pour les infections nosocomiales !). Il faut donc des indicateurs multiples portant à la fois sur les moyens, les procédures et les résultats, en évitant de construire des usines à gaz. Surtout, il ne faut pas que ces indicateurs donnent lieu à un financement, au risque de voir la motivation intrinsèque liée à l'éthique professionnelle relativisée par la motivation extrinsèque suscitée par l'appât du gain (du moins si celui-ci est jugé suffisamment attractif). Rémunérer le respect d'un serment, c'est dégrader la valeur du serment. De plus le financement de la qualité pose une série de questions : qui payer ? Les « bons », pour les féliciter ? Ou les « mauvais », pour qu'ils s'améliorent ? Ou ceux qui progressent, pour les récompenser de leurs efforts ? Mais alors, à partir de quel seuil de progression ? Faut-il payer les personnes individuellement ou les équipes ou les établissements, ou les trois ? Quel doit être le montant du financement ? S'il est faible, on risque d'envoyer le message que la qualité, ça ne vaut pas grand-chose. Inversement, s'il est important, on risque de pénaliser ceux qui ne toucheront pas la prime dans la mesure où, le « gâteau » n'étant pas extensible, les sommes que l'on donnera aux uns, on les enlèvera automatiquement aux autres.

Pourquoi faut-il que la France s'engage sur la voie du paiement à la qualité près de quinze ans après les Anglais et les Américains, au moment même où ces derniers tirent un bilan d'échec du « *pay for performance* » (P4P) ? Parmi les facteurs extrinsèques de motivation classiques – argent, pouvoir, notoriété –, c'est évidemment la notoriété, à laquelle les médecins sont très sensibles, qu'il faut utiliser. Les évaluations et les mesures d'amélioration de la qualité décidées devraient être rendues publiques, libre ensuite aux journalistes, aux associations de patients, aux assureurs d'établir des classements à condition d'exposer leur méthodologie et de révéler leurs conflits d'intérêts éventuels. Le rôle de l'État n'est pas de classer, mais d'assurer la sécurité ou de prendre des décisions de fermeture ou d'interdiction, de répartir les moyens sur le territoire et de s'assurer que dans tous les établissements de santé le « sextuor » de la qualité est mis en œuvre.

La liste des défis posés par les maladies chroniques peut être allongée : la pratique et le financement de la télémédecine, la formation des étudiants et donc les critères de recrutement des enseignants... Cependant, l'approche multidimensionnelle et la résolution volontariste des « défis » risquent de passer à côté de l'enjeu majeur.

L'individualisation d'une troisième médecine

À côté de la première médecine, celle des maladies aiguës bénignes et des gestes techniques simples qui relèvent de la médecine extrahospitalière, et de la deuxième médecine, celle des maladies aiguës graves et des gestes techniques complexes nécessitant une prise en charge hospitalière, cette troisième médecine se caractérise par la nécessité pour les patients ou les personnes à risque d'adopter dans la durée de nouveaux comportements. D'où l'importance du problème de l'observance des traitements (médicamenteux et non médicamenteux) évaluée en moyenne à moins de 50 % avec cependant des disparités très importantes pouvant aller de 30 à 80 %, selon les pathologies et selon les études. Les obstacles à l'observance sont de trois ordres :

1. *Sociaux* : financiers, territoriaux, culturels. Les facteurs culturels déterminent largement les représentations de la santé, de la maladie et des traitements.

2. *Relationnels* : il ne saurait s'agir en effet d'une obéissance à des ordres comme dans l'armée ou à des règles comme dans les religions. Il s'agit d'appliquer une décision prise en commun après informations réciproques, aide à l'évaluation du rapport entre le bénéfice attendu et les conséquences éventuelles sur la qualité de vie du patient, si besoin après « négociation » et finalement « codécision ». Le concept d'observance devrait être remplacé par celui d'« auto-observance ».

3. *Psychologiques* : l'auto-inobservance devient un défi à la raison. Il sait, il sait faire, il est d'accord pour faire et pourtant il ne fait pas ou pas tout. Parfois même il ne fait quasiment rien, voire rien du tout !

C'est le cas assez typique de médecins très compétents, eux-mêmes malades de la maladie dont ils sont spécialistes. Chaque médecin face à un malade inobservant devrait se rappeler qu'il n'est pas sûr que s'il était à la place de son patient il ferait mieux que lui, tout en gardant la conviction qu'il peut l'aider à faire mieux, car, comme le dit Paul Valéry, « l'homme seul est toujours en mauvaise compagnie ». La difficulté particulière pour les médecins-malades est justement d'avoir l'humilité de solliciter l'aide d'un confrère. Comment dire à un pair « je sais mais je ne fais pas », ou « je ne suis pas les bons conseils que je donne à mes patients » ?

Plus fondamentalement, comment expliquer ce paradoxe de l'auto-inobservance ? Elle est en réalité une conséquence de la grande loi du vivant de l'homéostasie visant à prolonger l'être dans son optimisation. Mais il s'agit ici de l'homéostasie émotionnelle. En effet, lorsque ses besoins élémentaires sont assurés (soif, faim, absence de douleur, sentiment de sécurité...), l'être humain donne la priorité à l'homéostasie émotionnelle sur l'homéostasie physique. Le risque de mourir demain plutôt que sombrer aujourd'hui dans la dépression ! Or la maladie chronique frappe toujours deux fois, une fois dans le réel, une fois dans la représentation du réel. Lorsqu'il annonce le diagnostic d'une maladie chronique, le médecin annonce aussi une double rupture dans la vie du patient : ce ne sera jamais plus comme avant et désormais vous serez différent des autres. Cette double rupture constitue un traumatisme psychique dont l'importance est variable selon la maladie et son traitement, et selon le patient, son âge, sa culture, ses expériences de vie, ses projets, son entourage et... sa relation avec les soignants. Ce traumatisme nécessite un travail psychique d'acceptation, d'adaptation, d'intégration, comparable à un travail de deuil. Le patient atteint de maladie chronique n'échappe pas aux lois du deuil : tout nouveau deuil ravive tous les deuils antérieurs et un deuil non fait rend difficile un nouveau deuil.

Face au risque d'anxiodépression le patient met en œuvre des mécanismes de défense psychologique : du déni au refus conscient de la maladie en passant par l'oubli facilité par l'absence de symptôme, la pensée magique, la minimisation, le clivage, l'hyperactivité compensatoire, les conduites à risque, les transgressions, les bénéfices secondaires, les addictions, les projections... Il convient alors de se demander s'il s'agit de phénomènes plastiques, transitoires ou susceptibles de remaniements, ou au contraire de mécanismes fixés, chronicisés, comme enkystés, devenant une deuxième maladie : le malade est malade et il est « malade d'être malade ». Pour aider le patient à guérir de sa seconde maladie il faut l'aider à en prendre conscience en « déjouant les ruses de la raison ». Il faut ensuite qu'il accepte d'en parler car « parler répare ». D'où l'importance du retour à l'ancestrale « médecine narrative ». Mais ce n'est pas facile de parler de ce que l'on a vécu et des éventuels traumatismes de sa vie antérieure à la maladie. Il faut avoir le sentiment que la confidence ne sera pas perçue comme « déplacée », hors sujet, qu'elle sera non seulement entendue mais comprise, qu'elle ne donnera pas lieu à un jugement et ne suscitera pas une volonté d'emprise. D'où l'intérêt de médiations : groupe de parole, atelier d'écriture, lettre à ma maladie, art-thérapie, « théâtre du vécu » créé à Genève par Jean-Philippe Assal et Marcos Malavia...

Cette troisième médecine est donc une « médecine intégrée » à la fois biomédicale, pédagogique, psychologique et sociale nécessitant :

• Une triple formation de l'ensemble des membres de l'équipe, du chef de service à l'aide-soignant. La faculté forme bien à la dimension biomédicale mais peu ou pas à la pédagogie et à la psychologie. Le psychologue de l'équipe est d'ailleurs souvent plus utile aux soignants qu'aux patients !

• Un travail en équipe non hiérarchique avec un(e) coordinateur(trice) et des réunions de synthèse.

• Une équipe où chacun joue sa partition mais connaît celle des autres selon le modèle de l'orchestre de chambre et non suivant le paradigme de la chaîne de production que proposent les tenants de la « médecine industrielle ».

• Une équipe ayant des liens structurés avec les professionnels travaillant en amont et en aval.

• Une médecine en partenariat avec le patient.

Cette troisième médecine est la médecine de la personne qui ne saurait se réduire à la médecine génomique individualisée.

2

La médecine génomique personnalisée, entre progrès médicaux et risques éthiques ?

Arnold Munnich

Qu'est-ce qu'un test génétique ?

Un test génétique, c'est un « zoom », un fort grossissement sur une région de notre génome dans le but d'analyser un gène précis. Les 25 000 gènes que nos parents nous ont transmis peuvent être testés sur une simple prise de sang. L'ADN d'une tumeur aussi peut être testé sur biopsie. On parle alors de génétique « somatique ». Ces tests fondent la génomique de précision (500 000 tests par an en France). Ils constituent une avancée indiscutable pour poser le diagnostic d'une maladie déclarée, prédire sa survenue chez une personne à risque encore bien portante (diagnostic présymptomatique), dépister une maladie au stade de fœtus/embryon dans une famille à risque, reconnaître les couples porteurs sains de maladies au vu de leurs antécédents familiaux, anticiper les avantages/inconvénients des traitements innovants (pharmaco-génomique). La génomique de précision représente donc une avancée majeure de la médecine.

Les régions du génome dont l'intérêt médical est le plus grand sont les régions dites « transcrites », qui codent pour les protéines de l'organisme. Les tests génétiques permettent de déterminer leur composition par une technique appelée le séquençage. Le séquençage à haut débit (*next generation sequencing*, NGS) permet l'exploration simultanée de centaines de gènes, à des prix très abordables (quelques centaines d'euros). Plus de 8 000 de nos 25 000 gènes sont déjà connus pour causer une ou plusieurs maladies.

Pourquoi y a-t-il débat ? Les VOUS et vous

S'il en est ainsi, pourquoi y a-t-il débat ?

C'est que, malgré les indiscutables progrès récemment accomplis, d'innombrables variations de l'ADN restent de signification inconnue (*variants of unknown significance*, VOUS). On déchiffre, on ânonne le génome mais on n'en comprend pas encore toutes les nuances ni toutes les subtilités. Non expliqués, non encadrés, ces VOUS pourraient conduire à des erreurs d'interprétation, même à un désastre sanitaire, qui n'aura rien à envier à ceux qui l'ont précédé. Face à tant d'incertitudes, faut-il sans broncher subir la tyrannie du marché des tests génétiques ? Ce qui est techniquement possible est-il *ipso facto* médicalement souhaitable ? Économiquement supportable ? Éthiquement acceptable ? Face à la marchandisation galopante des tests, le *business friendly* (*23 and Me*) convient-il à la médecine génomique personnalisée ?

Révisées cette année, les lois de bioéthique régulent fort heureusement l'usage des tests génétiques en France. Des recommandations de bonnes pratiques sont édictées par les agences de régulation : l'Agence de la biomédecine (ABM) et la Haute Autorité de santé (HAS). Ainsi, la prescription d'un test génétique doit être précédée et suivie d'une consultation *ad hoc*, pour informer patients et familles des bénéfices, des doutes et des possibles conséquences des tests (incertitudes, impact sur la fratrie). Le diagnostic présymptomatique sur mineur est interdit et les tests génétiques en vente libre, sur Internet ou non conformes au cadre médical rappelé plus haut, doivent être sévèrement punis par la loi. La consultation s'achève par la signature d'un consentement éclairé, toujours rétractable, autorisant le médecin à pratiquer un test génétique.

On le voit, les tests génétiques ne sont pas seulement une affaire d'ordinateurs et de séquenceurs. Ils sont avant tout une affaire de temps consenti, d'explications, de soutien par des professionnels formés, pour éviter les malentendus et autres dérives commerciales. En un mot, ils sont une affaire d'humanité. Contrairement aux idées reçues et aux vertus prêtées à l'intelligence artificielle, ces avancées ne réduiront pas l'exigence de dialogue singulier : elles vont l'accroître. Toujours plus de technicité, toujours plus d'humanité !

Ce qui est autorisé

Sont aujourd'hui autorisés en pratique hospitalière courante les tests génétiques diagnostiques pour des maladies déclarées : cancers, maladies neurologiques, cardio-vasculaires ou débutant dans l'enfance. Ainsi l'institut Imagine a conçu des panels robustes pour tester simultanément les gènes reconnus responsables de maladies par grandes entrées cliniques : « Mon enfant est épileptique, mon enfant est autiste ou en retard, sourd ou malvoyant… » Tester les gènes connus de la médecine chez un patient donné, pour confirmer une hypothèse diagnostique, n'est pas seulement légitime. C'est une obligation de moyens opposable. Robuste, rentable en termes de rapport coût/efficacité (40-95 % de diagnostics), cette approche a l'immense mérite de ne répondre qu'à la question posée, et de mettre les usagers à l'abri de découvertes fortuites de signification incertaine ou discutable (VOUS).

Le diagnostic prénatal et préimplantatoire est aussi autorisé et en service. Un couple à risque de transmettre une affection d'une particulière gravité peut, s'il le souhaite, demander un diagnostic prénatal ou préimplantatoire, pour éviter les récidives. L'affection doit être héritée (risque de récidive : 25-50 %) d'une particulière gravité et incurable. De nombreuses affections de fréquence variable sont éligibles et l'Agence de la biomédecine contrôle strictement l'activité des centres autorisés.

Très encadrés aussi, des tests génétiques présymptomatiques peuvent être proposés, si elles le souhaitent, aux personnes asymptomatiques, à risque de développer une maladie à début tardif au regard de leurs antécédents familiaux. Discutable en l'absence de mesures préventives ou curatives de nature à enrayer la maladie, ce savoir est à double tranchant. Est-ce prédire ou médire ? « Hélas, hélas, il est terrible de savoir, quand ce savoir ne sert de rien à celui qui le reçoit », s'écrie Tirésias dans *Œdipe roi* de Sophocle (316-7). Ou encore, dans l'Ecclésiaste : « Abondance de savoir, abondance de souffrances » (I, 18). D'où l'importance des consultations de génétique préalables aux tests présymptomatiques pour la chorée de Huntington. Informés des doutes qui entourent l'âge de début et l'allure évolutive de la maladie, près de 90 % des candidats aux tests présymptomatiques abandonnent leur demande. On le voit, il ne faut que quelques minutes pour faire une prise de sang ou pour séquencer un gène. Il faut des heures pour s'expliquer, se comprendre et éviter les malentendus.

Aux États-Unis, le Center of Disease Control du National Institute of Health (CDC-USA) a édicté des règles pour évaluer la pertinence de nouveaux tests (ACCE model : *analytical, clinical and ethical relevance*). Les critères sont fondés sur l'évaluation de la valeur prédictive et de la puissance du test, un doublement du risque étant considéré comme une valeur acceptable. Ce seuil varie en fonction de la sévérité de la maladie et de l'impact du test présymptomatique. Il doit être utile, *actionnable*, c'est-à-dire suivi d'effets. En oncologie, des tests prédictifs sont proposés aux apparentés d'un sujet présentant une forme héréditaire de cancer : cancers colorectal, du sein ou de l'ovaire. La détection d'un risque conduit à un suivi précoce et rigoureux, voire à proposer une mastectomie bilatérale préventive aux femmes ayant présenté un premier cancer. Encore faut-il être sûr de l'imputabilité des variants détectés, ce qui est loin d'être le cas tant sont grandes nos incertitudes ! Fait de société, beaucoup de femmes américaines optent pour cette amputation bilatérale mutilante et définitive « au bénéfice du doute ». Conséquence effrayante, 50 % des mastectomies bilatérales aux États-Unis sont pratiquées sur la base de variations de l'ADN de signification inconnue (VOUS) !

Les innovations

Depuis cette année, la loi française ouvre la possibilité (mais encadre strictement) du diagnostic prénatal non invasif (DPNI) de quelques anomalies génétiques. Il s'agit d'un test génétique sur l'ADN fœtal circulant dans le sang maternel, par une simple prise de sang de la femme enceinte à X semaines de grossesse. Dispensant de la biopsie de chorion ou de la ponction de liquide amniotique, le DPNI concerne les trisomies 13, 21 et 18, le sexe fœtal dans certaines affections liées au chromosome X (seuls les garçons sont à risque) et le groupe Rhésus fœtal chez les femmes Rhésus négatif. D'autres applications comme la mucoviscidose ou le nanisme (achondroplasie) sont à l'étude. Par sa simplicité, ce test constitue un sérieux danger qui inquiète les agences avec le DPNI pour convenance personnelle. Le choix du sexe par exemple, si répandu au Proche-Orient, est strictement prohibé en France.

Il est une autre innovation qui suscitera assurément de nombreux débats lors de la révision des lois de bioéthique : c'est le dépistage des porteurs sains de maladies génétiques (*carrier testing*). Très largement pratiqués à l'étranger, ces tests visent à identifier les couples à risque de donner naissance à un enfant malade d'une affection dont les parents ne se savaient pas porteurs sains. Il s'agit de couples sans antécédents personnels ou familiaux, désireux d'avoir accès à un choix reproductif éclairé. Techniquement possible pour les affections récessives (d'hérédité biparentale ou maternelle à l'exclusion des maladies dominantes ou accidentelles), le *carrier testing* se pratique déjà dans les populations à risque de nombreux pays (Tay-Sachs chez les juifs ashkénazes aux États-Unis, au Canada et en Israël, thalassémie en Sardaigne, en Sicile). Si le *carrier screening* ne se pratique pas en France, c'est sans doute que les agences comme les politiques redoutent la stigmatisation ethnique qu'il implique. L'opinion, elle, y est massivement favorable (plus de 80 % des jeunes couples) et appelle de ses vœux un *screening* plus large, qui irait au-delà des populations à risque et qui s'étendrait à l'ensemble des affections génétiques d'une particulière gravité, incurables, évitant le premier cas.

S'il est autorisé un jour en France pour des affections graves et incurables, le dépistage des porteurs sains restera assurément une démarche individuelle, volontaire, non coercitive, testant simultanément des futurs conjoints pour réduire l'anxiété des couples où l'un des deux est porteur.

L'accusation de démarche eugénique à propos du dépistage des porteurs sains de maladies génétiques est-elle fondée ? Lors de la révision des lois de bioéthique en 2009, le Conseil d'État écrivait : « L'eugénisme peut être désigné comme l'ensemble des méthodes et pratiques visant à améliorer le patrimoine génétique de l'espèce humaine. Il peut être le fruit d'une politique délibérément menée par un État et contraire à la dignité humaine. Il peut aussi être le résultat collectif d'une somme de décisions individuelles convergentes prises par les futurs parents, dans une société où primerait la recherche de "l'enfant parfait", ou du moins indemne de nombreuses affections graves [1]. » Si les mentalités ont tant changé en dix ans, ce n'est pas nécessairement le reflet de la versatilité des Français. C'est plutôt le résultat de la mondialisation et d'un certain pragmatisme de l'opinion face aux promesses non tenues de guérison de ces affections. Entre puissance diagnostique et impuissance thérapeutique, la moins mauvaise option n'est-elle pas celle d'ouvrir, pour les couples qui le souhaitent, la possibilité de tester pour les prévenir un petit nombre de mutations assurément responsables d'affections d'une particulière gravité ?

Mais les tests génétiques les plus spectaculaires, les moins discutables, sont assurément ceux qui prédisent l'efficacité, les effets délétères et la toxicité de nouvelles drogues (« pharmacogénomique »). Ces tests dépistent les variants génétiques modifiant l'assimilation, la transformation, le catabolisme des médicaments. Une trentaine de tests permettent déjà de prévoir la toxicité de certaines chimiothérapies (purinethol, 5-FU), des antirétroviraux contre le VIH, la prédisposition HLA à la toxicité de certains médicaments (Abacavir). Ainsi est né le concept de « test compagnon », une sorte de « package » lançant sur le marché un nouveau médicament et son test prédictif. Au total 50 000 à 100 000 patients par an bénéficient de ces tests et de prescriptions *ad hoc* fondées sur la constitution génétique précise des patients (c'est-à-dire mutations EGFR en réponse au Gefitinib dans le cancer du poumon).

Les menaces sociétales

Le revers de la médaille, c'est bien entendu le risque de marchandisation des tests génétiques. Ce marché devenu très lucratif a déjà commencé de pervertir notre science. Non contrôlés, instrumentalisés par les *fake news* et les « influenceurs » des réseaux sociaux, les tests génétiques pourraient faire beaucoup de dégâts et même devenir une « arme de destruction massive ». Près de 14 000 caryotypes moléculaires – *comparative genomic hybridization*, CGH – sont réalisés chaque année en France, y compris sur signes d'appels échographiques en prénatal. Des interruptions médicales de grossesse sont pratiquées sur la base de CGH variants de signification inconnue (VOUS). Difficile de dire combien d'IMG ont déjà été pratiquées « au bénéfice du doute ». Ce qui est certain en revanche, c'est que le risque de surinterpréter les variants en prénatal croît avec le nombre de variants testés. En prénatal comme pour le *carrier screening*, la sagesse voudrait donc de tester moins de variants dont on est sûr que toujours davantage de signification incertaine.

Autre menace sociétale, la médecine prédictive, à l'évidence survendue. Beaucoup de gènes de prédisposition aux maladies communes ont été localisés dans de grandes études d'association (*genome wide association studies*, GWAS). Mais aucune n'est aujourd'hui assez fiable ni assez puissante pour être utilisée en clinique car la valeur prédictive positive (VPP) d'un variant singulier est très faible. De surcroît, ces variations n'ont de pertinence qu'en population générale et non pour un individu. Là encore, fonder à ce stade une prédiction sur la base des données actuelles, ce n'est pas prédire, c'est médire. C'est aussi sot que de prétendre inférer ce qu'a été le suffrage d'un électeur pris au hasard sur la base de la totalité des suffrages exprimés dans son bureau de vote ! Pourtant il subsiste dans l'opinion une profonde incompréhension, une incroyable crédulité qui bénéficie au marché.

En revanche, la combinaison de variants répartis aléatoirement sur le génome pourrait dans l'avenir accroître la VPP des tests (*predictive risk factors*, PRS). Ainsi, une grande étude québécoise combinant 200 variants de l'ADN répartis sur le génome a permis d'identifier un sous-groupe de 10 % de femmes à haut risque de développer un cancer du sein non familial.

On le voit bien, nos gènes ne commandent pas notre avenir. Ils ne dictent pas notre futur et aucune fatalité ne leur est attachée. L'information nécessaire à la vie est bien contenue dans nos gènes. Pour autant, l'ADN ne confisque pas notre destin, la liberté nous est donnée et les déterminismes biologiques qui nous gouvernent ne réduisent en rien notre libre arbitre, ni ne nous interdisent de faire l'expérience de la nouveauté.

Pourtant la fascination technologique semble la plus forte. Il existe de la part de personnes en parfaite santé un fort engouement en faveur du séquençage global (*whole exome sequencing*, *whole genome sequencing*), sous la pression du marché et même de généticiens rêvant d'accès libre aux tests, sans médecins, ni conseillers génétiques, avec des ordinateurs et des machines. Même au risque de découvertes fortuites d'interprétation incertaine, qui font parler de « savoir toxique » (*toxic knowledge*), par analogie avec les emprunts toxiques, sans doute. Tenter de protéger les usagers de cette menace n'est ni paternaliste ni corporatiste. C'est simplement que l'incertitude est la règle et qu'il n'y a pas de réponse unique, sans équivoque à la lecture du génome. Un célèbre généticien américain, James Lupski, s'étant fait séquencer son propre génome s'est trouvé une mutation prédite comme létale. Il est en parfaite santé, mais que serait-il advenu si son génome avait été séquencé en prénatal ?

À ces difficultés d'interprétation des données de séquence s'ajoutent les *fake news* de faux prophètes, de faux dévots et autres imposteurs. Par la magie des mots, des plumes bien payées et ignorantes de la science manipulent l'opinion avec de fausses promesses (« transhumanisme », « mort de la mort », « ciseaux moléculaires »). Donateurs, investisseurs, lecteurs, *key opinion leaders* (KOL) naïfs et crédules croient *mordicus* à ces « avions renifleurs » d'aujourd'hui. Comme la désinformation est devenue la règle, comme les parieurs du capital-risque sont préparés à perdre de l'argent, la séquence « *fake news*-information malintentionnée-fraude » reste largement impunie, les spéculations gonflent et tout le monde ou presque y trouve son compte.

Mais il est une menace sociétale plus grave encore, le flirt entre génomique et eugénisme. Les différences génomiques entre groupes humains vont-elles alimenter un néoeugénisme « scientifique » ? Ces différences contribueront-elles à « hiérarchiser » les humains ? On le sait bien, il n'existe pas d'ethnies « pures », pas de frontières entre les groupes humains. Mais dans l'actuel contexte de tension relative aux flux migratoires, notre science ne risque-t-elle pas d'être récupérée, exploitée à des fins politiques pour servir des causes identitaires. Nul, qu'il soit scientifique ou citoyen, ne peut ignorer l'impact sociétal potentiel de la génomique, ni la possible perversion de la génomique personnalisée.

Conclusion : un progrès et donc un risque

Comme l'arbre de la connaissance du jardin d'Éden, la science n'est pas bonne ou mauvaise. Elle est bonne et mauvaise à la fois (Henri Atlan). À nous d'en faire un usage raisonnable. Les risques sociétaux attachés à la médecine génomique personnalisée ne doivent pas gommer son extraordinaire contribution aux progrès en santé. Considérer la catastrophe comme possible et même probable ne relève pas du pessimisme : c'est un mode d'accès à la connaissance. C'est en considérant cet événement comme inéluctable qu'il ne se produira peut-être pas.

RÉFÉRENCE

[1] *La Révision des lois de bioéthique*, Rapport du Conseil d'État, Paris, La Documentation française, 2009, p. 40.

3

La médecine dite « personnalisée » n'est pas une médecine de la personne

André Grimaldi

À sa naissance, dans les années 1990, l'*evidence based medicine* (EBM), ou médecine fondée sur les faits démontrés, se voulait à la fois scientifique et personnalisée. Les pionniers de l'EBM expliquaient en effet que les décisions médicales devaient résulter de trois facteurs indissociables :

• Les données issues de la recherche permettant d'attribuer à chaque décision un niveau de preuve scientifique plus ou moins élevé allant des résultats apportés de façon concordante par deux études de méthodologie rigoureuse à un simple consensus d'experts.

• L'expérience du clinicien et son jugement permettant d'adapter le traitement aux particularités du patient (son âge, ses comorbidités, sa tolérance et sa réponse aux médicaments évaluée selon la méthode empirique de l'essai-observation-correction...).

• La prise en compte des choix et des valeurs du patient.

Ces trois déterminants de l'EBM permettraient de définir trois types de médecine : la « médecine standardisée » du médecin-technicien/ingénieur, la « médecine individualisée » du médecin-artisan et la « médecine personnalisée » où le médecin considère le patient comme une personne participant aux décisions. La médecine de confection, la médecine sur mesure et la médecine à la carte ! Pour David Sackett, le père fondateur de l'EBM, ces trois médecines formaient un tout [1].

Réduire la pratique médicale à l'application des résultats apportés par les études scientifiques et synthétisés dans des recommandations institutionnelles reviendrait à réduire l'art médical à l'application de « recettes de cuisine » ou à la production industrielle de biens en série, disait-il. Le but des recommandations médicales n'est donc pas tant d'être appliquées que d'éviter des erreurs en permettant aux médecins de mettre à jour leurs connaissances et surtout de servir de repère pour justifier l'adaptation desdites recommandations au cas particulier de chaque patient. Ajoutons que les recommandations font la synthèse à un moment daté des données publiées dans la littérature scientifique internationale. Elles sont donc souvent très vite dépassées par les résultats de nouvelles études et devraient impérativement, pour rester valides, bénéficier d'actualisation suffisamment rapprochée.

La médecine scientifique personnalisée : un oxymore ?

La recherche d'une « personnalisation » scientifique de la médecine ressemble de prime abord à une chimère dangereuse, comme si la science pouvait mesurer les croyances, les représentations, les valeurs et le vécu des patients, transformer la subjectivité en objets, « appréhender le vivant selon les catégories du mort ». Par contre, la médecine moléculaire moderne vise à réduire la part artisanale du métier de médecin pour proposer non plus des traitements standard « bons pour tous » mais des traitements individualisés « sur mesure », du sur-mesure d'ingénieur et non plus d'artisan.

Cela deviendra possible grâce à deux progrès :

1. Stratifier les pathologies non plus selon l'organe touché (le sein, le pancréas, etc.) ou selon la fonction biologique perturbée (l'immunité ou le métabolisme énergétique) mais selon les mécanismes moléculaires en cause. C'est déjà le cas aujourd'hui pour

certains cancers, cela devrait le devenir demain pour des pathologies comme le diabète. Le diabète de type 2 (dit « de la maturité » ou « diabète gras » ou « non insulinodépendant ») est en effet une maladie très hétérogène dont on décrit plusieurs phénotypes mais qui n'ont pas encore révélé les marqueurs moléculaires qui permettraient de mieux cibler les traitements. Il en irait possiblement demain pour les maladies polygéniques (associant plusieurs gènes à des facteurs d'environnement) comme il en va aujourd'hui pour les maladies monogéniques ou bigéniques (où la maladie suit le ou les deux gènes mutés). Ainsi la définition universelle du diabète par un taux de sucre supérieur à 1,25 g/l est obsolète pour les porteurs d'une mutation de la glucokinase (le lecteur à glycémie de la cellule ß du pancréas qui sécrète l'insuline). Être porteur de cette mutation, c'est être atteint d'un diabète génétique appelé MODY2 (*maturity onset diabetes of the young*) et ce quel que soit le taux de la glycémie.

2. Reconnaître préalablement (*ex ante*) sans devoir se contenter de le constater *a posteriori* (*ex post*) les bons et les mauvais répondeurs aux traitements et les patients à risque d'effets secondaires des médicaments. La pharmacogénétique étudiant les corrélations entre les variations génétiques et la réponse aux médicaments est née à la fin des années 1950. Elle permit par exemple de comprendre et de prévenir les polynévrites dues à un antituberculeux survenant chez les patients dits « acétyleurs lents » qui éliminaient lentement le médicament. En France 140 000 hospitalisations par an seraient dues aux effets secondaires des médicaments. Le défaut de réponse aux médicaments et les effets indésirables seraient dans 50 % des cas dus à des variations génétiques.

On estime que les progrès thérapeutiques viendront de la découverte de nouveaux biomarqueurs grâce à l'exploration systématique du génome complet, ses 3 milliards de paires de base et en particulier ses 3 millions de variants « normaux » (petites variations sans conséquence pathologique par elles-mêmes). Plus précisément on propose d'explorer non seulement le génome (l'ADN) mais sa transcription (l'ARN) et sa traduction (les protéines) et finalement l'ensemble des petites molécules impliquées dans le métabolisme. On parle de données « omiques », « génomiques », « transcriptomiques », « protéomiques », « métabolomiques », fournies par des techniques dites à très haut débit pouvant produire des milliards de données. L'analyse de ces big data relève de la « biostatistique algorithmique » permettant de définir des corrélations entre différents biomarqueurs et différents types cliniques. Révolution copernicienne : on ne part plus d'hypothèses pour rechercher des biomarqueurs susceptibles de répondre à telle ou telle hypothèse, on part des masses de données fournies par des mesures systématiques permettant de mettre en évidence des corrélations le plus souvent inattendues, à vrai dire de degré variable. On cherchera secondairement à confirmer la validité de la corrélation avant de déterminer sa signification qui peut être diagnostique et/ou pronostique et/ou même thérapeutique si elle s'avère causale. La complexité est maximale dans les maladies plurigéniques et multifactorielles où ces biomarqueurs sont multiples, formant des réseaux complexes, déterminant des équations susceptibles de changer en fonction de l'évolution de la maladie et de l'environnement dont les traitements eux-mêmes. À ce jour, c'est surtout dans le traitement ciblé sur des mutations tumorales de certains cancers (sein, ovaire, poumons, mélanome…) que cette nouvelle médecine moléculaire a démontré son efficacité. Son résultat le plus spectaculaire concerne la leucémie myéloïde chronique où un médicament, l'imatinib (GLIVEC®), agit en inhibant électivement la protéine anormale (tyrosine-kinase bcr-abl), résultant d'une anomalie génétique acquise, responsable de la prolifération anarchique des globules blancs. Les résultats du traitement par l'imatinib, inhibiteur spécifique de cette tyrosine-kinase, sont positifs dans plus de 90 % des cas et durables à la condition d'une prise quotidienne du médicament. Mais cette tyrosine-kinase anormale est également impliquée dans d'autres maladies cancéreuses où l'imatinib peut donc être prescrit. On pourrait ainsi redéfinir un certain nombre de maladies chroniques plus par leurs biomarqueurs moléculaires que par leurs symptômes cliniques ou biologiques. Cela amènera à poursuivre le démembrement de maladies très hétérogènes comme les diabètes, à définir de nouvelles cibles thérapeutiques spécifiques à telle ou telle catégorie (un diabète secondaire au « verrouillage » de la cellule sécrétant l'insuline par une mutation du récepteur aux sulfamides « SUR », traité autrefois à vie par des injections quotidiennes d'insuline, est aujourd'hui traité avec succès par les comprimés de sulfamides hypoglycémiants qui viennent « déverrouiller » la cellule ß).

Cela conduira aussi peut-être à réutiliser d'anciens médicaments abandonnés faute d'avoir été correctement positionnés (« *One size doesn't fit all* »).

Questions éthiques

Cette nouvelle médecine moléculaire soulèvera, et soulève déjà, un certain nombre de questions éthiques : la découverte de biomarqueurs à risque, en l'absence de tout symptôme clinique ou biologique, permettra d'effacer la séparation entre le normal et le pathologique, élargissant de ce fait considérablement le marché potentiel de l'industrie. On parle de *patient in waiting* donnant raison au Dr Knock. « La santé est un état précaire qui ne présage rien de bon. » Faut-il alors dire la vérité à la personne, s'il n'y a pas de traitement préventif possible et si elle ne la demande pas expressément ? Certes, le médecin doit respecter le droit de ne pas savoir mais *quid* du droit de savoir des parents ou descendants qui peuvent être porteurs de l'anomalie génétique dépistée ? S'il existe un traitement préventif impliquant des changements de comportements de la personne, le médecin aura bien sûr le devoir d'informer la personne et de l'aider à mettre en œuvre ces changements de vie. Mais la personne sera-t-elle considérée comme responsable, au nom d'une autonomie non plus considérée comme un droit mais comme un devoir ? La solidarité collective financière résistera-t-elle à l'existence de comportements jugés « non responsables » ou les assurés « sains et responsables » refuseront-ils de payer pour les « irresponsables » ? Les assureurs auront-ils accès à la carte d'identité moléculaire de chacun pour personnaliser le montant de la prime en fonction du risque mesuré et du comportement du client connecté ?

Cependant, nos trois millions de petites différences génétiques n'expliquent pas, tant s'en faut, notre singularité. On sait aujourd'hui que l'environnement vient modifier l'expression de nos gènes particulièrement à des moments sensibles du développement et que si certaines de ces modifications sont réversibles, d'autres sont transmises aux générations suivantes. On parle d'« exposome » pour totaliser dans l'espace et le temps l'ensemble des facteurs auxquels nous sommes soumis et d'« épigénétique » pour en qualifier la traduction moléculaire. Théoriquement, l'« épigénomique » permettrait de retrouver les traces de nos origines socioculturelles, de nos événements de vie depuis la vie fœtale y compris de notre style d'attachement construit dans la petite enfance. Par l'épigénétique, l'autre est en nous ! On pourrait même ajouter à nos génomes et épigénomes le génome de notre microbiote (le microbiote représente l'ensemble des micro-organismes qui colonisent le corps) pour définir un « métagénome » déterminant notre « personnalité biomoléculaire ». Cette nouvelle définition de la personnalité peut avoir une double traduction psychique. Elle peut nous amener à concevoir la vie comme une perpétuelle coconstruction et à nous percevoir nous-mêmes comme un élément d'un écosystème, ou au contraire elle peut nous conduire à réduire la personne à son agencement moléculaire, voire à essentialiser ses petites différences pour en venir à un communautarisme biomoléculaire, voire à un racialisme biomoléculaire.

En ajoutant à la « personnalité moléculaire » les données fournies par les automesures réalisées grâce aux objets connectés, on en vient à la définition d'une « personnalité numérique » : la personne comme « un tas de chiffres » plus ou moins « actionnables », à l'opposé de la personne subjective qui est « un tout et non un tas ». En effet, la personne est définie par les philosophes comme une transcendance profane et par les religions comme une sacralité. La médecine dite « personnalisée » conduit donc à s'interroger sur la nature de la personne humaine, à la fois être vivant biologique unique et être de raison, de sentiments, de relations, être doué de liberté, conscient de sa finitude, doté d'une pensée réflexive et donc d'une « identité narrative » et d'une capacité créative à l'origine de la culture. À la fois une objectivité mesurable et une pure subjectivité incommensurable : l'unité d'une dualité, ce qui fait dire à Woody Allen « mon cerveau est mon deuxième organe préféré ».

L'homéostasie et ses lois

Cette unité est régie par les lois universelles de l'homéostasie visant à la perpétuation dans l'optimisation du bien-être. Avec Antonio Damasio, on peut reconnaître trois niveaux d'homéostasie :

1. L'homéostasie biologique qui permet grâce à des boucles de régulation de maintenir la stabilité du milieu intérieur dans des limites plus ou moins étroites franchies par la maladie. Cette loi biologique se réfracte dans la raison en cherchant lorsqu'elle est rompue par la maladie à retrouver l'état antérieur ou construire un nouvel équilibre visant à la perpétuation dans l'optimisation (on parle d'allostasie).

2. L'homéostasie émotionnelle qui vise à éviter de sombrer dans la dépression (la mort psychique) ou l'angoisse paralysante, grâce à des mécanismes de défenses psychologiques. Ces mécanismes, du déni au clivage en passant par la pensée magique et les addictions, peuvent aller jusqu'à comporter des risques pour la vie du patient, ce qui fait dire à Philippe Jeammet que « se détruire pour exister est un paradoxe très humain ». L'être humain donne en effet la priorité à l'homéostasie émotionnelle dès lors que ses besoins primaires (faim, soif, absence de douleurs, sentiment de sécurité…) sont assurés.

3. L'homéostasie sociale supposant autolimitation et régulation contre l'hybris et la volonté de puissance. Sujet d'actualité.

Médecine 4P et décision médicale partagée

La dépersonnalisation sous-tendue par le concept de « médecine personnalisée » a conduit à mettre en avant au début des années 2000 aux États-Unis le concept de médecine 4P, non seulement prédictive, préventive, personnalisée mais aussi participative requérant la « codécision » du patient ou la « décision médicale partagée », prenant en compte les « préférences et les valeurs » de la personne.

Cependant, le concept à la mode de « décision médicale partagée » entre médecin et malade comporte des limites et appelle une clarification. Les limites sont au nombre de trois : 1) les situations d'urgence vitale où le droit du malade de refuser un soin entre en conflit avec le devoir d'assistance à personne en danger (faut-il transfuser un témoin de Jéhovah en état de choc hémorragique ou doit-on le laisser mourir pour respecter ses convictions religieuses ?) ; 2) les obligations pour des raisons de santé publique telles que les vaccinations où la personne n'a pas le choix ; 3) le respect de la pertinence des soins et de la règle éthique du juste soin pour la personne au moindre coût pour la collectivité qui s'impose au patient comme au prescripteur, dans un système financé par la solidarité nationale.

Au-delà de ces limites la décision médicale partagée peut se décliner selon deux modalités de partenariat, soit symétrique et neutre, soit asymétrique et empathique. La version neutre symétrique a été exprimée par Cathy Charles, professeure de santé publique à l'Université canadienne de McMaster, dans les termes suivants : « Les *deux parties* s'informent mutuellement pour parvenir à un accord sur la décision dont elles partagent *la responsabilité*... le danger, c'est que le médecin influence le patient » (c'est nous qui soulignons). Comme si la maladie était extérieure au malade et comme si le patient devenait transparent à lui-même grâce à l'objectivation de sa subjectivité ! Dans cette version symétrique de la relation, le médecin doit rester le plus factuel possible, sa neutralité pouvant aller jusqu'à la proclamation de son indifférence : « Vous changerez ou vous ne changerez pas, moi ça ne changera pas ma vie ! » Cette vision « canadienne » de la décision médicale partagée conduit à une version commerciale. « Ce que l'on demande au médecin est analogue à ce que l'on requiert de tout autre prestataire de services : un maximum de compétence, un minimum de politesse », écrit le professeur d'histologie Jacques Poirier. Le professeur d'urologie Guy Vallancien, promoteur du concept de « médecine industrielle », met les points sur les i : « L'industrie automobile a su personnaliser sa production. À nous de faire de même. » Et très logiquement, il pose la question : « Faut-il réciter le serment d'Hippocrate, la main levée pour être autorisé à opérer ? » En effet si l'asymétrie entre le médecin et le malade se résume à une simple asymétrie d'information et non plus fondamentalement à une asymétrie émotionnelle, à quoi bon prêter serment de ne pas abuser de cette asymétrie relationnelle. Le Code de commerce peut désormais remplacer le serment d'Hippocrate ! Ce n'est sûrement pas un hasard si le concept de médecine 4P (prédiction, prévention, personnalisation, participation) est apparu en même temps que celui de marketing 4P (produit, prix, place, promotion) se proposant de transformer le consommateur en « consomm-acteur ». Cette novlangue néolibérale s'infiltre partout y compris dans le champ de l'éducation thérapeutique : « Aujourd'hui, on tend à considérer le patient, au-delà de son rôle de consommateur, comme un producteur de santé », peut-on lire dans un livre de référence sur l'éducation thérapeutique des patients.

À l'opposé, la version asymétrique et empathique respecte l'égalité relationnelle entre deux adultes, sans jugement ni emprise, mais prend en compte l'asymétrie émotionnelle. Elle prend sa source dans le courant promoteur de la « médecine de la personne » fondée en 1940 par le médecin suisse Paul Tournier. Selon cette version « genevoise », le médecin doit solliciter l'expression du patient, répondre à ses questions et s'assurer d'avoir été bien compris. Il doit favoriser l'expression de l'ambivalence éventuelle du patient, au besoin en suscitant l'expression d'un « conflit cognitif » et l'aider à trouver le meilleur compromis possible. Il doit permettre l'expression de son vécu et de son « identité narrative ».

Finalement, il doit faire preuve d'empathie cognitive (je vous comprends), émotionnelle (je ne suis pas indifférent), mature (je m'engage à vous aider sans exiger de contrepartie). Un exemple en est fourni par Oliver Sacks dans son livre *L'homme qui prenait sa femme pour un chapeau.* Il rapporte le cas de Ray atteint de la « maladie des tics », maladie décrite en 1885 à la Salpêtrière par Gilles de La Tourette. « Ces crises étaient permanentes. Elles étaient dues en général à son impatience, à son caractère querelleur et à son culot à la fois brillant et grossier [...]. Il était comme beaucoup de tourettiens remarquablement bon musicien [...] un batteur de jazz d'une réelle virtuosité célèbre pour ses brusques et sauvages improvisations [...]. Sous Haldol, Ray se trouva délivré de ses tics [...]. Son mariage est fait maintenant de tendresse et de stabilité [...] il a un poste à responsabilités dans son travail [...]. Mais sous l'effet de l'Haldol, il se trouve musicalement engourdi, interprète non dépourvu de compétence mais privé d'énergie, de joie et d'excès [...] Il a perdu ses élans sauvages et créatifs [...]. Après avoir discuté avec moi, Ray prit une décision capitale : pendant la semaine de travail, il prendrait de l'Haldol et le week-end il arrêterait. Il y a donc maintenant deux Ray : le citoyen sobre solide honnête du lundi au vendredi et Ray le tiqueur-blagueur, frivole, frénétique, inspiré le samedi et le dimanche [2]. »

Cette distinction entre deux déclinaisons distinctes de la décision médicale partagée s'explique par deux visions différentes de l'autonomie de la personne. L'autonomie est un devoir pour un citoyen américain responsable qui doit assurer sa sécurité et celle des siens, le colt à la main, emprunter pour financer ses études, payer pour son assurance santé et décider de sa fin de vie. Pour un Français, l'autonomie est un droit dont on use autant qu'on le peut. Pour l'Américain la liberté implique la responsabilité, pour un Français la liberté suppose l'égalité et la fraternité, c'est-à-dire la solidarité. Mais hélas ce débat n'est pas réellement mené au nom de la fin des idéologies et du triomphe d'un pseudo-pragmatisme proposant comme réponse à toute question ayant des implications éthiques l'expérimentation.

Mal nommer les choses...

En conclusion, la nouvelle médecine moléculaire annoncée sous le nom trompeur de médecine personnalisée est une médecine de l'individu pas de la personne, car comme le disait le fondateur dans les années 1930 du mouvement personnaliste Emmanuel Mounier « la personne n'est pas un objet. Elle est même ce qui dans chaque homme ne peut être traité comme un objet ». Et il ajoutait : « L'individu, c'est la dissolution de la personne dans la matière. » Le danger de la novlangue est bien connu : elle commence en jeux de mots et se termine en pensées. Comme le disait Albert Camus : « Mal nommer les choses, c'est ajouter au malheur du monde. »

RÉFÉRENCES

[1] D. L. Sackett, W. M. C. Rosenberg, J. A. Muir Gray *et al.*, « Evidence based medicine : What it is and what it isn't », *BMJ*, 1996, 321, p. 71-72.

[2] O. Sacks, *L'homme qui prenait sa femme pour un chapeau*, Paris, Points Essais, 2014, p. 135.

4

Le médecin : un ingénieur, un artisan ou un artiste ?

André Grimaldi

Nous sommes confrontés à un paradoxe : plus la médecine devient scientifique, plus grandit la suspicion à l'égard de la science et plus s'épanouissent les « médecines parallèles ». Plus la médecine propose des traitements individualisés et plus est reprise l'accusation de déshumanisation. La question classiquement abordée dans les introductions à l'histoire de la médecine – la médecine est-elle une science ou un art ? – trouve une nouvelle actualité. Le médecin est devenu un ingénieur tout en restant un artisan. L'intelligence artificielle et la robotisation vont-elles définitivement supprimer l'artisanat médical ? En quoi le médecin pourrait-il être un artiste ?

Le médecin devenu ingénieur

La médecine scientifique s'est développée en allant de l'observation à l'expérimentation pour découvrir les déterminismes intimes de la physiologie et de la physiopathologie permettant une intervention raisonnée « ciblée ». Le but ultime est d'arriver à une thérapeutique individualisée, en fonction des spécificités de la pathologie et de la réponse singulière aux traitements de chaque personne. En la matière, la cancérologie est à l'avant-garde. Mais en attendant, on utilise l'évaluation du rapport bénéfice/risque et le raisonnement probabiliste à partir des données apportées par les grands essais thérapeutiques. Cependant la complexité du vivant et les limites de l'expérimentation expliquent le statut provisoire de la vérité et l'incessante correction des erreurs. Ainsi, on enseignait avec une conviction ne laissant aucune place au doute qu'à quantités égales de glucides, le chocolat est plus hyperglycémiant que le pain, qu'un diabétique insulinodépendant ne peut pas jeûner et qu'il est erroné de vouloir corriger instantanément une hyperglycémie par l'injection d'un supplément d'insuline rapide, autant d'erreurs corrigées par les faits et comprises grâce aux progrès scientifiques dans les domaines de la nutrition et de la pharmacologie.

Le médecin est donc un « ingénieur » qui enquête, analyse et raisonne avant de décider, qui s'appuie sur les faits démontrés grâce à une méthodologie rigoureuse et non sur une doctrine (comme la naturopathie, le magnétisme, l'homéopathie ou l'acupuncture…) ou un système philosophique ou religieux. Un « chercheur » qui ne se contente pas des faits mais recherche leur explication physiopathologique en utilisant la méthode expérimentale. Un « savant » qui doute et critique mais ne doute pas de la démarche scientifique et des lois de la nature déterminant la vérité scientifique. C'est le message toujours d'actualité de Claude Bernard [1].

Les déviances de l'*evidence based medicine* (EBM)

La médecine basée sur les preuves était censée réduire la part de la subjectivité dans la décision médicale. Mais elle a donné lieu à diverses déviances. On peut distinguer :

• Une *déviance marketing* promue par l'industrie utilisant des biais méthodologiques, choix opportun d'un comparateur ou confusion entre intensification du traitement et action spécifique d'un médicament ou critère de jugement composite associant des événements disparates n'ayant pas les mêmes déterminants ou présentation de façon trompeuse les résultats exprimés soit en risque relatif pour le bénéfice – par exemple, amélioration de 50 %, mais 50 % de pas grand-chose, c'est très peu –, soit en risque absolu pour l'augmentation du risque – par exemple de 2 % mais l'augmentation du risque d'insuffisance cardiaque de 2 à 4 %, c'est une augmentation relative de 100 %, c'est énorme –, ou surtout promouvant les abus d'interprétation.

• Une *déviance managériale* transformant les résultats de l'EBM en recommandations et interprétant ces recommandations non comme des repères visant à aider l'individualisation de la pratique médicale, mais comme des recettes à appliquer mécaniquement. Cette déviance a été promue par des économistes comme Claude Le Pen estimant que « l'interrogatoire du patient et la palpation du corps malade cèdent la place à l'analyse du chiffre » et qu'en conséquence « le patient n'aura pas le choix : il n'échappera pas à son statut de cas pas plus qu'à une démarche de management qu'il souffre ou non d'une pathologie organique [2] ». Elle a été confortée par des médecins-techniciens très spécialisés comme Guy Vallancien pensant que, grâce à l'EBM et aux NBIC (nanotechnologies, biotechnologies et technologies de l'information et des sciences cognitives), « nous basculons de l'artisanat dans l'industrie du soin [...] l'industrie a su personnaliser sa production de voitures [...] à nous de faire de même [3] ».

• Une *déviance dogmatique* promue par les « doctrinaires de l'EBM », réduisant l'EBM aux études randomisées en double aveugle : on tire au sort les patients pour former deux groupes, un groupe qui prend le médicament à tester et un groupe contrôle prenant un placebo ou le traitement standard de référence. Et pour limiter au mieux toute subjectivité, ni le patient volontaire ni le médecin expérimentateur ne savent à quel groupe appartient le patient. Ainsi certains médecins, devenus des « ayatollahs » de l'EBM, faisant fi de toute recherche d'explication physiopathologique, répètent inlassablement qu'il n'est pas prouvé qu'améliorer l'équilibre glycémique des diabétiques de type 2 réduit le risque de complications spécifiques (atteinte de la rétine, des reins et des nerfs), sans jamais chercher à expliquer pourquoi ce qui est vrai dans le diabète de type 1 serait faux dans le diabète de type 2. Le pragmatisme devient ici l'ennemi de la pensée scientifique, qui cherche à établir et à élucider les relations de causalité entre phénomènes. En conséquence, ces doctrinaires proposent de refaire une étude sur des milliers de patients suivis pendant plus de dix ans, comparant bon et mauvais contrôle glycémique avec des critères de jugement tels que la baisse de l'acuité visuelle ou l'insuffisance rénale. Et ils ne pensent pas qu'une telle étude poserait un problème éthique !

Qui croire ?

Les explications sont multiples : les progrès eux-mêmes suscitent l'espoir mais faute d'entraîner la guérison, ils provoquent la déception. Les corrections des erreurs antérieures créent le scepticisme. Les déviances de l'EBM génèrent la polémique publique entre médecins. Les scandales comme l'affaire du Mediator provoquent la suspicion généralisée d'autant que les instances académiques de la médecine se sont retranchées derrière un silence prudent et n'ont pas suspendu leur relation avec le laboratoire Servier en attendant le verdict de la justice. Ce silence a favorisé la prolifération de « pseudo-lanceurs d'alerte autoproclamés » n'apportant aucun travail scientifique (contrairement au Dr Irène Frachon qui avait réalisé une étude comparative dite cas-témoins) mais assurant leur promotion médiatique personnelle. La majorité des médias recherchent le « sensationnel », le titre qui fait vendre (« Quatorze morts sous Levothyrox », titrait un journal), et pour ne pas perdre de lecteurs entretient un relativisme de prudence (« À chacun sa vérité ! »). Finalement l'honnête homme ne sait plus qui croire et à quel saint se vouer. La défiance généralisée nourrit l'effet nocebo (inverse de l'effet placebo, induisant des effets nocifs psychosomatiques) et ouvre un large avenir aux recours en justice.

Pourquoi le médecin doit rester un artisan

En effet, tant que le robot-médecin, l'imagerie et la biologie de poche ne remplaceront pas la clinique, tant que l'intelligence artificielle – qui est très peu intelligente dans ses développements contemporains – ne remplacera pas le raisonnement médical hypothético-déductif, tant que beaucoup de « preuves » ne seront pas de haut niveau mais seulement de niveau modéré ou faible, tant que la souris de l'ordinateur n'aura pas définitivement remplacé le bistouri du chirurgien, tant que l'individualisation du traitement ne sera pas dictée par des algorithmes mais fera encore appel à la compétence et à l'expérience médicales, tant que l'ajustement thérapeutique dépendra en grande partie de la méthode empirique de l'artilleur « essai-erreur-correction », le médecin restera un artisan-bricoleur. Ce qui faisait dire au pédiatre Bernard Grenier : « Ce qui est dur en médecine, ce sont les quatre-vingts premières années, mais après cela va tout seul ! »

Et même un artiste ?

La réponse de Claude Bernard à cette interrogation était catégorique : « Il n'y a pas d'artiste médecin parce qu'il ne peut pas y avoir d'œuvres d'art médicales. » Cela paraît indiscutable en ce qui concerne l'émotion et l'expérience esthétiques. Pendant très longtemps, l'art s'est en effet distingué de l'artisanat en cessant d'être utilitaire, au point que l'utilitaire ancien (masques, poteries, peintures murales...) n'a pu muer en œuvre d'art moderne qu'après avoir cessé d'être utile. Historiquement, le beau était émouvant mais non utilitaire. Le design a bousculé les catégories.

En quel sens donc un médecin pourrait-il être un artiste ? Pas au sens de l'intuition et du don, contrairement au jugement d'Armand Trousseau qui déclarait en 1865 : « Il appartient aux intelligences subalternes d'acquérir la science mais pas à tous de devenir artistes : c'est un don du ciel [4]. » Ce n'est pas dans le sens de la virtuosité encore qu'il existe des virtuoses du diagnostic et des Paganini du bistouri, ni dans le sens de la créativité encore que nombre de médecins inventent de nouvelles techniques ou développent de nouvelles stratégies et pas non plus dans le sens de la fascination par l'œuvre d'art ou par l'artiste lui-même encore qu'il fût des chefs d'école et des enseignants de médecine fascinants.

S'il peut être un artiste, c'est bien dans le sens de la quatrième dimension de l'art, au-delà de ses modes d'expression fondamentaux. L'art s'est en effet développé selon trois modes : 1) la figuration et la transfiguration du monde, des arts premiers à l'expressionnisme ; 2) la non-figuration faisant appel à la pure sensation physique et suscitant l'imagination par le jeu de « l'association libre », de la musique à la peinture abstraite ; 3) enfin au XXe siècle l'avant-gardisme conceptuel débutant en peinture avec le cubisme de Braque et de Picasso, passant par le surréalisme, le dadaïsme, le tachisme, le constructivisme, le suprématisme... et finissant dans l'impasse du minimalisme car tout minimaliste trouvera plus minimaliste que lui : après le *Carré noir sur fond blanc* et le *Carré blanc sur fond blanc* de Malevitch, la toile blanche de Ryman.

Le « double jeu » de l'empathie

Cette quatrième dimension, suscitée par l'émotion esthétique mais distincte d'elle, est celle de l'empathie, qu'il s'agisse de l'empathie avec le sujet ou de l'empathie avec l'auteur. En effet, la musique, la peinture, le roman, le théâtre et le cinéma, suscitent de diverses façons le « double jeu » de l'empathie qui permet de ressentir le monde de l'autre, tout en restant soi-même : ni capture hypnotique ni performance cognitive. Or le médecin, tout particulièrement celui qui soigne des patients atteints de maladies chroniques, doit certes connaître la maladie et ses traitements mais doit aussi « connaître l'âme humaine » car la maladie chronique frappe toujours deux fois, une fois dans le réel et une fois dans la représentation du réel, provoquant un traumatisme psychique que l'expression du vécu émotionnel aide à surmonter. Ainsi le film d'Agnès Varda, *Visages Villages*, nous rappelle, dans une veine lévinassienne, qu'une personne est d'abord un visage et qu'un visage n'est pas qu'un regard, mais aussi une histoire singulière inscrite dans une communauté et dans un territoire. Le film *Visages Villages*, par l'alliance de la curiosité et du respect, de la banalité et de la singularité, de l'humour et de la tendresse, de la distanciation et de la communion, contient les ingrédients d'une « empathie mature » à la fois cognitive, émotionnelle et réciproque : un modèle pour la « médecine narrative ». Dans *La nuit sera calme*, Romain Gary, *alias* Émile Ajar, nous confie que sa « vie est une narration tantôt vécue, tantôt imaginée ». « Je ne cesse de faire mon plein de "je" innombrables », dit-il, exactement comme un médecin habité par l'histoire de ses patients. Et il ajoute : « Tous les autres modes de recherche d'un ailleurs me manquent terriblement, par exemple la peinture [5]. » Pour Van Gogh, cet ailleurs qu'exprime la peinture, c'est l'homme, c'est l'artiste lui-même. À son frère Théo, il écrit : « Le devoir du peintre consiste à traduire tous ses sentiments dans son œuvre. » Et à son ami Van Rappard, il confie : « Dans le domaine littéraire aussi bien que dans le domaine artistique, j'éprouve davantage de sympathie pour les artistes qui mettent leur âme à contribution. » Comment en effet ne pas voir dans la mélancolie du regard du Dr Gachet, peint en juin 1890 par Van Gogh, la souffrance du peintre qui mettra définitivement fin à sa solitude un mois plus tard [6] ? Et comment ne pas reconnaître dans le dernier tableau de Toulouse-Lautrec représentant une soutenance de thèse à la faculté de médecine de Paris, peint dans les couleurs rouge, noir et vert sous un éclairage blafard, l'irrévérence et l'hostilité du peintre à l'égard de la médecine académique et de l'autorité normalisatrice ? Alors que, comme l'écrit Philippe Huisman : « Lautrec montre au fond des laideurs la beauté, dans le vice la pureté, dans la misère la joie [7]. » « Pour Lautrec l'art est un langage et en même temps une philosophie de la vie où toute force se fonde sur la conscience lucide de la faiblesse [8]. » N'est-ce pas ce que dit aussi Philippe Barrier dans *La Blessure et la Force* en observant qu'« alors qu'elle apparaissait à certains patients comme une faiblesse, une humiliation qu'il convenait de soustraire aux regards, la maladie chronique est parfois vécue par les mêmes, à quelques années de là, comme "une force" un peu secrète, du moins très intime sur laquelle ils vont s'appuyer... Plus ouverts aux expériences de vulnérabilité qui frappent les autres, dans la mesure où ils ont eux-mêmes été amenés à en vivre et à les dépasser, ils se sentent d'une certaine façon plus tolérants, plus humains [9] ».

Finalement, le médecin, et particulièrement le médecin des patients atteints de maladies chroniques, doit être un artiste de la relation, formé en pédagogie pour le transfert au patient de compétences d'autosoins, formé en psychologie (et en philosophie) pour une aide à la résilience, formé en communication pour permettre la codécision, formé enfin au travail d'équipe et à la coordination non hiérarchique [10]. Médecin ingénieur, artisan et artiste, on retrouve là le trépied de la décision médicale reposant selon David Sackett sur :

- les meilleures données issues de la recherche permettant de graduer le niveau de preuve (l'ingénieur) ;
- l'expertise du clinicien reposant sur son expérience et son jugement (l'artisan) ;
- la prise en compte de la situation du patient, de ses conditions psycho-socioculturelles, de ses choix de vie et de ses préférences (l'artiste).

La médecine est une science, mais aussi et de façon irréductible une science humaine. Réduire le clinicien à un ingénieur est une grave mutilation de la médecine, mutilation dommageable tant pour le médecin que pour son malade.

RÉFÉRENCES

[1] C. Bernard, *Introduction à la médecine expérimentale*, Paris, Flammarion, « Champs classiques », 1984.

[2] C. Le Pen, *Les Habits neufs d'Hippocrate. Du médecin artisan au médecin ingénieur*, Paris, Calmann-Lévy, 1999.

[3] G. Vallancien, *La Médecine sans médecin ? Le numérique au service du malade*, Paris, Gallimard, 2015.

[4] A. Trousseau, *Clinique médicale de l'Hôtel-Dieu*, Paris, J. B. Baillère et fils, 1865.

[5] R. Gary, *La nuit sera calme*, Paris, Gallimard, « Folio », 1976.

[6] N. Grimaldi, *Le Soufre et le Lilas. Essai sur l'esthétique de Van Gogh*, Fougères, Éditions Encre marine, 1995.

[7] P. Huisman, M. G. Dortu, *Lautrec par Lautrec*, Lausanne, Edita, 1964.

[8] *Ibid.*

[9] P. Barrier, *La Blessure et la Force*, Paris, PUF, 2010.

[10] A. Grimaldi *et al.*, *Les Maladies chroniques. Vers la troisième médecine*, Paris, Odile Jacob, 2017.

5

La télémédecine va-t-elle changer la relation médecin/malade [1] ?

André Grimaldi

Le « progressisme » consiste à croire que le progrès technique est la source d'un progrès humain continu alors même que le siècle passé nous a appris que le progrès technique est par nature ambivalent, selon l'usage que l'on en fait. Ce que le nouveau siècle nous confirme chaque jour de façon plus angoissante. Il peut libérer ou opprimer, favoriser l'autonomie ou accroître la dépendance, réduire ou augmenter les inégalités sociales. La technophilie finit par nous empêcher de penser.

Au lieu de l'incantation scientiste sur « la révolution technologique à venir aux effets imprévisibles, qui va changer l'homme et l'humanité », un coup d'œil dans le rétroviseur montre l'ambivalence du progrès.

La télémédecine hier et aujourd'hui

En 1972, Leona Miller, interniste diabétologue à Los Angeles suivant une cohorte de cinq mille patients diabétiques pauvres, latino-américains, rapporte dans le *New England Journal of Medicine* [2] les effets de deux décisions. Elle réalise ce que nous appellerions aujourd'hui « la télémédecine », c'est-à-dire qu'elle met un numéro de téléphone à la disposition des patients diabétiques avec au bout du fil un infirmier spécialisé qu'on dirait aujourd'hui de « pratique avancée ». Et elle crée ce que nous nommerions aujourd'hui pompeusement une « équipe mobile de diabétologie », c'est-à-dire que chaque fois que se présente aux urgences de l'hôpital un patient diabétique, le service de diabétologie y dépêche un infirmier et un résident (jeune médecin). Et avec ces deux mesures, elle divise par trois le nombre des comas diabétiques et des hospitalisations pour déséquilibre du diabète et, ce faisant, économise entre 1,7 et 3,4 millions de dollars. Remarquable progrès pour les patients, pour l'hôpital et pour le financeur Medicaid ! Quarante-cinq ans plus tard, la diabéto-pédiatre du CHU de Grenoble se fait vertement reprocher son manque d'efficience car l'éducation des familles a entraîné une baisse drastique des hospitalisations en réanimation des enfants diabétiques et on l'accuse de passer trop de temps à échanger par téléphone, par mail, par SMS avec les parents des enfants diabétiques car cette activité n'est pas tarifée par la T2A ! Comme quoi, le progrès avance parfois à reculons ! Désormais on va pouvoir tarifer la télémédecine en la rémunérant à l'acte mais on connaît le caractère inflationniste de ce dernier. Il faudra donc en contrôler l'usage pour éviter les abus et/ou mettre en place une régulation volume/prix. Et voici comment la logique de marché (une prestation = un tarif, avec son corollaire, pas de tarif = pas de prestation) peut bloquer ou pervertir l'utilisation d'un progrès technique de communication au service du suivi des patients.

La télémédecine de demain pourrait même, nous dit-on, se passer de médecins, grâce aux prouesses de l'intelligence artificielle. En effet, elle permet à la machine d'apprendre à reconnaître des images et des situations pour mettre en œuvre des décisions algorithmiques. Cependant, si l'intelligence artificielle pourra remplacer avantageusement le radiologue pour interpréter des images simples ou complexes, le radiologue n'en restera pas moins pour longtemps indispensable pour interpréter l'image encore « jamais vue » ou confirmer l'interprétation de la « machine intelligente ». D'ores et déjà la machine dépiste avec une meilleure sensibilité et une meilleure spécificité que l'ophtalmologiste la rétinopathie diabétique, mais elle ne définit pas (pas encore ?) la stratégie thérapeutique personnalisée.

L'intelligence artificielle, prophétise-t-on, permettra de faire des diagnostics plus rapidement et à terme plus sûrement que les médecins empiriques d'aujourd'hui qui prescrivent d'autant plus d'examens complémentaires qu'ils n'examinent plus, raisonnent peu et craignent qu'on leur reproche de passer à côté d'une anomalie. Il suffira désormais au patient de rentrer ses données sur une plateforme numérique sécurisée pour recevoir un diagnostic personnalisé, avec si nécessaire la mention du degré de vraisemblance statistique, pouvant nécessiter confirmation par un professionnel. Le diagnostic sera assorti de propositions thérapeutiques afférentes qu'il pourra sélectionner « en fonction de ses valeurs, de ses choix de vie et de sa couverture d'assurance santé ».

L'annonce de la maladie grave

De façon anticipée sur ce monde merveilleux, qu'on préférerait ne pas connaître, un médecin rapporte comment on lui a annoncé son cancer par « télédiagnostic », c'est-à-dire par téléphone [3]. « L'annonce par téléphone est vraiment un coup de tonnerre dans un ciel serein. Vous voyez soudainement le vol des canards dans la passée du soir, vous entendez un coup de feu, et le canard mâle qui tombe comme une pierre, c'est vous, boule de plumes ensanglantée que sa femelle attendra en tournoyant dans le ciel. » Le numérique couplé à l'intelligence artificielle pourra sûrement répondre à beaucoup de questions mais il ne pourra pas assurer une présence empathique authentique. Au mieux pourra-t-il débiter un discours de pseudo-empathie d'une voix de GPS (le haut de gamme permettra de choisir la voix) : « Je comprends votre inquiétude bien normale mais les progrès thérapeutiques concernant votre maladie vous permettent d'espérer une espérance de vie de x mois… Si vous souhaitez parler à un psychologue tapez 1, si vous souhaitez rencontrer un patient expert tapez 2, si vous voulez une consultation avec un IPA (infirmier de pratique avancée) tapez 3, si vous souhaitez vous entretenir par Skype avec un médecin tapez 4. Un contact dans la journée comporte un supplément de x euros… »

En réalité l'annonce d'une maladie grave n'est pas que l'annonce d'un diagnostic médical, de son traitement et de son pronostic, c'est l'annonce d'une rupture dans la vie du malade : ce ne sera jamais plus comme avant et désormais vous voilà différent des autres. Et cette double rupture provoque un traumatisme psychique dont l'importance varie selon la maladie, son pronostic et son traitement, et selon les patients. C'est pourquoi cette annonce doit respecter un certain nombre de règles.

• Elle doit être faite par le médecin qui a examiné le patient et demandé les examens complémentaires nécessaires, non par l'infirmier, le biologiste, le radiologue ou par une machine. Il arrive aujourd'hui que le malade (ou un proche) ait fait lui-même le diagnostic, ce sera néanmoins au médecin consulté, et à lui seul, de le confirmer ou de l'infirmer.

• Cette annonce ou cette confirmation doit se faire dans un lieu approprié dans le cadre d'un colloque singulier non perturbé par l'intervention physique ou téléphonique d'un tiers (le téléphone portable doit être éteint).

• Cette annonce doit laisser le temps au patient de s'exprimer, lui permettant, selon son souhait, de tout savoir, ou pas tout, ou pas tout de suite. La reformulation empathique permet au patient de préciser ce qu'il veut dire et/ou d'exprimer son ambivalence. Le médecin doit savoir entrouvrir la porte du diagnostic avant de l'ouvrir ou de la refermer, au moins pour un temps. On ne jette pas le diagnostic d'une maladie grave à la figure des gens comme on le voit faire souvent aujourd'hui, au nom du « droit à la vérité » et en raison de la prétendue fin de l'asymétrie de la relation entre le patient et le médecin, comme si la réduction de l'asymétrie d'information (notamment grâce à Internet) supprimait l'asymétrie émotionnelle. Le médecin a un devoir de vérité, il a aussi le devoir premier de ne pas nuire !

• La présence physique du médecin pendant un temps suffisant après les mots de l'annonce doit témoigner de sa disponibilité à l'écoute. Les mots prononcés, les gestes, l'attitude du médecin, à ce moment précis, seront définitivement gravés dans la mémoire du patient et de ses accompagnants. Le médecin ne doit donc pas gérer sa propre angoisse en donnant le sentiment de fuir, comme on l'a souvent vu faire par le passé. Au contraire, l'engagement du médecin qui annonce la mauvaise nouvelle doit porter sur la continuité du suivi : « Je serai présent. Vous ne serez pas seul, nous serons là. » Engagement inconditionnel.

• Elle doit être suivie par un nouvel échange, face à face, rapproché pour répondre aux questions qui ne manqueront pas d'émerger après la sidération fréquente provoquée par l'annonce.

• Elle doit s'accompagner de réponses aussi précises que possible sur le plan d'action thérapeutique et les modalités de sa mise en œuvre, du moins autant que le patient souhaite en connaître et en des termes compréhensibles pour lui. De façon variable selon les pathologies, le patient doit participer activement aux soins et/ou apprendre à pratiquer l'autosoin.

• Un certain nombre de réponses apportées oralement doivent, si besoin, être remises au patient par écrit pour qu'il puisse les relire et y réfléchir sans être trahi par sa mémoire perturbée par l'émotion.

• C'est dans ce processus d'échanges itératifs après l'annonce que la télémédecine, grâce au téléphone portable ou à l'adresse mail donnée au patient, peut trouver sa place et représenter un très grand progrès évitant des attentes plus ou moins angoissantes et des consultations plus ou moins utiles ou plus ou moins frustrantes. Quant aux consultations par télémédecine, elles sont surtout utiles lorsque les distances sont importantes entre le cabinet médical et le domicile du patient.

Des objets connectés : pour quoi faire ?

L'ambivalence du progrès technique concerne pareillement le télécoaching ou la télésurveillance grâce aux objets connectés. S'agit-il d'aider le patient à se souvenir de l'heure de ses prises de comprimés ou des dates de ses divers rendez-vous pour réduire la non-observance due à « l'oubli » ? Le SMS pourrait remplacer avantageusement l'interprétation psychanalytique de « l'acte manqué », tout en évitant la sanction financière de l'absentéisme pratiquée par les psychanalystes et prônée par Bruno Le Maire lors des primaires de la droite de 2017. S'agit-il de fournir au patient des données pertinentes pour lui permettre d'adapter lui-même son traitement, comme c'est le cas avec le *monitoring* continu de la glycémie pour les patients diabétiques traités par insuline ou avec la surveillance pondérale pour des patients insuffisants cardiaques ? Encore faut-il que les données mesurées soient fiables, que le patient sache les interpréter et qu'il connaisse les algorithmes thérapeutiques adaptés et personnalisés, c'est-à-dire qu'il ait bénéficié d'une éducation thérapeutique. Certains diabétologues estiment que « le flash glucose *monitoring* est une innovation de rupture totalement inattendue et dont l'impact sur les patients était imprévisible [4] ». En réalité, depuis bien longtemps on connaît l'impact psychologique émotionnel du sentiment d'autoefficacité [5] : après l'angoisse de l'hyperglycémie, le plaisir de sa correction maîtrisée par l'injection de la dose adéquate d'insuline. Traiter un diabète insulinodépendant revenait par le passé à conduire une voiture sur une route sinueuse avec une visibilité à la fois médiocre et intermittente, aujourd'hui les patients peuvent voir la route et, s'ils le souhaitent, regarder dans le rétroviseur. Certains, autrefois récalcitrants, finissent même par se « prendre au jeu » et par y trouver du plaisir. Mais les objets connectés comprennent deux dangers : l'addiction lorsque le patient ne cesse de mesurer pour « calmer son angoisse » par la vérification obsessionnelle du résultat de la mesure. Un patient qui contrôlait sa glycémie plus de quarante fois par jour me dit : « Ce lecteur en continu de la glycémie a transformé mon cerveau en cellule B du pancréas. » Il ne faut pas oublier que l'être humain est une espèce sujette à l'addiction que la solitude et l'individualisme contemporains favorisent.

L'autre risque plus important encore, me semble-t-il, compte tenu des dérives marchandes de nos sociétés, est l'emprise non consentie, ou même « librement consentie ». Il peut s'agir de l'emprise médicale manipulant le malade à son insu (mais pour son bien), nouvelle forme du pouvoir médical plus insidieux, moins autoritaire et en apparence plus « libéral » mais aussi plus pervers que le paternalisme d'antan, ou de l'emprise de l'assureur utilisant le bonus/malus au nom de la responsabilisation du patient supposé « éclairé », transformé en *Homo œconomicus* abstrait sans ancrage social, psychologique et culturel. Ce comportementalisme incitatif tend à gagner toutes les sphères d'activité, y compris médicales.

Les avancées de la neuropsychologie visant à mieux comprendre les styles de personnalité et les déterminants des comportements humains sont utilisées de plus en plus dans le commerce et en médecine. Mais dans le commerce, il s'agit de pousser à l'achat sans que l'acheteur n'en soit pleinement conscient, tandis qu'en médecine il ne s'agit pas de vendre mais d'aider le patient à comprendre, à agir et à mieux se connaître pour mieux se traiter. C'est pour cela que le Code de déontologie ne doit pas être remplacé par le Code de commerce, n'en déplaise aux promoteurs des concepts de « médecine industrielle » et de « médecin ingénieur » [6].

RÉFÉRENCES

[1] Cet article est une version légèrement remaniée de l'article d'André Grimaldi, « La télémédecine va-t-elle bouleverser la relation médecin-malade ? », *Les Tribunes de la santé*, 2019, 60, p. 81-85.

[2] L. V. Miller, J. Goldstein, « More efficient care of diabetic patients in a county-hospital setting », *N. Engl. J. Med.*, 1972, 286 (26), p. 1388-1391.

[3] A. Grimaldi *et al.*, *Les Maladies chroniques. Vers la troisième médecine*, Paris, Odile Jacob, 2017.

[4] P.-Y. Benhamou, « L'observance thérapeutique à l'heure du numérique et des objets connectés », *Médecine des maladies métaboliques*, 2018, 6, p. 502-510.
[5] A. Bandura, « Self-efficacy : toward a unifying theory of behavioral change », *Psychological Review*, 1977, 84, p. 191-215.
[6] G. Vallancien, *La Médecine sans médecin ? Le numérique au service du malade*, Paris, Gallimard, 2015.

6

L'infirmier de demain

Nacéra Benchérif et Claire Delage

Comment peut-on imaginer l'infirmier de demain à la lumière de la réalité d'aujourd'hui ? En prenant appui sur les entretiens réalisés auprès d'infirmiers exerçant en milieu hospitalier et en libéral, nous allons tenter de rendre compte de ce que vivent les infirmiers aujourd'hui pour dessiner les contours probables de ce que sera leur métier demain.

Aujourd'hui en France, on compte 660 000 infirmiers, dont 120 000 praticiens libéraux. La France se situe au 28e rang des pays de l'OCDE pour le salaire des infirmiers diplômés d'État (IDE), après ajustement sur le salaire moyen du pays.

Devant les enjeux de santé publique que représentent le vieillissement de la population, l'augmentation « épidémique » des maladies chroniques et l'accroissement des inégalités d'accès aux soins, les décideurs politiques orientent leurs stratégies de financement sur la sortie de l'« hospitalo-centrisme », le travail en réseau et la montée en compétences des paramédicaux. Si on prend l'exemple des infirmiers de pratique avancée (IPA) (superinfirmiers ayant un champ de compétences médicales élargi) des sommes importantes sont engagées pour former des infirmiers volontaires, hospitaliers ou libéraux, sélectionnés. Au-delà des effets d'annonce, quelle place va être laissée aux infirmiers de pratique avancée pour relever les défis des prises en charge ambulatoires évitant l'hospitalisation ? Quel va être le périmètre de responsabilité de ces professionnels ? Les nouvelles activités professionnelles des IPA vont-elles réellement permettre de diminuer les inégalités sociales de santé et de favoriser l'accès à des soins de proximité ? Quels sont les moyens envisagés par les agences régionales de santé (ARS) pour accompagner le travail de coopération des différents professionnels de santé dont on sait qu'ils ne partagent ni les mêmes conditions d'exercice ni les mêmes modes de rémunération ? Quel sera le degré d'autonomie des IPA ? Quels seront les modalités et le niveau de leur rémunération ? La recherche « en science infirmière » en train de se structurer aura-t-elle les moyens de se développer ? L'Organisation mondiale de la santé soutient ce point de vue et proclame « 2020, année de l'infirmier et de la sage-femme ».

Du « prendre soin » au « produire du soin » ?

Qu'adviendra-t-il du métier d'infirmier en milieu hospitalier, assujetti aux progrès technoscientifiques et subissant une contrainte budgétaire toujours plus prégnante ? Les gestionnaires organisent la traque des dépenses « inutiles » ou plus exactement des activités jugées inefficientes en raison de leur rapport coût/efficacité trop élevé. L'impact de ces politiques sur la qualité et la sécurité des soins interroge. Cette politique « court-termiste », à la recherche de l'équilibre des comptes, laisse peu de place aux investissements à long terme nécessaires à une politique de prévention des risques pour le patient (la dialyse est beaucoup plus rentable que sa prévention !). Les sorties des patients de l'hôpital sont organisées de plus en plus précocement. La « gestion optimale des flux » conduit à une diminution des durées moyennes de séjour (DMS). Ces DMS doivent être les mêmes pour une pathologie donnée quel que soit le bassin de population et indépendamment des facteurs sociaux aggravants. Les cliniques laissent à l'hôpital public les prises en charge de cas plus complexes ou de personnes âgées polypathologiques. À effectif constant, ces éléments engendrent inévitablement une accélération des cadences de travail et en conséquence une augmentation des risques pour le patient (selon le Pr Pierre-Louis Bras, « entre 2010 et 2017 les effectifs hospitaliers ont augmenté de 2 % tandis que dans le même temps, la production de soins a augmenté de 14,6 % [1] »). Il n'existe pas à ce jour de verrou de sécurité permettant d'avoir des effectifs minimums de personnels pour prendre en charge les patients hospitalisés (sauf pour les services de soins intensifs-réanimation). L'exercice infirmier est assujetti aux normes de l'entreprise taylorienne qu'est devenu l'hôpital avec « sa chasse aux temps morts ». La réduction du temps infirmier passé auprès du patient a un retentissement sur la qualité et sur la manière dont les professionnels vivent au quotidien leur métier. Au-delà des résultats comptables à court terme, l'impact négatif sur la performance économique et sociale des établissements de santé n'est plus à démontrer. Les indicateurs de performance devraient être repensés et coconstruits avec tous les acteurs de l'hôpital et notamment avec les infirmiers.

La frustration de ne pas avoir le temps de « prendre soin » des patients apparaît en premier lieu au travers des échanges avec des infirmiers exerçant à l'hôpital comme en ville. « Prendre soin des personnes vulnérables » est la devise fondatrice du soignant. Lors de leur entrée dans le métier, leur engagement est sous-tendu par cette responsabilité sociale qui donne sens à leurs efforts quotidiens. L'augmentation des cadences de travail ne laisse de place qu'au geste technique qui devient prioritaire car il peut être normé, tracé, quantifié et valorisé, c'est-à-dire source de rémunération. Le « prendre soin » tend à se réduire à la « production de soins », dans la vision managériale de l'hôpital-entreprise. Le métier de soignant est de fait dénaturé et la perte de sens gagne les professionnels avec pour manifestations l'absentéisme et le *turnover*. Aujourd'hui, de plus en plus de cas de burn-out sont répertoriés. Les politiques de prévention sont quasi inexistantes. Le manque d'espaces pour « dire le travail empêché » est attesté par de nombreux travaux. Or l'échange permet un travail d'élaboration partagé sur l'exercice du métier. Dire à l'autre son travail et ce qu'on n'arrive pas à faire contribue à l'expression d'une identité et d'une dignité. Si on ne peut même plus dire les choses, on devient indigne... ou on préfère se retirer. « Renoncez à la qualité. Arrêtez de vous poser des questions, faites ce qu'on vous dit », propos d'un manager rapportés par des infirmiers. « Vous êtes trop perfectionnistes. Il faut apprendre à faire pour ce qu'on est payé », conseil d'un chef de service à des infirmiers suivant des patients par télémédecine.

On retrouve cette pression temporelle au niveau des blocs opératoires qui deviennent « la planche à billets » de l'hôpital, selon l'expression des professionnels. L'indicateur de performance principal est le taux d'occupation des salles, « il faut que ça tourne ». Pour cela, on instaure les blocs communs et les infirmiers de blocs opératoires doivent être « polyvalents ». Un infirmier exerçant au bloc opératoire interviewé se plaint du sentiment d'insécurité perpétuel tandis qu'un chirurgien déplore la perte de temps chirurgical car il doit former en permanence les infirmiers « qui ne sont jamais les mêmes ». Comment penser à préserver les temps « constructifs » dans un système qui ne valorise que les temps « productifs » ?

Ce climat de tension est un frein à la prise en charge du patient en toute sécurité mais il l'est aussi pour tous les apprentissages professionnels. Les patients, déboussolés par le *turnover* des professionnels, ont peur et ne se sentent pas en confiance. La relation soignant-soigné tend à se réduire à une succession de prises de contact. Ce sont des situations quotidiennes de tension que les cadres de santé « doivent gérer ». La direction administrative met en place des formations coûteuses sur « la qualité de vie au travail », et « la gestion des situations de tension », mais sans en traiter les causes... Relâcher la pression sur la « production » permettrait de donner du temps au dialogue avec le patient et son entourage et d'organiser les échanges indispensables pour penser le travail et le développement de la coopération interprofessionnelle. En effet, dans une organisation hospitalière aujourd'hui encore très hiérarchisée, un tel contexte de tension productiviste conduit à des comportements individualistes ou catégoriels à l'encontre du travail d'équipe. Les professionnels ne se parlent plus qu'à travers le prisme du rôle attendu de chacun par l'organisation taylorienne du travail. La conséquence, ce sont des décisions parfois totalement absurdes et qui vont à l'encontre de la qualité de la prise en charge du patient. Dans l'un des établissements de l'AP-HP, à des infirmiers, exerçant dans un service de pédiatrie, qui expliquaient qu'ils étaient constamment interrompus dans leurs tâches et que cela majorait le risque d'erreurs dans la préparation des perfusions, il a été décidé de faire porter un gilet jaune avec inscrit au dos « ne pas déranger ». On conviendra de l'absurdité de cette décision qui d'ailleurs ne dissuadera pas un parent inquiet de demander des informations concernant son enfant.

Aujourd'hui, l'hôpital a tendance à « fabriquer des professionnels » en souffrance et en tout cas en difficulté à penser leur métier. Certains développent des stratégies individuelles d'évitement : nier leurs responsabilités, changer de poste puis de service, puis finalement changer de métier… D'autres sont en lutte quotidienne pour ne pas sombrer dans l'absurdité produite par un système qui nie la complexité des situations de travail et donc de la prise en charge de la personne vulnérable. Les conséquences sont la fuite des soignants expérimentés de l'hôpital avec pour effet une mise à mal de la transmission des savoirs expérientiels propres à chaque spécialité. On assiste finalement à une perte de compétences professionnelles dans les unités de soins. L'enjeu des cadres de proximité est alors de préserver un terrain d'apprentissage pour les nouveaux arrivants et de créer de nouveaux modes de tutorat. Les services de réanimation sont les plus durement touchés par ce processus compte tenu de la difficulté à former les jeunes diplômés aux hautes compétences techniques. Aujourd'hui, 30 % des nouveaux diplômés abandonnent le métier d'infirmier au bout de cinq ans d'exercice. Et à la question « Qu'est-ce qui a motivé votre "abandon du métier" ? », beaucoup répondent : « J'ai choisi ce métier pour accompagner les malades, pas pour courir de chambre en chambre… »

Infirmiers, aides-soignants : « coach en santé », une réalité à développer

Les patients attendent d'être accompagnés, stimulés, rassurés, informés dans des moments cruciaux où ils sont confrontés à la fragilité de leur existence. L'infirmier devient souvent un « coach en santé », aidant le patient à adopter une posture active. Jusqu'alors le « prendre soin » consistait à pallier des états de santé altérés. Aujourd'hui, le « prendre soin » s'élargit et il est demandé aux soignants d'aider physiquement et psychologiquement le patient à participer activement aux soins, dès que possible et autant que possible, pour faciliter la récupération et limiter le risque de complications. C'est grâce à la proximité du soin quotidien que le patient va s'ouvrir et parler de son vécu intime de la maladie. Ce partage d'intimité instaure une relation de confiance. On est passé ces dernières années de la dépendance du patient à la recherche d'une alliance « thérapeutique » avec le patient. En cumulant leurs différents rôles, d'information, d'empathie, d'aide, d'éducation thérapeutique, d'accompagnement et d'éducation à la santé, les paramédicaux développent des compétences spécifiques dans les relations interpersonnelles.

On peut reprendre le terme « coaching » pour définir le travail des soignants autour de l'accompagnement thérapeutique. L'ICF (International Coach Federation [2]) définit cet anglicisme comme « une alliance entre le coach et ses clients dans un processus qui suscite chez eux une réflexion et une créativité afin de maximiser leur potentiel personnel ». On peut parler de coaching dès lors que la relation soignant-soigné génère des changements de comportements du patient bénéfiques pour sa santé et dès lors que la démarche thérapeutique, initiée par le soignant, se base sur le développement de la motivation du patient pour atteindre des objectifs précis, adaptés, prenant en compte ses valeurs et ses croyances. Loin d'être clairement établie, cette position de coach de l'infirmier est à professionnaliser. Les expertises sont à développer dans la formation initiale et continue ; des techniques et des outils sont à acquérir. Elle transforme définitivement la position d'abnégation au service d'un patient passif, héritée d'un passé religieux, en une relation de partenariat avec les patients, transcendant l'asymétrie de compétences et d'émotion.

La délégation de tâches : une réorganisation ou une reconnaissance ?

Aujourd'hui, 20 % des patients n'ont pas de médecin traitant. Dans une enquête menée par la revue *Le Généraliste* auprès de 462 praticiens, 53 % d'entre eux refusent de prendre de nouveaux patients. « On peut peut-être en prendre plus si la coordination et la délégation de tâches s'améliorent », explique Nicolas Revel, le directeur général de l'assurance-maladie. Si la nécessité de ce nouveau métier d'IPA en France est justifiée par le développement des parcours de soins et de santé, leur implantation sur le territoire national restera difficile car certains médecins les considèrent comme de potentiels concurrents au rabais. Retour de feu les « officiers de santé » instaurés par la Révolution de 1789 ! Quelle est la valeur ajoutée du partenariat entre les IPA et un ou plusieurs médecins ? Tout d'abord, il permet d'assurer la continuité des soins dans un délai raisonnable. Il s'agit aussi d'un travail collaboratif qui va permettre d'améliorer la qualité et la sécurité des soins tout au long des parcours du patient. Dans le cadre d'un groupement de professionnels de santé, les IPA vont permettre de libérer du temps médical. Les projets pilote québécois sont probants : « Le nombre de patients a par exemple augmenté de 30 % depuis l'arrivée des infirmiers spécialisés au Groupe de médecine de famille de Saint-Vallier. La présence des infirmières praticiennes spécialisées (IPS) nous permet de consacrer du temps à des cas plus complexes, plus lourds, tout en restant disponible si les IPS ont besoin de nous », explique le Dr André Fréchette [3]. Il y a quinze ans, lors de l'introduction de ces infirmiers spécialisés dans les réseaux de santé, certains médecins québécois ont eux aussi exprimé des réticences. Aujourd'hui, au Québec, les IPS tendent vers encore plus d'autonomie. Et l'Institut de recherche et d'informations socioéconomiques (IRIS) recommande au gouvernement de cesser de payer des médecins pour surveiller la pratique des IPS. L'argent économisé en supprimant cette supervision inutile permettrait de faire passer le nombre d'IPS de 5 à 22 pour 100 000 habitants et de favoriser ainsi l'offre de santé de premier recours. Sur cette question de l'autonomie accrue pour les IPS, le président de la Fédération des médecins omnipraticiens du Québec (FMOQ) déclare que « ce qui importe c'est le partage d'information entre les médecins et les IPS, d'autant que les patients traités par les uns et les autres sont souvent les mêmes [4] ».

Fort de ces expériences internationales, les coordinations des professionnels infirmiers français regrettent le manque d'autonomie laissée à l'IPA dans les textes délimitant la nouvelle fonction en juillet 2018 : « Le législateur est resté au milieu du gué », nous dit Daniel Guillerm, président de la Fédération nationale des infirmiers (FNI), regrettant la limitation des pratiques avancées aux activités sous délégation de protocole directe avec des médecins. En effet, aujourd'hui, la population d'infirmiers libéraux exerçant en ville connaît une démographie croissante et il n'existe pas de zones sous-dotées en IDE. De plus, l'infirmier libéral peut jouer un rôle pivot dans la coordination des soins en vue du maintien à domicile des patients.

La « science infirmière » : entre science et technique

On pourrait croire les contours du métier définis essentiellement par la délégation progressive des tâches médicales. Mais si l'on se réfère à l'histoire, c'est d'abord dans sa relation au malade au sein de l'institution dans laquelle l'infirmier travaille (voir l'hospice) que le métier se définit. Le service rendu au corps médical [5] n'apparaît qu'à la fin du XVIIIe siècle, au moment où le médecin entre à l'hôpital pour y travailler. C'est donc plutôt à l'interface des sciences humaines et de la médecine que se positionne la « science infirmière ». C'est autour de ce concept de « prendre soin » (*care*) que les premières recherches infirmières se sont développées, en prenant comme thème d'étude « l'homme vivant objet de soins dans un espace-temps singulier ». D'abord fondée sur des savoirs expérientiels, relevant plus de l'artisanat, cette recherche a acquis des critères de scientificité en adhérant à une démarche scientifique impliquant une rigueur méthodologique. La recherche en soins infirmiers est jeune, elle s'est développée depuis les années 1960 dans les pays anglo-saxons et en Suisse. Son champ d'étude, « la reconnaissance des besoins des personnes, des familles et des communautés dans une perspective de santé [6] », s'inscrit dans les enjeux sociétaux contemporains. Par l'universitarisation de la formation initiale, la pratique infirmière recherche une légitimité et une autorité, afin de pouvoir se faire entendre et reconnaître, et ne pas dépendre de l'autorité d'autres professions. L'enjeu majeur pour les infirmiers est de répondre aux besoins de santé de la population tout en devenant créateurs de leurs propres normes de métier.

RÉFÉRENCES

[1] P.-L. Bras, « L'Ondam et la situation des hôpitaux publics depuis 2009 », *Les Tribunes de la santé*, 2019, 59, p. 109-117.

[2] www.coachfederation.fr

[3] A. Fréchette, « Les "superinfirmières" encore sous-utilisées, malgré leur efficacité », *Radio-Canada*, rubrique « Santé », 27 janvier 2019.

[4] D. Gentile, « Pour en finir avec la surveillance des "superinfirmières" par les médecins », *Radio-Canada*, rubrique « Santé », 25 avril 2019.

[5] M. Nadot, « L'articulation historiquement ancrée d'éléments sur lesquels repose notre discipline », *Recherche en soins infirmiers*, 2009, 98, p. 12-18.

[6] J. Pépin, F. Ducharme, S. Kérouac, *La Pensée infirmière*, Canada, Chenelière Éducation, 4e édition, 2017, p. 144-145.

DEUXIÈME PARTIE

Changer l'hôpital

L'hôpital public est emblématique de la crise globale, ou paradigmatique, du système de santé. Partie des urgences, elle a gagné l'ensemble de l'organisation hospitalière. Sur ce point, il y a désormais consensus : il faut « réformer l'hôpital ». En effet, l'hôpital contemporain est issu d'une véritable grande réforme – chaque ministre de la Santé annonce à grand renfort de communication « sa » réforme mais bien peu sont décisives quand elles ne s'enlisent pas dans les sables des rapports de force politiques et sociaux : celle de 1958, dite réforme Debré, passe à la faveur ni plus ni moins que d'un changement de... Constitution ! En effet, le système de santé français, tout comme ses homologues étrangers, présente une telle inertie qu'il faut des conjonctures révolutionnaires pour impulser des réorientations substantielles : Révolution française, crise algérienne et avènement de la Ve République ou encore crise de Mai 68. Nous allons le voir, cette grande réforme s'inscrit dans un contexte bien particulier : prévalence des maladies aiguës bénignes et graves, foi de la population et des décideurs publics dans le progrès médical au sens technique du terme (ce qu'on appelle la « biomédecine »), hyperspécialisation médicale, forte croissance économique permettant de financer une modernisation anarchique du parc hospitalier, etc. L'hôpital est alors devenu le centre de gravité du système de santé.

Toutefois, dès les années 1970, le chef d'orchestre de cette révolution biomédicale et hospitalière, le pédiatre Robert Debré, père du Premier ministre de l'époque (cela aide...), voyait les limites de son œuvre. Il avait bien compris que l'hôpital public était en train d'être victime de son succès. Bien sûr, se sont accumulés les problèmes de financement avec la rupture de croissance économique liée au premier choc pétrolier. La rationalisation des coûts est passée devant l'expansion de l'hôpital sur l'agenda politique. Il faut dire que, même en tenant compte de l'inflation, les dépenses hospitalières connaissaient un taux de croissance à deux chiffres. Surtout, « l'inflation médicale » semblait buter sur la prévalence croissante des maladies chroniques, laquelle a pris à revers les fondamentaux de la réforme de 1958.

On arrive ici au cœur du débat politique contemporain. D'un côté, certains veulent simplement faire de l'hôpital une usine à soins curatifs, produits à flux de plus en plus tendus sur le modèle de la clinique commerciale. En résumé : à cadre inchangé, on intensifie la « production de soins » en faisant la chasse aux « gaspillages ». De l'autre côté, d'autres soulignent que l'on arrive à la fin d'une époque et qu'il faut changer le cadre lui-même : l'hôpital doit s'ouvrir sur son environnement, faire davantage de place à la santé publique en tant que discipline carrefour, donner un rôle plus grand aux patients dans leurs prises en charge. D'un côté, une logique purement budgétaire et néomanagériale, de l'autre, une vision plus profonde des racines de la crise.

7

La révolution de 1958 : naissance de l'hôpital moderne

Didier Tabuteau

« Dès ma jeunesse, j'ai été choqué [...] non seulement par la tristesse des vieux hôpitaux dont les siècles de souffrance avaient comme imprégné les murs, mais encore par tout ce que j'entendais dire sur les grands concours, le favoritisme, le mandarinat [1]. » De ce constat fait par Robert Debré, professeur de pédiatrie, va naître la plus grande réforme hospitalière réalisée en France. Les ordonnances des 11 et 30 décembre 1958 créent les centres hospitaliers universitaires (CHU) et instituent le régime du temps plein pour les médecins hospitaliers [2]. Elles marquent une rupture majeure dans l'histoire de l'hôpital mais aussi plus largement du système de santé en France.

L'ambition de l'« hôpital pour tous », des plus pauvres aux plus aisés

La réforme s'inscrit dans un mouvement laborieux d'ouverture de l'hôpital à tous les malades. Jusqu'à la fin du XIXe siècle, le monde hospitalier a en effet pour vocation d'accueillir les populations les plus déshéritées.

L'hôpital dédié à l'accueil des plus pauvres

La loi du 7 août 1851 sur les hospices et hôpitaux consacre le principe de l'admission dans les hôpitaux des malades « indigents » : « Lorsqu'un individu privé de ressources tombe malade dans une commune, aucune condition de domicile ne peut être exigée pour son admission dans l'hôpital existant dans la commune. »

Dans le mouvement de la législation sociale de la IIIe République, la loi du 15 juillet 1893 proclame un droit à des secours médicaux gratuits dispensés à domicile et, si nécessaire, « dans un établissement hospitalier », pour « tout Français malade, privé de ressources » [3]. Le conseil général doit se prononcer sur « l'organisation du service de l'assistance médicale, la détermination et la création des hôpitaux auxquels est rattachée chaque commune ou syndicat de communes [4] ». Un « prix de journée des malades placés dans les hôpitaux » est fixé par le préfet et le financement est supporté par la collectivité en charge de l'établissement [5].

L'ambition universaliste du Front populaire et de la Libération

Avec la création des assurances sociales en 1928, l'ambition d'hôpitaux prenant en charge des publics plus favorisés, notamment les bénéficiaires des nouveaux régimes de protection sociale, se fait jour. Un rapport de l'inspection générale des services administratifs de 1938 [6] note ainsi : « On ne doit pas oublier que les assurés sociaux ne sont pas considérés comme des indigents, que pour les attirer dans leurs établissements, les commissions administratives se sont appliquées à ne plus mériter le reproche de faire de la médecine d'indigents. Elles ont fait incontestablement un gros effort pour moderniser leurs services, quand elles n'ont pas été amenées à exécuter un programme de constructions nouvelles [7]. »

En 1939, un décret pose les principes d'une nouvelle organisation hospitalière visant à accueillir l'ensemble de la population :

« Les hôpitaux et hospices reçoivent, dans les conditions prévues par les lois et règlements en vigueur, les malades, les vieillards, infirmes et incurables, les femmes en couches admis au bénéfice des lois d'assistance. Ils reçoivent, en outre, les malades qui doivent être soignés aux frais de l'État ou des collectivités publiques ainsi que les bénéficiaires des lois sur les accidents du travail et sur les assurances sociales. »

Le décret du 17 avril 1943 pris pour l'application de l'acte dit loi du 21 décembre 1941 [8], qui avait recopié l'essentiel des dispositions du décret-loi de 1939, introduit une distinction entre trois catégories d'établissements hospitaliers : « Les hôpitaux, les centres hospitaliers et les "centres hospitaliers régionaux" qui sont des hôpitaux ou groupements d'hôpitaux destinés à satisfaire en plus des besoins locaux aux besoins spéciaux de l'ensemble de la région [9]. »

Ces évolutions ne permettent pourtant pas d'ouvrir l'hôpital à tous les publics. Les conditions de fonctionnement, notamment l'accueil des malades dans de vastes salles communes et une présence médicale restreinte et aléatoire, dissuadent les malades fortunés comme les assurés sociaux d'avoir recours à leurs services.

L'origine de la réforme de 1958 peut être trouvée dans les rapports lumineux présentés par Robert Debré, pendant la Seconde Guerre mondiale, devant le Comité médical de la Résistance, alors chargé d'organiser le service de santé pour les Forces françaises de l'intérieur, et le Comité national des médecins français. Ces documents sont transmis au Comité français de libération nationale à Alger en janvier 1944 [10]. Leur avant-propos précise : « Ces pages sont donc l'expression de la foi que nous n'avons cessé de garder. Non pas des rêves ; il ne s'agissait point de rêver, mais des suggestions pour des réformes à la fois profondes et raisonnables. »

L'opuscule comporte le texte fondateur intitulé : « Organisation de la profession médicale et réforme de l'enseignement de la médecine. » Il dresse un constat sans concession : « Beaucoup de médecins ne sont pas instruits comme ils devraient l'être, [...] les praticiens abandonnés à eux-mêmes ne peuvent trouver, au cours de leur carrière, d'occasions convenables de s'instruire et de se tenir au courant [...]. Il leur est souvent impossible de faire bénéficier leurs malades des progrès incessants de la science [...]. Un certain nombre d'entre eux ont tendance à remplacer les règles morales de leur profession par la commercialisation de la médecine. » Il ajoute : « Le corps enseignant, partagé entre des tâches diverses, ne s'applique pas essentiellement à son métier [et] le travail scientifique est loin d'être poursuivi en France dans le domaine de la médecine comme il devrait l'être. La médecine française n'atteint pas, de beaucoup, sur le plan international, le niveau qui lui était jadis reconnu. »

La note préconise pour chacun un « médecin indépendant, exerçant librement, [...] l'accès à l'hôpital pour tous, l'hôpital devenant un véritable centre de diagnostic et de thérapeutique pour toute la population ». Elle poursuit : « Le corps enseignant doit être voué entièrement à s'attacher à mener une vie essentiellement hospitalière et universitaire [et] les facultés de médecine doivent assurer la direction technique de tous les services hospitaliers des villes universitaires. » L'ambition est radicale : « La profession médicale doit être aménagée pour la prévention des maladies et le soin des malades et non pour l'intérêt des médecins. »

La belle alliance des médecins et des administratifs, partisans de la réforme

La réforme hospitalière n'est pas engagée en 1945 mais l'ambition de « l'hôpital pour tous » est reprise au milieu des années 1950. Comme l'écrit Robert Debré : « En effet, un principe social nous paraissait s'imposer : les malades de toutes les classes de la nation devaient être, dans le cas de diagnostic difficile, de maladie ou de blessure grave, de soins urgents, dirigés vers l'hôpital. Il fallait donc d'abord modifier le sentiment général d'une population habituée à considérer l'hôpital comme un refuge de la misère où l'on ne doit se rendre que si l'on ne peut l'éviter, montrer ensuite que celui-ci est devenu le seul lieu où puissent se trouver les secours les meilleurs dans un cadre à tous égards favorable à la guérison [11]. » Il s'agit de sortir de l'hôpital des salles communes et de bâtir un hôpital moderne.

Une initiative de Pierre Mendès France relance, en 1955, la dynamique réformatrice. De jeunes médecins réformateurs sont réunis autour de Jean Dausset [12] ; il en résulte la constitution de l'Amicale des médecins radicaux le 3 novembre 1955 puis, en février 1956, la publication d'un « plan de santé » dans le journal du parti radical socialiste, *L'Information médicale*, préconisant le développement d'un réseau de centres hospitaliers modernes et d'un personnel médical à temps plein.

À Caen, du 1er au 3 novembre 1956, un colloque national sur la recherche et l'enseignement scientifiques, présidé par Pierre Mendès France, réunit deux cent cinquante scientifiques, administratifs, industriels, journalistes parlementaires. Robert Debré, René Fauvert (hépatologue) et Jean Dausset (hématologue) y présentent un plan d'organisation de la recherche médicale en France et un plan de réforme de l'enseignement de la médecine.

Le rapprochement de ces médecins réformateurs de Robert Debré débouche sur l'institution d'un comité interministériel [13] réunissant pendant plusieurs années des médecins et des hauts fonctionnaires [14]. Placé sous la présidence de Robert Debré, il a pour mission « d'étudier les moyens propres à adapter aux progrès de la médecine les structures de l'enseignement médical, de la recherche médicale et de la médecine de soins, de proposer les réformes nécessaires et de coordonner, au cours de la réalisation de ces réformes, l'activité des différents départements ministériels intéressés [15] ».

Le comité commence par établir un bilan de l'hospitalisation en France. Il est alarmiste. Au sein des 1 773 hôpitaux et hospices publics, parmi lesquels 16 centres hospitaliers régionaux, 66 centres hospitaliers et 456 hôpitaux, dominent les salles communes de 30 à 40 lits. La présence des médecins y est limitée, en général dans la matinée. L'essentiel de l'activité des médecins hospitaliers est exercé dans un cabinet de ville ou dans une clinique privée.

En outre, l'encadrement des étudiants en médecine est très déficient. On compte à Paris trois professeurs pour cent étudiants quand il y en a plus de cinquante à l'Université Columbia de New York [16]. La recherche est en retard par rapport à celle des pays comparables malgré la création en 1939 du CNRS et en 1941 de l'Institut national d'hygiène (INH) [17].

Le comité interministériel devient la plaque tournante de la réforme hospitalière. Robert Debré a rendu hommage à cette construction singulière, réunissant médecins et hauts fonctionnaires. L'action du comité entre dans une nouvelle phase lorsqu'il produit, en juillet 1957, un avant-projet de loi [18] qui prévoit une « coopération organique entre les facultés de médecine et les hôpitaux des villes sièges de faculté ou école de médecine [19] », le développement d'une formation scientifique de base pour les étudiants en médecine et le recrutement unifié des personnels enseignants et des praticiens des hôpitaux de ville universitaire.

Une œuvre visionnaire et iconoclaste

La réforme est réalisée en décembre 1958 par des ordonnances prises sous l'autorité du général de Gaulle, président du Conseil depuis le 1er juin 1958. Elle est mise en œuvre par le gouvernement dirigé à compter du 8 janvier 1959 par Michel Debré, fils de son inspirateur.

Une réforme volontariste dans un maelström politique

Une première ordonnance du 11 décembre 1958 [20] introduit dans le Code de la santé publique le principe de « l'hôpital pour tous » : « Les hôpitaux et hospices publics sont ouverts à toutes les personnes dont l'état requiert leur service. » La distinction entre les malades n'apparaît que dans l'article L. 680 qui autorise les hôpitaux « à créer et faire fonctionner des cliniques ouvertes, dans lesquelles les malades, blessés ou femmes en couches admis à titre payant sont libres de faire appel aux médecins, chirurgiens, spécialistes de leur choix ainsi qu'aux sages-femmes n'appartenant pas au personnel titulaire de l'établissement [et] à réserver des lits pour la clientèle personnelle des médecins, chirurgiens, spécialistes de l'établissement lorsque ceux-ci lui consacrent toute leur activité professionnelle et à permettre à ces praticiens de recevoir en consultation des malades qui leur sont adressés personnellement ».

Une autre ordonnance du 11 décembre 1958 relative à la coordination des établissements de soins comportant hospitalisation [21] introduit le principe d'un régime de police pour l'ouverture des établissements d'hospitalisation en imposant une déclaration préalable pour l'ouverture de tout établissement sanitaire privé comportant hospitalisation et reconnaît un droit d'opposition au ministre en fonction, notamment des « besoins de la circonscription intéressée en équipement sanitaire [22] ». Les premiers jalons d'une planification hospitalière, qui sera consacrée en 1970, sont déjà posés.

Une seconde étape est franchie avec l'ordonnance du 30 décembre 1958 [23] qui impose aux facultés ou écoles de médecine ou de pharmacie et aux centres hospitaliers « d'organiser conjointement l'ensemble de leurs services en centre de soins, d'enseignement et de recherche ». Elle ajoute : « Ces centres prennent le nom de “centres hospitaliers et universitaires”. » Et l'article 5 crée la médecine hospitalo-universitaire : « Les membres du personnel médical et scientifique des centres créés à l'article 1er exercent conjointement les fonctions universitaires et hospitalières. L'accès à leur double fonction est assuré par un recrutement commun. [...] Ils consacrent à leurs fonctions hospitalières, à l'enseignement et à la recherche la totalité de leur activité professionnelle, sous réserve des dérogations qui pourront être prévues par leur statut. » C'est la fusion de la hiérarchie universitaire (assistants, chefs de cliniques, agrégés et professeurs) et de la hiérarchie hospitalière (externes, internes, médecins ou chirurgiens des hôpitaux, chefs de service ou adjoints)...

Les statuts hospitalo-universitaires sont établis dès 1960. Un premier décret [24] donne réalité au statut hospitalo-universitaire du médecin hospitalier à temps plein : « Le travail à temps plein de ce personnel signifie essentiellement que cesse la vie double créée par des obligations hospitalières et l'exercice en ville de la profession médicale. » Il en résulte également que : « Les membres du personnel hospitalier universitaire reçoivent une double rémunération : celle que leur accorde l'État pour leur enseignement et celle qui leur est donnée pour les autres fonctions qu'ils exercent au centre hospitalier et universitaire (soins, travaux de laboratoire). » Enfin le décret instaure une dérogation au statut de la fonction publique : « Les médecins, chirurgiens et spécialistes à plein temps, qu'ils soient ou non chefs de service, pourront donc, en vertu de l'article 12, recevoir à l'hôpital, en consultation privée, des malades personnels deux fois par semaine ; être appelés éventuellement par un de leurs confrères en consultation auprès d'un malade ; faire admettre, enfin, des malades à l'hôpital à titre privé et les y traiter ou procéder à des accouchements et toutes opérations chirurgicales. »

L'émergence du service public hospitalier

Avec la création des CHU, les ordonnances Debré profilent également l'institution du service public hospitalier. La constitution d'un tel service public avait été préparée par des travaux administratifs dès les années 1930. L'ambition était d'établir un système hospitalier national après plus d'un siècle d'assistance communale [25]. En outre, les juridictions suprêmes avaient admis que le régime de responsabilité médicale des hôpitaux relevait du service public dès 1935 et avaient reconnu, à compter des années 1950, l'existence d'un « service public de santé » et même d'un « service public hospitalier » [26].

Pour autant, la transformation des centres hospitaliers est laborieuse. Des travaux conduits de 1958 à 1965 permettent la modernisation des centres hospitaliers et leur intégration dans le nouveau régime. Le mouvement initié en 1958 aboutit à la consécration législative du service public hospitalier par la loi du 31 décembre 1970 [27]. Il revient à ce dernier d'assurer « les examens de diagnostic, le traitement – notamment les soins d'urgence... » mais le législateur ajoute que le service unique hospitalier « concourt à l'enseignement universitaire et postuniversitaire médical et pharmaceutique et à la formation du personnel paramédical » et qu'il « participe à la recherche médicale et pharmaceutique et à l'éducation sanitaire ».

L'irruption du « temps plein hospitalier »

Pendant très longtemps, le médecin ne faisait pas juridiquement partie du personnel hospitalier [28]. Jean Dausset, qui a directement participé à la réforme, rappelait en 1998 la situation des hôpitaux d'avant 1958 : « Les médecins y acquéraient une expérience considérable qu'ils pouvaient reporter sur leur clientèle personnelle. Ils venaient la matinée à l'hôpital et recevaient l'après-midi à leur domicile. [...] Ainsi l'hôpital était une ruche au cours de la matinée et s'endormait pour le reste de la journée [29]. »

L'audace de la réforme de 1958, substituant à une médecine hospitalière exercée par des médecins libéraux une médecine hospitalo-universitaire exercée par des fonctionnaires, s'inscrit dans un contexte historique peu favorable à l'organisation hospitalière en vigueur.

En premier lieu, les carrières hospitalières sont depuis quelques années regardées avec suspicion. En 1955, l'« affaire des concours » donne lieu à une décision retentissante du Conseil d'État. Le concours de médecins des hôpitaux de Paris de mars 1949 est en effet annulé à l'issue d'une procédure stupéfiante. Neuf postes ont été ouverts au concours mais 25 des 39 candidats se sont retirés dès que la composition du jury a été connue. La requête d'un candidat ayant participé aux épreuves, dirigée contre les résultats du concours, est rejetée. Pourtant, le 23 décembre 1955, le Conseil d'État annule en appel les résultats. Le commissaire du Gouvernement devant le Conseil d'État fait en présentant le litige une étonnante remarque préalable : « Pour qui connaît, par relations personnelles ou de toute autre manière, la pratique habituelle, parfois déplorée, mais le plus souvent suivie, de ces concours médicaux ne comportant pas d'anonymat, les allégations du requérant sont d'une aveuglante vraisemblance. » Quant à la haute juridiction, elle fonde sa décision d'annulation sur un constat sans appel : « Considérant, qu'à l'appui de ses dires le sieur X fait état, d'une part, de ce que quatorze candidats seulement sur trente-neuf inscrits ont effectivement pris part aux épreuves du concours [...] d'autre part de ce que le requérant a pu, préalablement à l'ouverture des opérations du concours, dresser la liste exacte des neuf candidats qui devaient être proposés par le jury pour l'admissibilité définitive et la déposer sous enveloppe cachetée chez un huissier qui l'a constatée par un procès-verbal régulièrement enregistré, de ce qu'enfin tous les candidats proposés par le jury ont reçu la note de 20 sur 20 pour toutes les épreuves... »

Parallèlement, le rapport de la Cour des comptes de 1956 met en cause le caractère excessif des honoraires médicaux en hospitalisation et conclut à la nécessité d'une réforme profonde des conditions d'exercice de la médecine hospitalière :

> « La présence du praticien en titre pendant un petit nombre d'heures par jour ne va pas sans inconvénients pour la rapidité du diagnostic, la surveillance des malades et la durée de leur séjour [...] Les possibilités nouvelles offertes par les prestations de la Sécurité sociale devraient permettre, dans un grand nombre de cas, le recrutement de praticiens consacrant toute leur activité à l'hôpital et recevant à ce titre une rémunération aussi éloignée de l'insuffisante indemnité forfaitaire, allouée au titre de l'assistance, que des honoraires excessifs constatés dans quelques établissements [30]. »

Enfin, les réformateurs de 1958 sont inspirés par les évolutions de la médecine hospitalière aux États-Unis. La Fondation Rockefeller avait demandé à Simon Flexner de proposer une réforme des Écoles de médecine américaine. Il en était résulté le principe du *bedside teaching by full-time practitioners.* L'application du « plein-temps » avait permis en quinze ans de développer aux États-Unis un système médical et universitaire d'une remarquable qualité [31]. Comme le note Robert Debré : « Le Comité interministériel était conscient qu'il devait prendre une mesure révolutionnaire pour modifier le régime de vie du personnel des hôpitaux et des facultés. Il était indispensable [...] qu'on exigeât de tous le temps plein, élément primordial du progrès [32]. »

Le bouleversement de toute l'organisation de la médecine française

La réforme se heurte à de violentes oppositions au sein même du corps médical. Elle apparaît, quelques décennies plus tard, à l'origine d'un véritable schisme professionnel. Le général de Gaulle avait mis en garde Robert Debré : « Vous voulez forcer tous les médecins à rester toute la journée auprès de leurs malades à l'hôpital, vous n'y parviendrez jamais. [...] Ils tiennent trop à leur clientèle privée [33]. »

Les opposants dénoncent tout d'abord une fonctionnarisation de la médecine. Une note de synthèse du 28 septembre 1960 du ministère de l'Éducation nationale et de la Santé s'évertue à réfuter une telle mise en cause : « La fonction plein-temps n'est pas comme on l'a parfois dit une fonctionnarisation de la médecine hospitalière. Les professeurs et maîtres de conférences peuvent être appelés en consultation en ville. Ils peuvent recevoir à l'hôpital des malades personnels en consultation, deux fois par semaine. Ils peuvent les faire hospitaliser dans des lits mis à leur disposition à cet effet. Les médecins adjoints et les assistants peuvent recevoir leurs clients privés en consultation. Les uns et les autres pourront réclamer à leurs malades privés des honoraires qui seront fixés par "entente directe" [34]. »

L'introduction du secteur privé à l'hôpital public est en effet décidée malgré l'opposition de Robert Debré. Jean Dausset résume ainsi cet épisode : « Cependant, une entorse importante au principe avait dû être concédée. Il y aurait possibilité de recevoir à l'hôpital, un après-midi par semaine, une clientèle privée et d'avoir un certain nombre de lits pour cette même clientèle. Cette disposition fut prise malgré l'opposition farouche du père de la réforme. Politique oblige [35] ! »

Plus fondamentalement, les ordonnances de 1958 sont perçues comme une menace pour l'exercice libéral de la médecine dans un système de santé fondé, depuis le XIXe siècle, sur le paiement à l'acte.

Par une décision du 21 février 1936, le Conseil d'État avait rappelé que s'agissant des hôpitaux et des hospices communaux, qui « constituent des établissements publics, [...] les médecins attachés à ces établissements hospitaliers ne peuvent pas réclamer directement des honoraires aux malades usagers de ce service public, quels que soient le titre auquel ces malades y sont admis et le montant du prix de journée perçu ».

Or l'ambition de Robert Debré est bien de mettre fin aux relations financières entre le médecin et le malade : « Personnellement, je rêvais d'un régime où je n'aurais pas à demander d'honoraires, à en fixer le montant, à me soucier des questions d'argent [36]. » Il ajoutait : « La double appartenance devait comporter un double traitement répondant à la double tâche assumée par tous. Cette mesure permettait de compenser en quelque sorte les avantages perdus par l'abandon des carrières privées [37]. »

Les opposants à la réforme sont nombreux [38]. Le ministère des Finances redoute les coûts potentiels, certaines facultés de médecine s'inquiètent des bouleversements statutaires, de jeunes médecins craignent un accès restreint pour les CHU et les syndicats libéraux une emprise de l'État sur la médecine.

Robert Debré décrit ainsi ces oppositions : « La résistance fut des plus vives, les protestations bruyantes [...]. On nous reprochait de détruire la médecine libérale, de transformer les meilleurs des médecins en fonctionnaires asservis, de vouloir faire périr "l'élite", de briser les plus belles traditions, de nous nourrir de chimères et aussi, j'ajoute, de pousser vers la misère des groupes d'hommes jusqu'alors assez opulents [39]. »

Les souvenirs de Jean Dausset sont au diapason : « Nous étions considérés comme de véritables trouble-fêtes, accusés de vouloir "socialiser" la médecine, voire d'être de dangereux communistes. Je me souviens d'avoir reçu la nuit des menaces de mort... Ma famille ne me connaissait plus [40] ! »

La réforme s'accompagne d'un large débat dans les universités et les hôpitaux. Non sans résistances. L'accès aux amphithéâtres de certaines facultés est refusé aux défenseurs de la réforme. Robert Debré se souvient de réunions tenues « dans l'arrière-boutique d'un café [41] ».

L'acmé de la fronde est atteint par la protestation solennelle de l'Académie de médecine adoptée à l'unanimité le 14 avril 1959 : « Ce texte, qui bouleverse du jour au lendemain toute l'organisation de la médecine française, ne tient aucun compte de l'avis des organismes qualifiés consultés par le Comité interministériel, en particulier l'Académie nationale de médecine. Il aboutit en fait à une sorte de fonctionnarisation forcée de tout le corps hospitalier, malgré la volonté formellement exprimée par l'immense majorité de celui-ci. [...] L'Académie nationale de médecine partage la légitime émotion qui se manifeste dans tout le corps médical et s'associe aux protestations unanimes émises par le Conseil national de l'ordre, les Conseils des universités et des facultés, les Syndicats des médecins, chirurgiens et spécialistes des hôpitaux. Elle demande solennellement à M. le ministre de la Santé, à M. le ministre de l'Éducation nationale et au Premier ministre, M. Debré, de surseoir à la promulgation d'un texte hâtif dont les conséquences lui apparaissent des plus graves pour l'avenir immédiat de la médecine française [42]. »

La virulence du texte conduit Robert Debré à faire une mise au point devant l'Académie nationale de médecine le 21 avril suivant [43]. Il y réfute la critique de « fonctionnarisation forcée » en rappelant l'existence de mesures transitoires et le principe du libre choix entre l'ancien et le nouveau régime pour les collègues des hôpitaux et des facultés.

Dans ses mémoires, il rappelle en conclusion qu'il ne s'agissait pas seulement d'une simple confrontation d'idées : « Les "intérêts" étaient en jeu, et l'on sait qu'ils savent se défendre. Ils savent aussi s'abriter derrière le respect des grands principes. Je connaissais bien et par expérience personnelle l'importance des abandons qu'exigeait la réforme ; je n'en éprouvais que plus durement l'injustice des attaques et des insultes personnelles qu'acceptèrent de publier certains grands journaux médicaux, ce qui montre à quel point était violente la mêlée [44]. » Mais il ajoute : « D'une façon générale, la jeune génération était favorable lorsque les aînés étaient réticents et même hostiles [45]. »

En 2007, un article de doctrine publié dans l'histoire des sciences médicales reprenait pourtant encore la thèse de la remise en cause de l'autonomie médicale : « En 1958, la Vᵉ République était, certes, soucieuse de promouvoir le monde hospitalo-universitaire, mais elle a porté un coup fatal à l'autonomie médicale, en sapant la hiérarchie hospitalière, et en étatisant et généralisant les recrutements à temps plein… »

Conclusion : l'héritage de la réforme de 1958

Les ordonnances de 1958 ont largement structuré l'évolution ultérieure du système de santé. Leur empreinte a été particulièrement forte, au-delà de la création des CHU et de la médecine hospitalo-universitaire, dans trois domaines.

Le principe d'égalité : une médecine moderne pour tous

L'ambition d'une démocratisation du système de santé permettant de favoriser l'égal accès aux soins était au cœur de la réforme. Le rapport de 1944 sur l'organisation de la profession médicale et la réforme de l'enseignement de la médecine affirmait dès son introduction : « En même temps que l'hygiène publique, l'organisation de soins convenables pour tous les malades quels qu'ils soient devra être mieux assurée par une médecine mieux organisée [46]. »

Robert Debré a précisé la portée de son projet dans ses mémoires : « Nous voulions proclamer et réaliser notre idéal : établir l'égalité entre tous les Français devant la maladie et la souffrance. [...] L'atmosphère de la Résistance était favorable à l'élan de nos enthousiasmes [...]. Après la Libération, sous l'autorité du gouvernement provisoire, parmi tant de réformes capitales, le suffrage des femmes par exemple s'établit un régime de Sécurité sociale et d'allocations familiales qui contribua à rendre applicables la plupart de mes projets [47]. »

Le lien entre la réforme Debré et la création puis la généralisation de la Sécurité sociale, deux réformes inspirées par le programme du Conseil national de la Résistance, est crucial. Les deux réformes se confortent mutuellement. Les hôpitaux ont vocation à accueillir l'ensemble des assurés sociaux et, plus largement, tous ceux qui ont besoin de leurs services. La loi hospitalière de 1970 consacre ce principe : « Les établissements qui assurent le service public hospitalier sont ouverts à toutes les personnes dont l'état requiert leurs services. Ils doivent être en mesure d'accueillir les malades, de jour et de nuit ou, en cas d'impossibilité, d'assurer leur admission dans un autre établissement appartenant au service public hospitalier. Ils ne peuvent établir aucune discrimination entre les malades en ce qui concerne les soins [48]. »

L'ambition universaliste du service public hospitalier est confirmée par la loi portant réforme hospitalière de 1991 [49] et la loi de modernisation de notre système de santé de 2016 [50].

Le financement du développement hospitalier est assuré depuis 1958, pour l'essentiel, par la Sécurité sociale et l'objectif d'universalité de la protection sociale est parachevé avec les réformes créant la couverture maladie universelle (CMU) en 2000 et la protection universelle maladie (PUMa) en 2016.

La prééminence de la médecine scientifique de haute technicité

La réforme de 1958 avait également pour objectif de répondre aux exigences scientifiques d'une médecine moderne. Il s'agissait d'inciter à la recherche et d'instiller une démarche d'évaluation et de méthodologie scientifique. Le projet était largement inspiré, nous l'avons vu, par l'expérience de jeunes médecins ayant suivi des cursus de formation ou recherche à l'étranger, notamment aux États-Unis [51].

Il y avait une volonté de renforcer la part scientifique de l'activité médicale : « Le fondement de cette réforme se trouve dans la liaison organique qui sera dorénavant établie entre l'hôpital et la Faculté et, par là même, entre la clinique et les sciences dites fondamentales. »

Si la réforme a répondu à cette attente, elle a néanmoins buté sur certaines limites. Tout d'abord la difficulté pour les praticiens d'assurer pleinement leur triple mission de soins, d'enseignement et de recherche. Ensuite la primauté aux soins de pathologies graves ou complexes résultant de la nouvelle organisation a pu faire écran au développement de la prévention. Jean Dausset a fait, en 1996 au colloque de Caen, un constat sévère en ce domaine : « Sur le plan aussi de la médecine préventive, à laquelle M. Debré était très attentif [...], là encore, il y avait beaucoup à désirer et le comité interministériel, finalement, n'est pas allé jusqu'au bout de ses objectifs. Je crois que c'est là l'une des raisons de certains échecs de la réforme [52]. »

Robert Debré a lui-même plaidé pour une réforme plus globale de la santé publique lors d'un colloque consacré en 1973 à sa réforme : « Eh bien, vous ne ferez quelque chose de valable dans le domaine qui vous intéresse que si vous faites le même effort, c'est-à-dire, comme il a été ajouté à la médecine clinique, la médecine biologique, intriquée, insérée dans le même lieu et les mêmes pensées, si vous impliquez de la même façon la santé publique [...]. La médecine d'aujourd'hui comporte trois parties : l'étude clinique de son corps et de son esprit, l'étude biologique raffinée, avec des moyens supplémentaires pour connaître le fonctionnement et les vices de fonctionnement de son corps, et la santé publique pour se préoccuper de son attitude et de son comportement vis-à-vis de la société et du milieu influant sur lui. C'est une philosophie entière, c'est une pensée globale qui doit inspirer ce changement [53]. »

Pour les mêmes raisons, la réforme a également relégué la médecine générale au second plan. Le succès des ordonnances de 1958 a favorisé le développement d'une approche plaçant l'hôpital et les spécialités techniques dont il a permis le prodigieux essor au centre du système de santé. L'absence de la médecine générale dans le développement hospitalo-universitaire a discrètement mais significativement affecté le prestige et l'attractivité de la médecine générale auprès des étudiants en médecine.

Il a fallu attendre les évolutions des années 1980 et surtout des années 2000 pour que le rapprochement entre la médecine générale et le monde universitaire progresse véritablement.

Comme le déclarait Jean Dausset en 1996 : « Le premier objectif, à mon sens, était justement l'intégration, si je puis dire, des médecins généralistes, donc le secteur libéral de la médecine, dans les CHU. Le lien n'a pas été fait correctement. Je pense que, là-dessus, il y a un très gros effort à faire [54]. »

De l'humanisation des hôpitaux aux droits des malades

Il faut enfin souligner, même si le lien est moins connu, que les ordonnances de 1958 se sont inscrites dans le mouvement plus général d'humanisation des hôpitaux. Le *Journal officiel* du 12 décembre 1958 publie, dans un même mouvement, le décret relatif aux hôpitaux et hospices publics [55] et une circulaire relative à l'humanisation des hôpitaux. Cette instruction établit la doctrine de l'humanisation des hôpitaux progressivement mise en œuvre depuis 1944 et un arrêté ministériel [56] prohibant les chambres à plus de six lits, avant que l'objectif des chambres d'au plus quatre lits ne s'impose dans les années 1960 [57].

Signée par le ministre de la Santé publique et de la Population, elle s'ouvre par un constat révélateur : « L'adaptation des conditions d'hospitalisation des malades aux exigences de la vie moderne et à l'évolution du niveau de vie moyen est un des problèmes essentiels de notre organisation hospitalière d'aujourd'hui, souvent désignée sous le vocable de l'"humanisation" des hôpitaux. »

La circulaire s'attache ensuite à favoriser les visites aux malades, la présence d'un membre de la famille auprès des personnes hospitalisées et à améliorer le régime des effets personnels des malades, les horaires de lever, de repas et de coucher des malades et enfin l'accueil des personnes hospitalisées et des visiteurs.

En 1974, la sémantique des droits des malades hospitalisés se substitue à l'humanisation des hôpitaux. Une « charte du malade hospitalisé » est publiée par Simone Veil, ministre de la Santé, le 20 septembre 1974 [58].

La loi hospitalière du 31 juillet 1991 [59] inscrit pour la première fois dans la législation le concept de « droits des malades », consacré par la loi du 4 mars 2002. En 2006, la « charte du malade hospitalisé » devient la charte de la personne hospitalisée…

L'exposé des motifs de l'ordonnance du 30 décembre 1958 faisait expressément le lien entre la réforme hospitalière et la doctrine de l'humanisation des hôpitaux : « Les efforts actuellement entrepris, dans tous les secteurs, en vue de l'humanisation des services hospitaliers, doivent donc trouver dans la réforme envisagée l'un de leurs instruments les plus efficaces et l'une de leurs plus sûres garanties de succès [60]. »

Robert Debré pouvait légitimement estimer lorsqu'il a écrit *L'Honneur de vivre* en 1974 : « La réforme hospitalière et universitaire est un succès. Elle change sous nos yeux la mentalité du public, qui, craignant hier l'hôpital, y est aujourd'hui de plus en plus attiré. La qualité exceptionnelle des applications thérapeutiques les plus délicates est publiquement reconnue ainsi que la valeur des diagnostics posés chaque jour avec plus de raffinement dans les cas les plus difficiles [61]. »

RÉFÉRENCES

[1] R. Debré, *L'Honneur de vivre. Mémoires* (1974), Paris, Hermann, nouvelle édition 1996, p. 345.
[2] Ce chapitre reprend en grande partie un article intitulé « Le Big Bang des ordonnances de 1958 », publié dans le numéro spécial du *Concours médical* de décembre 2018, 10, dans le dossier « 140 ans d'exercice avec le *Concours médical* », avec l'aimable autorisation de *Global Média Santé.*
[3] Article 1er de la loi sur l'assistance médicale du 15 juillet 1893.
[4] Article 4 de la loi sur l'assistance médicale du 15 juillet 1893.
[5] Article 24 de la loi sur l'assistance médicale du 15 juillet 1893.
[6] Cité *in* J. Imbert, *Les Hôpitaux en France*, Paris, PUF, « Que-sais-je ? », 1981.
[7] Cité *in ibid.*, p. 62.
[8] P. Vichard, « La loi hospitalière du 21 décembre 1941, origines, conséquences », *Histoire des sciences médicales*, 2007, 41 (1), p. 61-70.
[9] Article 2 du décret du 17 avril 1943.
[10] *Médecine, santé publique, population*, Rapports présentés au Comité médical de la Résistance et au Comité national des médecins français. Transmis au Comité français de la Libération nationale, à Alger, en janvier 1944, Paris, Éditions du médecin français, 1944.
[11] R. Debré, *L'Honneur de vivre*, *op. cit.*, p. 350.
[12] J. Dausset, *Clin d'œil à la vie. La grande aventure HLA*, Paris, Odile Jacob, 1998.
[13] X. Leclainche, « Vers une grande réforme », *in* F. Salaün, *Accueillir et soigner. L'AP-HP, 150 ans d'histoire*, Paris, Doin, 1999.
[14] Arrêté notamment du 10 octobre 1956 (*Journal officiel* du 13 octobre 1956), 11 octobre 1956 (*Journal officiel* du 14 octobre 1956), p. 9829.
[15] Article 1er du décret n° 56-944 du 18 septembre 1956 (*Journal officiel* du 22 septembre 1956, rectificatif au *Journal officiel* du 25 septembre 1956).
[16] A. Dhordain (dir.), *Le CHU, l'hôpital de tous les défis*, Toulouse, Privat, 2007, p. 30.
[17] *Ibid.*, p. 35.
[18] R. Debré, *L'Honneur de vivre*, *op. cit.*, p. 350 ; H. Jamous, *Sociologie de la décision. La réforme des études médicales et des structures hospitalières*, CNRS, 1969, annexe I.
[19] Exposé des motifs de l'avant-projet de loi relatif à la réforme de l'enseignement médical et des hôpitaux des villes universitaires et au développement de la recherche médicale de juillet 1957 ; H. Jamous, *Sociologie de la décision*, *op. cit.*
[20] Ordonnance n° 58-1198 du 11 décembre 1958 portant réforme de la législation hospitalière.
[21] Ordonnance n° 58-1199 du 11 décembre 1958 relative à la coordination des établissements de soins comportant hospitalisation.
[22] Article L. 734-3 du Code de la santé publique résultant de l'ordonnance.
[23] Ordonnance n° 58-1373 du 30 décembre 1958 relative à la création de centres hospitaliers et universitaires, à la réforme de l'enseignement médical et au développement de la recherche médicale.
[24] Décret n° 60-1030 du 24 septembre 1960.
[25] J. Imbert, *Le Droit hospitalier de la Révolution et de l'Empire*, Publications de l'Université de la Sarre, Paris, Recueil Sirey, 1954.
[26] Conseil d'État, Section, 8 novembre 1935 ; Tribunal des conflits, 25 mars 1957 ; Cour de cassation, 7 juillet 1960, 1re chambre civile.

[27] Loi n° 70-1318 du 31 décembre 1970 ; A. Soene, *L'Hôpital sous la Vᵉ République*, Paris, Les Éditions hospitalières, 1994.
[28] M.-L. Moquet-Anger, *Le Statut des médecins hospitaliers publics*, Paris, PUF, 1994, p. XV.
[29] J. Dausset, *Clin d'œil à la vie*, *op. cit.*
[30] Cour des comptes, *Rapport 1956*, Deuxième partie, « Les honoraires en hospitalisation », *Journal officiel*, Annexe « Documents administratifs », p. 110 ; H. Jamous, *Sociologie de la décision*, *op. cit.*, p. 73 et 74.
[31] H. Jamous, *Sociologie de la décision*, *op. cit.*, p. 181.
[32] R. Debré, *L'Honneur de vivre*, *op. cit.*, p. 352.
[33] *Ibid.*, p. 355.
[34] Selon Picard, « Réformes de l'enseignement », cité *in* A. Dhordain (dir.), *Le CHU, l'hôpital de tous les défis*, *op. cit.*, p. 52.
[35] J. Dausset, *Clin d'œil à la vie*, *op. cit.*
[36] R. Debré, *L'Honneur de vivre*, *op. cit.*, p. 346.
[37] *Ibid.*, p. 353.
[38] A. Dhordain (dir.), *Le CHU, l'hôpital de tous les défis*, *op. cit.*, p. 43-48.
[39] R. Debré, *L'Honneur de vivre*, *op. cit.*, p. 354.
[40] J. Dausset, *Clin d'œil à la vie*, *op. cit.*
[41] R. Debré, *L'Honneur de vivre*, *op. cit.*, p. 355.
[42] *Bulletin de l'Académie nationale de médecine* du 14 avril 1959, p. 248 et 249.
[43] *Bulletin de l'Académie nationale de médecine* du 21 avril 1959, p. 278-287.
[44] R. Debré, *L'Honneur de vivre*, *op. cit.*, p. 354.
[45] *Ibid.*, p. 355.
[46] « Organisation de la profession médicale et réforme de l'enseignement de la médecine », in *Médecine, santé publique, population*, *op. cit.*
[47] R. Debré, *L'Honneur de vivre*, *op. cit.*, p. 347.
[48] Article 3 de la loi hospitalière de 1970.
[49] Loi n° 91-748 du 31 juillet 1991 ; É. Couty, D. Tabuteau, *Hôpitaux et cliniques : les réformes hospitalières*, Paris, Berger-Levrault, 1992.
[50] Loi n° 2016-41 du 26 janvier 2016.
[51] H. Jamous, *Sociologie de la décision*, *op. cit.*, p. 104 et 106.
[52] *La Réforme Debré : un tiers de siècle après*, *op. cit.*, p. 15 ; F. Grémy (dir.), *La Réforme Debré, un tiers de siècle après*, Rennes, Éditions ENSP, 1999, p. 31.
[53] F. Grémy (dir.), *La Réforme Debré, un tiers de siècle après*, *op. cit.*, p. 184.
[54] *La Réforme Debré : un tiers de siècle après*, *op. cit.*, p. 15 ; F. Grémy (dir.), *La Réforme Debré, un tiers de siècle après*, *op. cit.*, p. 30.
[55] Décret n° 58-1202 du 11 décembre 1958.
[56] Arrêté du 20 mai 1944 fixant les conditions techniques et hygiéniques auxquelles doivent répondre les établissements hospitaliers, *Journal officiel* du 8 juin 1944.
[57] *L'Humanisation des hôpitaux*, Rapport de l'Inspection générale des affaires sociales, 10 janvier 1975. Les chambres à six lits représentent encore plus de 29 % des lits des hôpitaux généraux publics en 1972, celles à trois ou quatre lits 27 % et celles à un ou deux lits 44 %.
[58] Discours prononcé pour l'inauguration du centre hospitalier Léon-Binet à Provins le 16 janvier 1974.
[59] A. Laude, D. Tabuteau, *Les Droits des malades*, Paris, PUF, « Que sais-je ? », 2016.
[60] Ordonnance n° 58-1373 du 30 décembre 1958 relative à la création de centres hospitaliers et universitaires, à la réforme de l'enseignement médical et au développement de la recherche médicale.
[61] R. Debré, *L'Honneur de vivre*, *op. cit.*, p. 361.

8

Quel avenir pour l'hôpital public ? 10 propositions pour sortir de la crise

André Grimaldi, Anne Gervais

Pour essayer de répondre à la question de l'avenir de l'hôpital public, il faut d'abord tenter d'analyser son passé. Pour espérer entrevoir où l'on va, mieux vaut savoir d'où l'on vient.

La grande réforme Debré de 1958

Tout le monde s'accorde pour estimer que cette réforme qui instaura le travail à plein temps des médecins hospitaliers fut à l'origine d'un très grand progrès de la médecine française. Sans revenir en détail sur son histoire, développée dans l'article précédent de Didier Tabuteau, il est intéressant d'en souligner les quatre leçons majeures qui, selon nous, devraient aujourd'hui encore guider tout grand réformateur du système de santé.

1. Il s'agissait d'une réforme globale, systémique, réunissant pour son élaboration le ministère de la Santé, celui de la Recherche et de l'Enseignement supérieur, la Sécurité sociale et les représentants des hôpitaux et qui déboucha sur la fusion des carrières médicales hospitalières et des carrières universitaires autrefois séparées. La réforme instaurait donc la triple mission (soins, enseignement, recherche) de chaque médecin hospitalo-universitaire.

2. À la source de cette réforme était la compréhension que le nouveau modèle de la médecine scientifique, le modèle biologique dit « biologico-clinique », allait non pas remplacer mais dépasser le vieux modèle anatomique dit « anatomo-clinique ». Pour le mettre en œuvre, il fallait que les biochimistes, les biophysiciens viennent avec leurs laboratoires travailler à plein temps à l'hôpital.

3. Pour réussir une révolution conceptuelle et une réforme organisationnelle d'une telle ampleur il fallait vaincre les oppositions en constituant un rapport de force politique grâce à l'alliance d'un grand patron gaulliste résistant, Robert Debré, et de « jeunes Turcs » mendésistes issus des disciplines où la biologie avançait à grands pas (l'immunologie, la néphrologie, l'hépatologie, l'hématologie…). Le général de Gaulle, dernier président du Conseil de la IVe République et premier président de la Ve, gouvernait par ordonnance en raison de la guerre d'Algérie et le fils de Robert Debré, Michel, devint le premier Premier ministre de la Ve République. Les circonstances politiques étaient donc particulièrement favorables.

4. Il fallait néanmoins être pragmatique et proposer aux médecins et aux chirurgiens des hôpitaux un changement attractif. En effet, habitués au travail à mi-temps à l'hôpital/mi-temps en ville, ils raillaient la réforme en proclamant : « Les seuls plein-temps à l'hôpital sont les staphylocoques ! » Robert Debré obtint un double traitement pour les futurs médecins hospitalo-universitaires (salaire universitaire plus indemnité hospitalière) contre « onze demi-journées de travail hebdomadaire ». C'était l'époque des « trente glorieuses » et en ce temps-là, ce n'était pas le ministre du Budget qui dictait la politique de santé. Robert Debré dut néanmoins accepter contre sa volonté la création d'un secteur privé à l'hôpital qu'il pensait transitoire, le temps d'une génération.

Cette réforme a eu deux conséquences majeures : d'une part, elle a permis une amélioration spectaculaire de la qualité médicale, non seulement dans les CHU mais dans tout le pays grâce aux chefs de cliniques qui, après avoir été formés et avoir exercé pendant des années dans les CHU, allaient s'installer en ville ou devenaient chefs de service dans les nombreux hôpitaux de ville de taille moyenne. D'autre part, elle a permis à la France de rattraper son retard dans la recherche fondamentale et dans la recherche clinique en se hissant dans certaines disciplines, comme la génétique et la cancérologie, parmi les tout premiers pays du monde.

Limites et dérives de la réforme Debré

Au fil des ans, il est apparu impossible qu'une personne, aussi travailleuse et talentueuse soit-elle, puisse assumer à elle seule la triple mission soins-enseignement-recherche (à part quelques rares exceptions). La recherche et les publications scientifiques prirent la première place, la clinique restant le lieu obligé de recrutement des patients volontaires pour participer à des protocoles de recherche. Le soin devint pour beaucoup une contrainte plus ou moins pénible compensée pour quelques-uns, notamment pour certains chirurgiens, par la rentabilité financière de leur secteur privé. Quant à l'enseignement, il était la dernière roue du carrosse. En réalité aux trois missions historiques étaient venues s'ajouter deux nouvelles missions : la gestion avec une multiplication de réunions et de tâches administratives, et la santé publique portant sur les activités transdisciplinaires, les relations ville-hôpital, la prévention, l'éducation pour la santé, l'aide aux associations de patients, les rapports avec les patients « experts » ou « ressources », les expertises pour les agences de l'État… Cette quintuple mission ne pouvait pas être assumée par une seule personne, elle ne pouvait l'être que par une équipe.

Les progrès médicaux entraînèrent un raccourcissement spectaculaire des durées d'hospitalisation des patients. Les chefs de cliniques assistants ne restaient plus sept ans à l'hôpital mais tout au plus quatre et souvent deux, les nouveaux internes étaient plus jeunes et moins expérimentés. Pour répondre à la demande croissante de soins de la population vieillissante, il fallut créer en

1984 au sein des centres hospitalo-universitaires (les « CHU ») le corps des praticiens hospitaliers non universitaires. Ce faisant on abandonnait sans le dire l'esprit intégratif de la réforme Debré. En pratique, on institua un clivage souvent non pertinent. Certes les universitaires (les « U ») avaient en général plus de publications scientifiques que les praticiens hospitaliers (« H non U »), mais ils n'étaient pas pour autant meilleurs enseignants et pas spécialement aptes à postuler à la direction d'un service.

En effet, pour diriger un service (c'est-à-dire animer une équipe), il faut certes être reconnu par ses pairs et par ceux qu'on prétend diriger mais il faut également être capable de développer et mettre en œuvre un projet collectif et surtout il faut avoir des qualités humaines relationnelles. Le fait d'avoir une longue liste de publications n'est en rien une garantie d'aptitude en la matière. Le premier violon n'a pas forcément les qualités du chef d'orchestre et *vice versa*. La hiérarchisation des tâches (valorisant la recherche) et des fonctions a entraîné une large relégation des soins des patients aux H non U. Compte tenu de la dégradation des conditions de travail continue depuis plus de quinze ans, on vit d'autant mieux à l'hôpital qu'on s'occupe moins des patients. Les gestionnaires, les enseignants et les chercheurs sont moins malheureux que les soignants, médecins et paramédicaux. C'est quand même un peu paradoxal, alors qu'on ne cesse de répéter qu'il faut « mettre le malade au cœur de l'hôpital » ! Ainsi survécut un mandarinat désuet, décalé de l'évolution des rapports sociaux et sapé par la rapidité des progrès scientifiques et technologiques donnant l'avantage à l'innovation sur l'expérience (de nos jours, l'élève dépasse assez rapidement le maître). Tandis que le pouvoir médical s'affaiblissait au profit du pouvoir administratif, certains chefs de service se crispaient en abusant du pouvoir qui leur restait sur leurs collaborateurs (« l'avantage d'être le chef de service, c'est de ne pas en avoir »). C'est en 1981 qu'il aurait fallu mettre en œuvre la réforme Debré 2. La gauche arrivée au pouvoir rata le coche, incapable de diviser ses adversaires mais réussissant, au contraire, à les souder en bloc contre elle (comme réussit à le faire, trente-cinq ans plus tard, Marisol Touraine sur le « tiers payant »).

En effet la réforme Debré avait trouvé ses limites dans au moins trois domaines : le traitement des maladies chroniques et leur prévention, la graduation des soins, et enfin la définition d'une politique territoriale de santé.

L'augmentation des maladies chroniques justifiait le développement d'une politique de prévention et l'élaboration d'une troisième médecine, la médecine de la personne, à côté de la première médecine, celle des maladies aiguës bénignes et des gestes techniques simples, et de la deuxième médecine, celle des maladies aiguës graves et des gestes techniques complexes. Pourtant en 1973, dans un discours visionnaire devant un parterre de chefs de service, Robert Debré avait exhorté ses jeunes collègues « à faire la révolution » et plus exactement, précisait-il, « la deuxième révolution », celle de la santé publique, après celle de la biologie qu'il avait conduite quinze ans plus tôt. Il faut faire venir pour travailler avec nous, disait-il, des sociologues, des économistes, des statisticiens, des psychologues. Et il ajoutait : « L'hôpital de demain doit être un centre de santé, avec une pénétration beaucoup plus importante de sujets qui ne sont pas hospitalisés que de sujets hospitalisés, [...] l'hôpital doit garder ses portes ouvertes [...] il sera inadmissible que demain vos collaborateurs, vos étudiants, vous-mêmes, vous ne sortiez pas de l'hôpital pour aller voir ce qui se passe dehors. »

La spécialisation croissante, la marginalisation de la médecine interne écartelée entre l'accueil de l'aval des urgences et la prise en charge des maladies rares, la marginalisation, voire la disparition des services de « consultations portes ouvertes » sur la ville, ont aggravé la coupure de l'hôpital avec la médecine de ville et singulièrement avec la médecine de premier recours exercée par les médecins généralistes. Non sans difficulté, les médecins généralistes exerçant en ville ont pris leur place dans l'enseignement à l'hôpital de la médecine générale devenue une spécialité. L'oxymoron constitué par le concept de « spécialité de médecine générale » répond certes à la revendication légitime des médecins généralistes d'égalité de considération et de revenu avec leurs collègues spécialistes, mais plus profondément il signifie que le médecin généraliste est le spécialiste du premier recours, le médecin traitant qui règle les problèmes courants si possible en travaillant de concert avec les autres professionnels paramédicaux du premier recours, en particulier l'infirmier et le pharmacien, et avec les travailleurs sociaux. Il revient aussi au médecin généraliste traitant de piloter le patient chaque fois que nécessaire vers le deuxième recours (la médecine spécialisée ambulatoire) et le troisième recours (la médecine spécialisée hospitalière). Il doit également participer à la permanence des soins sans se contenter du conseil trop fréquent : « Allez aux urgences ! » Cependant pour être en capacité de former l'ensemble des professionnels de santé du pays, le CHU doit réaliser des soins complexes mais aussi des soins standardisés et des prises en charge de proximité. Il doit également établir des conventions d'enseignement avec les professionnels et avec les établissements de ville pour permettre aux étudiants d'acquérir une formation suffisamment large (et de qualité) adaptée à leur future activité.

Force est de reconnaître que la réforme de 1958 avait prudemment contourné la médecine libérale de ville où chaque médecin travaillait isolément. Le Conseil national de l'ordre des médecins veillait scrupuleusement sur la défense des principes de la charte de la médecine libérale de 1927, en particulier la liberté d'installation. Il assimilait le travail d'équipe à du « compérage » et soutenait l'existence d'un secteur privé hospitalier. L'histoire, le mode d'exercice des uns et des autres, la nature différente des financements et des rémunérations, tout allait à l'encontre d'une politique territoriale de santé permettant aux professionnels de répondre de façon coordonnée aux besoins d'une population dans un bassin de vie. Et ce malgré la création de réseaux ville/hôpital souvent à l'initiative de médecins hospitaliers « militants ». Le « tout T2A » décidé en 2008, symétrique hospitalier du paiement à l'acte en ville, centrant les préoccupations des professionnels sur la maximisation des recettes plutôt que sur la pertinence des soins et des dépenses (c'est-à-dire le juste soin pour le patient au moindre coût pour la collectivité), n'a fait qu'aggraver l'égoïsme des acteurs en remplaçant la complémentarité par la concurrence financière y compris entre établissements hospitaliers.

La crise de l'hôpital public en 5 points

La crise de l'hôpital public est maintenant connue de tous et vécue par beaucoup, et en premier lieu par ceux qui y travaillent. Elle a de multiples causes.

1. L'engorgement des urgences

La crise de l'hôpital est souvent médiatisée par l'engorgement des urgences, conséquence du défaut de la permanence des soins en ville. Chaque année, le nombre de passages aux urgences augmente, dépassant, en 2018, 21 millions de passages. Plus généralement, la graduation de la prise en charge des patients suppose que la médecine générale de proximité réponde aux besoins de premier recours. Cette médecine de premier recours est hélas souvent en difficulté, voire totalement défaillante dans les « déserts médicaux ». À la diminution relative du nombre de médecins s'ajoutent la réduction du temps de travail, le refus de délégation de tâches aux infirmiers et aux pharmaciens, l'amplification des charges administratives au détriment du temps médical consacré aux patients. Le coût du foncier dans certaines grandes métropoles comme Paris explique aussi que certains quartiers manquent de médecins généralistes installés en secteur 1 (sans dépassement d'honoraires). Quant à la liberté totale d'installation, si elle peut s'expliquer pour les médecins s'installant en secteur 1 ou en secteur 3 (non conventionné), elle est difficilement justifiable pour les médecins installés en secteur 2 (avec dépassements d'honoraires) : ces médecins s'installent prioritairement là où les habitants ont les moyens de payer les dépassements. L'hôpital est donc souvent amené à suppléer le premier recours, ce qui génère l'insatisfaction des patients et participe à la désorganisation de l'institution.

2. Une absence de communauté de soignants fonctionnant démocratiquement

L'agonie prolongée du pouvoir mandarinal n'a pas permis de constituer une communauté médicale fonctionnant démocratiquement selon des règles partagées. Cette « communauté » est largement restée une somme d'individus participant à des jeux de pouvoir interférant avec des réseaux d'influence. Il est bien connu que les Français sont fascinés par le pouvoir à l'allemande mais le pratiquent à l'italienne. Ni le pouvoir politique ni le pouvoir des « managers » n'ont aidé à l'émergence d'une « nouvelle gouvernance médicale collégiale ». Les communautés médicale et paramédicale travaillant ensemble dans un respect mutuel auraient pu former une communauté soignante solidaire alors que le pouvoir administratif de gestion se nourrit bien souvent des multiples divisions, entre médecins, entre médecins et paramédicaux, entre cadres de santé et infirmiers, etc. Le « nouveau management » par la norme et par le nombre a favorisé la fragmentation des équipes soignantes. Et le management s'appuyant sur les cadres de santé se nourrit de cet éclatement qu'il est censé gérer. Selon une politique autorégulatrice, la fragmentation des équipes de soins nécessite la régulation de l'activité des soignants par les managers.

3. Une technobureaucratie

Cet affaiblissement du « pouvoir médical » a facilité le développement d'une technobureaucratie. Le remplacement du papier par l'écran a paradoxalement alourdi le pouvoir managérial. Les soins et plus encore la recherche sont désormais non plus encadrés par des règlements mais entravés par des carcans bureaucratiques. Au nom de la sécurité et de la qualité, les soignants croulent sous les procédures. Ils ont perdu leur autonomie, condition de l'innovation et de la satisfaction au travail. Au nom de l'efficience, ils ont également perdu toute latitude dans la définition des tâches et du temps nécessaire à leur accomplissement. La soumission à la procédure a remplacé la culture du résultat. La liberté des « artisans du soin » n'a pas été limitée, elle a été étouffée.

4. Un hôpital qu'on a voulu gérer comme une entreprise

Les progrès technologiques ont conduit certains économistes et des professionnels ultraspécialisés à estimer que la médecine devenait industrielle, le médecin un ingénieur et l'hôpital une entreprise comparable pour les uns à une « entreprise d'aéronautique » et pour les autres à une « plateforme d'aéroport ». Ce discours plus ou moins idéologique rentrait en parfaite résonance avec le *new public management* (NPM) estimant que tout service public doit être géré comme une entreprise privée ayant pour objectif la rentabilité. Le *business plan* devait remplacer le projet médical. Le but de l'hôpital n'était pas de répondre à des besoins mais de « gagner des parts de marché ». La règle n'était plus le juste soin au moindre coût mais le soin rentable pour l'établissement au coût maximum pour la Sécurité sociale grâce à l'« optimisation du codage » (c'est-à-dire de la facturation des actes à la Sécurité sociale). C'est ce que des inspecteurs généraux des affaires sociales (IGAS) avaient joliment appelé « la culture de la T2A », c'est-à-dire la « pensée de marché » selon laquelle la politique de santé se réduit à des tarifs et à des bonus/malus. Jusqu'à la proposition récente quasi surréaliste de payer les hôpitaux pour ne pas examiner des patients arrivant aux urgences en les réadressant en ville. L'absurde tarification à la non-activité (TANA) deviendrait ainsi le complément de l'inflationniste tarification à l'activité (T2A) !

5. Un sous-financement

Surtout l'hôpital souffre depuis plus de dix ans d'un sous-financement participant à la désorganisation, entraînant finalement une baisse d'efficience et produisant un cercle vicieux destructeur. La mise en place des trente-cinq heures a été sous-financée entraînant, outre le blocage des salaires, la constitution de compte épargne-temps, véritables bombes à retardement, le recours à l'intérim et aux médecins « mercenaires » très coûteux, la mise en place d'horaires variables entravant et le travail d'équipe et la vie de famille des infirmiers qui « embauchent » tantôt à 7 heures du matin et tantôt à 14 heures. La dégradation des conditions de travail explique en grande partie la montée de l'absentéisme, la fuite après quelques années passées à l'hôpital, voire, fait nouveau, un changement complet de métier.

Depuis cinq ans, l'hôpital sert de volant de régulation pour tenir l'objectif des dépenses de la Sécurité sociale voté par l'Assemblée nationale. En 2017, les 600 millions de dépassements des dépenses de la médecine de ville ont été compensés par le prélèvement de près de 600 millions sur le budget hospitalier. Les tarifs de remboursement des soins hospitaliers par la Sécurité sociale ont baissé chaque année (moins 7 % en cinq ans) éloignant les tarifs des coûts réels, mettant les hôpitaux en déficit et les obligeant sans cesse à chercher à augmenter leur activité sans augmenter la masse salariale ou pire en la diminuant. De 2010 à 2017, les effectifs hospitaliers ont augmenté de 2 % tandis que dans le même temps l'activité (« la production de soins ») a progressé de 14,6 %.

L'équilibre budgétaire est devenu le graal des gestionnaires et la justification de leur prime annuelle de fonction et de résultats (pouvant dépasser 30 000 euros). L'augmentation spectaculaire de « l'efficience » s'explique pour l'essentiel par l'accroissement de la « productivité » des infirmiers et des aides-soignants et par le scandale de leur niveau de salaire parmi les plus bas des pays de l'OCDE (comparativement au salaire moyen du pays). Mais le toujours plus avec toujours moins atteint ses limites. La machine est en train de se gripper. C'est d'ailleurs ce qu'attendaient certains partisans de la privatisation des systèmes de santé pour pouvoir passer à l'étape suivante, la transformation de l'hôpital public en ESPIC (établissement de santé privé d'intérêt collectif), préparant l'étape ultime, le rachat/restructuration par des chaînes internationales d'établissements à but lucratif (Ramsay/Générale de santé, Capio...) comme on l'a connu en Allemagne. La fin du statut de la fonction publique est un préalable. Elle permettrait, en effet, d'embaucher sous contrat et d'individualiser les salaires des professionnels, notamment en fonction de leur rentabilité pour l'établissement (un orthopédiste rapporte plus qu'un diabétologue ou un gériatre). Après avoir changé le statut des professionnels au nom de l'efficience, on pourrait, dans un deuxième temps, changer le statut des établissements au nom de l'autonomie. Pour finir, les hôpitaux gardant un statut public se chargeraient des activités non rentables – les maladies très graves et les patients pauvres –, laissant l'activité rentable aux établissements privés et notamment aux cliniques commerciales. D'ores et déjà, les « responsables » de la politique de santé expliquent que le statut des établissements public ou privé importe guère, « ce qui compte, c'est la régulation par l'État ».

Aux urgences de l'hôpital Bichat de Paris, on sépare les patients entre les « cliniquables » (ayant une bonne couverture sociale, ne vivant pas seuls et ayant une pathologie pas trop lourde), que l'on peut transférer vers les cliniques privées, et les « non cliniquables » (vieux, isolés, bénéficiaires de la CMU ou l'aide médicale d'État, polypathologiques ou avec des problèmes psychiatriques), bons pour l'hôpital public.

10 propositions pour refonder l'hôpital public : une réforme « Debré 2.0 »

1. Renforcer la recherche

Parmi les trente CHU, tous n'ont pas un niveau de recherche international. Il pourrait être pertinent de constituer une dizaine de groupements de recherche universitaire. La recherche clinique doit être à la fois mieux financée et mieux évaluée. Elle doit être renforcée par la constitution de nouveaux instituts de recherche thématique spécialisée (IHU), dont la gouvernance demande à être revue et simplifiée. La recherche clinique ne s'arrête pas à la porte des CHU, elle devrait irradier l'ensemble des établissements de santé (de la maison de santé pluriprofessionnelle au CHU) et impliquer largement les professionnels grâce à des contrats de collaboration. Les obstacles bureaucratiques doivent être levés.

2. Trois pouvoirs et deux directeurs

Il y a trois pouvoirs à l'hôpital, un pouvoir soignant (médical et paramédical) en charge du projet médical, garant de la qualité des soins et des conditions de travail, un pouvoir administratif gestionnaire répartissant les moyens et définissant les organisations, et un pouvoir des usagers impliqué dans l'élaboration de la politique de l'établissement et participant à son évaluation. Il est essentiel de définir les domaines spécifiques de chacun de ces pouvoirs ainsi que leurs domaines partagés et de codifier leurs relations ainsi que les procédures de décision en cas de désaccord. Il devrait y avoir deux directeurs : un directeur médical élu, animant une commission médicale comprenant notamment les responsables médicaux et paramédicaux du soin, de l'enseignement, de la recherche et de la santé publique, et un directeur gestionnaire nommé par l'agence régionale de santé (ARS). Le directeur médical ne devrait pas cumuler son mandat avec la fonction de chef de service ou de département. Les deux directeurs devraient animer la vie démocratique de l'institution avec information préalable sur les choix importants, possibilité de débats contradictoires et si besoin expertises indépendantes puis vote indicatif avant la décision de nouvelles activités, de restructurations ou de nominations de chef de service... L'inverse du verticalisme actuel, dans sa forme autoritaire (« Si vous n'êtes pas content, personne ne vous retient ») comme dans sa forme pseudo-empathique (« Je comprends votre colère... »).

3. Un projet territorial de santé

Le projet médical de l'hôpital doit s'inscrire dans un projet territorial de santé concrétisé par des conventions de partenariats passées avec les différents établissements et acteurs intervenant sur le territoire. Le projet territorial de santé doit répondre au principe de graduation des soins :

- premier recours : médecine générale de proximité, ville/hôpital de proximité ;
- deuxième recours : médecine spécialisée ambulatoire, ville/hôpital ;
- troisième recours : médecine spécialisée hospitalière non ambulatoire et si besoin recours aux centres hospitaliers de référence de surspécialisation.

Les structures de soins ne doivent pas être définies par leur appartenance disciplinaire mais par leur fonctionnalité pour les patients. Ainsi, par exemple, les unités de gériatrie aiguë, en particulier de gériatrie postopératoire, évitant les hospitalisations dans les services de chirurgie, permettent d'adapter les traitements, d'assurer la récupération dans les suites opératoires immédiates et d'autoriser le retour rapide à domicile (au besoin en hospitalisation à domicile HAD) ou en Ehpad, sans passer par la case centre de soins de suite et de rééducation (SSR). Encore faut-il que ces unités de gériatrie aiguë disposent d'un personnel formé et en nombre suffisant.

4. Des lits d'aval

L'amélioration de l'organisation des soins suppose de séparer l'aval des urgences nécessitant des lits et des personnels dédiés en nombre suffisant et les soins spécialisés programmés. Il faut aussi des lits d'aval des soins aigus pour les personnes ne pouvant pas rentrer chez elles. Le dogme actuel de diminution systématique des lits de 30 % aboutit à une désorganisation avec des déprogrammations d'hospitalisations, des opérations retardées, des patients restant hospitalisés de façon non justifiée (et coûteuse) dans des unités de soins aigus faute de place dans des unités de soins de suite, et des malades hospitalisés dans des services ne correspondant pas à leur pathologie avec en conséquence une moindre efficacité de leur prise en charge. Certes nous avons deux fois plus de lits que la Suède mais l'Allemagne en a la moitié plus que nous et le Japon deux fois plus. La réflexion sur le nombre de lits nécessaires ne doit pas être séparée d'une analyse globale du système de santé. Nous manquons de lits d'aval des urgences et d'aval des soins aigus. Il faut arrêter de fermer des lits, il faut les réaffecter.

5. La lutte contre les déserts médicaux

Les hôpitaux publics doivent participer à la lutte contre les déserts médicaux par des consultations avancées (réalisées régulièrement au sein de structures médicales de proximité par des médecins spécialisés hospitaliers s'y déplaçant), des liens préférentiels avec les professionnels qui y travaillent, le développement de la télémédecine (téléconsultation, téléexpertise, télésurveillance). Par ailleurs il faut proposer aux étudiants des contrats d'engagement de service public pour une période de trois ans minimum dans un désert médical de leur choix en échange d'un certain nombre d'avantages (salaire professionnel garanti, conditions d'exercice, choix de la spécialité...).

6. Les trois médecines

Il existe trois médecines, celle des maladies aiguës bénignes, celle des maladies aiguës graves et celle des maladies chroniques et de leur prévention. Les modes d'organisation et les modes de financement doivent être adaptés à chacune d'elles. La formation des professionnels de santé doit parallèlement être revue pour les préparer à la fois à la médecine de haute précision (appelée abusivement « personnalisée ») et à la médecine de la personne. La médecine de la personne nécessite une approche biopsycho-sociale et pédagogique, un travail d'équipe et une relation médecin/patient de type égalitaire partenarial même si cette relation reste asymétrique et requiert l'empathie des professionnels. La formation en psychologie des soignants est gravement insuffisante.

7. Le travail d'équipe

L'hôpital repose sur des équipes de soins médicales et paramédicales dirigées/animées par le couple médecin/cadre de santé retrouvant la responsabilité du recrutement des personnels. Il faut redonner de l'autonomie aux équipes, associer l'ensemble des personnels à la définition de l'organisation et aux décisions pour l'amélioration de la qualité des soins. L'interruption de tâches, la polyvalence et la mobilité subies, les quotas de personnels arbitrairement fixés, inadaptés aux tâches et à la charge en soins réelle, provoquent la dégradation de la qualité des soins vécue quotidiennement. L'objectif comptable passant avant l'objectif du soin entraîne le travail à la chaîne, réifie le malade et explique l'envie d'aller voir ailleurs des professionnels. Par ailleurs chaque hôpital devrait avoir la liberté de s'organiser comme il l'entend (services, pôles, départements, fédérations de services...) pour remplir ses missions.

8. Un statut unique

Il faut définir un statut unique de médecin hospitalier, ce qui suppose une activité clinique, la participation à une réunion collective hebdomadaire portant sur des sujets cliniques ainsi qu'une formation continue. Chaque professionnel devrait en outre pouvoir effectuer deux activités principales parmi les cinq missions suivantes : soins, recherche, enseignement, gestion, santé publique. Ces valences d'activité doivent comporter différents niveaux de compétences et de responsabilités (par exemple pour l'enseignement, du chargé d'enseignement à professeur des universités), rémunérées comme telles. Elles doivent pouvoir varier dans le temps, en concertation avec les équipes concernées et après l'accord du directeur médical. On ne devrait pas être chef de service ou de département à vie. Cette activité polyvalente devrait faire l'objet d'une évaluation régulière. Le temps de travail de ces médecins hospitaliers « polyvalents » comporte très souvent une part effectuée au sein de l'établissement et une part non négligeable réalisée hors de l'établissement. Il en va différemment pour les médecins hospitaliers ayant un travail dit « posté ». C'est souvent le cas de praticien ayant une activité exclusivement clinique et/ou technique, pénible. Ils revendiquent logiquement une fixation légale stricte du temps de travail et une codification de sa répartition incluant notamment le temps de formation. Les dépassements horaires doivent alors donner lieu au paiement d'heures supplémentaires ou à des repos (RTT). Cette différence d'activité et de rémunération s'explique par l'évolution de la pratique médicale dont une part est de plus en plus normée, comme sur une « chaîne de production ». Cela produit une discordance des temps entre médecins « polyvalents » et médecins « postés » et plus encore entre médecins et paramédicaux, ce qui peut compliquer grandement le travail d'équipe, lorsque les horaires des uns ne correspondant pas aux horaires des autres.

9. La santé publique

Dans chaque hôpital une équipe de santé publique médicale et paramédicale devrait être responsable de la politique de la qualité des soins et de la relation avec les professionnels du territoire, étant entendu que cette politique doit être élaborée et mise en œuvre avec l'ensemble des équipes hospitalières, et doit impliquer les représentants des patients.

10. La revalorisation des salaires

Il faut revaloriser le salaire des médecins hospitaliers en début de carrière. Il est nécessaire de préciser le temps de travail dû et de mieux codifier les activités professionnelles annexes (les rémunérations de ces prestations annexes devraient être partagées entre le professionnel, son service qui assure la continuité de l'activité en son absence et l'établissement). Les différences de revenus injustifiées entre les médecins de ville et les médecins hospitaliers doivent être en partie compensées par une prime de service public modulée selon les spécialités et selon les régions. Cela suppose parallèlement une limitation des dépassements d'honoraires ou leur mise en extinction pour les médecins installés en ville conventionnés en secteur 2 (à dépassement d'honoraires). L'idéal serait évidemment de supprimer le secteur 2 en ville et parallèlement de supprimer les dépassements d'honoraires pour le secteur privé à l'hôpital, si ce dernier est maintenu. Mais cela supposerait de revaloriser les tarifs du secteur 1 et d'intégrer les primes aux salaires des hospitaliers. Il serait aussi logique que la Sécurité sociale finance une partie des frais de logistique et de locaux des médecins libéraux et que l'État crée une assurance publique pour couvrir les risques professionnels. L'évolution actuelle de la société ne va hélas pas dans ce sens.

Il est assez humain de toujours se comparer avec ceux qui gagnent plus que vous : les médecins des hôpitaux se comparent volontiers au directeur de l'agence régionale de santé (ARS) gagnant 18 000 euros par mois plus une prime de fin d'année conséquente et trouvent l'écart avec leurs propres salaires excessif. Mais il est aussi recommandé de se comparer avec ceux qui gagnent moins, en l'occurrence les infirmiers qui commencent par un salaire mensuel brut de 1 600 euros, la France se situant en la matière au 28e rang des 32 pays de l'OCDE (comparativement au salaire moyen dans chaque pays). Pour atteindre le niveau du salaire infirmier moyen des pays de l'OCDE, il faudrait augmenter le salaire en France de 500 euros par mois ! Il n'y a pas de réforme de l'hôpital public digne de ce nom sans augmentation significative des salaires des infirmiers et des aides-soignants.

Enfin, le *numerus clausus* dans sa forme actuelle va être supprimé. Il faut en effet mettre fin complètement au concours de la première année de médecine, couperet injuste et inadapté. Mais la sélection va perdurer même si son application est confiée à chaque faculté à partir de ses capacités d'accueil. Les études de médecine devraient être branchées en dérivation sur les filières universitaires existantes avec des quotas par discipline (avec une priorité à la biologie mais aussi des places pour les filières littéraires ou les écoles d'ingénieurs…). Ces quotas seraient répartis par année (avec un quota plus important en première année qu'en deuxième et troisième année). Cela donnerait trois chances aux candidats sans les engager dans une voie sans issue et permettrait de diversifier les profils des étudiants se destinant au métier de médecin. La réforme annoncée en novembre 2019 reste à mi-chemin puisqu'elle prévoit deux filières pour entrer en médecine, une voie de première année santé sans possibilité de redoublement et une voie provenant des autres filières universitaires. Elle est complexe et va être difficile à mettre en œuvre faute de moyens alloués suffisants.

La médecine est devenue scientifique et technologique mais elle n'est ni simplement une technique ni seulement une science, elle reste en grande partie artisanale et repose sur des interactions humaines. Elle devrait de plus en plus inclure l'art de la relation. Le médecin est devenu un ingénieur, il doit rester un artisan et si possible devenir un artiste !

9

Les contresens et les sens interdits du néomanagement

Anne Gervais, Frédéric Pierru

L'hôpital, institution pluriséculaire, a été, jusqu'au XIXe siècle, principalement un lieu d'accueil sans soins, destiné aux seuls pauvres. C'est seulement à compter de cette période qu'il s'est progressivement médicalisé et qu'il est devenu un lieu d'accueil et de soins. L'élite du corps médical y a trouvé le « stock de malades » pour affiner ses catégories nosologiques – l'identification et la classification des maladies – dans le cadre de la médecine anatomo-clinique. La thérapeutique était alors des plus rudimentaires car la médecine a commencé à devenir efficace qu'à partir des années 1930 et la découverte des sulfamides et des antibiotiques. Ces grands mandarins cliniciens, régnant sur des services immenses, étaient assistés par des personnels principalement religieux, et réservaient leur après-midi à l'exercice de la médecine dans leur cabinet de ville, fréquenté par les classes bourgeoises. Ceux qui allaient devenir les « managers » hospitaliers, à savoir le corps des directeurs d'hôpital, n'étaient alors que les simples secrétaires des notables locaux qui siégeaient au sein des conseils d'administration. Aussi, le terme « hôpital » désigne des réalités organisationnelles qui n'ont rien de comparable entre le XIXe siècle et en ce début de XXIe siècle. En effet, la seconde moitié du XXe siècle a impulsé une véritable « révolution hospitalière ».

La révolution hospitalière

À compter de 1941, et surtout 1945, l'hôpital s'est ouvert à toutes les classes de la société qui ont acquis le statut d'assurés sociaux. L'humanisation des hôpitaux a consisté en la disparition des salles communes et en l'amélioration sensible du confort des patients. Surtout, la médecine clinique a peu à peu cédé la place à la biomédecine. Les principales découvertes médicales se sont faites dans les laboratoires des biologistes, des chimistes, des physiciens. Les cliniciens, avec la réforme de 1958, sont devenus des chercheurs et des enseignants, et, surtout, ont dû consacrer tout leur temps à l'hôpital. Des centres hospitalo-universitaires (CHU), dotés de plateaux techniques étoffés, ont été créés sur l'ensemble du territoire. À l'intérieur des établissements, les grands empires des « mandarins » ont éclaté en plus petits « fiefs » sous l'effet de la dynamique de spécialisation de la médecine contemporaine. Les religieuses ont été remplacées par des professionnels paramédicaux laïcs qui ont acquis et formalisé des compétences, conquis des statuts et cherché à s'émanciper de la tutelle médicale. Plus globalement, la division du travail s'est considérablement approfondie : le nombre de métiers – soignants mais aussi administratifs et techniques – a littéralement explosé [1]. La problématique de l'organisation des soins s'est progressivement imposée, tout comme celle de la maîtrise de dépenses hospitalières en forte croissance. L'hôpital est devenu après la Seconde Guerre mondiale, en effet, le centre de gravité de l'offre de soins (c'est le fameux « hospitalo-centrisme » français, qui, en fait, n'a rien de spécifiquement français).

Organisation et « rationalisation » économique donc : voilà les deux impératifs de l'hôpital de la fin du XXe siècle. À cette double question, les pouvoirs publics ont répondu par les « solutions » qui, inventées aux États-Unis, ont progressivement essaimé en Europe, *via* le sas d'acclimatation qu'est la Grande-Bretagne. Elles ont été ramassées en un slogan, le *new public management* (NPM) ou « nouvelle gestion publique ». Le principe en est simple : il s'agit d'importer dans tous les services publics, donc aussi les hôpitaux, les techniques de gestion des entreprises privées afin de les rendre plus « efficients ». Les réformes se sont accumulées et sont allées de pair avec l'affirmation d'un « État hospitalier » central décidé à en finir avec l'autonomie pluriséculaire des hôpitaux, autonomie perçue comme inflationniste. Le paradoxe est que cette restriction progressive de l'autonomie des hôpitaux s'est faite au nom de... l'autonomie !

Du « mandarin » au néomanager

C'est que la notion d'autonomie a été entre-temps, littéralement, subvertie. Longtemps synonyme d'indépendance du corps médical à l'égard d'une administration qui se contentait d'assurer la logistique et de trouver les ressources humaines, matérielles et techniques réclamées par la profession médicale, elle est devenue au fil du temps une notion à forte connotation gestionnaire : l'autonomie oui, mais à condition que son usage aille dans le sens des objectifs, principalement financiers, des tutelles nationales et locales des établissements. Autrement dit, il s'agit d'une autonomie sérieusement encadrée par les instruments de gestion quant à l'usage des moyens financiers dont la croissance est considérée par les acteurs politiques comme de plus en plus problématique : tableaux de bord, comptes de résultat, prolifération d'objectifs et d'indicateurs, tous ces instruments permettent aux gestionnaires d'entrer au cœur du réacteur hospitalier, à savoir les services et les activités de la médecine.

Si, initialement, le « mandarin » régnait sans partage dans son service, légitimé par ses qualités professionnelles, réelles ou supposées, les réformes ont progressivement acté sa mutation en gestionnaire sous l'autorité du directeur. La légitimité professionnelle a été de plus en plus contestée par la légitimité managériale puis a fini par s'hybrider avec cette dernière ; si, dans un premier temps, les praticiens hospitaliers se sont rebiffés contre cette immixtion, peu à peu certaines fractions d'entre eux commencent à jouer le jeu en occupant par exemple les chefferies de « pôle », ces regroupements de services à vocation médico-gestionnaire. À leurs côtés, les cadres paramédicaux de pôle sont à la tête d'une pyramide parallèle, avec des cadres intermédiaires que sont les cadres de soins. Sous la coupe des patrons médicaux, la hiérarchie paramédicale n'avait pas d'autonomie. Elle n'en a pas plus aujourd'hui mais elle a trouvé une reconnaissance avec son transfert sous l'autorité administrative. Mais qu'il soit médecin ou cadre de pôle, le « manager » doit exécuter normes et *process* définis en dehors des équipes qui travaillent auprès des patients. Dorénavant, il répond à des injonctions chiffrées. Cette grande mutation managériale de l'hôpital a un objectif principal : augmenter la productivité, l'amélioration de la « qualité » n'étant, dans ce cadre, qu'un slogan visant à faire accepter cette logique économique aux soignants ainsi que l'a montré le sociologue Nicolas Belorgey à propos de l'indicateur du « temps de passage aux urgences [2] ». Ainsi, de l'efficacité médicale, l'on est passé au règne de « l'efficience » sous couvert de rationalisation des dépenses et d'une meilleure allocation des ressources. Le passage d'une logique de moyens à une logique de résultats suppose en outre le déploiement de systèmes d'information visant à renseigner des indicateurs composant des « tableaux de bord ».

Peu à peu les managers se sont éloignés des équipes de terrain et l'organisation du travail s'effectue à distance suivant les vieux préceptes tayloriens ripolinés en *lean management* : prévoir, organiser, commander, coordonner et contrôler. Les « managers » deviennent des « planneurs », pour reprendre la judicieuse expression de Marie-Anne Dujarier, soit cet ensemble d'acteurs chargés de planifier le travail des opérateurs de terrain, mais en survol de leurs organisations et de la réalité du travail de terrain [3]. Toujours plus d'ingénieurs, de « qualiticiens », de « techniciens de l'information médicale » permettent le *reporting* et prétendent améliorer l'organisation hospitalière. Certes, l'emploi hospitalier continue d'augmenter mais à un rythme bien moindre que celui de la productivité des soignants, dont le travail s'intensifie, et ce d'autant plus que les établissements hospitaliers publics doivent accueillir, vingt-quatre heures sur vingt-quatre, trois cent soixante-cinq jours par an, les patients les plus « lourds » et les cas les plus « complexes », dans le contexte général du vieillissement de la population, de la montée des maladies chroniques et de la précarisation sociale d'une frange de plus en plus importante de la population française. En effet, la médecine de ville, dont les porte-parole continuent de défendre l'identité libérale historique, n'est toujours pas organisée en service public de soins de proximité. Pis, la banalisation des dépassements d'honoraires, d'une part, les effets retardés du *numerus clausus* associés à la liberté d'installation qui multiplient les « déserts médicaux », d'autre part, sont à l'origine d'un transfert d'activités de la ville vers l'hôpital, à rebours d'un « virage ambulatoire » largement incantatoire. Les cliniques privées commerciales, quant à elles, se spécialisent sur les cas et les créneaux les plus rentables tandis qu'en aval du système de soins, le secteur « médico-social » est confronté à une pénurie chronique de moyens.

Le tournant néolibéral des années 2000

Jusqu'à la fin des années 1990, les pouvoirs publics se montraient relativement prudents face aux coalitions locales hospitalières, composées des directeurs, des élus locaux, des praticiens hospitaliers et des syndicats. La « contrainte affichée » n'était pas la « contrainte réelle » car des jeux politiques complexes permettaient de contourner les injonctions d'une administration déconcentrée faible en moyens humains, matériels et d'expertise [4]. Il n'était pas rare que le maire, président du conseil d'administration, et de surcroît député ou sénateur, en appelât directement au cabinet du ou de la ministre de la Santé pour obtenir une dérogation aux indices d'équipement de la carte sanitaire ou une « rallonge » budgétaire. Les restructurations du parc hospitalier se faisaient donc à petits pas, en fonction des rapports de force politique locaux. À compter de 2002, le ralentissement sensible de la croissance, et donc le creusement mécanique du déficit de l'assurance-maladie, en sus d'une « contrainte européenne » de plus en plus forte conduisent le gouvernement de droite nouvellement élu à se départir des impératifs de prudence et de négociation au profit d'un choix ouvertement assumé par ses promoteurs comme « idéologique ». « L'hôpital-entreprise », slogan qui avait connu une mauvaise fortune au tout début des années 1980, revient sur le devant de la scène mais cette fois porté par des décideurs politiques et administratifs résolus à en faire une réalité organisationnelle.

La réforme la plus structurante de ce changement d'orientation porte sur les modalités du financement des établissements. À partir de 2005, la tarification à l'activité (T2A) remplace progressivement la dotation globale de fonctionnement annuelle que recevait chaque établissement. Désormais, il ne s'agit plus de financer automatiquement les structures mais de rémunérer le volume et la nature de leur activité tels qu'ils sont mesurés par le programme de médicalisation des systèmes d'information (PMSI). « L'argent doit désormais suivre le patient », selon le slogan thatchérien puis blairiste. La logique de moyens dévolue à des structures considérées comme nécessaires pour répondre à des besoins cède la place à une logique de résultats conforme à l'esprit de la loi organique relative aux lois de finances (LOLF) votée en 2001. Dès lors, il s'agit de déterminer les dépenses en fonction des recettes issues des activités déployées et non de déterminer d'abord les activités nécessaires pour y consacrer les financements requis. La logique de réponses aux besoins s'efface devant la logique budgétaire. Pour les thuriféraires du nouveau management public, l'esprit d'entreprise, de rentabilité et de concurrence doit permettre d'impulser du « dynamisme » dans un monde hospitalier présenté comme sclérosé et décourageant pour celles et ceux qui y travaillent. L'heure est désormais à la « conquête de parts de marché », au *business plan*, à l'analyse stratégique du « marché » des soins. Cette logique marchande entre en contradiction avec certaines missions sociales et de santé publique. Ainsi, l'égal accès aux soins pour tous, et notamment des plus démunis, devient contradictoire quand il s'agit de favoriser les activités les plus lucratives, c'est-à-dire les soins les plus techniques, programmables et standardisés tels que la chirurgie ambulatoire. La sélection des activités, comme le font les établissements privés, pousse à la sélection des patients. Certes, les pouvoirs publics ont prévu un mode de financement complémentaire à la T2A, sous la forme d'enveloppes budgétaires dédiées, pour financer ces missions dites d'intérêt général. Mais, dès 2010, le versement de ces financements dédiés est conditionné au retour à l'équilibre financier des établissements hospitaliers. Faute d'actions suffisamment énergiques de la part des directions, ils sont gelés. Pour beaucoup de soignants, encore souvent motivés par le service du « bien commun », la recherche d'une productivité accrue entre en conflit avec des dimensions essentielles au soin, qualitatives et donc non mesurées, comme le temps d'échange entre soignants ou entre ces derniers et les patients. L'hôpital est sommé de devenir une usine à soins techniques produits à flux tendu qui se positionne sur un « marché des soins locaux ». Il est aussi incité à se rapprocher des structures privées dont les pouvoirs publics louent la « souplesse », la « réactivité » et « l'efficience », au point d'ailleurs qu'ils veulent aligner les tarifs du service public sur ceux du secteur privé...

Une telle révolution managériale avait un présupposé qui n'a pas été assumé officiellement par les décideurs politiques. En effet, si l'hôpital est mis en concurrence avec les structures privées, lucratives ou non, alors il faut en finir avec la notion même de service public hospitalier, et, à terme, avec le statut de la fonction publique hospitalière. La loi de 2009 pose la première pierre de cette privatisation rampante en « vaporisant » le service public hospitalier, lequel est découpé en tranches, c'est-à-dire en missions que les directeurs généraux des nouvelles agences régionales de santé (ARS) – des hauts fonctionnaires contractuels nommés et révocables chaque semaine en Conseil des ministres – peuvent allouer indifféremment au public et au privé. Il s'agit, en d'autres termes, d'organiser le partage du marché entre ces deux secteurs selon la logique classique de la socialisation des pertes et de la privatisation des profits. Ce mélange typiquement NPM de caporalisme technocratique et de mise en concurrence est, dans le même temps, importé au sein même des établissements : « Il faut un vrai “patron” à l'hôpital ! » s'exclame le président de la République élu en mai 2007. Ses vœux sont aussitôt exaucés par le législateur : toute légitimité procède désormais des chefs d'établissement qui nomment, par exemple, les chefs de pôle auxquels sont rattachées les « structures internes », le terme « service » disparaissant même de la loi. La légitimité soignante est subordonnée à la légitimité gestionnaire. La ligne hiérarchique remonte aussi verticalement : le directeur de l'hôpital a au-dessus de lui un directeur général de l'agence régionale de santé (ARS), lui-même sous l'autorité hiérarchique du ou de la ministre de la Santé. Ce directeur général est un super préfet sanitaire qui conclut des contrats d'objectifs et de moyens avec les hôpitaux, contrats eux-mêmes assortis d'indicateurs, de *reporting*, absorbant toujours plus de temps d'agents hospitaliers ou de système automatique informatisé… alimenté par les personnels depuis l'agent de facturation jusqu'au médecin.

La seconde révolution bureaucratique appliquée à l'hôpital

La défiance des gestionnaires à l'égard des soignants, susceptibles de ne pas restituer de façon « objective » leur travail, renforce la volonté de contrôle, de la prescription et du gouvernement à distance. Tel est le paradoxe principal du nouveau management public : fondé sur une critique acerbe, et parfois fondée, de la bureaucratie classique, sur la volonté d'en finir avec la paperasserie (*cut the red tape*), il participe, dans les faits, du déploiement d'une seconde couche de bureaucratie que la politiste Béatrice Hibou a justement qualifiée de « néolibérale [5] ». Autrement dit, il bureaucratise au carré l'hôpital, les formalités bureaucratiques accaparant toujours plus de temps soignant.

Cette seconde révolution bureaucratique a reposé au premier chef sur la mise en place d'un archipel d'agences, flanquant l'administration centrale du ministère de la Santé, et concentrant des expertises censément être « indépendantes ». Ces agences peuvent remplir trois fonctions : soutien, contrôle et évaluation, allocations de moyens. Les agences de « soutien » en santé sont nombreuses : elles centralisent les données, permettent la bonne circulation de l'information et coordonnent des organisations, peuvent leur attribuer des moyens parfois importants (Santé publique France est dotée de 207 millions d'euros, l'ANRS de 43 millions, l'Agence de biomédecine de 70 millions, l'INCA de 87 millions...). D'autres, initialement créées pour le soutien (centraliser les données pour l'ATIH ou l'état de la science pour l'HAS), endossent une fonction de contrôle. À noter que certaines, telle l'Agence de biomédecine, peuvent endosser les trois fonctions : soutien, allocations de ressources et contrôles. La bureaucratisation semble plutôt émaner de celles qui gèrent le contrôle soit *a priori* (par la définition des normes et procédures prescriptrices telles que l'Anap), soit *a posteriori* sans implication directe des acteurs de terrain concernés (accréditation et évaluation par l'HAS).

En 2009 est créée l'Agence nationale d'appui à la performance (Anap) dont la mission est « d'aider les établissements de santé à améliorer le service rendu aux patients et aux usagers [...] leur permettant de moderniser leur gestion, d'optimiser leur patrimoine immobilier et de suivre et d'accroître leur performance, afin de maîtriser leurs dépenses ». Ainsi cette agence, avec un large recours à des cabinets de conseil (budget annuel de près de 22 millions d'euros), émet des recommandations prescriptrices telles que le ratio optimal d'infirmier, d'un pour quatorze lits. Ses publications nombreuses créent les indicateurs et les chaînes de *reporting*. Les prescriptions organisationnelles pour tout le champ de l'activité hospitalière ont pour but de normer et de standardiser les procédures de « production » et d'optimiser l'allocation des ressources sans que le rapport au terrain puisse entraîner un questionnement sur la pertinence des prescriptions. Le contrôle des organisations est un but en soi pour rentabiliser au maximum les activités. Il n'est jamais conçu avec un *feedback* des soignants à même de déterminer quelle organisation les rend plus performants.

L'Agence technique de l'information sur l'hospitalisation (ATIH) a été créée en 2000 et collecte les données des établissements de santé : activité, coûts, organisation et qualité des soins, finances, ressources humaines... Elle est dotée d'un budget annuel de 28 millions d'euros. L'élargissement de ses missions (calcul des tarifs et coûts hospitaliers et du secteur médico-social, allocation des ressources) l'a conduite « à recourir de façon croissante à des prestations externes » comme elle l'indique dans son rapport annuel. Mais elle élabore aussi et permet la maintenance des nomenclatures de santé : classification internationale des maladies (CIM), classification commune des actes médicaux (CCAM), catalogue spécifique des actes de rééducation et réadaptation (CSARR)... Un rôle aussi indispensable pour la santé publique que pour la construction de l'objectif national de dépense de l'assurance-maladie et l'allocation des ressources qui en découle.

La Haute Autorité de santé (HAS) a un rôle plus près des pratiques de terrain : avec 53 millions d'euros de budget, elle évalue les médicaments au vu des publications scientifiques et des résultats des essais thérapeutiques, émet des recommandations professionnelles en les confiant aux sociétés savantes. Cette part de son activité est une aide indéniable aux acteurs hospitaliers. Son rôle est plus discuté dans le champ de l'évaluation et de l'accréditation des établissements de santé. Du côté des établissements, l'évaluation et l'accréditation s'apparentent à bien des égards à des visites de « villages Potemkine » consommant sur plusieurs semaines l'énergie et le temps des acteurs de terrain. D'une façon générale, les indicateurs « tombent » de l'HAS, sans être construits véritablement avec les hospitaliers. Si l'évaluation est faite par des « pairs », ces derniers sont nommés par l'agence et non proposés par les établissements. Enfin, et surtout, les décisions finales du contrôle ne sont pas émises par les évaluateurs mais par la direction de l'agence elle-même.

La fonction contrôle est donc croissante sans que ses bénéfices soient évidents, bien au contraire. Obtient-on autre chose avec cette bureaucratisation que « dépenser un pognon de dingue » en pure perte ? Certes, le contrôle et l'évaluation sont importants pour une activité médicale qui doit être très strictement régulée afin d'en assurer la qualité et la sécurité. Mais le contrôle prescripteur *a priori*, comme celui exercé par les consultants de l'Anap, vise davantage l'accroissement de la productivité que la qualité des soins. De la même façon, un contrôle *a posteriori* sans indépendance des évaluateurs, sans reconnaissance par leurs pairs évalués, comme à l'HAS, sans coconstruction des indicateurs, entraîne surtout un dévoiement de l'évaluation. La liste n'est pas exhaustive. Elle met en évidence les ressources investies dans la prescription et le contrôle à distance des hôpitaux, mais ne rend pas compte des ressources internes aux hôpitaux qui sont consacrées à alimenter ce contrôle. On travaille plus à prouver qu'on travaille, à alimenter les tableaux du *reporting*, à améliorer l'indicateur… et moins à réaliser le mieux possible sa tâche. Le but est moins la qualité des soins que la conformité à la norme, nouvel impératif social qui ne peut que fabriquer à la chaîne des impostures comme l'a remarqué avec acuité Roland Gori [6]. Cette nouvelle version du « Gosplan » ne peut en effet que favoriser ce que les chercheurs anglo-saxons appellent le *gaming*, autrement la triche généralisée (par exemple, en manipulant les indicateurs) et, au final, l'érosion de la confiance, ce bien symbolique essentiel qui soude les collectifs de travail, si essentiels au fonctionnement de l'hôpital.

L'autoévaluation et l'évaluation par les pairs qui devraient être au centre des méthodes d'amélioration de la qualité des prises en charge à l'hôpital sont largement déconsidérées. Pourtant, la littérature sur les « hôpitaux magnétiques », ceux attirants soignants et soignés, est déjà abondante, reconnue (première étude en 1983), et décrit bien l'importance de donner de l'autonomie aux équipes, réduisant ainsi le taux d'encadrement, privilégiant l'action sur le contrôle, le souci du patient sur les indicateurs, l'adhésion des équipes.

Dégradation des conditions de travail et érosion de la qualité des soins

Cette logique *top-down* – dont la finalité est plus le contrôle que le soutien aux soignants – est reproduite à l'intérieur de l'hôpital, selon un schéma de poupées russes. Si l'établissement contractualise des objectifs assortis d'indicateurs avec l'ARS, chaque pôle contractualise avec la direction ses objectifs annuels, et le tout est décliné pour chaque unité de travail. Les soignants subissent l'intensification du travail tandis que le travail réel s'éloigne toujours plus du travail prescrit et objectivé par les indicateurs. La politique du chiffre se substitue au projet soignant. Certains médecins et paramédicaux trouvent leur place comme prescripteurs et courroies de transmission, d'autres restent des opérateurs et souffrent d'un « management paradoxant [7] » : il leur faut travailler plus et mieux mais avec moins d'autonomie et des moyens qui ne suivent pas. La polyvalence subie devient une modalité courante de gestion de la pénurie de personnels. Les personnels sont la variable d'ajustement des budgets, leurs horaires sont plus souvent alternés pour boucher les trous, des paramédicaux sont rappelés en dehors de leur planning. Le *turn-over* des paramédicaux s'accroît alors que la faible autonomie dans l'accomplissement du travail entraîne un sentiment de dévalorisation, voire de déclassement. Certains s'en vont, d'autres se révoltent. Ceux qui n'ont pas de latitude de protestation ou de possibilité de fuite s'organisent pour réduire leur exercice clinique, se retranchent derrière leurs fiches de poste. Quand le travail devient insatisfaisant, mieux vaut en réduire la durée ou en obtenir la meilleure des rémunérations.

Dans ce contexte, la qualité des rapports sociaux au sein des équipes devient le dernier facteur de cohésion. Or le but du management, malgré la rhétorique affichée, n'est pas la cohésion des équipes. Un établissement hospitalier a-t-il jamais envisagé que les agents soient d'abord choisis pour leur aptitude au travail collectif, que les chefs ou directeurs soient évalués en tenant compte de l'avis de leurs subordonnés ou de leurs pairs ? L'hôpital actuel est organisé comme un bataillon d'infanterie du XIXe siècle, selon une logique caporaliste, alors qu'il devrait s'inspirer des méthodes de management des organisations de « haute fiabilité ». Comme l'explique Christian Morel, ce qui fait la sécurité d'un cockpit, d'un sous-marin nucléaire ou d'un bloc opératoire n'est pas la hiérarchie mais la collégialité [8]. Les débats contradictoires s'accordent mal avec une organisation prescrite mais permettraient pourtant d'améliorer les dysfonctionnements. L'échange d'informations, les briefings et débriefings, l'encouragement à la réflexivité, les contrôles croisés, etc., sont une source de formation permanente mais ils se heurtent à une organisation verticale. Une difficulté particulière à l'hôpital vient, on l'a dit, de la multiplicité des métiers et des compétences qui interagissent. Ce qui rend plus cruciaux encore la coopération, la communication, le retour d'expérience multidisciplinaire, sans *a priori* hiérarchique.

Libérer le travail soignant pour affronter le défi des maladies chroniques

Les réformes qui se sont accumulées depuis les années 1990 ont toutes pour point commun de prôner l'évaluation des activités et des individus, mais elles se refusent à tirer les conclusions pratiques de leur propre évaluation ! Et quand on le fait, c'est pour en tirer des conclusions surprenantes, un peu comme celles qui avaient cours dans les ex-pays du bloc soviétique : si les réformes ne produisent pas les effets attendus par leurs promoteurs, c'est que l'on n'est pas encore assez loin dans la mise en concurrence, le raffinement des indicateurs, la standardisation des *process*, la contractualisation, ou que les acteurs de terrain font montre d'une trop grande « résistance au changement » ! On peut voir là la manifestation d'une idéologie qui, par définition, se caractérise par son insensibilité aux démentis infligés par les faits. On peut aussi y voir une croyance cyniquement entretenue par ce qui est devenu une lucrative industrie managériale qui va des écoles de commerce jusqu'aux cabinets de conseil en passant par les Gafam et les start-up spécialisées dans la santé.

La littérature académique en économie, en sociologie, en gestion a fait table rase des promesses mirifiques du NPM. Elle a amplement documenté les apories et les effets pervers des instruments gestionnaires tels que les indicateurs ou encore le paiement à la performance [9]. Même les rapports parlementaires d'évaluation de la révision générale des politiques publiques (RGPP), lancée en 2007, sont très critiques. Ce constat d'échec ne souffre aucune contestation.

Dès lors, un minimum de rationalité supposerait d'abandonner des « solutions » qui accumulent les problèmes, pour une raison que tout professionnel ou tout sociologue connaît : l'hôpital est une organisation collective qui ne peut reposer sur une juxtaposition de contrats d'objectifs déclinés jusqu'au niveau individuel. Le cœur de l'hôpital, c'est l'équipe. Or une équipe suppose de la stabilité, de l'interconnaissance, du temps pour échanger, mais aussi de l'autonomie pour innover. Le travail en équipes pluridisciplinaires, ouvertes sur l'extérieur de l'hôpital, est contradictoire avec la T2A qui, au contraire, tend à inciter les acteurs hospitaliers à se refermer sur eux-mêmes et à entretenir des relations de rivalité avec les autres services et acteurs du soin dans la mesure où les moyens alloués dépendent fortement des recettes engrangées. Il est aussi antinomique de la néotaylorisation du travail soignant qui conduit à se centrer sur l'aspect purement technique du soin et à délaisser des dimensions pourtant essentielles, comme l'échange entre soignants, et entre ces derniers et les patients. Ceux-ci sont d'ailleurs de plus en plus des malades chroniques dont la prise en charge de qualité implique une bonne coordination des acteurs hospitaliers et extrahospitaliers et exigent du temps pour les aider à composer avec leur maladie dans leur vie quotidienne [10]. À l'aune de cette transition épidémiologique, le tournant néolibéral des années 2000 aura constitué un catastrophique contresens dont la crise hospitalière actuelle est la conséquence. Les déclarations récentes de l'ancienne ministre de la Santé, Agnès Buzyn, reconnaissent enfin, même si ça n'est pour l'instant que sur un plan rhétorique, cet échec du nouveau management public et de son avatar sectoriel, « l'hôpital-entreprise ». Las, si la reconnaissance de cet échec cuisant doit conduire à inventer une T2A *bis*, à précariser le personnel hospitalier, voire à en finir avec le statut de la fonction publique hospitalière, à individualiser les carrières et à rémunérer au « mérite », à adjoindre des indicateurs de « qualité » aux très prégnants indicateurs financiers, la crise hospitalière ne pourra aller qu'en s'approfondissant. « La définition de la folie, c'est de refaire toujours la même chose et d'attendre des résultats différents », faisait remarquer il y a longtemps Albert Einstein. En ce sens, le NPM est une folie.

Pour autant, il ne saurait être question de restaurer le « mandarinat » d'antan, regretté par quelques-uns. La médecine a considérablement changé, les patients aussi, de même que les attentes de la société à l'endroit du système de santé, qui ne peut plus être seulement un système de soins. La santé publique doit devenir le cœur des établissements de santé, eux-mêmes ouverts sur leur environnement.

Du personnel en nombre suffisant, des conditions de travail décentes mais aussi la valorisation, symbolique et matérielle, des équipes de soins sont les remèdes à la crise hospitalière. Un tel changement de paradigme se résume assez facilement : la défiance doit laisser place à la confiance entre gestionnaires et soignants, l'individualisation du rapport au travail à la promotion du collectif de travail, l'obsession du contrôle [11] à l'autonomie « autorégulée », la domination médicale sans partage à la multidisciplinarité, la chasse sans fin aux « temps morts » à du temps suffisant, la précarité généralisée à la stabilité, la conformation à des objectifs prescrits au retour d'expériences. Où l'on voit que la solution n'est pas technique mais bel et bien politique.

RÉFÉRENCES

[1] C. Chevandier, *L'Hôpital dans la France du XXe siècle*, Paris, Perrin, 2009.
[2] N. Belorgey, *L'Hôpital sous pression. Enquête sur le « nouveau management public »*, Paris, La Découverte, 2010.
[3] M.-A. Dujarier, *Le Management désincarné*, Paris, La Découverte, 2017.
[4] J.-C. Moisdon, D. Tonneau, *La Démarche gestionnaire à l'hôpital*, Paris, Seli Arslan, 2015.
[5] B. Hibou, *La Bureaucratisation du monde à l'ère néolibérale*, Paris, La Découverte, 2012.
[6] R. Gori, *La Fabrique des imposteurs*, Arles, Actes Sud, 2015.
[7] V. de Gaulejac, F. Hanique, *Le Capitalisme paradoxant. Un système qui rend fou*, Paris, Seuil, 2015.
[8] C. Morel, *Les Décisions absurdes. Sociologie des erreurs radicales et persistantes*, Paris, Gallimard, « Folio », 2014.
[9] Pour une synthèse, P.-A. Juven, F. Pierru, F. Vincent, *La Casse du siècle. À propos des réformes de l'hôpital public*, Paris, Raisons d'agir, 2019.
[10] A. Grimaldi *et al.*, *Les Maladies chroniques. Vers la troisième médecine*, Paris, Odile Jacob, 2017.
[11] T. Coutrot, *Libérer le travail*, Paris, Seuil, 2018.

10

Réformer la recherche

Alain Fischer

Alain Cordier, ancien directeur général de l'Assistance publique-Hôpitaux de Paris, a écrit : « La médecine sans recherche n'est ni envisageable ni recevable. » Ce constat aisément partagé par tous en parole, moins dans les faits, nous y reviendrons, s'impose. La recherche sous-tend les progrès de la médecine, de la santé donc du bien-être. Le XXe siècle a été marqué par le développement d'une pensée scientifique de la médecine grâce à l'introduction des sciences mathématique et algorithmique (statistique, intelligence artificielle), physique (imagerie), chimique (médicament), biologique (génétique, biologie moléculaire…) ainsi que des sciences sociales et humaines. Ainsi, les connaissances sur la physiologie de l'homme et les mécanismes de nombreuses maladies ont progressé. Fondées sur ces analyses précises, de nouvelles thérapeutiques et mesures de prévention ont été développées. Parmi de multiples exemples, citons la mise au point des médicaments permettant d'éradiquer l'hépatite C, le contrôle de l'infection par le VIH, des vaccins performants contre les méningites ou les papillomavirus, les biothérapies de maladies auto-immunes et inflammatoires et plus récemment de cancers et la réduction de 40 % de la mortalité des maladies cardio-vasculaires en France entre 2000 et 2013. Pour peu que ces thérapies soient accessibles à tous, ce qui est (encore) à peu près le cas en France, elles se traduisent par une amélioration de l'état de santé dont témoignent l'augmentation spectaculaire de l'espérance de vie et même l'augmentation de l'espérance de vie en bonne santé [1] malgré l'accroissement des maladies chroniques. Beaucoup restent à faire si l'on pense en particulier aux pathologies du système nerveux, mais aussi aux cancers, aux maladies génétiques ou à la prévention des maladies cardio-vasculaires et du vieillissement.

La recherche a une valeur formatrice parce qu'elle exige connaissance, rigueur, analyse, esprit critique et capacité de formuler des questions. En ce sens, la formation par la recherche des médecins – reconnue dans le cursus hospitalo-universitaire, certes non sans défauts – contribue à promouvoir la compétence des acteurs du système de santé.

La recherche en santé constitue un continuum entre quatre dimensions : la recherche fondamentale destinée à comprendre les processus du vivant, la recherche dite « translationnelle » allant du laboratoire au patient et *vice versa*, qui appréhende les mécanismes physiopathologiques des maladies et des états de santé, la recherche clinique qui décrit les manifestations des maladies, évalue les procédures diagnostiques et teste les nouvelles thérapeutiques et enfin la recherche en santé publique qui recherche les déterminants de santé à l'échelle des populations (épidémiologie, sociologie, anthropologie et économie) et évalue les politiques de santé. Ces dimensions font appel à des savoirs et des technologies distincts, mais se fertilisent mutuellement. Elles impliquent une adaptation rapide des modalités d'organisation de ces recherches et de formation de ces acteurs. Pensons au rôle croissant de l'acquisition de données massives et surtout de leur interprétation, qui concerne tout autant les éléments d'exposition environnementale que les paramètres cliniques, les données génétiques et épigénétiques ou encore d'imagerie… de la cellule au corps entier.

Notre système actuel de recherche en santé est-il adapté à cet état de fait, est-il adaptable ? C'est l'objet de ce chapitre.

La création des CHU

En France, tout se cristallise en 1958 et dans les années suivantes avec la création des centres hospitalo-universitaires (CHU) qui intègrent les trois missions de soins, de recherche et d'enseignement. Les médecins y travaillent à temps plein avec une double appartenance hospitalière et universitaire. Cette réforme fut suivie en 1964 de la création de l'Institut national de la santé et de la recherche médicale (Inserm). Il en résulta l'implantation de laboratoires de recherche au sein des CHU. Ceux-ci ont bénéficié, notamment après 1968, de la construction de locaux de recherche et d'enseignement sur les campus hospitaliers. Cette dernière mesure a favorisé, par l'unité de lieu ainsi créée, le développement de la recherche médicale comme une des trois missions du CHU. Chacun s'accorde à reconnaître le caractère visionnaire, novateur, intelligent de la réforme « Debré ». Celle-ci a procuré le cadre de la formation des médecins, notamment spécialistes, et a permis un essor de la recherche médicale française.

Qu'en est-il soixante et un ans plus tard ? Le cadre organisationnel a peu varié. S'y sont ajoutées la création d'un corps de praticien hospitalier théoriquement dédié à l'activité de soins – une brèche dans le concept d'intégration des trois missions au sein des CHU – et, dans le domaine de la recherche, la multiplication des opérateurs. Mais pour l'essentiel, le cadre de travail est le même alors que les activités de soins et de recherche ont considérablement évolué, rendant impossible la maîtrise des trois missions par chaque individu. On a pu observer la montée en puissance de la primauté de la mission de soins marquée par l'application de la loi dite HPST (hôpital, patients, santé, territoires) de 2009 au CHU – loi qui réduit la place des composants universitaires et de recherche dans la gouvernance des CHU. Le système de financement de l'hôpital – dont les CHU – est de façon massivement prédominante lié à l'évaluation de l'activité de soins par la tarification à l'activité (T2A). La place des autres missions, missions d'intérêt général et d'aide à la contractualisation (MIGAC) à travers les missions d'enseignement, de recherche, de référence et d'innovation (MERRI), est, en proportion, modeste et les fonds utilisés le plus souvent comme mesures d'ajustement budgétaire, plutôt que pour la réalisation et le développement des missions d'enseignement et de recherche.

Ces évolutions, que l'on peut considérer comme plutôt régressives par rapport aux objectifs de la réforme Debré, ont-elles un impact sur la recherche en santé en France ?

Évaluer les CHU aujourd'hui

Il est difficile de répondre avec précision à cette question faute d'indicateur indiscutable et de pratique de l'évaluation au sein des CHU (en dehors des unités de recherche affiliées aux établissements publics scientifiques et techniques – EPST). Nous disposons de classements internationaux de type « Shanghai » dont les limites sont connues mais qui doivent être considérés lorsqu'ils apportent des informations convergentes. Le classement par l'université de Shanghai des universités médicales mondiales ne flatte pas notre *ego* [2]. Ainsi, en 2018, parmi les 150 premières universités médicales retenues par ce classement selon des critères de publications et de notoriété, on trouve 21 universités allemandes, 16 britanniques et seulement 6 françaises (parmi les 30 CHU, dont aucune dans les 50 premières). C'est moins que les Pays-Bas (8 universités sur 8) – pays pourtant quatre fois moins peuplé que la France ou la Suisse (n = 7), à peine mieux que la Suède (n = 4), pays huit fois moins peuplé que la France. Nous nous situons au niveau de l'Italie et de l'Espagne, un rang honorable mais bien en retrait des pays du nord de l'Europe. Nous ne pouvons certainement pas prétendre – comme on peut l'entendre un peu trop souvent – appartenir au groupe des leaders de la recherche médicale, ni par voie de conséquence de l'innovation. Cette analyse est corroborée par le travail d'évaluation de la position scientifique de la France dans le monde

(2000-2015) effectué par l'Observatoire des sciences et techniques (OST). Celui-ci montre que l'impact des publications françaises en recherche médicale correspond à la moyenne mondiale, soit en dessous ou très en dessous des résultats des recherches provenant des pays anglo-saxons, d'Allemagne, de Scandinavie, de Suisse ou des Pays-Bas [3].

Est-ce si grave si notre système de santé reste performant ? Après tout, le système de santé britannique et encore plus le système de santé des États-Unis ne brillent pas par leur efficience malgré des performances de recherche supérieures aux nôtres. L'évidence est qu'un système propice à une recherche efficace ne suffit pas à promouvoir la qualité du système de santé, mais on peut néanmoins prétendre qu'il y contribue et qu'il peut être bénéfique à l'économie du pays. En tout état de cause, cet état de fait mérite analyse et si possible correction.

Une analyse de l'organisation de la recherche en santé en France

S'il y a bien un mot qui fera facilement consensus, c'est celui de « complexité ». On pourrait y associer les termes « lourdeur » et « défaut d'attractivité ». Notre écosystème est constitué d'un « mille feuilles » dont il paraît impossible de retrancher à jamais la moindre couche. Au soutien de base émanant des EPST, et dans une moindre mesure des universités, s'ajoute un financement par projets à travers l'agence nationale de recherche (ANR) et des institutions publiques thématiques (INCA, pour le cancer, ANRS pour le sida et les hépatites, plan Alzheimer). Le programme hospitalier de recherche clinique (PHRC) et un certain nombre de fondations et associations caritatives complètent le dispositif. On pourrait se réjouir de l'existence de sources multiples de financement de la recherche mais de nombreux inconvénients rendent ce système moins opérant qu'on pourrait le souhaiter : crédits alloués relativement faibles et pour des périodes courtes (maximum trois ans), relatif faible taux de succès des applications de l'ANR (< 15 %) rendant l'évaluation et donc l'obtention des crédits assez aléatoires, temps excessif des chercheurs consacré à la rédaction des projets (et à leur évaluation !). On peut aussi considérer que le rôle non négligeable d'opérateurs thématiques procure un effet d'aubaine dans un cercle restreint d'investigateurs aux dépens des autres domaines de la recherche médicale (et fondamentale). La gouvernance d'un « mille feuilles » est une tâche quasi impossible. Aviesan, l'Alliance nationale pour les sciences de la vie et de la santé, regroupe les principaux acteurs organisés en « Instituts thématiques multi-organismes » mais son influence est pour le moins restreinte. Deux ministères, la Santé et l'Enseignement supérieur et la Recherche, sont concernés par les CHU et leur recherche. La coordination de leurs actions dépend du bon vouloir des ministres en charge.

La recherche clinique

La recherche clinique mérite un commentaire spécifique. Elle est principalement soutenue en France, depuis 1993, par le PHRC financé par la Caisse nationale de l'assurance-maladie. Sa création a comblé un déficit réel dans ce domaine. Il est malheureusement difficile d'en estimer l'impact car malgré vingt-cinq ans d'existence, aucune étude l'ayant évalué n'a été rendue publique. On peut s'interroger sur la qualité des modalités d'évaluation des projets et surtout critiquer le fait que ce programme soit entièrement découplé dans l'élaboration et le fonctionnement des entités – notamment l'Inserm – en charge des autres aspects de la recherche médicale ! Ce « saucissonnage » ne peut par essence qu'être contre-productif. À l'inverse, les Britanniques financent à travers le Medical Research Council (MRC) aussi bien des recherches fondamentales, translationnelles que cliniques, ce qui permet une gouvernance intégrée et donc des choix stratégiques. La recherche clinique au sein des hôpitaux est financée, en théorie du moins, par les MIGAC à travers les MERRI. Ces dotations budgétaires spécifiques viennent compléter le financement à l'acte (T2A) des hôpitaux. Ce système repose sur une évaluation plus quantitative que qualitative des publications grâce à l'indice SIGAPS. Mieux vaut publier beaucoup d'articles à faible impact que peu à fort impact. Mais avant tout, l'utilisation de ces crédits, dans un contexte de restriction budgétaire, est trop souvent considérée par les directeurs de CHU comme une ressource complémentaire qui leur sert à équilibrer le budget du CHU plutôt que comme moyen d'une politique susceptible de favoriser le travail des équipes les plus performantes dans ce domaine. Enfin, la lourdeur administrative de la gestion de la recherche clinique peut ralentir considérablement la mise en place de projets (jusqu'à deux ans dans mon expérience) et entraîner le découragement. En particulier, à Paris, la dualité existante entre la délégation à la recherche clinique et à l'innovation (DRCI) et les structures de terrain (unité de recherche clinique notamment) multiplie les échelons d'intervention, rallonge les délais de mise en œuvre et donc nuit à l'efficience. On peut s'interroger sur le fait que ces DRCI soient pilotées par un directeur d'hôpital plutôt que par un médecin chercheur même si ce dernier doit être épaulé pour la gestion administrative.

À l'échelle nationale, la complexification croissante des dossiers requis, dénommés RIPH pour recherche impliquant la personne humaine, pour toute étude clinique (même non interventionnelle) va à l'encontre de la simplification souhaitée. Bref, la recherche clinique en France souffre, malgré la motivation et la bonne volonté de nombreux investigateurs de plusieurs facteurs, de perte d'efficience : découplage de son financement principal de celui provenant des autres composantes, saupoudrage des moyens alloués aux hôpitaux aux dépens d'une action stratégique et lourdeurs administratives considérables. Beaucoup de ces éléments ont été pointés dans le rapport de la Cour des comptes sur les CHU publié début 2018 [4].

La compartimentalisation des opérateurs de la recherche (médicale) a aussi pour conséquence une fragmentation des opérateurs de la valorisation. Des entités *ad hoc* existent au sein des CHU, des universités, de l'Inserm, du CNRS... et des sociétés d'accélération du transfert de technologies (SATT), créées par le Programme des investissements d'avenir pour simplifier/fluidifier la valorisation et l'innovation ! Les relations complexes et chronophages entre ces entités, toutes jalouses de leurs prérogatives dans un contexte de tension budgétaire des structures dont elles dépendent, nuisent aussi à l'efficience.

Les instituts de recherche médicale

L'évolution des pratiques de la recherche, la nécessité de réunir des plateformes technologiques et de savoir-faire à grande échelle (base de données, bio-informatique, génomique, protéomique, imagerie cellulaire, plateforme de recherche clinique...) ainsi que la nécessité de réunir des compétences multiples ont conduit à l'émergence de quelques instituts de recherche qui essaient de se donner les moyens de pratiquer la meilleure recherche dans le contexte d'un CHU. La création en 2010 des instituts hospitalo-universitaires (IHU) dans le cadre du Programme des investissements d'avenir a facilité cette éclosion. Les IHU – au nombre de 7 à ce jour – se distinguent les uns des autres, par essence, dans leurs champs disciplinaires mais aussi dans leurs objectifs et leurs organisations. Il est sans doute encore trop tôt pour évaluer l'impact de leur mise en place mais ils sont susceptibles de contribuer à limiter le fonctionnement en « silo » des nombreux acteurs de la recherche médicale. Leur visibilité, leur capacité d'attraction de jeunes chercheurs à l'échelle internationale, leur capacité de formation et de valorisation devraient exercer un effet bénéfique sur la recherche médicale en France. Quelques remarques cependant, fondées en partie sur mon expérience personnelle à la direction de l'IHU Imagine (Institut des maladies génétiques sur le site de l'hôpital Necker-Enfants malades à Paris) : ces instituts ont parfois été perçus par les entités dont ils dépendent comme des « objets » dont le degré d'autonomie perturbe leurs vues, ce qui a pour conséquence un contrôle parfois tatillon et le frein mis à certaines initiatives. Ces 7 IHU (dont 4 à Paris) ne représentent que quelques pour cent du paysage de la recherche médicale en France. Se pose donc la question d'en accroître le nombre et d'en améliorer l'intégration au sein des CHU. Enfin, ces IHU ont été construits selon un modèle économique irréaliste : obtention d'une autonomie financière en dix ans grâce aux produits de la valorisation, situation dans laquelle aucun institut de recherche dans le monde ne se trouve.

La formation par et à la recherche

Un certain nombre de mesures ont été prises qui facilitent la formation par la recherche des médecins. On peut citer en particulier l'obligation d'avoir exercé une activité de recherche pour obtenir un poste hospitalo-universitaire, ce qui s'inscrit bien dans l'esprit de la réforme de 1958. Mais une application rigide – il n'est pas inconcevable qu'un médecin hospitalier obtienne un poste universitaire sans qu'il ait exercé de recherche mais à condition qu'il ait une activité importante d'enseignement ou dans un autre domaine d'intérêt public – en a en partie détourné le sens : nombre de médecins effectuent au rabais un travail scientifique pour obtenir un doctorat de science nécessaire à leur promotion. Il serait bien mieux de lever cette obligation et de favoriser une formation par la recherche de qualité pour ceux qui le souhaitent et le peuvent.

La mise en place de filières de formation double : docteur en médecine-docteur en science instituée en premier par l'École normale supérieure, puis reprise par l'Inserm et enfin par certaines universités remplit en partie cette fonction. Il s'agit de formations de qualité susceptibles de faire émerger de futurs cadres hospitalo-universitaires aptes à mener la mission de recherche. Encore faut-il

1) que cette formation puisse être proposée à un plus grand nombre, même si elle doit rester sélective, 2) qu'il existe des « passerelles » pour ceux qui n'ont pu ou su s'engager précocement dans cette filière et 3) que parmi ces jeunes médecins ou pharmaciens, ceux qui débutent leur carrière hospitalière soient aidés dans la mise en place de leur projet de recherche. Une initiative à ce jour très limitée (4 postes par an) de temps partiellement protégé pour la recherche associée à un financement de la recherche a été mise en place grâce au soutien de la Fondation Bettencourt-Schueller. En cas de succès, son extension paraît raisonnable.

L'attrait pour la recherche se doit d'être développé, pendant les études. Le carcan représenté par l'examen classant national (ECN) contraint l'organisation des études en médecine en en rigidifiant la structure. La disparition envisagée de l'ECN serait susceptible de permettre une diversification des parcours des étudiants en médecine, potentiellement bénéfique à bien des égards… dont pour certains par une initiation à la recherche (aux recherches) en santé.

La recherche médicale concerne aussi les scientifiques non médecins qui y contribuent pour certains directement, pour d'autres indirectement par leur engagement en recherche fondamentale. La faible attractivité des carrières scientifiques dont les caractéristiques sont résumées ci-dessous freine donc son essor. L'obtention d'un poste de chercheur implique de franchir l'obstacle d'un concours sélectif après de nombreuses années de formation et d'activité contractuelle. À cette incertitude (incontournable) s'ajoute le niveau de rémunérations modeste (un jeune chercheur du CNRS ou de l'Inserm gagne à peine plus de 2 000 euros net mensuel) qui en dissuade certains lorsqu'ils comparent leur situation à celle de leurs connaissances qui ont choisi à formation équivalente des carrières bien plus rémunératrices. Ce constat est encore plus critique en ce qui concerne les personnels ingénieurs techniciens et administratifs de la recherche dont, de plus, les possibilités de promotion sont très limitées !

La recherche en santé publique

La santé publique analyse les déterminants de santé à l'échelle de la population. Ces travaux servent de base rationnelle aux décisions de santé publique, notamment dans le domaine de la prévention. Ces actions exercent une influence essentielle sur la santé, de l'espérance de vie aux éléments de qualité de vie. De façon évidente, la recherche est consubstantielle de l'action. Elle est largement pluridisciplinaire, de l'épidémiologie aux études de psychologie, de sociologie, d'anthropologie et d'économie. Comme toute science, elle évolue rapidement, en intégrant les mégadonnées des dossiers médicaux électroniques aux données d'objet connecté, et aux données « omiques » : génomique, protéomique... vers une « santé publique de précision ». Il est de notoriété publique que malgré de brillantes exceptions, la recherche en santé publique est sous développée en France, notamment en comparaison avec le monde anglo-saxon. On peut assez logiquement faire le lien entre cet état de fait et la faiblesse de la culture des actions de prévention dans notre pays que ce soit au sein de la population ou du monde médical traditionnellement orienté vers la thérapeutique.

À quoi est due cette situation ? Il me semble qu'un élément déterminant en est la très faible place de la santé publique au sein des facultés de médecine. Une fraction de la recherche en santé publique s'effectue à l'extérieur des facultés de médecine – ce qui en soit ne pose pas de problème en permettant de créer des liens avec les sciences sociales et humaines. Mais le nombre d'enseignants/chercheurs en santé publique au sein des facultés de médecine est insuffisant. Il en résulte une place limitée de cette discipline dans l'enseignement et un défaut d'attraction des jeunes médecins – les postes d'internes en santé publique sont choisis en dernier ou délaissés. Trop souvent dans le passé, les facultés de médecine ont utilisé des postes de santé publique pour y placer des cliniciens qui n'avaient pas trouvé de place dans leur discipline propre. Le contraste entre l'importance de la discipline et la faiblesse de son implantation est saisissant et appelle une action rapide de correction particulièrement dans ces temps où les fausses nouvelles en santé se répandent au sein de la population et induisent des comportements inadaptés.

Dès 1973, Robert Debré avait perçu que l'absence de l'intégration de la santé publique au sein des CHU nouvellement crées était une erreur qui appelait rectification [5].

La recherche des personnes soignantes non médecins

Les personnels soignants, de par leur expérience au plus proche des patients, acquièrent un savoir-faire et un questionnement qui peuvent se traduire en projets de recherche pertinents autour de la réalisation des soins et de leur signification. L'universitarisation des études menant aux professions paramédicales, en place depuis quelques années, va dans le bon sens car elle offre un cadre à la formation et à la réalisation de projets de recherche à travers master et thèse. Pourtant, ce cadre est peu employé, contrairement à ce que l'on observe au Canada ou en Europe du Nord. Il est possible qu'il faille plus de temps pour sensibiliser et inciter plus de soignants à s'engager dans un travail de recherche. Cependant, la non-reconnaissance professionnelle de ces travaux et l'absence de perspectives d'avancement, faute de postes *ad hoc*, constituent un frein majeur. Une évolution, marquée par la reconnaissance de nouvelles fonctions exercées par ces personnes ainsi formées, contribuerait à favoriser cet important volant de recherche mais aussi à développer des nouveaux métiers dont notre système de santé a besoin.

Quelques propositions de réforme pour la recherche en santé

Au sein du CHU

Vus sous l'angle de la recherche, nos CHU, bien essoufflés, on l'a vu, ont besoin d'une réforme en profondeur, une « réforme Debré.2 ». Bien d'autres considérations développées dans d'autres chapitres de ce livre concourent à cette conclusion et, sans doute, beaucoup des analyses convergent. La gouvernance des CHU, nous l'avons vu, est déséquilibrée, elle ne favorise pas l'intégration des trois missions essentielles. Aux Pays-Bas, chaque CHU (de taille approximativement semblable aux nôtres) est gouverné par un triumvirat aux prérogatives égales : un directeur d'hôpital (qui peut être un médecin), un directeur de l'enseignement (doyen) et un directeur de la recherche. Ils prennent ensemble au quotidien les décisions relatives à toutes les missions des CHU en disposant d'un budget de plusieurs provenances : assurances-maladie et ministères des Universités et de la Recherche. Cette gouvernance est opérationnelle – avec succès – depuis maintenant plus de vingt ans. Elle s'appuie sur une équipe administrative et des instances représentatives des professionnels et des représentants des patients. Les CHU sont organisés en départements thématiques (neuroscience, chirurgie, urgences, santé publique, médecine interne…) en charge chacun dans leur domaine des trois missions avec, à leur tête un directeur – évalué tous les cinq ans – et une équipe opérationnelle. Cette organisation permet à chaque équipe d'accomplir collectivement l'ensemble des missions, chacun y trouvant sa place à la mesure de ses compétences et aspirations, et ce de façon variable au cours du temps. L'évaluation des performances des CHU néerlandais est positive selon tous les critères. En recherche, les 8 CHU néerlandais sont tous parmi les 150 premiers du classement de Shanghai (contre 6 sur 30 français, je le rappelle). Certes, il n'est pas certain qu'une telle gouvernance – développée dans un pays de culture plus pragmatique que la nôtre – soit aisément transposable. Il me semble néanmoins que cela vaudrait la peine de l'étudier de près et pourquoi pas de l'expérimenter ?

Les instituts de recherche évoqués plus haut trouveraient facilement leur place dans un CHU au sein duquel activités de soins, d'enseignement et de recherche sont pleinement intégrés. À défaut, compte tenu de leur importance structurante, en tant que telle et comme tête de réseau, il paraît souhaitable d'essayer d'en créer de nouveaux au sein des CHU les plus actifs. Il faut aussi sans doute envisager d'assurer la pérennisation de leurs actions sous condition d'une évaluation rigoureuse et d'une stratégie conforme à celle de leurs partenaires institutionnels.

L'organisation de la recherche clinique et son financement ont besoin d'être revus, sans doute après un audit approfondi – notamment du PHRC. Associer ce programme à l'Inserm ferait sens pour conférer une cohérence à une stratégie nationale de recherche médicale. À l'échelon des CHU, il serait utile de réfléchir à une meilleure utilisation des crédits MERRI et essayer de rendre plus fluide et rapide la réalisation des études cliniques. En parallèle, direction devrait être donnée d'harmoniser (fusionner ?) les différentes instances impliquées dans la valorisation de ces travaux. La place de la recherche dans la formation des médecins qui le souhaitent doit être facilitée par la suppression de l'ECN et, espérons-le, une diversification des cursus. L'accès à une formation scientifique (quel que soit le domaine), solide et jamais au rabais, doit pouvoir être proposé aux étudiants ainsi qu'aux internes qui le souhaitent et en ont la capacité. Compte tenu de la difficulté et des exigences du double cursus, il convient d'accompagner ceux qui s'y engagent y compris pendant leur clinicat pour leur donner les meilleures chances de succès et donc de devenir les moteurs de la recherche médicale de demain. De même, l'incitation aux activités de recherche des personnels de santé non médecins doit s'accompagner de perspectives de carrière adaptées.

La recherche en sciences de la vie

La réforme de la recherche dans ce secteur va bien au-delà du cadre de ce chapitre. L'annonce récente par le Premier ministre d'un plan pluriannuel de la recherche constitue un cadre propice à la modification. Un effort de simplification et d'organisation des sources de financement public de la recherche médicale est impératif. On peut s'interroger sur la justification de maintenir à tout prix le financement par projet (en dehors de la recherche clinique). Si c'est le cas, les financements doivent être durables, substantiels et avec une chance de succès initial plus élevée pour limiter le caractère aléatoire de l'attribution des crédits. Cela impliquerait un effort financier notable destiné à revaloriser la dotation de l'ANR. À défaut pourrait se défendre un financement par chercheur (ou groupe) fondé sur l'évaluation approfondie (non bibliométrique) des publications des dernières années – le meilleur marqueur prédictif de succès à venir – comme suggéré par certains [6]. Enfin un effort d'attractivité est indispensable pour attirer les jeunes vers les métiers de la recherche.

Toutes ces actions au niveau des CHU et des entités de recherche rendent souhaitable une meilleure coordination de l'action politique entre les deux ministères concernés, peut-être à travers une direction commune qui superviserait les CHU ?

Un plan santé publique

Pour les raisons indiquées plus haut et qui en fait débordent largement du cadre de la recherche, la santé publique doit devenir un secteur prioritaire de la politique universitaire, en (re)peuplant progressivement les facultés de médecine des spécialistes *ad hoc*. Cela devrait permettre à terme de revitaliser cette discipline, de la voir reconnue dans le monde médical et d'attirer des étudiants motivés. On pourrait aussi envisager qu'une fraction du PHRC cible de façon spécifique les questions de recherche en santé publique selon un programme hospitalier de recherche en santé publique (PHRSP).

La recherche médicale et en santé est à la base des progrès de la médecine qui contribuent à améliorer l'état de santé de la population. Son exigence et sa complexité croissante – entre autres du fait de sa pluridisciplinarité – impliquent de faire évoluer son organisation. L'actuelle a fait son temps, elle ne correspond plus à un modèle d'efficience souhaitable. Une réforme en profondeur des CHU, en y incluant la santé publique, est la seule mesure à la hauteur des enjeux. Il s'agit là d'une œuvre délicate – l'environnement politique n'étant plus celui qui a permis l'édiction d'ordonnance comme en 1958 – mais elle est sans doute indispensable.

RÉFÉRENCES

[1] GBD 2015, « Global, regional, and national life expectancy, all-cause mortality, and cause-specific mortality for 249 causes of death, 1980-2015 : A systematic analysis for the Global Burden of Disease Study 2015 », *Lancet*, 2016, 388 (10053), p. 1459-1544.

[2] *Academic Ranking of World Universities*, 2019.

[3] « La position scientifique de la France dans le monde 2000-2015 », *Rapport de l'HCERES*, Paris, Observatoire des sciences et techniques, 2018.

[4] Rapport de la Cour des comptes sur les CHU à la demande de la Commission des affaires sociales du Sénat, janvier 2018.

[5] R. Debré, Discours de clôture d'un colloque sur l'enseignement de la santé publique, Rennes, 1973.

[6] R. N. Germain, « Healing the NIH-funded biomedical research enterprise », *Cell*, 2015, 161 (7), p. 1485-1491.

TROISIÈME PARTIE

Changer la médecine de ville

L'acuité de la crise hospitalière actuelle aurait tendance à focaliser le regard sur ce seul compartiment de l'offre de soins. Or, pour une large part, la crise de l'hôpital public prend sa source dans la désorganisation de la médecine dite de proximité (médecins généralistes et spécialistes majoritairement libéraux). C'est la raison pour laquelle les urgences hospitalières sont devenues l'abcès de la crise. En effet, de plus en plus de patients sont contraints de reporter leur demande de soins vers les urgences parce qu'ils n'ont plus accès pour des raisons géographique – ce sont les fameux « déserts médicaux » – ou financière – avec la banalisation de la pratique des dépassements d'honoraires – aux soins de proximité. Ce n'est pas un hasard si, bien que le président de la République n'ait pas inscrit la santé comme priorité du « grand débat », la population a mis cette dernière à l'agenda. La « France périphérique », celle des gilets jaunes, ne se voit plus garantir un accès aux soins satisfaisants, tout comme d'ailleurs les populations habitant les zones périurbaines (les « banlieues »). Il y a coresponsabilité des pouvoirs publics et des syndicats de médecins libéraux « historiques » dans cette situation très préoccupante. Les pouvoirs publics ont mené des politiques incohérentes, laissant au final perdurer le *statu quo*. Si le ministère de la Santé a pu manifester de temps à autre des velléités de réorganisation des soins de premier recours, il s'est longtemps heurté à la Caisse nationale de l'assurance-maladie qui a, historiquement, la haute main sur la médecine libérale. Pour la « Sécu », il s'est surtout agi de préserver une bonne entente avec des syndicats de médecins libéraux qui continuent encore pour la majorité d'entre eux à défendre un modèle d'exercice, celui du cabinet individuel libéral, dont les plus jeunes ne veulent paradoxalement plus, pour des raisons de conditions de travail et d'équilibre entre vie professionnelle et vie privée. De fait, si l'hôpital, sur lequel l'État a tous les pouvoirs, est soumis à une austérité de plus en plus sévère, la médecine de ville semble bénéficier quant à elle d'un traitement beaucoup plus favorable.

D'une façon plus générale, l'offre de soins continue à être régulée en silos – la médecine de ville, l'hôpital, le médico-social, la prévention – là où il conviendrait, afin d'assurer une prise en charge efficiente et de qualité des malades chroniques, d'établir des fonctionnements et des financements « intégrés » propices au travail en équipe. Las, pour le moment, on ne semble pas en prendre le chemin. La médecine libérale continue à être massivement payée à l'acte, mode de financement source de nombreux effets pervers que l'on a étendus à l'hôpital par la tarification à l'activité (T2A). Le service public de la santé de proximité dont la France a grand besoin, et de façon urgente, est toujours reporté aux calendes grecques.

11

Médecine libérale : développer le travail en équipe et en réseau

Entretien d'André Grimaldi
avec Mady Denantes, Hector Falcoff et Didier Ménard

L'entretien a eu lieu dans le local de la communauté professionnelle territoriale de santé (CPTS) du XIIIe arrondissement de Paris, qui rassemble sur la base du volontariat l'ensemble des professionnels de santé libéraux du quartier. Cette CPTS du XIIIe citée en exemple dans le rapport sur la réforme « Ma santé 2022 » présentée par le président de la République en septembre 2018.

ANDRÉ GRIMALDI. – *Comment cette CPTS s'est-elle formée ? Qui regroupe-t-elle ? Que fait-elle ?*

HECTOR FALCOFF (médecin généraliste, président de la CPTS du XIIIe arrondissement). – Depuis 2007, je travaillais dans un cabinet de groupe comprenant 8 médecins généralistes se partageant 3 secrétaires. Elles jouaient le rôle d'assistantes médicales, nous soulageant de tâches administratives et de l'organisation de ce que l'on appelle aujourd'hui « le parcours de soins de patients » au sein du système de santé, en particulier pour les patients âgés polypathologiques. Nous avions ainsi plus de temps médical à consacrer à nos patients convoqués toutes les vingt minutes. Mais ce secrétariat nous coûtait cher. En 2010, il a été proposé par la Sécurité sociale d'expérimenter de nouveaux modes de rémunération à côté du traditionnel paiement à l'acte. Face à cette proposition, notre groupe s'est divisé, trois ont refusé par peur de perdre leur liberté face à la tutelle de l'agence régionale de santé (ARS) et de la Sécurité sociale et les cinq autres ont accepté de répondre positivement. La division au sein du groupe était un obstacle à la création d'une maison de santé pluriprofessionnelle (MSP, regroupant médecins généralistes et paramédicaux) et nous a « projetés » vers l'extérieur, c'est-à-dire vers le quartier. Nous avons créé le pôle de santé Paris XIII regroupant quarante-cinq professionnels, médecins, infirmiers et pharmaciens travaillant en cabinets individuels ou en cabinets de groupe ou en centres de santé. Ce regroupement nous a permis de bénéficier d'un financement et de rétribuer une coordinatrice.

Le pôle de santé a attiré des jeunes et a permis le développement de contacts, entre autres avec des bailleurs sociaux, ce qui a facilité le développement, dans un deuxième temps, de trois MSP comprenant chacune entre cinq et douze professionnels.

DIDIER MÉNARD (médecin généraliste, fondateur du centre de santé du Franc Moisin dans le 93). – Les communautés professionnelles territoriale (CPTS) sont nées de la loi Touraine de modernisation du système de santé qui prévoyait dans sa version initiale la création « d'un service de santé de proximité au public » (*sic*). L'ensemble des syndicats libéraux s'y sont opposés et ont proposé la création de ces communautés professionnelles à l'initiative des professionnels volontaires pour collaborer pour réaliser des projets partagés. Ainsi les CPTS émanaient de la réalité du terrain et n'étaient pas construites d'en haut par les ARS.

Chez nous comme dans beaucoup de territoires, la dialectique a joué en sens inverse du XIIIe, ce sont les maisons de santé pluriprofessionnelles (MSP) et les centres de santé existants qui ont été les promoteurs de la création des CPTS. C'est le cas dans plus des deux tiers des CPTS existantes. Le développement des MSP a été « boosté » par l'accord conventionnel interprofessionnel (ACI) signé en avril 2017 entre la Sécu et l'ensemble des syndicats de médecins et de paramédicaux libéraux. L'ACI a remplacé et pérennisé le règlement permettant d'expérimenter de nouveaux modes de rémunération. Il assure le financement notamment d'actions de prévention et d'éducation à la santé, d'amélioration de l'accès aux soins et de la continuité des prises en charge. Surtout, il finance la coordination par un professionnel dédié et l'informatisation avec un dossier médical partagé. Il y a environ 1 300 MSP sur le territoire national et le mouvement continue. En Île-de-France, il y a 80 MSP et 80 projets de création de MSP.

A. G. – *Ne craignez-vous pas que les CPTS soient un moyen pour les syndicats libéraux traditionnels de contourner un réel travail d'équipe dans des MSP ? Pour faire du lien, il faut un lieu. Les MSP, les centres de santé, c'est un lieu partagé, pas les CPTS.*

MADY DENANTES (médecin généraliste, une des fondatrices de la MSP Pyrénées-Belleville). – La création d'une MSP, c'est beaucoup plus lourd et plus complexe que la création d'une CPTS où les professionnels se coordonnent, partagent des informations et peuvent, s'ils le souhaitent, participer à des activités communes, mais où chacun reste libre chez lui et garde pour l'essentiel ses habitudes. La MSP nécessite un vrai partage, un vrai travail d'équipe, un dossier informatique partagé, un accord sur le fonctionnement et il vaut mieux avoir de bonnes relations entre les professionnels... Il n'y a pas si longtemps le Conseil national de l'ordre qualifiait le travail en équipe de « compérage », contraire à la déontologie. Le monde de la médecine générale bouge considérablement. Je pense que la pénurie de médecins a poussé au regroupement et à la coordination plutôt qu'au chacun pour soi et à la concurrence. Je crains que le mouvement s'inverse, le jour où il n'y aura plus de pénurie de médecins.

D. M. – Actuellement les MSP ne regroupent que 15 à 20 % des médecins libéraux et les syndicats, y compris MG France, doivent tenir compte de leurs électeurs qui en majorité travaillent dans des cabinets de groupe ou en solo. Mais les jeunes aspirent au travail en équipe et beaucoup souhaitent même être salariés. Nous, on mutualisait nos honoraires dans une masse commune redistribuée en salaire. Nous avons constitué une association loi de 1901 qui regroupe 8 médecins dans le cadre réglementaire des centres de

santé. Comme notre statut est associatif, nous ne dépendons d'aucune institution comme une collectivité locale ou une mutuelle. Notre « objet » nous appartient. Mais il faudrait aller vers un modèle juridique plus adapté comme un groupement coopératif en santé, à créer.
Cela dit, les appareils syndicaux sont obligés de suivre le mouvement, tout en défendant des intérêts corporatistes. Les mêmes, qui se plaignent de ne pas avoir assez de temps à consacrer aux patients, hurlent quand on les décharge de tâches au profit de paramédicaux, comme les vaccinations faites par les pharmaciens. Mon sentiment est que l'assurance-maladie et le directeur de la Sécu, Nicolas Revel, avancent habilement sans provoquer de blocage avec les syndicats et sans heurter de front les libéraux « canal historique ». Mais je pense que les CPTS sont et seront l'enjeu de bataille : quelle définition de la communauté professionnelle ? Quel périmètre du territoire ? Quelles missions : soins ou santé ? Quelle gouvernance ?
H. F. – Je pense qu'il faut distinguer quatre niveaux dans le système de santé : le niveau nano représentant le professionnel de santé isolé, le niveau micro représentant l'équipe de premier recours (le cabinet de groupe, la MSP ou le centre de santé), le niveau méso se situant au niveau du territoire où les professionnels peuvent bénéficier de moyens mutualisés, tels qu'une plateforme territoriale d'appui sanitaire et social (PTA) pour les cas complexes, et où ils adhèrent à des CPTS pour répondre ensemble aux besoins de santé de la population. Le niveau macro est le niveau national et celui des ARS. L'articulation ne va pas de soi. Pour répondre aux besoins de la population, la CPTS doit faire préalablement un diagnostic de ses besoins : il varie selon les territoires, ici c'est la mortalité infantile trop élevée et/ou le développement de l'obésité infantile et là c'est le maintien à domicile des personnes âgées ou l'organisation de la fin de vie à domicile. Cela ne coïncide pas forcément avec les programmes nationaux décidés d'en haut et plaqués sur la réalité du terrain.
M. D. – Cette notion de niveau méso est nouvelle et capitale.

A. G. – *Qui fait partie de la CPTS ? Tous les professionnels de santé et les établissements y compris les hôpitaux ? Quelle différence entre CPTS et PTA ?*

M. D. – Non, pas les établissements hospitaliers, dans la mesure où, d'après ce que j'ai compris, la CPTS doit être un interlocuteur capable de contractualiser, d'établir des conventions avec les établissements du territoire. Les hôpitaux reçoivent en général des patients venant d'un territoire beaucoup plus large que celui d'une CPTS (sauf les hôpitaux locaux).

Les groupements hospitaliers de territoire (GHT) auront plusieurs CPTS comme interlocuteurs. Nous avons organisé aujourd'hui la première réunion en vue de créer la CPTS XXe. Nous étions 10, infirmiers, podologue, kiné et médecins membres de plusieurs MSP ou ayant un exercice isolé.

H. F. – Effectivement, le CHU de la Pitié-Salpêtrière couvre un territoire bien plus large que le XIIIe arrondissement ! Le territoire d'une CPTS n'est pas un territoire administratif, pour nous, il coïncide avec un arrondissement mais il s'agit en réalité d'un bassin de vie prenant en compte l'histoire, les habitudes et le vécu des populations et des professionnels. C'est important de se connaître pour susciter la confiance et l'envie de travailler ensemble. Nous avons un programme avec une unité de la Salpêtrière, financé par l'ARS Île-de-France, pour organiser ensemble (2 médecins et 2 infirmiers hospitaliers et 2 médecins et 2 infirmiers de la CPTS XIIIe) des dépistages deux fois par an dans cinq foyers de migrants du territoire. Ce dépistage porte sur les maladies métaboliques et les facteurs de risque cardio-vasculaire (diabète et hypertension artérielle) ainsi que sur les maladies virales (VIH et hépatites B et C). Nous dépistons en moyenne à chaque « sortie » 10 à 20 patients que nous accompagnons, selon la complexité de la prise en charge, vers les professionnels de ville ou vers l'hôpital. Si le CHU ne fait pas partie en tant que tel de la CPTS, celle-ci est ouverte aux centres de santé et aux établissements médico-sociaux du quartier.

D. M. – De même les hôpitaux locaux notamment en province font partie de la CPTS. L'hôpital local de Saint-Denis est partie prenante de l'organisation de l'offre de santé sur le territoire comme les CPTS, mais il ne peut pas être dans plusieurs CPTS. Il faut donc concevoir des modalités de conventions spécifiques qui détermineront pour chaque territoire son niveau d'implication et sur quelles thématiques. On peut imaginer une gouvernance assurée par trois collèges : un collège des professionnels à titre individuel, un collège des structures médicales et médico-sociales et un collège des usagers. Pour l'instant, le statut est une association loi de 1901 mais il devra évoluer vers un statut juridique plus adapté.

H. F. – Aujourd'hui, les professionnels les plus investis dans le développement de la CPTS y consacrent beaucoup de temps, mais étant membres du conseil d'administration, ils ne peuvent pas être rétribués, ils peuvent seulement recevoir une indemnité inférieure à deux tiers du Smic.

La plateforme territoriale d'appui (PTA) couvre une zone de population plus large que la CPTS. Elle répond au besoin d'aide des professionnels pour des cas individuels complexes sur le plan médical ou social ou souvent les deux. C'est un centre de ressources qui fonctionne grâce à une permanence téléphonique accessible aux médecins traitants. Il existe aujourd'hui, par exemple, divers dispositifs pour faciliter la prise en charge des personnes âgées (Paerpa, Clic, Maia...) ou handicapées ou souffrant de maladies mentales, de multiples réseaux (cancers, soins palliatifs)... Parfois redondants. La PTA est une sorte de guichet unique pour les problèmes médicaux, sociaux et médico-sociaux qui a vocation à intégrer tous ces dispositifs d'aide.

D. M. – Les CPTS ont reçu 6 missions :

1. Organiser des consultations sans rendez-vous et pour cela il faut être au moins 2 médecins, l'un qui voit en priorité les patients qui ne peuvent pas attendre (sujet très âgé, femme enceinte...) et l'autre qui voit les patients en fonction de leur ordre d'arrivée.
2. Proposer un médecin traitant à chaque citoyen.
3. Développer des actions de prévention et de dépistage.
4. Favoriser le maintien au domicile des personnes âgées et éviter les hospitalisations inutiles, notamment des personnes vivant en Ehpad.

5. Assurer la coordination ville/hôpital et le suivi des patients à la sortie de l'hôpital, sujet d'autant plus important que la durée des hospitalisations est de plus en plus courte et nécessite souvent une prise de relais sans délai.
6. Développer des liens structurés avec les spécialistes du deuxième recours.

A. G. – *Et les urgences ?*

H. F. – Une partie de la réponse au problème de l'embouteillage des urgences par des patients ne nécessitant pas d'hospitalisation en urgence, c'est la création de maisons médicales de garde (MMG) pour assurer la permanence des soins. Nous avons une MMG dans le XIIIe, rue Ponscarne, qui fonctionne les samedis de 13 à 20 heures et les dimanches et jours fériés de 8 à 20 heures. Elle rend des grands services.

A. G. – *Est-elle coordonnée avec les urgences de la Pitié-Salpêtrière ?*

H. F. – Je ne pense pas, mais elle est coordonnée avec le 15.

A. G. – *Quel est le montant de la rémunération des médecins de garde ? Le paiement se fait à la vacation ou à l'acte ?*

M. D. – À l'acte. La consultation en MMG est payée 51,50 euros et 67,50 euros le soir après 20 heures. Pour rappel, la consultation du médecin généraliste est de 25 euros et la visite à domicile de 35 euros.

A. G. – *Plus globalement quels sont vos rapports avec les médecins hospitaliers ?*

M. D. – Nos rapports s'améliorent mais il persiste chez certains hospitaliers de l'arrogance, voire du mépris, à l'égard des médecins généralistes. Ces derniers sont, aujourd'hui, bien formés grâce aux enseignants généralistes travaillant dans les facultés de médecine au sein des départements de médecine générale. Mais les étudiants en médecine à l'hôpital entendent encore parfois des phrases méprisantes pour les médecins généralistes, hélas.

Les choses changent avec les stages des étudiants en médecine générale. Nous avons créé une association il y a vingt ans avec les généralistes du quartier et les médecins de l'hôpital de la Croix

Saint-Simon, l'EFGH (Enseignement formation généralistes hospitaliers). Médecins généralistes et médecins hospitaliers se réunissent tous les quatorze jours à l'hôpital de la Croix Saint-Simon, pour travailler sur les dossiers complexes et organiser la prise en charge optimale pour nos patients : hospitalisation, conseils, consultation, coordination.
Dans ce groupe, la parole et l'expertise des généralistes sont respectées comme nous respectons l'expertise de nos confrères hospitaliers.

A. G. – *Arrivez-vous à joindre facilement par téléphone portable les services hospitaliers quand vous souhaitez faire hospitaliser un patient ou quand vous souhaitez un avis sur le cas d'un patient ?*
M. D. – L'outil numéro 1 du médecin généraliste est son téléphone portable et son stock de numéros de téléphone. Le but est d'avoir le numéro du portable de son correspondant hospitalier et aussi son mail. Mais les confrères hospitaliers bougent, changent de service ou d'établissement et partent à la retraite, et nos contacts deviennent caducs d'où l'importance d'une organisation ville/hôpital, comme l'EFGH. Nos rencontres régulières permettent de tenir à jour nos outils numéros de téléphone portable et d'adresses mail.

A. G. – *Quels sont les rapports avec les médecins spécialistes installés en ville ?*
M. D. – Ils sont bons. Nous travaillons quotidiennement avec eux. Nous avons leurs mails et leurs portables. Nous, nous sélectionnons nos confrères travaillant en secteur 1. Avec l'arrivée de la CPTS du XXe, ouverte à tous les confrères, nous leur demanderons de recevoir nos patients en tarifs opposables.

A. G. – *L'éducation thérapeutique des patients (ETP) atteints de maladies chroniques et si besoin des personnes aidantes a du mal à se développer en ville, notamment pour le premier recours. Cela avait été l'objectif des anciens réseaux ville/hôpital, considérés comme trop spécialisés et qui ont été transformés, ou sont en cours de transformation, en PTA.*
H. F. – Nous avons essayé de développer des programmes d'éducation thérapeutique des patients et nous avons été déçus. Le modèle

hospitalier de « programmes structurés » n'est pas adapté à la ville. Ce qui est très utile, ce sont les infirmiers Asalée formés à l'éducation thérapeutique des patients. Ils voient les patients, le plus souvent individuellement, en particulier les patients obèses ou diabétiques ou les patients à risque cardio-vasculaire ou encore ceux souffrant d'une broncho-pneumopathie chronique obstructive (BPCO). Ils abordent avec eux la maladie, les traitements, les notions de base de la diététique, le type d'activité physique qu'ils peuvent faire, ils les orientent, et parfois même les accompagnent vers de groupes de marche ou de centres pour pratiquer une activité physique adaptée. Ils leur apprennent à mesurer leur glycémie ou leur pression artérielle, à faire leurs injections d'insuline. Ils fixent avec les patients des objectifs concrets, réalistes, ils peuvent faire certains examens comme un électrocardiogramme, et revoir les patients. Un point essentiel, c'est qu'ils ont une approche à la fois globale et motivationnelle, s'appuyant sur ce qui est important, ce qui compte, pour le patient. Finalement, ils leur consacrent beaucoup de temps, ce que nous ne pouvons pas faire. Cela ne coûte rien au patient. Le financement est assuré par la Sécurité sociale *via* le Fonds national pour la qualité et la coordination des soins. Le résultat est positif quand le binôme médecin/infirmier fonctionne bien, avec de réels échanges sur les problèmes des patients, sans rapport hiérarchique. Cela suppose que le médecin change sa pratique, accepte la délégation de tâches aux infirmiers et modifie sa relation au patient dans le sens d'un véritable partenariat. Je crois qu'il y a environ 500 infirmiers Asalée qui devraient devenir, j'espère, des infirmiers « de pratique avancée » sur la base de la reconnaissance de leur expérience professionnelle.

D. M. – Dans les milieux socialement défavorisés, venant de cultures différentes de la nôtre, parlant souvent mal le français, les médiateurs communautaires en santé jouent un rôle essentiel pour accompagner les personnes tant sur le plan social qu'en matière de santé. Ils font le pont entre les patients et les travailleurs sociaux ou les professionnels de santé. Ils les aident dans les démarches administratives pour accéder à leurs droits. Ils expliquent les traitements dans des termes appropriés à chaque culture. Nos quatre médiatrices parlent chacune plusieurs langues. Elles sont formées et ont accès à une partie des dossiers. Nous échangeons régulièrement avec elles. Elles assurent des ateliers collectifs sur la diététique, l'activité physique, le suivi lors de la grossesse. Dans ces ateliers, on n'explique pas seulement, on fait ensemble ! C'est ça pour moi l'éducation thérapeutique.

A. G. – *C'est bien ça, un apprentissage au plus près de la vraie vie, partant des connaissances, des croyances et des représentations des patients et facilitant l'expression de leur vécu singulier. Si l'infirmier Asalée et le médecin généraliste travaillent vraiment ensemble en échangeant sur les patients, l'ETP permet de mieux individualiser les traitements et d'améliorer l'observance. C'est ce que veut dire l'expression consacrée « l'éducation intégrée aux soins ». Par contre, l'infirmier Asalée en voyant les patients individuellement se prive de la richesse de l'interactivité des patients en éducation de groupe. Ne faudrait-il pas mutualiser l'ETP de premier recours (pour les maladies fréquentes) au niveau des CPTS pour développer des ateliers d'éducation en groupe ? Les spécialistes médicaux ou surtout paramédicaux de ville ou hospitaliers pourraient y aider.*

D. M. – Je crois que nous devons sortir du schéma des programmes d'éducation thérapeutique (ETP) trop rigides et peu efficaces en ville. Nous parlons de nouvelles pratiques éducatives (NPE) dont le champ de développement est plus en adéquation avec les CPTS. C'est sur le territoire qu'existent des savoir-faire, des compétences, des expériences. Nous devons apprendre à mobiliser l'existant, apporter de l'aide méthodologique et logistique dans une démarche d'accompagnement et cesser d'« imposer » un modèle qui en réalité est peu participatif.

M. D. – Le travail de l'infirmier Asalée est un progrès formidable pour la prise en charge des patients chroniques et pour le travail en équipe. Il est très libre et peut organiser des groupes de parole ou des groupes de marche… Nous avons mis en place dans notre pôle de santé (car nous avons aussi une association appelée Pôle de santé qui regroupe les professionnels de santé de la MSP et ceux qui ne sont pas dans la MSP) un atelier « Du plaisir de manger à la santé ». Cet atelier est animé par quatre membres du pôle formés à l'éducation thérapeutique des patients : une podologue, une animatrice/médiatrice, un infirmier et un médecin. Avec organisation d'ateliers de cuisine, de marche, de petit déjeuner et de déjeuner (autour de l'équilibre alimentaire) et d'activité physique avec une marche/pique-nique. Découverte des endroits ressources du territoire : lieux de sport et un atelier piscine hebdomadaire. C'est passionnant mais chronophage pour les équipes. L'ARS vient de décider de financer ce travail mais seulement pour les équipes qui le démarrent. Donc notre pôle de santé ne sera pas subventionné pour cette action d'éducation thérapeutique. C'est absurde mais c'est la vraie vie des équipes qui se heurte à la vie administrative des institutions. L'appel à projet était pour les projets innovants, donc le pôle de santé qui a initié et mené l'action les années précédentes ne peut pas être subventionné pour la poursuite de cette action, qui a montré son succès. Le groupe « Du plaisir de manger à la santé » a transmis son dossier à d'autres MSP qui pourront l'utiliser et bénéficier des subventions de l'ARS.

A. G. – *Le plan gouvernemental 2022 a pour objectif non déclaré le développement d'un service de santé de proximité (sous le nom de « fédération nationale des CPTS ») assurant la prise en charge globale des patients et développant des actions de prévention ciblées correspondant aux besoins des populations, un service de santé qui ne dit pas son nom mais où la coopération remplace le chacun pour soi et où la coordination remplace la concurrence. Comment voyez-vous le financement des structures et le mode de rémunération des professionnels médicaux et paramédicaux ? Paiement à l'acte, à la vacation, au forfait pour une période de soins ou pour des actions de promotion de la santé, à la dotation globale en fonction de la patientèle et des caractéristiques sociales des populations, à la qualité (comme dans la Rosp – rémunération sur objectifs de santé publique – correspondant en moyenne à 6 000 euros par an pour un médecin généraliste) ? On parle de « paiement au parcours ville/hôpital », je crains l'usine à gaz gérée par la technobureaucratie, quel est votre avis ?*

D. M. – Le débat est ouvert, et il est certain que les modes de rémunération pour les professionnels libéraux vont changer. Le paiement à l'acte ne permet pas de rémunérer les nouvelles missions des professionnels de santé libéraux. Nous devons définir ces missions et ensuite voir quelles sont les modalités de rémunération les plus pertinentes, et non faire l'inverse. Il est donc probable que nous irons vers un mélange de forfaits, de capitation, de salariat, en plus d'un reste de paiement à l'acte, en évitant de tomber dans le piège du paiement à la performance. Ce paiement à la performance valorise l'individualisme et l'exclusion des situations complexes au moment où au contraire il faut valoriser l'exercice collectif et se préoccuper des situations complexes médico-psycho-sociales.
M. D. – Il existe enfin d'autres modes de rémunération que le paiement à l'acte. L'histoire, les traditions étant ce qu'elles sont, la diversification des modes de rémunération est peut-être la bonne solution. Mais la complexité des nouveaux modes de rémunération alourdit la tâche administrative des médecins. Aujourd'hui, il existe des tarifs différents pour de nombreux actes (sortie d'hôpital, consultation obésité…). Je les utilise peu, d'abord parce que je n'y pense pas, ensuite parce que ce sont pour la Sécu des nouvelles lettres clés et qu'elles aboutissent plus souvent que les autres à un refus du tiers payant.
Pour les Rosp, la grande critique théorique est que cette prime conditionnée par l'atteinte d'objectifs pourrait amener les médecins à sélectionner leurs patientèles pour avoir de meilleures rémunérations. Mais pas plus qu'avec le paiement à l'acte, me semble-t-il. Dans notre MSP, nous avons décidé de mutualiser les Rosp entre les médecins car les patients peuvent voir indifféremment leur médecin traitant ou un autre médecin de la MSP en fonction de leur envie, de leur pathologie, du temps, de nos disponibilités (et le frottis peut être fait par un autre médecin que le médecin traitant) et les Rosp nous semblent représenter la rémunération pour notre travail en équipe entre médecins, nos réunions entre médecins sur les dossiers complexes. Ces Rosp, on aimerait qu'ils soient versés à la maison de santé.

12

Les centres de santé : un modèle ancien ayant de l'avenir

Richard Lopez

Les centres de santé permettent de répondre au triple défi de la médecine moderne : répondre aux besoins de la population, satisfaire les aspirations des professionnels et permettre la mise en œuvre de politiques territoriales de santé. Pour comprendre la crise dans laquelle se trouve notre système de santé ambulatoire, il nous faut remonter dans le temps, resituer les centres de santé dans leurs contextes historique, politique et social.

Un système libéral en situation de monopole

XIXe : les docteurs des universités s'opposent aux officiers de santé

La Révolution française crée par le décret du 8 juillet 1793 une organisation de la médecine ambulatoire, sans reconnaissance de diplôme professionnel, ce qui conduit à une très grande confusion. La loi du 10 mars 1803 (19 ventôse an XI) instaure deux niveaux parmi les professions de santé : d'une part, les médecins et chirurgiens diplômés de la faculté (c'est dans cette loi que les chirurgiens cessent d'être « barbiers » et deviennent des médecins de plein titre) et, d'autre part, les officiers de santé ne possédant pas le baccalauréat, ayant suivi une formation plus courte et ayant fait valider leur pratique par un jury universitaire. Les premiers consacrent leur activité aux gens aisés et aux élites habitant dans les villes, les seconds sont destinés aux soins les plus simples pour les « gens ordinaires » des villes et des campagnes où habite la majorité de la population.

Leur champ d'exercice était limité au seul département d'obtention de leur diplôme et leur pratique bornée aux seuls actes simples qui leur étaient autorisés. Napoléon avait fortement développé le corps des officiers de santé lors de ses campagnes militaires. Ils furent néanmoins supprimés par la loi du 30 novembre 1892, après une lutte acharnée des docteurs en médecine considérant qu'ils leur faisaient trop de concurrence.

La France a ainsi perdu l'occasion de construire une formation médicale sur trois niveaux, aujourd'hui reconnue comme indispensable à toute formation universitaire : licence-master-doctorat. La fonction d'infirmier clinicien, dite de « pratique avancée », se situant entre celle de l'infirmier et celle du médecin, existe dans tous les pays anglo-saxons et dans de nombreux pays européens. Nous l'avons recréée avec la loi Touraine de 2017.

Les lois sur les assurances sociales de 1921-1928

Au lendemain de la Première Guerre mondiale, après la récupération des trois départements d'Alsace-Moselle qui bénéficiaient du système bismarckien de santé et protection sociale, après le sang versé par les Français (1,7 million de morts et 4,3 millions de blessés, 15 % de la population), le pays est soumis à de fortes tensions sociales et politiques (importantes grèves en 1920, naissance du Parti communiste français [PCF] en 1921). Le gouvernement d'Aristide Briand et Daniel Vincent, ministre radical du Travail, propose le 21 mars 1921 un projet de loi qui copie en gros le système bismarckien avec un système obligatoire de précompte sur salaire pour les employeurs et les salariés, qui couvre la maladie, la perte de salaire liée à la maladie, l'invalidité, la maternité, la vieillesse et le décès. Le projet devient obligatoire pour les Alsaciens-Mosellans. Pour les autres Français, il reste sur une base volontaire ! Le système Alsace-Moselle prévoit pour les médecins un contrat collectif avec tiers payant intégral, une rémunération globale forfaitaire en fonction du nombre de patients ayant choisi le médecin, l'orientation par le médecin de famille des patients vers les spécialistes et l'hôpital.

L'opposition des médecins libéraux

Les médecins libéraux se constituent en syndicat (CSMF) sur les bases de la « charte libérale de 1927 ». Ils veulent le paiement de chaque acte. Ils revendiquent ce qui deviendra leur mantra : la liberté de choix du médecin par le malade, la liberté de prescription, le contrôle des malades par les caisses (et des médecins par leur syndicat) et la liberté des tarifs, le respect absolu du secret professionnel, le paiement de la main à la main par entente directe entre le malade et le médecin. Ces dogmes seront complétés en 1971 par la liberté d'installation et ils seront transposés par la loi, dans le Code de la sécurité sociale. L'article L. 162-2 du Code de la sécurité sociale en médecine dispose que : « Dans l'intérêt des assurés sociaux et de la santé publique, le respect de la liberté d'exercice et de l'indépendance professionnelle et morale des médecins est assuré conformément aux principes déontologiques fondamentaux que sont le libre choix du médecin par le malade, la liberté de prescription du médecin, le secret professionnel, le paiement direct des honoraires par le malade, la liberté d'installation du médecin, sauf dispositions contraires en vigueur à la date de promulgation de la loi 71-525 du 3 juillet 1971. »

La création du *numerus clausus* en 1971

Son instauration est économique : réduire le nombre de prescripteurs donc les dépenses remboursées. L'action sur les postes ouverts au concours d'entrée en médecine a des effets retardés sur le nombre de diplômés, compte tenu d'une durée moyenne des études médicales de dix ans.

Un système ambulatoire en évolution

La réduction du nombre de médecins pendant plus de vingt ans va à contre-courant de l'évolution des besoins médicaux de la population et des changements d'exercice professionnel, l'augmentation tardive, ces dernières années, du *numerus clausus* va mettre dix ans pour produire ses effets et ne réglera pas en soi la question des déserts médicaux.

Les besoins médicaux s'accroissent

Aux fléaux-maladies infectieuses qui régressent, succède le développement des maladies chroniques, des maladies dégénératives, sociétales. On parle de transition sanitaire. La formation de base hospitalière s'appuie sur un exercice en équipe pluriprofessionnelle, en rupture totale avec la pratique libérale historique, isolée en cabinet, encore largement majoritaire. Le mode de rémunération à l'acte devient inadapté. Il constitue un frein à l'évolution de la prise en charge de populations et de pathologies complexes et chroniques et ne permet pas à la société de garantir la prise en charge et de maîtriser des dépenses de santé. La Caisse nationale de l'assurance-maladie (Cnam) est un payeur aveugle incapable d'évaluer la pertinence des prescriptions et des actes.

Le monde médical change

On assiste à une forte féminisation : 65 % des nouveaux inscrits à l'Ordre des médecins et 80 % des étudiants inscrits en deuxième année de faculté de médecine sont des femmes.

La population médicale vieillit. On compte 32 % à plus de 65 ans et 47 % plus de 60 ans.

Le nombre de médecins en activité baisse de 78 à 68 % des inscrits à l'Ordre des médecins, tandis que le nombre de médecins généralistes devient inférieur depuis 2017 à celui des spécialistes.

La densité médicale diminue

Les projections montrent qu'en 2030 nous n'aurons pas retrouvé le nombre de médecins de 2009. La population allant en augmentant, la densité médicale sera à la même période inférieure de 12 %, alors que les besoins de prise en charge des patients atteints de maladies chroniques s'accroissent et que les jeunes professionnels de santé ne veulent plus sacrifier leur vie personnelle à leur vie professionnelle.

Le projet professionnel évolue en faveur d'un exercice en structure d'exercice regroupé et coordonné qui transpose à l'activité ambulatoire l'organisation du travail en équipe apprise à l'hôpital. L'exercice non plus en solitaire mais en équipe permet d'allier soins, prévention, santé publique, accueil social respectant l'unicité de la personne humaine, dans sa dimension médico-psycho-sociale, et il ne contraint plus le médecin à se transformer en entrepreneur.

Un tiers des médecins remplaçants refuseraient de s'installer à cause de la surcharge de travail et/ou de la complexité des tâches administratives et de la gestion du cabinet. Une étude Irdes 2009 a en effet montré que la gestion du cabinet représente en moyenne 23 % du temps de travail des médecins généralistes, soit entre 11,9 et 13,8 heures par semaine. Soixante-dix pour cent des étudiant(e)s en médecine citent la qualité de vie comme première motivation pour leur avenir. Ils souhaitent une activité professionnelle respectueuse du temps privé, qui ne contraint plus les médecins à une activité de soixante heures ou plus par semaine et permette de structurer et organiser à l'avance le temps de travail et le temps privé, une activité professionnelle qui prenne en compte l'évolution des modes de vie, l'aspiration à une stabilité financière, à une couverture sociale digne de ce nom, à une formation professionnelle intégrée au métier, autant d'éléments permis par un statut salarié. Ils veulent une activité qui soit compatible avec l'évolution de la vie, leur permettant une mobilité géographique interdite par l'ancrage de « l'installation » en cabinet. Les revenus n'étant plus un élément décisif, voire exclusif, le statut salarié ou mixte (libérale et salariée) est facilement envisagé.

La pratique en centre de santé

Le centre de santé : une histoire d'hier

Théophraste Renaudot, fondateur du premier centre de santé par « privilège » de Louis XIII en 1631. Ce médecin aux origines modeste et protestante devient « commissaire aux pauvres du royaume ». Il crée, par privilège royal, en 1629 l'ancêtre de l'Agence pour l'emploi (Bureau des adresses), en 1631 le premier journal (*La Gazette*) avec les premières petites annonces en 1633. Il crée enfin le premier centre de santé, avec le dispensaire médical ouvert en 1631, payant pour les aisés et gratuit pour les pauvres. Enfin, il organise à partir de 1632 les conférences médicales. Son succès lui attira l'hostilité farouche de la faculté de médecine de Paris, qui obtint à la mort de Louis XIII, en 1643, l'interdiction des consultations et des conférences médicales puis la fermeture totale du « Bureau des adresses » en 1646.

Succédant à l'approche profondément humaniste de Théophraste Renaudot, des dispensaires religieux se développent jusqu'au

XIXe siècle, relayés par le développement des centres municipaux sur la base de l'intervention politique des municipalités de sensibilité socialiste élues en fin de XIXe, porteurs du projet politique des communes, les caisses de secours des mines qui sont constituées au XIXe puis les mutuelles nouvellement créées à partir de 1883, très fortement développées au début du XXe. Selon les lois sociales de 1928 : la santé devient un enjeu de sécurité nationale qui incombe à l'État. Par la loi il met en place des « dispensaires » souvent gérés par les municipalités, avec des équipes salariées de médecins et d'infirmiers visiteurs, dotés de moyens techniques modernes comme la radioscopie et la radiologie et financés par des dotations annuelles, d'abord pour les soldats du front puis pour les civils. Plus largement, il s'agira de lutter contre les fléaux sociaux permettant l'accès aux soins des pauvres et des indigents pour lutter au-delà de la tuberculose contre le paludisme, les maladies vénériennes, l'alcoolisme, mais également contre la dénatalité avec la protection de la mère et de l'enfant.

Un certain nombre de principes sont élaborés :

- « Les centres de santé doivent être les organismes de base de défense de la santé publique » (conférence de Robert-Henri Hazemann, 21 décembre 1932) ;
- la santé est un état de bien-être social nécessitant une politique publique audacieuse et globale ;
- la pratique des centres de santé repose sur la clinique mais aussi sur les données épidémiologiques permettant l'usage des statistiques ; c'est le début de l'EBM (*evidence based medicine*, « médecine basée sur les faits démontrés ») ;
- ils développent la nécessaire pluridisciplinarité grâce aux équipes soignantes et sociales ;
- ils mettent en œuvre une politique territoriale : la médecine ne se fait pas à distance mais au contact des populations, les dispensaires sont dans les quartiers populaires ;
- le médecin a une responsabilité sociale ; le service public participe du contrat social, remplaçant la charité par la solidarité et l'égalité ;

– le dispensaire, structure polyvalente et médico-technique, intègre la radiologie, la biologie, la dentisterie, des spécialités comme l'ORL (à l'époque la diphtérie, dont la localisation laryngée provoque le « croup », fait encore des ravages) ;
– ils accordent une place importante à la prévention, aux vaccinations et à l'éducation à la santé ;
– ils se définissent comme des structures de premier recours articulées avec les hôpitaux ;
– enfin, dès leur origine, les centres de santé conçoivent la santé comme partie intégrante des politiques sociales et environnementales : promotion des espaces verts, des bains-douches, des lavoirs, des arrivées d'eau et des égouts…

Un projet politique de santé publique et de médecine sociale

Le Conseil national de la Résistance, lors de l'élaboration de son programme politique pour construire le projet pour la France au lendemain de la guerre, avait certes posé les fondements du système français de Sécurité sociale, mais avait également jeté les bases d'une organisation du système de soins. C'est le Pr Robert Debré qui fut chargé de proposer les axes de cette organisation. Il a priorisé dans un premier temps la nouvelle organisation de l'hospitalisation qui a donné la réforme portant son nom.

Un autre volet organisant le système ambulatoire avait été proposé dans son rapport *Médecine, santé publique, population* de janvier 1944.

> « Enfin, les collectivités pourront, par la création de Centres de santé ruraux ou urbains, favoriser le travail en équipes des médecins, qui diminue leur surmenage, permet d'obtenir un meilleur rendement de l'activité de chacun. Pareil dispositif préparera sans doute la solution d'avenir. […] Seule la main puissante de l'État peut mettre en marche toute cette machine efficace et précise. […] On imagine quels services rendraient à la population le bon équipement et le bon fonctionne-

ment de ces Centres rassemblés de laboratoire et de thérapeutique médico-chirurgicale ; combien fructueux serait pour les médecins qui y sont attachés, le travail collectif de l'équipe ainsi constituée. »

Tout était déjà dit.

Et aujourd'hui...

Art. L. 6323-1 du Code de santé publique (CSP)

La première inscription des centres de santé au *Journal officiel* remonte à la loi du 4 mars 2002 ; la dernière modification date de l'ordonnance du 12 janvier 2018 avec le décret et l'arrêté du 27 février 2018.

- Caractéristiques obligatoires, les centres de santé doivent :
  - être des structures sanitaires de proximité ayant des activités de diagnostic, de soins de premier recours, sans hébergement au centre ou à domicile, aux tarifs conventionnels de la Sécurité sociale, ouverts à toutes et à tous ;
  - mener des actions de santé publique, de prévention et d'éducation pour la santé ;
  - pratiquer le tiers payant et mener des actions sociales ;
  - être créés et gérés par des organismes sans but lucratif ;
  - salarier tous leurs professionnels ;
  - élaborer un projet de santé et un règlement de fonctionnement.
- De façon optionnelle, ils peuvent :
  - pratiquer des soins de deuxième recours spécialisés ;
  - développer des actions d'éducation thérapeutique des patients ;
  - pratiquer des IVG médicamenteuses et/ou instrumentales ;
  - soumettre des protocoles de coopération ;
  - contractualiser avec les agences régionales de santé (ARS) pour des missions spécifiques sur la qualité et la coordination des soins ;
  - constituer des lieux de stage pour les étudiants ;

– mettre en place des antennes, qui, sauf dérogation de leur ARS, ne font pas plus de vingt heures de consultation par semaine et ne doivent pas se situer à plus d'une demi-heure du centre principal ;
– être centres de santé universitaires par convention avec une faculté et l'ARS.

Typologie des centres de santé

• Le dénombrement des centres de santé : au 1er janvier 2018, l'assurance-maladie comptabilise 1 592 centres adhérant à la Convention nationale des centres de santé : 668 dentaires (42 %), 459 infirmiers (28,8 %), 465 médicaux ou pluriprofessionnels (29,8 %). Ils regroupent des professionnels salariés développant une pratique coordonnée pour la mise en œuvre d'un projet de santé publique et sociale auquel doit s'accorder le projet de gestion.

• Le développement parallèle des maisons de santé : devant la cascade de rapports annonçant le reflux massif de l'exercice libéral traditionnel isolé, les députés créent dans la loi de financement de la Sécurité sociale (LFSS) de 2008 et surtout dans la loi Hôpital, patients, santé, territoires (HPST) en 2009 des « maisons de santé pluriprofessionnelles ».

Elles permettent, dans le cadre d'un exercice libéral, de regrouper des professionnels de santé médicaux ou paramédicaux, travaillant dans un même lieu ou de façon dispersée mais sur un même territoire, avec un statut spécifique : la Société interprofessionnelle de soins ambulatoires (SISA), société régie par le Code de commerce, permettant des financements autres que des actes (dotations publiques et subventions) redistribuables aux professionnels, sans risque de requalifier l'activité des praticiens en salariat.

Au 1er janvier 2018, la DGOS dénombre dans son observatoire 964 MSP, dont 538 sont en SISA et 406 sous convention de financement ACI (accord conventionnel interprofessionnel) avec la Cnam (convention d'avril 2017 spécifique aux MSP).

- Les centres de santé peuvent être gérés par :
  - des organismes à but non lucratif : associations (39,5 %) (surtout des centres de santé infirmiers et médicaux ou polyvalents) ; mutuelles (34 %) (surtout des centres de santé dentaires) ; assurance-maladie (Mines, Cpam) 12,5 % (surtout des centres de santé médicaux ou polyvalents) ; fondations, Croix-Rouge… (5 %) ; collectivités territoriales, en forte croissance, (8 %) (médico-polyvalents) ; communes ; établissements publics de coopération intercommunale (EPCI) ; départements ;
  - des établissements de santé et médico-sociaux, quelques unités mais en développement (1 %) (médico-polyvalents) ;
  - des sociétés coopératives d'intérêt collectif (SCIC), nouveauté de 2018, en cours de création.

- Les centres de santé investis en santé publique : le Haut Conseil de la santé publique (HCSP), dans son avis de juillet 2018 sur « la place de la prévention chez les offreurs de soins », identifie 8 missions essentielles de prévention et de promotion de la santé auxquelles doivent contribuer les centres de santé (CDS) et les maisons de santé. À l'évidence, le HCSP ne sait pas que les centres de santé sont déjà très impliqués dans cette politique :
  - l'offre des CDS articule pour 54 % d'entre eux prévention et soins avec des actions de santé publique décidées par les gestionnaires/élus ; ces actions s'adressent prioritairement aux publics précaires, aux personnes âgées, aux jeunes, aux femmes ayant de faibles revenus et élevant seules des enfants ;
  - les CDS sont les « piliers majeurs » des politiques locales dynamiques en santé publique : ils sont des supports importants des actions de santé publique financées par l'ARS, l'État dans les communes en politique de la ville.

- Les centres de santé sont de tailles très différentes. Ils emploient au total 7 600 médecins, 4 600 chirurgiens-dentistes, 5 300 infirmiers et 8 000 administratifs (27 % des effectifs). Il existe une grande hétérogénéité des professionnels (des spécialités médicales et paramédicales) selon les centres. Leur taille est variable avec de gros centres (plus de 50 personnes dont des spécialistes), voire de très gros centres avec plusieurs centaines de personnes, des centres de taille moyenne (15 à 50 personnes travaillant à temps plein dont peu de spécialistes) et des petits centres (moins de 15 professionnels à temps plein se consacrant aux soins primaires, sans spécialistes), voire de très petits centres (5 personnes et moins).

Un modèle économique de centres de santé désormais viable

Un financement traditionnel adapté à une organisation médicale du passé

La médecine était fondée traditionnellement sur les honoraires hérités du Moyen Âge, paiement direct des actes des praticiens par les patients, fondé sur une relation médecin/malade directe, dans une pratique individuelle et isolée, exclusivement réparatrice des corps. La pratique médicale excluait tout contrôle de son contenu et de sa qualité et n'avait pas une approche globale de la santé des populations dans leur environnement.

Les centres de santé ne percevaient comme financement que les remboursements de l'assurance-maladie (avec pratique obligatoire du tiers payant) et le ticket modérateur par les patients ou par leurs assurances complémentaires dans le cadre du tiers payant complémentaire. Les CDS ont dû faire « rentrer » leur organisation d'équipe médico-sociale dans ce mode libéral de financement par le paiement à l'acte totalement inadapté à leurs pratiques et aboutissant à un « déficit » chronique évalué entre 25 et 40 % de leurs dépenses.

De nombreux gestionnaires, contraints par cette charge budgétaire, ont soit fermé leurs centres, soit modifié substantiellement le mode de rémunération des praticiens (surtout pour les médecins et les dentistes) transposant le paiement à l'acte en salaire versé aux professionnels et calculé sur la base d'un pourcentage des recettes produites par le praticien.

Il est évident que ce mode de rémunération impacte fortement la pratique des professionnels et tend à marginaliser, voire exclure, toute activité non financée par l'assurance-maladie.

Pour une nouvelle organisation et une nouvelle forme de rémunération

Une pratique d'équipe agissant sur la santé de la population d'un territoire nécessite un paiement totalement repensé, fondé sur les missions de ce « service public territorial de santé ».

Le choc culturel et conceptuel représenté par ce nouveau mode de financement n'était pas recevable par les professionnels libéraux attachés au paiement à l'acte. Aussi pour engager une réforme « en douceur » du financement de la médecine ambulatoire, l'assurance-maladie et les gouvernements successifs se sont engagés dans un empilement d'éléments de rémunération avec des forfaits pour les réunions d'équipes, pour la prise en charge populationnelle, pour les coûts de structure, pour l'amélioration de la qualité sur des objectifs de santé publique…

C'est ainsi que le financement construit depuis dix ans pour les maisons de santé est adapté aux centres de santé mais comprend un empilement de forfaits et rémunérations en plus du paiement à l'acte :

- la rémunération d'équipe dans l'Accord national (qui valorise l'organisation pour l'accès aux soins, le travail d'équipe, la coordination et le système d'information) ;
- le forfait patientèle qui est fonction de la structure de la patientèle, de ses caractéristiques d'âge, de pathologie grave et de ses degrés de précarité ;
- la rémunération sur objectifs de santé publique (Rosp) qui vise à promouvoir la qualité des pratiques ;
- le forfait structure, qui accompagne la modernisation des infrastructures médicales ;
- le financement des actions de santé publique par convention avec les partenaires (ARS).

Auxquels s'ajoutent :

- la participation, pour les professionnels des centres de santé, au financement des cotisations sociales qui représente l'équivalent de la participation des caisses aux cotisations sociales des professionnels de santé libéraux conventionnés ;
- la prise en compte du volume de l'activité ;
- les aides pour les territoires déficitaires.

Quel avenir ?

Les centres de santé sont porteurs d'une expérience historique de la pratique médicale d'équipe, alliant le soin, la prévention et la promotion de la santé, intégrant la dimension sociale des patients, en lien avec les établissements de santé, en particulier les hôpitaux, et les élus locaux porteurs d'une politique locale de santé. Ils constituent désormais une base d'appui pour la modernisation de la médecine ambulatoire et l'accès à des soins de qualité de tous les patients et notamment des plus vulnérables.

Un meilleur accès aux soins des personnes précaires

Avec l'Institut de recherche et de documentation en économie de la santé (Irdes), la Fédération nationale des centres de santé (FNCS) a mené en 2008 une recherche sur vingt et un centres de santé médicaux et polyvalents pendant dix-huit mois, permettant de caractériser la patientèle fréquentant les centres de santé associatifs et municipaux. Cette étude a permis de démontrer que cette patientèle est socialement plus précaire qu'un échantillon national représentatif, a un état de santé plus dégradé et consomme moins de soins toutes choses égales par ailleurs. Les CDS permettent donc, par la pratique du tiers payant et l'accompagnement social, un meilleur accès aux soins des populations en situation de vulnérabilité avec une meilleure maîtrise des coûts [1].

Le rôle social

Il ne se limite plus à la mise en place, historique, du tiers payant limité à la part obligatoire des remboursements de la Sécurité sociale, mais inclut également la part complémentaire grâce à un partenariat de toutes les organisations gestionnaires de centres de santé avec les trois familles d'assurances complémentaires (Mutualité, institutions de prévoyance, compagnies d'assurances) ayant permis la mise en place d'une plateforme unique centralisée regroupant l'ensemble des complémentaires santé [2]. Ce portail partagé entre les assurances-maladie complémentaires (AMC) permet la prise en charge des dépenses de santé pour la plupart des bénéficiaires de ces complémentaires (environ 80 % des personnes).

De nombreux centres ont mis en place, avec des financements provenant des ARS, une « PASS ambulatoire » (permanence d'accès aux soins de santé) qui constitue la plateforme pour l'accès aux droits des patients sans couverture sociale se présentant dans leurs structures. Ces missions se complètent par l'accompagnement à l'acquisition d'une complémentaire santé financée par les Cpam. Ces expérimentations commencent à se développer dans les territoires où la précarité et l'absence de couverture sociale des patients sont prégnantes.

Le développement des infirmiers en pratique avancée

Très tôt les centres de santé ont développé les coopérations, plus particulièrement le transfert de compétences sur la base de protocoles entre médecins généralistes et infirmiers diplômés d'État (IDE). Les consultations infirmières se sont développées pour permettre une plus grande fluidité des consultations non programmées sans rendez-vous ou pour participer à la prise en charge des patients atteints de maladies chroniques. C'est ainsi que de nombreux centres de santé se sont impliqués dans les réseaux « Asthme et BPCO », « Diabètes » « Maladies cardio-vasculaires »,

« Insuffisance rénale », « Toxicomanie »... C'est sans surprise que lors de l'expérimentation sur la « préfiguration des infirmiers cliniciens spécialisés », lancée par l'ARS Île-de-France, seuls des centres de santé se sont retrouvés impliqués dans le projet. Depuis 2014, ce projet a permis l'aboutissement dans la loi et la mise en place de la formation pour ce nouveau métier.

Le développement de la télémédecine

De nombreux centres de santé ont participé au lancement dès 2004 du réseau OphDiaT mis en place par l'Assistance publique de Paris (AP-HP) pour le dépistage des rétinopathies diabétiques. Balbutiement de la télémédecine, ce réseau s'appuyait à l'époque sur la coopération entre les médecins généralistes des centres de santé, leurs infirmiers et l'hôpital Lariboisière.

Depuis, les centres de santé ont poursuivi leurs actions en faveur de la télémédecine comme l'association Asame (Association de soins et d'aides de Mulhouse et environs) en Alsace qui a dû braver en 2016 les carcans administratifs des expérimentations à petits budgets et petits périmètres, pour développer dans les vallées reculées des Vosges des postes de téléconsultation articulés avec ses centres de santé.

Cette pratique est fortement promue par les centres et les services hospitaliers, notamment pour les annexes distantes.

Le développement des consultations hospitalières avancées

Depuis de très nombreuses années, les centres de santé proposent des consultations spécialisées dans leurs murs avec des praticiens hospitaliers, effectuant leur demi-journée d'intérêt général dans les centres et assurant maintenant pour des populations en difficulté un accès à des consultations spécialisées, sans dépassement d'honoraires. Ces consultations avancées permettent aux établissements de santé d'organiser un parcours de soins fluide avec des patients bien préparés en amont des prises en charge hospitalières avec un retour rapide à leurs domiciles, sachant qu'une équipe de soins en aval est prête à assurer la continuité des soins après l'hospitalisation. Cette pratique ancienne, reconnue enfin comme efficace, économe et respectueuse des patients, est promue aujourd'hui comme pratique moderne.

Une rémunération complètement détachée des actes

La course à l'équilibre des comptes de l'assurance-maladie n'a pendant de nombreuses années abouti qu'à une gestion comptable des dépenses de la Sécurité sociale, laissant de côté, faute d'une volonté des professionnels de santé et en l'absence d'outils pour la Sécurité sociale, la question majeure de la pertinence des soins. L'ancienne ministre de la Santé, Agnès Buzyn, affirmait en 2017 : « Nous ne souhaitons pas continuer à financer la totalité des actes en ville, [et] on peut imaginer une tarification au parcours pour les maladies chroniques. »

L'article 51 de la loi de financement de la Sécurité sociale pour 2018 instituait des financements innovants et organisait une expérimentation qui validait cette orientation de la ministre de la Santé. Les modalités de l'innovation ont été définies dans un appel à manifestation d'intérêt « Expérimentation nationale d'un paiement forfaitaire en équipe de professionnels de santé en ville ». Un projet porté par des centres de santé a été déposé pour l'expérimentation du financement par « forfait à la patientèle ». Il s'agit d'une approche globale, rémunérant une équipe pour l'ensemble du suivi de la patientèle des médecins traitants participant à l'expérimentation.

Cette candidature a été validée en septembre 2018 par le ministère de la Santé et la Caisse nationale de l'assurance-maladie (Cnam). Le projet comporte des objectifs bien précis :
- une dotation annuelle (« forfait ») pour remplacer la quasi-totalité des actes tarifés ;

- des prestations innovantes jusqu'ici non remboursées et donc non proposées aux patients ;
- une gouvernance médicale et des pratiques coordonnées en équipe ;
- le salariat pour tous les professionnels sans incitation au productivisme ;
- une évaluation non seulement économique, mais également qualitative.

Cette expérimentation se déroulant sur plusieurs années est décisive pour créer une vraie alternative au paiement à l'acte, réorienter les financements de l'assurance-maladie vers la pertinence des soins, organiser la prise en charge par une équipe des patients complexes et finalement aboutir à une meilleure utilisation des financements socialisés des dépenses de santé.

Les centres de santé ont suivi l'évolution des pratiques adaptées aux besoins de la santé des populations et se sont adaptés au changement des aspirations des professionnels. Ils ont été un levier puissant pour permettre la modernisation de l'organisation de la médecine ambulatoire, que ce soit à l'époque ancienne de l'hygiénisme ou à celle récente de « l'épidémie des maladies chroniques ». Ils associent le travail en équipe, la pratique de la médecine fondée sur les preuves, l'intégration des technologies modernes, la coordination des professionnels, la prise en compte de la dimension sociale. Ils permettent de promouvoir l'innovation et d'évaluer leur pratique.

Les centres de santé poursuivent cette route, permettant la création et l'intégration de nouveaux métiers, s'affranchissant d'un mode de rémunération à l'acte depuis longtemps dépassé. Leur développement garantit l'accès aux soins sur tout le territoire en appui aux politiques publiques de santé. Ils seront plus que jamais un atout fort pour la modernisation du système de santé basée sur l'essor de la médecine ambulatoire.

RÉFÉRENCES

[1] « Étude Epidaure-CDS », *Question d'économie de la santé*, Irdes, mai 2011, n° 165.
[2] www.tpcomplementaire.fr/iamcpublic/index.html

13

Vous avez dit « virage ambulatoire » ? L'exemple de la psychiatrie

Pierre Delion

En quoi le secteur psychiatrique pourrait-il être une préfiguration de ce qui pourrait se passer dans le système de soins en général dans les années à venir ?

La psychiatrie de secteur est apparue au décours de la Seconde Guerre mondiale comme la seule solution de nature à éviter la répétition du drame engendré par la pérennité de l'asile créé par la loi de 1838, à savoir la mort de faim et d'inanition de 45 000 malades mentaux hospitalisés pendant la période 1939-1945 [1]. Une fois mise en place par ses promoteurs à partir des années 1970, et malgré des avancées considérables en termes d'humanisation de la psychiatrie, elle devient l'objet d'attaques incessantes qui vont progressivement en fragiliser les potentialités au risque de voir se reconstituer des « asiles périphériques », lieux de toutes les perversions décrites antérieurement dans les services de psychiatrie asilaires, et un abandon des patients les plus graves « aux soins » de leurs familles, voire dans la rue et dans les prisons.

Retour sur l'histoire de la psychiatrie

Si l'asile avait été créé en 1838 par Esquirol [2] au terme d'un processus initié par Pinel et son projet de traiter les malades mentaux de leur folie par l'introduction du « traitement moral », première forme de psychothérapie, il est rapidement apparu que l'enfermement, l'isolement et les conditions matérielles effroyables réservés à ces nouveaux venus dans la médecine ne semblaient pas à la hauteur des enjeux que Pinel et ses collègues, perchés sur les épaules des encyclopédistes, avaient fixés à cette nouvelle discipline médicale. De 1838 à 1972, c'est la logique asilaire hospitalocentrique qui a prévalu dans les pratiques psychiatriques. L'hôpital est au centre du dispositif et ne dispose d'aucun relais dans la cité. Toute personne présentant une maladie mentale suffisamment grave pour ne pas pouvoir survivre dans sa famille et son milieu social ordinaire est internée. Le drame de la guerre 1939-1945 a résidé dans le fait que cette hospitalisation univoque a piégé dans la nasse asilaire la plupart d'entre eux puisqu'ils se sont retrouvés enfermés en raison de leur maladie mentale, sans pouvoir être alimentés du fait du trafic des tickets de rationnement, et finalement condamnés à mourir de faim à/dans l'hôpital psychiatrique. Cette « philosophie du soin » ne pouvait plus durer, et ce drame horrible a servi de catalyseur à un changement devenu incontournable. Seule une révolution de la pensée du soin en psychiatrie était en mesure d'être acceptée par les praticiens psychiatres et infirmiers ayant vécu l'enfer de cette période. Les patients ne devaient plus être dirigés vers un hôpital psychiatrique pour y recevoir de prétendus soins. Les soignants devaient se mettre à leur disposition au plus près de leurs lieux de vie et organiser des dispositifs de soins sur leur « secteur » géodémographique [3].

Il aura fallu quinze ans (1945-1960) pour que les psychiatres réunis dès la fin de la guerre 1939-1945 fassent passer dans le cadre d'une circulaire (mars 1960) la doctrine de la sectorisation psychiatrique. Mais il aura fallu encore douze ans (1960-1972) pour que la sectorisation se mette effectivement en place [4]. Cette doctrine a été légalisée en 1985, et à partir des années suivantes, alors que les premiers résultats étaient incontestables en matière d'amélioration des prises en charge, des signes avant-coureurs ont commencé à fragiliser cette politique innovante et révolutionnaire.

Qu'est-ce que la sectorisation en psychiatrie ?

Elle est issue d'expériences livrées pendant la guerre dans quelques rares services de psychiatrie, et notamment à Saint-Alban. Dans cet endroit peu probable, perdu au fond de la Lozère (« Lozère, terre de misère », dit le proverbe), à 1 000 mètres d'altitude, existe un établissement psychiatrique dans lequel Paul Balvet, médecin directeur, tente, avant la guerre 1939-1940, d'humaniser des pratiques passéistes d'enfermement avec les maigres moyens dont il dispose. Il est rejoint en janvier 1940 par François Tosquelles, un psychiatre catalan, fuyant la condamnation à mort par Franco que lui a valu sa participation à la guerre civile espagnole en tant que responsable du service de psychiatrie de l'armée républicaine, retenu depuis neuf mois avec ses amis républicains espagnols dans le camp de Septfonds en Lot-et-Garonne. Tosquelles [5], psychiatre, psychanalyste et très tôt engagé en politique, commence à modifier les pratiques de Saint-Alban dans un sens que nous connaîtrons ensuite sous le nom de « psychothérapie institutionnelle ». Bonnafé arrive en 1942 en tant que médecin directeur pour remplacer Balvet muté à Lyon. Ensemble, ils vont entreprendre une vaste modification des pratiques psychiatriques qui va donner lieu à la doctrine de la psychiatrie de secteur. Les patients internés effectuent les travaux des champs dans les fermes environnantes privées de leurs agriculteurs par les contraintes de la guerre (STO, prisonniers de guerre…) et reviennent le soir à l'hôpital avec de la nourriture, ce qui évite à l'hôpital de Saint-Alban de déplorer des morts de faim en son sein. Par ailleurs, ils développent des activités vivantes centrées sur l'amélioration de la vie quotidienne avec la participation des patients : club thérapeutique, activités culturelles, ergothérapie… Et, faisant le bilan des années de guerre, Bonnafé et Tosquelles constatent que les patients ayant participé à des activités extérieures en ont été très bénéficiaires.

Une psychiatrie hospitalo-décentrée

Il n'en fallait pas plus pour commencer à penser une psychiatrie centrée sur la cité plutôt que sur le seul hôpital, permettant ainsi de dégager quelques axes fondamentaux de la future politique de secteur, et notamment l'idée novatrice que la plupart des patients présentant des problématiques psychiatriques n'ont pas besoin de soins à temps plein mais d'un soutien modulé en fonction de leur pathologie, mais à la condition d'envisager la prise en charge dans la durée. L'équipe de psychiatrie est dès lors en charge d'un territoire géodémographique donné, habité par une population de 70 000 personnes environ, aussi bien en prévention que pour les soins ou la postcure. Lorsqu'il doit être hospitalisé, le patient doit bénéficier de soignants accueillants, vivants et disponibles, qui l'accompagneront tout au long de sa prise en charge, sans préjuger de la durée nécessaire ni du lieu dans lequel les soins seront apportés. Des visites à domicile sont effectuées, des consultations en dispensaires sont organisées. Les patients peuvent venir voir un psychiatre en consultation sans être hospitalisés. Une indication de soins est proposée en fonction de la psychopathologie de chaque patient. Les traitements ambulatoires sont proposés chaque fois que cela est possible. Les soignants se forment à la psychiatrie (médecine, psychopathologie), aux techniques de psychothérapie de groupe (psychodrame, club thérapeutique, réunions soignants/patients), aux activités thérapeutiques (ergothérapie, sorties culturelles, théâtre, cinéma, séjours thérapeutiques...). Le soin se dégage progressivement de l'hôpital comme seul lieu de dispense des soins, et un virage ambulatoire est opéré à cette époque.

Comment naît le « secteur » ?

Les psychiatres engagés (Bonnafé, Tosquelles, Daumézon, Ey...) se réunissent après la guerre et entreprennent une réflexion-action visant à fonder la psychiatrie de secteur. Ils seront aidés par des hauts fonctionnaires du ministère de la Santé (Aujaleu, Mamelet) à mettre en forme la circulaire de 1960 qui comprend plusieurs points fondamentaux : couverture de tout le territoire par des équipes sectorisées, continuité des soins, prévention, organisation des soins en extrahospitalier (dispensaires d'hygiène mentale, hôpital de jour), formation du personnel soignant, affectation de personnel en extrahospitalier.

Pour des raisons tenant aux résistances administratives de nombreux psychiatres et directeurs d'hôpitaux, la sectorisation tarde à se mettre en place à partir de 1960, sauf dans le XIIIe arrondissement de Paris où Paumelle [6] et son équipe inaugurent la sectorisation avec énergie et inventivité ; et il faut attendre les circulaires de 1972 pour que les premières expériences se lancent officiellement en France. Plusieurs modèles coexistent : soit mise en place d'une politique de secteur à partir de services hospitaliers asilaires par l'ouverture de dispensaires d'hygiène mentale (pratique déjà possible dès la circulaire Rucart de 1937 [7]) dans des lieux mis à disposition par les directions des affaires sanitaires et sociales (DASS) (sur le modèle des dispensaires antituberculeux), soit mise en place d'une sectorisation *de novo* sans aucune structure psychiatrique préalable avec nomination d'un psychiatre départemental chargé de faire l'état des lieux et de proposer les créations nécessaires. De nombreuses expériences sont observées qui vont d'une mise en place dynamique et créative de lieux de soins ambulatoires sans négliger l'humanisation du service de psychiatrie d'origine (très souvent situé dans un établissement psychiatrique exclusif), à une mise en place de consultations en dispensaires négligeant complètement les services hospitaliers, en passant par des expériences de créations de services dans des hôpitaux généraux.

Dans les services où les expériences paraissent les plus cohérentes, nous assistons à un développement des stratégies extrahospitalières en lien avec les mairies, les travailleurs sociaux, les médecins généralistes permettant de fabriquer pour les patients des costumes sur mesure venant remplacer les prêts-à-porter des hospitalisations antérieures à la sectorisation : consultations régulières, suivi à domicile, relation avec le médecin généraliste, accompagnement au travail, travail avec la famille, psychothérapie individuelle ou de groupe… sans laisser choir la qualité des soins en hospitalisation par sa transformation profonde en lieu de soins psychiatriques intensifs (création de clubs thérapeutiques hospitaliers développant des activités de travail ou de loisirs puis progressivement extrahospitaliers). Dans ces expériences, les concepts de la psychothérapie institutionnelle, faisant de l'institution non seulement un lieu de soins mais un lieu de vie pour les patients et les soignants, sont largement utilisés, en référence aux travaux princeps des fondateurs du secteur (Tosquelles et Daumézon notamment).

Les conséquences heureuses du virage ambulatoire

Les hospitalisations connaissent une diminution importante puisque les soins sont dispensés pour une bonne part d'entre eux à l'extérieur de l'enceinte hospitalière. L'intégration dans la cité se passe de façon intéressante et de nombreuses créations de dispositifs sont effectuées dans ces années fécondes : permanences de santé mentale dans les villages et les quartiers, hôpitaux de jour excentrés de l'hôpital, unités du soir, hospitalisation de nuit pour les patients disposant d'un emploi, foyers de postcure pour la période de « convalescence », unités de soins en maisons de retraite, liens avec les foyers de jeunes travailleurs, psychiatrie de liaison dans les hôpitaux généraux… Toutefois, une limite se dresse lorsque l'administration ne laisse pas participer les soignants (principalement infirmiers et médecins à l'époque) aux suivis extrahospitaliers en raison du nombre insuffisant de postes créés par les DASS à cet effet. Les efforts soutenus des soignants sont en lien avec l'idée que la diminution des moyens hospitaliers va être redistribuée aux activités extrahospitalières, et cette illusion fera long feu devant les difficultés rencontrées dans la création de postes ambulatoires. Pourtant en 1985, la loi légalisant le secteur devait instituer une perméabilité entre le budget hospitalier et celui correspondant aux activités extrahospitalières de chaque secteur, permettant cette adaptation aux changements des barycentres du soin (de l'hôpital vers le secteur). Il n'en a rien été, puisque la manne libérée par la diminution des hospitalisations a commencé à faire l'objet de réductions drastiques de la part des tutelles de santé.

Début des hostilités

À cette époque, des réflexions ministérielles commencent à être lancées sur la suppression de lits hospitaliers en psychiatrie dont le nombre était certes important mais pas au point d'en supprimer une très grande partie pour des raisons hypothétiques d'économie, sans comprendre que le travail que les soignants étaient en passe de réussir, à savoir diminuer considérablement le nombre des patients ayant besoin d'une hospitalisation à temps plein en psychiatrie, ne pouvait être accompli qu'au prix de créations de postes sur l'ambulatoire. Il paraît évident que si un patient auparavant hospitalisé n'est pas suivi de façon suffisamment soutenante, les risques de sa décompensation augmentent avec son vécu de « lâchage » et d'abandon objectif. Lorsque les soignants ont commencé à réaliser que les tutelles administratives adoptaient une des positions des antipsychiatres (fermer tous les lits d'hospitalisation jugés responsables de l'aliénation mentale), leurs motivations, qui avaient permis de petits miracles ordinaires en matière de virage ambulatoire, se sont soudain effondrées avec une impression nette pour les soignants d'avoir été trahis par des décideurs cyniques.

Venant en appui de cette récupération drastique de moyens, des arguments scientistes laissant espérer que seule la science médicale centrée sur les recherches génétiques et neurobiologiques pourrait un jour expliquer et soigner les maladies mentales étaient avancés par certains universitaires. Une convergence entre ces positions et certaines associations de familles et d'usagers désireux d'en découdre avec les courants psychanalytiques s'est ainsi opérée et les nécessaires articulations entre sciences dites dures et sciences humaines ont été jugées obsolètes. L'État, plutôt que de conserver une attitude contenante et protectrice de ces points de vue et de ces pratiques différentes mais complémentaires, a choisi de soutenir les seules perspectives d'apparence scientifique au détriment des sciences humaines.

Quelques années plus tard, les formes résiduelles de psychiatrie de secteur apparaissent comme autant de réponses désabusées à ce désengagement de l'État de ce dispositif révolutionnaire de prise en charge psychiatrique que nous ont enviée bien des nations. De trop nombreuses personnes atteintes de maladies mentales graves sont sorties des suivis des soignants de la psychiatrie des secteurs, non pas parce qu'ils ne souhaitaient plus les prendre en charge, mais parce que le système a délégitimé progressivement le suivi des patients chroniques jugé trop coûteux, pensant à tort que leur orientation vers le secteur médico-social allait régler leur problème existentiel sans difficulté. Et si parfois ces patients chroniques avaient besoin de soins à nouveau, alors un service efficace d'urgence permettrait de répondre à toutes ces éventualités fâcheuses. Or ces patients, contrairement à une personne diabétique qui a toutes ses capacités pour continuer à vivre en famille et en société et qui peut accepter (même si je pense que c'est facile de le penser) d'être accueillie aux urgences en cas de décompensation par un nouveau soignant qu'elle ne connaît pas, ont un problème fondamental de liens aux autres, et la non-reconnaissance de ce signe spécifique de leur maladie mentale rend inutile, voire délétère, le recours à des solutions d'urgence qui valent pour les autres pathologies. La sectorisation, en proposant comme axiome de base la continuité des soins, savait de quels patients elle parlait. Il ne faut pas s'étonner que les plus fragiles d'entre eux, n'ayant même plus la force de demander de l'aide, se voient réduits à la position scandaleuse de SDF, tandis que les plus toniques se voient entraînés dans des histoires de violences et jetés en prison.

Le virage ambulatoire proposé par la sectorisation était guidé par l'humanité d'une démarche de soins psychiatriques proposée à tous les citoyens quelles que soient leurs modalités d'existence et d'insertion sociofamiliale [8]. Sa récupération/dénaturation par des raisonnements technobureaucratiques en a fait un dispositif jugé obsolète par ceux-là mêmes qui n'en ont jamais compris la cohérence et les avantages remarquables, et notamment par un nombre non négligeable de psychiatres n'ayant pas « joué le jeu » de sa mise en application. Le secteur est devenu un mauvais objet parce qu'il serait vieux, administratif et paupérisé par la politique que lui ont réservée les ministres de la Santé successifs. Un an d'attente pour un rendez-vous avec un psychiatre, est-ce bien raisonnable cher docteur quand vous pouvez aller consulter un psychiatre privé qui n'attend que ça ! Une logique de marché gît derrière de tels raisonnements simplificateurs, mais au prix de l'abandon des patients les plus en difficulté, dont c'était la mission du service public de les prendre en charge. Un grand nombre de patients ne peuvent se satisfaire de consultations privées, du fait de la gravité de leur pathologie. Ils ont besoin d'une institution, c'est-à-dire d'un groupe de soignants réunis en constellation autour d'un patient et pensant au fur et à mesure le « costume de soins » le plus adéquat pour lui. Même une hospitalisation en clinique privée est aujourd'hui impossible pour beaucoup d'entre eux [9], non par incompétence de ces lieux de soins, mais par un choix politique de leurs propriétaires qui privilégient les pathologies « légères » telles que des dépressions réactionnelles à celles qui le sont moins ou pas du tout : les psychoses chroniques, les problématiques violentes avec hospitalisations sous contrainte, les problématiques de précarité, de carence, de transculturalité, les adolescents difficiles, les anorexies graves, les addictions...

Une médecine à deux vitesses ?

La sectorisation permettait d'offrir à tous les citoyens un service public de qualité au plus près de chez eux (publicité récupérée par une banque bien connue) dans la continuité des soins et avec une durée nécessaire à un rétablissement espéré, avec une très forte dominante des soins ambulatoires. La duperie ou l'inconséquence des responsables politiques en a décidé autrement. L'accent mis sur les urgences et la crise comme paradigme d'une médecine moderne et dynamique, fondée sur les preuves scientifiques, est antinomique avec le suivi des maladies mentales car pour une personne schizophrène ou autiste, son vécu d'angoisse est tel que, pour elle, l'urgence est permanente, et c'est seulement quand elle arrive à instaurer un lien avec un collectif de soignants sur lequel elle a fait l'expérience au long cours qu'elle pouvait compter sur eux, que des soins sont possibles. Pour se rendre aux urgences de l'hôpital de sa ville, encore faut-il en avoir la force et le désir, et c'est tout le problème de ces pathologies graves. Privilégier pour eux le seul recours à la crise revient à les désafférenter de tout lien social stable, et ainsi à les précipiter dans un monde hostile pour lequel ils n'ont pas les moyens de lutter seuls. D'où la prison et la rue et, dans les bons cas, une famille qui tient, mais avec tous les aléas que nous connaissons par les témoignages de leurs associations. Le virage ambulatoire se montre alors pour ce qu'il est : envoyer les malades mentaux dans le décor de façon cynique, ce qui revient à les abandonner sans vergogne. Sommes-nous si loin, en termes d'humanité, de ce qui s'est passé pendant la Seconde Guerre mondiale ?

RÉFÉRENCES

[1] I. von Bueltzingsloewen, *L'Hécatombe des fous*, Paris, Flammarion, 2009.

[2] La loi du 30 juin 1838 a créé les asiles départementaux d'aliénés et les conditions de leur internement. Esquirol en est l'inspirateur principal.

[3] F. Fourquet, L. Murard, « Histoire de la psychiatrie de secteur ou le secteur impossible ? », *Recherches*, mars 1975, 17.

[4] M. Audisio, *La Psychiatrie de secteur. Une psychiatrie militante pour la santé mentale*, Toulouse, Privat, 1980.

[5] J. Tosquellas, *Francesc Tosquelles. Ses vices constitutionnels : psychiatre, catalan, marxiste*, Paris, Institutions, « La boîte à outils », 2014.

[6] P. Paumelle, « La vie asilaire, attitudes de la société, textes de malades, de médecins, d'un infirmier », *Esprit*, n° 197 : *Misère de la psychiatrie*, 1952.

[7] F. Fourquet, L. Murard, « Histoire de la psychiatrie de secteur ou le secteur impossible ? », art. cité.

[8] P. Delion, T. Coupechoux, *Mon combat pour une psychiatrie humaine*, Paris, Albin Michel, 2016.

[9] P. Delion, *La République des faux-selfs*, Paris, Éditions d'une, 2018.

QUATRIÈME PARTIE

« Ma santé 2022 » : le plan du gouvernement en question

On l'a dit, chaque ministre de la Santé veut laisser une trace dans l'histoire en présentant, à grand renfort de communication, « sa » réforme du système de santé, censée résoudre, en quelques années, sa crise (apparemment) sans fin. Pourtant force est de constater que ces années passent et que ladite crise devient de plus en plus aiguë. En effet, s'il est de bonne politique pour un ministre de mettre en avant sa volonté de rupture avec les politiques menées antérieurement, il ne faut cependant pas s'y laisser prendre : c'est d'abord la continuité qui prévaut par-delà les alternances politiques. C'est que l'on ne change pas un système de santé par un simple décret de la volonté.

Les sciences sociales et politiques, françaises comme internationales, ont amplement documenté les facteurs d'inertie qui « verrouillent » la trajectoire des systèmes de santé. Ces facteurs d'inertie sont particulièrement prégnants et nombreux en France : identité libérale d'une profession médicale qui s'est définie en opposition à l'État et à la Sécurité sociale, pouvoir de blocage des « partenaires sociaux » mais aussi, à l'hôpital, des élus locaux, crainte des femmes et hommes politiques du pouvoir de nuisance électorale d'une profession médicale supposée influente, rivalité historique entre le ministère et la Caisse nationale de l'assurance-maladie, omniprésence de Bercy pour tout ce qui relève de la dimension budgétaire tandis que tout ce qui concerne l'organisation et la régulation de l'offre de soins est le monopole d'une petite élite technocratique qui se défie du clivage gauche/droite, etc. Sans trop forcer le trait, on pourrait dire que la politique de santé est en « pilote automatique », et que très souvent, « tout change pour que rien ne change ».

Récemment, l'ancienne ministre de la Santé, Agnès Buzyn, a annoncé une énième réforme du système de santé, dénommée « Ma santé 2022 ». On notera que le gouvernement se donne deux ans, seulement deux ans, pour revoir les fondamentaux de notre système, ce qui est pour le moins optimiste, sinon irréaliste. Pour autant, il faut lui reconnaître une inflexion rhétorique notable : ainsi, par exemple, la résolution de la crise hospitalière ne passerait plus par l'imitation du management privé mais par la réorganisation de la médecine de premier recours ; il conviendrait de sortir de la logique de « l'hôpital-entreprise », qui fait des ravages depuis les années 2000, et expérimenter des mécanismes alternatifs à la tarification à l'activité ; les déserts médicaux devraient disparaître avec la suppression du *numerus clausus*, etc. Toutefois, la politique de santé effectivement mise en œuvre se lit moins dans les grands discours politiques que dans le diable des détails techniques du projet de loi de financement de la Sécurité sociale (PLFSS) ou ceux du fonctionnement routinier des administrations et caisses d'assurance-maladie. De surcroît, de nombreux groupes d'intérêt se mobilisent pour protéger le *statu quo*. La « start-up nation », enserrée dans un carcan budgétaire de plus en plus étouffant, peut-elle mener une autre politique que celle de la privatisation et de la marchandisation rampantes de notre système de santé ? C'est à la discussion de cette question que la prochaine partie est consacrée.

14

« Ma santé 2022 » : ni un plan pour l'hôpital, ni un plan contre les déserts médicaux

André Grimaldi

Le plan « Ma santé 2022 » présenté en septembre 2018 par le président de la République relevait avec justesse les symptômes cardinaux de la maladie du système de santé français :

1. la surcharge des urgences hospitalières ;
2. l'inadaptation à « l'épidémie » des maladies chroniques ;
3. l'insuffisance historique de la prévention et des missions de santé publique ;
4. l'accroissement des inégalités sociales et territoriales de santé.

Les causes ont été correctement analysées par la ministre de la Santé : l'insuffisance historique du travail d'équipe en médecine de ville, l'insuffisance de la coordination entre la ville et l'hôpital, le paiement à l'acte en ville et la tarification à l'activité (T2A) à l'hôpital favorisant les actes techniques et la médecine prescriptive à la chaîne, la gestion de l'hôpital comme une entreprise commerciale, l'excès de tâches administratives au détriment des soins, auxquels vient s'ajouter une sélection drastique des étudiants en médecine par un *numerus clausus*, couperet inadapté et injuste.

Les mesures proposées semblent pertinentes : favoriser l'exercice regroupé et coordonné en ville, développer les prises en charge ambulatoires et l'hospitalisation à domicile, créer des assistants médicaux payés par la Sécurité sociale pour soulager des tâches administratives des médecins de premier recours travaillant en équipe dans les maisons médicales pluriprofessionnelles et dans les centres de santé, développer le corps d'infirmiers cliniciens dit « de pratiques avancées » (IPA) assurant des tâches médicales et travaillant en équipe, réformer le statut de praticien hospitalier, coordonner l'activité des établissements publics et privés sur un territoire, labelliser des hôpitaux de proximité avec des professionnels ayant une activité mixte ville/hôpital et pour commencer, y embaucher quatre cents médecins généralistes, supprimer le *numerus clausus*...

De l'annonce du plan à sa mise en œuvre...

C'est bien sûr au pied du mur qu'on jugera le maçon. Les interrogations ne manquent pas :

• *Par quelle forme de sélection sera remplacé le* numerus clausus, car contrairement à ce que l'on a laissé croire la sélection sera maintenue, c'est seulement sa modalité qui va changer ?

• *Quelle sera la réalité des communautés professionnelles territoriales de santé (CPTS)* visant à regrouper sur un territoire de santé l'ensemble des professionnels de santé libéraux volontaires ? Ces CPTS sont censées assurer la permanence des soins et l'accès de chacun à un médecin traitant, favoriser la coordination des acteurs, développer la prévention et l'éducation thérapeutique des patients... Il est permis de douter que l'ensemble de ces missions soient assurées, car comment augmenter le temps médical disponible sans remettre en cause la place excessive du paiement à l'acte peu rémunéré qui contraint le médecin à multiplier les actes courts (par exemple, pour renouveler une ordonnance). De plus, on peut prédire une formidable hétérogénéité desdits CPTS d'un territoire à l'autre. Et dans les déserts médicaux il n'y aura tout simplement pas de communauté professionnelle de territoire faute de professionnels.

• *Les assistants médicaux* (effectuant des tâches de secrétariat spécialisé et des gestes médicaux simples) empiéteront-ils sur les missions habituellement dévolues aux infirmiers ?

• *Que veut dire « paiement au forfait »* ? Pour un épisode de soins avec un début et une fin (par exemple : un cancer du sein, ou une prothèse de hanche ou de genou...) ? Est-ce un paiement forfaitaire par patient, une capitation ? À qui sera attribué ce forfait ? À chaque professionnel impliqué ou à l'équipe de soins ? Et comment se fera alors la répartition entre les membres de l'équipe ? Actuellement seulement 15 % environ des médecins généralistes travaillent en équipe pluriprofessionnelle. Le terme « forfait » recouvre-t-il une dotation globale annuelle pour l'ensemble de la population prise en charge ? Si c'est le cas, comment cette dotation annuelle sera-t-elle répartie entre professionnels et comment sera-t-elle modulée en fonction de la gravité des pathologies, de la complexité des traitements, de la précarité des populations et surtout de l'évolution de l'activité d'une année sur l'autre ou même au cours de l'année ?

• *Quel sera le nouveau statut du praticien hospitalier* ? S'agit-il de favoriser la double activité ville/hôpital, en revenant sur le plein hospitalier instauré par la réforme Debré de 1958 ? S'agit-il de supprimer le statut unique de la fonction publique au profit de contrats personnalisés ? Va-t-on assister à un « mercato » des hôpitaux recrutant chirurgiens et anesthésistes, comme les clubs de football recrutent leurs joueurs ? Questions légitimes dans la mesure où le nom de « service public hospitalier » n'a pas été prononcé une seule fois par le président de la République lors de son discours.

• *Finalement, quel sera le statut des « hôpitaux de proximité »* ? Est-ce seulement une façon d'annoncer la poursuite de la fermeture de services de chirurgie, de réanimation et de maternité sans l'assumer politiquement, c'est-à-dire en se défaussant sur les agences régionales de santé (ARS) quitte à dénoncer secondairement leur décision ? Ainsi on a vu le président Macron remettre en cause publiquement la décision de l'ARS des Hauts-de-France de fermeture de la maternité de l'hôpital de Creil, pour confier le dossier au préfet… sans que rien ne change pour autant.

• *Quelles propositions pour réduire les « déserts médicaux »* ? Pourquoi ne pas proposer un engagement de service public de dix ans en échange d'un salaire étudiant puis d'une activité professionnelle salariée avec un exercice pouvant aller des hôpitaux de proximité aux CHU en passant par des centres de santé ? L'affectation dépendrait des résultats obtenus lors de leurs études par les postulants et de leurs choix personnels, avec une possibilité de mutation par exemple tous les trois ans et si besoin une indemnité de logement. Et pourquoi ne pas offrir dès la sélection d'entrée dans les études de médecine deux types de recrutement (avec et sans engagement de service public) avec une répartition du nombre de places. Certes la question des « déserts médicaux » doit être intégrée au problème de la désertification générale des territoires (quand il n'y a plus d'école, plus de poste, plus de gare, plus de commerces…) et il semble difficile de changer les règles du jeu en cours de partie en imposant un service médical obligatoire dans les « déserts médicaux » aux jeunes médecins qui après dix ans d'études difficiles sont déjà souvent engagés dans des projets professionnels et ont déjà souvent fondé une famille. Mais est-il logique d'accepter que des médecins spécialistes s'installent en secteur 2, c'est-à-dire avec dépassement d'honoraires dans les territoires où il y a déjà un nombre suffisant de médecins de la même spécialité installés en secteur 2 ? Ne devrait-on pas garantir la liberté d'installation sur le territoire national en secteur 1 (aux tarifs conventionnés) et en secteur 3 (non conventionné) mais réguler la liberté d'installation en secteur 2 en excluant les territoires les plus dotés (soit le quart des territoires les mieux dotés) ? Il est très probable que de telles mesures, même limitées, rencontreront l'hostilité d'une partie des étudiants en médecine et des syndicats libéraux, mais on ne peut pas laisser s'accroître les inégalités territoriales de santé en attendant la prochaine flambée de révolte des « sans services publics », c'est-à-dire des exclus de la République. Or l'accès à une santé de qualité est, avec la sécurité, le droit le plus fondamental des citoyens.

La discordance des temps

Le plus inquiétant concerne la temporalité de la réforme et les moyens mobilisés. En effet, le plan santé 2022 est essentiellement un plan concernant la médecine de ville. Il prétend soigner l'hôpital en traitant la ville. Mais la médecine de ville, héritage de la médecine libérale attachée au paiement à l'acte et à la liberté d'installation, ne changera pas en deux ou trois ans ou même cinq ans. Ce sera long. Or pour l'hôpital public, comme pour la psychiatrie, il y a urgence.

Le Président a annoncé une progression de l'objectif national des dépenses de l'assurance-maladie (Ondam) pour 2019 de 2,5 % au lieu de 2,3 % soit 400 millions de plus que prévu, mais les 400 millions devraient aller à la médecine de ville, de premier recours qui en a bien besoin.

La progression de l'Ondam hospitalier n'a été que de 2,35 % en 2019 et de 2,3 % en 2020 alors que l'augmentation programmée des charges est de 3,3 % selon l'estimation de la direction de la Sécurité sociale. Cette augmentation des charges programmée résulte notamment du taux de l'inflation, de l'augmentation des coûts des traitements, de l'achat de nouveaux équipements et de l'entretien des anciens, de l'entretien des bâtiments, des montants de remboursement de la dette, de l'augmentation de la masse salariale du fait du glissement vieillissement technicité (GVT) et des mesures spécifiques en faveur de telle ou telle activité ou de telle ou telle catégorie de personnels prises par le gouvernement…

Si on ne baisse plus les tarifs de remboursement des actes hospitaliers (T2A), comme chaque année depuis cinq ans, avec une baisse cumulée de 7 %, on va néanmoins continuer à baisser les dotations hospitalières et continuer ainsi à creuser délibérément le déficit des hôpitaux.

Comme le dit Pierre-Louis Bras, haut fonctionnaire, ancien directeur de la Sécurité sociale au ministère et actuel président du Conseil d'orientation des retraites, « un Ondam à 2,3 % est peut-être nécessaire pour atteindre les objectifs de finance publique, mais il est peu probable que les hôpitaux publics et la qualité des soins puissent sans dommage le supporter ». En 2017 la sous-exécution de l'Ondam hospitalier de 560 millions d'euros a compensé le dépassement de 616 millions d'euros de l'Ondam de ville, tandis que le passage aux urgences hospitalières continuait, lui, d'augmenter dépassant les 21 millions par an. Depuis, l'ex-ministre a desserré le garrot en rendant 300 millions aux hôpitaux...

Le compte n'y est pas !

Il y a finalement deux façons d'assurer le virage ambulatoire censé réduire l'activité à l'hôpital : construire un service de la médecine de proximité ou déconstruire l'hôpital public. Force est de constater que ce gouvernement, comme les gouvernements précédents, a choisi la seconde solution. Il est plus facile de « réguler », c'est-à-dire de restreindre le financement hospitalier qui dépend directement de l'État que le financement de la médecine de ville qui dépend des accords conventionnels négociés entre la Sécurité sociale et les syndicats de professionnels libéraux. Décision autoritaire sans négociation ni recours, d'un côté, négociation prudente et politique des petits pas, de l'autre.

Le Président nous a dit que notre système de santé ne souffrait pas d'un manque de moyens mais d'un défaut d'organisation. Nous dépensons 11 % du PIB pour la santé, ce qui nous place au 3e ou 4e rang des pays de l'OCDE selon les années. Mais cette présentation est partielle et donc partiale. Le Luxembourg ne consacre que 6,5 % de son PIB à la santé mais plus de 7 000 dollars par habitant. En dollars par habitant (à parité de pouvoir d'achat), nous occupons selon les années la 12e ou la 14e place avec 4 900 dollars, après les États-Unis (10 000 dollars), après la Suisse (8 000 dollars), après l'Allemagne (5 800), après la Suède (5 500), après l'Autriche (5 400), après le Danemark (5 200)... Pour le salaire des infirmiers et des aides-soignants, rapporté au salaire moyen du pays, nous sommes en 28e position des 32 pays de l'OCDE.

La vérité est que nous dépensons à la fois mal et pas assez ! Il faut dépenser mieux car plus de 20 % des prescriptions et des actes seraient injustifiés mais cela continuera si on ne touche pas au paiement à l'acte ou à l'activité par nature inflationnistes. Et les rentes industrielles ne manquent pas, mais les dirigeants des entreprises de l'industrie pharmaceutique se plaignent et sont écoutés au nom de la défense de l'emploi. Il faut également rappeler que nous payons deux fois pour la gestion des remboursements des soins : 7,3 milliards d'euros pour la Sécurité sociale qui couvre 78 % des remboursements et encore 7,5 milliards pour les assurances complémentaires (mutuelles, instituts de prévoyance et compagnies d'assurances) qui ne remboursent que 13 % des dépenses de soins mais se disputent le marché à coups de campagnes publicitaires. Et ces complémentaires savent tisser des liens avec les responsables politiques de tous bords. Si on définissait un panier de prévention et de soins relevant de la solidarité et pris en charge à 100 % par la Sécurité sociale en laissant aux assurances privées les traitements dits « de conforts » ou « alternatifs » ou relevant des choix personnels des assurés, on économiserait des milliards de frais de gestion inutiles. En regroupant l'aide au paiement d'une complémentaire santé (ACS) avec la CMU-C, le gouvernement a fait, dans son plan pauvreté, un pas dans ce sens. En effet les bénéficiaires de la CMU choisissent à plus de 90 % la Sécu comme assurance complémentaire. Pourquoi ne pas généraliser cette mesure en offrant la possibilité à tous les assurés de choisir la Sécu comme complémentaire moyennant une cotisation supplémentaire moins onéreuse que la prime qu'ils versent actuellement à leur mutuelle ?

Voilà une mesure qui serait digne d'un nouveau monde fidèle à ce que l'ancien avait de meilleur : la Sécu !

Finalement ce plan « Ma santé 2022 » est un plan pour mieux organiser la médecine libérale de ville. Ce n'est ni un plan hôpital ni un plan « déserts médicaux ». Comme Janus, il a deux visages : côté pile les réformes et côté face l'austérité. C'est un plan Buzyn-Darmanin.

6 mesures pour améliorer l'accès aux soins dans les déserts médicaux

1. Former des infirmiers cliniciens expérimentés (dits infirmiers de pratique avancée) ayant des champs de compétences précis et limités en matière diagnostique et thérapeutique (en matière, par exemple, d'hypertension artérielle, de diabète, d'infections courantes, de gestion d'un traitement anticoagulant...), travaillant en lien à distance avec des centres de santé ou des maisons de santé pluriprofessionnelles ou des hôpitaux de proximité.

2. Développer la télémédecine : télésurveillance, téléexpertise, téléconsultation avec la collaboration d'infirmiers et/ou de pharmaciens.

3. Mettre en place des consultations spécialisées avancées hebdomadaires ou mensuelles, selon les besoins, organisées dans les territoires par les hôpitaux ou autres établissements de spécialistes.

4. Proposer aux étudiants un engagement de service public salarié de dix ans dans différents établissements selon leurs capacités et leurs choix, des hôpitaux de proximité aux CHU en passant par des centres de santé, avec possibilité de changement d'affectation tous les trois ans, et en échange d'un salaire étudiant.

5. Proposer aux internes un engagement d'installation pendant trois ans minimum dans un « désert médical » de leur choix, en échange du libre choix de leur spécialité et d'une garantie de revenus ainsi qu'une prise en charge des frais de structure et d'équipement professionnels.

6. *Garantir le libre choix d'installation sur l'ensemble du territoire en secteur 1* (sans dépassement d'honoraires) *et en secteur 3* (non conventionné) mais réguler l'installation des spécialistes en secteur 2 (avec dépassements d'honoraires) en contingentant les nouvelles installations de ce secteur dans les bassins de vie les plus dotés (territoires dont le taux de spécialistes pour cent mille habitants se situe dans le quart supérieur).

15

Beaucoup de questions sans réponses

Michel Rosenblatt

Que va devenir le système de santé français, à échéance de dix ou quinze ans ? Tenter de répondre nécessite de prendre en compte ses traits marquants, d'apprécier les effets des politiques publiques, de mesurer les capacités de transformation par ses acteurs, mais aussi d'intégrer les nombreux facteurs d'incertitude : la transformation des techniques et les avancées scientifiques, les capacités de financement, les effets environnementaux, les évolutions des comportements, et bien sûr les incidences démographiques, si ce n'est celles d'épidémies à venir ! Cette anticipation relève-t-elle alors de la boule de cristal ? Elle implique en tout cas prudence et modestie, *a fortiori* si elle veut s'inscrire dans une perspective de réforme.

A contrario, comment, à partir de la situation actuelle, percevoir ce que ce système ne saura *pas* devenir, du fait des retards pris, du sous-financement actuel des établissements sanitaires et médico-sociaux, de l'inégale distribution territoriale des médecins et des professionnels, des choix passés et de la pusillanimité des pouvoirs publics ? S'il y a accord sur le fait que l'offre de soins est marquée par des déséquilibres profonds, il est moins rappelé qu'ils vont persister dans les années proches : en dépit de réalisations remarquables dont les professionnels peuvent être fiers, nous allons tout d'abord conserver, sans doute plus fortement qu'aujourd'hui, une médecine à plusieurs vitesses, des inégalités majeures d'accès aux soins et des pertes de chances, selon le domicile, la catégorie sociale, l'âge, le mode de vie, le niveau des revenus, l'information sur l'offre de soins. L'organisation du surlendemain ne peut dispenser de la préoccupation du lendemain. Saura-t-on les concilier ?

Des moyens à dégager

Pour le futur, les ambitions officielles font consensus. La stratégie nationale de santé (SNS), prévue par l'article 1411-1-1 du Code de la santé publique, structure les politiques publiques et vise à assurer à toute la population un état de santé conforme aux définitions internationales, à réduire, sinon supprimer, les inégalités financières ou géographiques d'accès aux soins. Forte préoccupation syndicale, l'accès aux droits semble traité à travers la protection universelle maladie (PUMa), le développement de l'assurance-maladie complémentaire (mais elle est de qualité variable et il reste des personnes à intégrer). Le reste à charge zéro pour l'optique, le dentaire et l'audition sera un progrès, à évaluer. Mais tout n'est pas réglé et des obstacles, liés à la pauvreté et à l'exclusion, restent à lever pour l'utilisation effective des droits. Pour l'accès aux soins, notamment dans leur dimension territoriale, la situation est contrastée, car agir sur l'offre de médecine libérale est difficile à organiser en droit et à appliquer en pratique et les politiques incitatives, difficilement évaluables, n'ont pas suffi.

La stratégie nationale de santé (SNS) se décline en objectifs opérationnels, à travers des politiques sectorielles qui en fixent les moyens : prévention et éducation sanitaire, éclatées entre des opérateurs et des intervenants multiples (souvent mal coordonnés), offre de soins et aide médico-sociale, avec ses modalités d'autorisation, d'allocation des ressources, d'évaluation et de contrôle, dispositifs de formation des professionnels, gestion de la recherche publique... Les divers chantiers font intervenir des responsables nombreux, nationalement (État et opérateurs publics, instances consultatives, ordres, partenaires sociaux...), régionalement (ARS, préfets, conseils régionaux et départementaux, universités...), localement (établissements, professionnels, élus, usagers, syndicats...). La complexité du système, liée à ses multiples paramètres et à la pluralité de ses acteurs, est un facteur de fragilité : la défaillance d'un seul peut affecter l'efficience de l'ensemble.

Un volet de la SNS est la stratégie de transformation du système de santé, présentée par le gouvernement sous le nom « Ma santé 2022 ». Les orientations de ce plan reprennent, pour une bonne part, les propositions formulées par le Haut Conseil pour l'avenir de l'assurance-maladie dans sa contribution de mai 2018 [1]. Elles visent à réorienter les prises en charge vers les acteurs de la proximité, recentrant l'hospitalisation sur les soins de deuxième et troisième recours. Ce rééquilibrage suppose de revoir, selon une logique plus collective et coordonnée, l'action des professionnels de santé de la proximité, qu'ils soient libéraux ou salariés, et de disposer d'une capacité hospitalière également de proximité, en lien avec ces professionnels. Le déploiement des communautés professionnelles territoriales de santé (CPTS) [2], encouragé par des incitations financières, est une des clés de cette restructuration territoriale de l'offre de premier niveau, présentée en réponse aux déserts médicaux. Parallèlement, la prévention reste, avec l'éducation sanitaire, une préoccupation forte à mieux concrétiser, dans le cadre, plus vaste, de la promotion de la santé.

Partiellement détaillée dans la loi d'organisation et de transformation du système de santé (tout n'est pas du ressort du législateur et certains aspects relèvent des lois de financement de la Sécurité sociale), la stratégie prévoit de réformer les études médicales et de santé en vue d'un accroissement non précisé du nombre d'étudiants, d'encourager l'exercice collectif, de labelliser des hôpitaux de proximité, de poursuivre l'intégration des hôpitaux dans les groupements hospitaliers de territoire (GHT), de recourir fortement au numérique. Il est aussi prévu de renforcer l'écoute des patients, de développer la pertinence et la qualité. Mais cette stratégie vient bien tard, face à des déséquilibres aggravés. Tout comme la loi de janvier 2016 et les textes qui les ont précédés, la loi se garde de toute mesure coercitive pour orienter les installations de médecins vers les zones dites « sous-denses », suggérant que les « déserts médicaux » pourraient se réduire sur la base du volontariat.

Pour autant, la maîtrise des comptes, encadrés par l'objectif national des dépenses d'assurance-maladie (Ondam), est plus que jamais à l'ordre du jour. « Ma santé 2022 » prévoit une évolution de l'allocation des ressources, que le rapport Aubert détaille dans une logique de combinaison et non de rupture du modèle. La fin de la baisse annuelle des tarifs hospitaliers à partir de 2019 a été actée. Mais il est moins souligné que le transfert des prises en charge impliquera de revoir la répartition des ressources entre le sous-objectif des soins de ville (l'Ondam ville) et celui de l'hospitalisation (l'Ondam hospitalier) et, au sein de celle-ci, entre les hôpitaux de proximité et ceux de recours. Pourra-t-on déshabiller Pierre pour habiller Paul [3] ? Depuis des années, les dépenses de ville dépassent les prévisions et des transferts entre sous-objectifs abondent la ville à partir de l'hospitalisation, tandis que les urgences explosent, que le nombre de séjours a augmenté, en clinique comme en hôpital, et que le développement de l'ambulatoire en substitution de l'hospitalisation complète ne réduit pas à due proportion les coûts. Les efforts de productivité des hôpitaux et cliniques ont atteint leurs limites, comme l'illustrent les reports de charges, les déficits et la réduction des investissements. Piloter par le taux de marge brute et la pression sur la masse salariale finit par affecter la sécurité des soins et accentue la souffrance des personnels. Les arbitrages de moyens reposent sur le présupposé d'économies répétées, induites par la qualité et la pertinence. Possibles en principe, ces économies restent largement virtuelles, car les progrès qualitatifs génèrent de nouveaux coûts et il faut distinguer les prescriptions et les actes injustifiés des actes qui se sont révélés inutiles, mais dont la prescription était bien justifiée.

Les déserts sont-ils seulement médicaux ?

La multiplication des mesures incitatives à l'installation des médecins dans les déserts médicaux, qu'il s'agisse d'avantages fiscaux, d'exonérations de charges, de subventions à l'installation ou d'aides diverses, a des coûts élevés et une incidence limitée. Les incitations sont pourtant poursuivies, faute d'arbitrages plus coercitifs que seraient l'obligation d'installation en début de carrière ou le conventionnement sélectif. Comment imaginer, sauf dans le cas d'un retour au pays, que de jeunes professionnels feraient volontiers le choix de s'installer dans les zones délaissées de la « France périphérique » ? Ce qui est vrai pour la médecine de ville – en l'occurrence de la campagne – l'est pour l'hôpital : les « hôpitaux périphériques » sont en déshérence et les GHT n'ont pas permis de nouveaux recrutements. Quelques mesures nouvelles vont être tentées, dont la multiplication des CPTS, le recrutement d'assistants médicaux, l'exercice mixte hospitalier et libéral. Mais comme les ARS restent désemparées, et le ministère aussi, cette fragilité territoriale est finalement laissée à la résolution locale. Mais comment des politiques sectorielles suffiraient-elles à corriger une réalité plus globale ? C'est parce que la métropolisation a asséché les territoires, laissé perdre les emplois, transféré les services publics et les commerces qu'il y a aussi des déserts médicaux. Ils ne seront guère résorbés si la tendance n'est pas inversée aussi pour la justice, l'éducation, la culture, la poste, les transports, l'emploi, l'Internet en haut débit… et le boulanger.

À l'hôpital, faut-il médicaliser le management ?

À l'hôpital, un grief fréquent est que la loi HPST du 21 juillet 2009 aurait fait du directeur le « patron » de l'hôpital, réduisant l'influence des responsables médicaux et entraînant une dérive dommageable, la gestion prenant le pas sur les soins. Ce discours, s'il contient une part de vérité, est simpliste : le directeur est dépendant des autorités publiques, dont le directeur général de l'ARS. S'il fixe lui-même le budget (désormais l'état prévisionnel des recettes et des dépenses, l'EPRD), celui-ci n'est que la résultante des dotations allouées et du produit de l'activité financée par la tarification : les arbitrages sont faits ailleurs. Modifier les équilibres internes pour donner plus de poids (car il en a !) au corps médical, au-delà du président de la commission médicale d'établissement, aurait un effet limité, les mêmes causes produisant les mêmes effets. Devant l'obligation d'assumer des choix contraints, les médecins pourraient-ils faire d'autres arbitrages ? Accepteraient-ils, en l'absence d'alternative, d'en assumer les contraintes ? N'est-il pas plus facile, tout en conservant le droit de critique, de laisser la responsabilité finale échoir au seul représentant légal de l'établissement ? Mais jusqu'où celui-ci pourrait-il poursuivre un management cessant d'être soutenable, sans les appeler à la rescousse ?

L'intégration hospitalière dans les GHT : quelle efficacité ?

Les cliniques se sont restructurées à travers une forte concentration liée aux règles du marché, puis le secteur non lucratif à travers son réseau associatif. Les hôpitaux publics sont en recomposition sur décision de l'État. Le lancement précipité des groupements hospitaliers de territoire, pour cause de calendrier électoral, a abouti à des ensembles parfois peu cohérents et souvent obèses. Si la primauté du projet médical a été justement affirmée, le raisonnement reposant sur la mise en commun de certaines fonctions et la mutualisation de moyens est en partie un leurre. Il y a une limite, variable selon les domaines, aux économies d'échelles, et au-delà, ce sont des lourdeurs de gestion devenant coûteuses. Parce que les médecins vont manquer là où on les retire, la raréfaction du temps médical disponible n'est pas amoindrie en faisant intervenir les équipes dans plusieurs établissements. Il en résulte des dérives, dont une concentration vers l'établissement « support » (c'est-à-dire le plus gros), au détriment des établissements périphériques. Comment éviter alors les tiraillements, la fronde des élus, le doute et le désinvestissement des personnels ? Sans dresser d'abord un bilan sérieux faisant appel à la compétence interne, le ministère a choisi la poursuite de l'intégration, avec la gestion commune des médecins et, de manière facultative, la piste de la fusion des instances consultatives, la possibilité de contrats pluriannuels d'objectifs et de moyens communs, le partage des budgets et des investissements... Avec le risque d'aboutir à des assistances publiques territoriales coûteuses et complexes, plutôt qu'au maillage recherché d'hôpitaux de proximité adossés aux établissements de recours, remplissant le rôle d'interface qui leur sera assigné par la loi.

Quelle coordination entre les professionnels et entre les secteurs de la santé ?

Quelles articulations entre la ville et l'hôpital et entre le médico-social et le sanitaire ? Les divers secteurs ne sont pas étanches et des coopérations nombreuses, mais pas nécessairement formalisées, existent partout, et d'abord à travers les relations directes entre médecins. Certes, cela ne suffit pas et il est utile de mieux structurer les coopérations, tout simplement pour organiser les parcours des patients. C'est prépondérant aussi pour une bonne prise en charge des résidents en Ehpad. Affiner les coordinations pose des problèmes concrets, en matière de circuits d'information, de réactivité, de partage de coûts mais aussi de rémunération des acteurs, qui nécessitent parfois des adaptations des textes, et souvent une volonté commune de réussir au service des patients. La Cour des comptes, dans son dernier rapport, estime à 20 % la part des passages aux urgences méritant d'être réorientés vers la ville (ce que l'amendement Véran à la loi de financement de la Sécurité sociale pour 2019 veut encourager par une rémunération dédiée), soit de 4 à 5 millions de consultations. Le chiffre est à comparer aux 240 millions de consultations et aux 23 millions de visites annuelles des seuls médecins généralistes [4]. La saturation des cabinets peut-elle vraiment expliquer le phénomène du recours aux urgences par des patients acceptant les attentes actuelles de plusieurs heures ? Cela reste un point noir qui ne peut être réglé seulement en interne, mais par l'action commune de tous les acteurs de santé.

Et la place du patient, dans les dispositifs ?

Selon la formule usuelle, mais éculée, le patient est « au cœur » des préoccupations, des dispositifs et des attentions, lorsqu'il n'est pas… au centre. Tous prétendent le représenter ou le défendre, qu'il s'agisse des élus, des syndicats, de l'assurance-maladie, des associations et bien sûr des professionnels. La réalité est plus complexe, et il est parfois bien seul, dans le colloque singulier ou encore dans ses rapports avec l'administration. La montée en charge d'instances de représentation, qui rassemblent des associations, souvent efficaces, plutôt que des individus (sauf peut-être dans les conseils de la vie sociale des Ehpad ou encore dans le secteur de la santé mentale), a été un progrès. Les diverses démarches de certification lui donnent aussi un certain relief, et la tendance est au renforcement de la prise en compte de l'expression des usagers. Il est trop tôt pour apprécier si cette évolution, heureuse, aura une incidence forte sur celle du système de santé.

Des personnels en butte aux contradictions

Dans ce tour d'horizon, la situation des personnels est peu enviable, même si l'on trouve des salariés épanouis et d'autres épuisés ou en souffrance. Ces derniers sont les plus nombreux, pour avoir dû absorber, en bout de chaîne, l'accroissement des contradictions du système et la pression sur la conscience professionnelle, qui est parfois le dernier levier de motivation. La souffrance est morale et physique, avec des taux élevés d'accidents du travail et de maladies professionnelles. La gestion entrepreneuriale, imposée aux établissements, a une conséquence directe sur la maîtrise de la masse salariale, c'est-à-dire l'érosion des effectifs et le ralentissement des carrières. S'ajoutant au blocage de la valeur du point d'indice dans la fonction publique, cela fait beaucoup. Les professions soignantes, et pas seulement médicales, conservent une aura méritée. Celle-ci ne se traduit pas dans les rémunérations et les discours sur l'importance de la qualité de vie au travail (QVT) n'ont que peu de suites concrètes. Le sentiment de ne pas pouvoir bien faire son travail continue donc de miner les professionnels. Les mouvements des personnels, dans les services d'urgence puis dans l'ensemble des hôpitaux, ont parfaitement illustré le malaise croissant, exprimé ensemble par les médecins et les autres soignants. Les réponses gouvernementales n'ont, à ce jour, guère répondu à la hauteur de leurs attentes, de leurs inquiétudes et de leurs revendications.

Le numérique, nouvel eldorado ?

Le développement du numérique est un axe fort de « Ma santé 2022 ». Des financements conséquents sont débloqués, prélevés sur les ressources du système, pour équiper les acteurs et diffuser son usage. La télésanté et la télémédecine sont indiscutablement des innovations et doteront le système d'une réactivité dans certaines prises en charge. Personne ne peut, pour l'instant, évaluer le retour sur investissement de ce qui nécessitera une appropriation, peu évidente, par les professionnels et les usagers. Au-delà de la prudence dans la prévision, il faut se garder de faire dépendre la solidité du système de santé des nouveaux outils du numérique.

La loi peut-elle efficacement réorganiser le système de soins ?

Au-delà des questionnements qui précèdent, et sans remettre en cause qu'il appartient à l'État de fixer le cadre général du système, les démarches législatives répétées viennent, à échéances régulières, rebattre les cartes. Avec une même logique, celle de l'intrusion croissante dans l'organisation interne des acteurs de santé. De plus, parallèlement aux « grandes » lois d'organisation, les acteurs publics multiplient les interventions. Au niveau national, l'État renforce les réglementations et les normes, la Haute Autorité de santé fixe des règles et des procédures pour cadrer les pratiques professionnelles, l'assurance-maladie impose, par la négociation ou non, ses propres modalités, qui s'ajoutent aux travaux des sociétés savantes, et au flot des données nouvelles apportées par les études relevant de l'*evidence based medicine* (EBM)...

On cède toujours à la tentation de prétendre revoir, nationalement et par le haut, non seulement le pilotage du système, mais aussi sa gestion. Les conséquences en sont une instabilité chronique du cadre institutionnel, débouchant sur des réorganisations qui ont officiellement l'objectif de l'efficience, par la conformité à la norme. La redéfinition incessante et la multiplication des normes ont un coût local conséquent. Mais les établissements et les services vivent dans l'incertitude de leurs ressources, faute d'engagement pluriannuel. Même si leur activité participe au PIB, des « économies » leur sont annuellement imposées, fondées non sur l'analyse de ce qui est matériellement possible, mais sur l'impasse à combler entre l'évolution tendancielle des charges et le niveau de l'Ondam fixé pour l'équilibre des comptes sociaux. Ils gèrent ainsi à court terme, tout en devant prévoir l'avenir. Il n'existe aucune autre structure que l'hôpital pour fonctionner en n'ayant de visibilité réelle ni sur sa production (tributaire de la disponibilité médicale), ni sur ses coûts unitaires (résultant de décisions nationales sur les salaires, les médicaments...), ni sur le prix de vente (la tarification définie par l'État) de ses prestations. Cliniques et hôpitaux sont invités à rattraper par l'accroissement en volume d'activité ce qu'ils perdent sur les tarifs, tout en limitant cette activité aux actes pertinents. Ce hiatus a atteint sa limite et les réformes de financement annoncées ne semblent pas lever la contradiction entre les deux injonctions.

Les pays comparables à la France ont des modèles divers, avec des indicateurs sanitaires équivalents en termes d'espérance de vie, d'accès aux soins et de morbi-mortalité, tout en payant souvent mieux les professionnels de santé. La maîtrise des dépenses est une nécessité commune : pour les pays qui financent le système de santé par l'impôt ou la cotisation, c'est le rôle de la loi, quand ceux qui recourent à l'assurance laissent en général plus de marge, tant à l'assureur qu'à l'assuré, au prix de plus d'inégalité. Tout en contraignant fortement les tarifs, nous avons fait le choix de reporter pour partie cet arbitrage sur l'assurance-maladie complémentaire, par exemple pour les dépassements d'honoraires. Mais si les arbitrages nationaux s'écartent durablement de la réalité économique, le système se dégrade rapidement. C'est bien ce que nous constatons aujourd'hui.

Pour un répit permis aux acteurs

Respecter les acteurs de santé passe par une certaine stabilité du modèle et des règles, laissant un répit pour organiser, en fonction de critères essentiellement locaux, les choix organisationnels et managériaux les plus adaptés pour de bonnes prises en charge. Cette stabilité, dans un environnement où tant de paramètres sont déjà changeants, ne viendrait pas à contre-courant de ce que les pouvoirs publics visent. Car ce ne sont pas les objectifs de réorientation du système qui sont inadéquats, mais la méthode utilisée pour les atteindre. Avant la loi de janvier 2016, un long temps de concertation s'était écoulé, sans que les idées émises n'alimentent toujours les rédacteurs de la loi. Pour la loi (« Ma santé 2022 ») adoptée en 2019, c'est le peu de discussions préalables qui a primé.

Il reste, dans les deux cas, regrettable que les acteurs soient si peu entendus, même s'il a été promis que la concertation serait approfondie sur les nombreuses ordonnances que prévoit la nouvelle loi.

Dans la réflexion collective, une approche par pathologie et par population, plutôt que par acteur, est souvent proposée. Les pathologies chroniques, qui concernent des millions de personnes, sont les plus coûteuses. Or des optimisations sont possibles, au prix de réorganisations. Il faut en négocier les modalités avec les professionnels et l'assurance-maladie, si l'on veut, par exemple, développer les alternatives à la dialyse en centre pour les insuffisances rénales chroniques ou revoir certains protocoles de radiothérapie. Il en va de même pour prendre en charge autrement la maladie mentale, premier poste de dépenses de l'assurance-maladie. S'agissant de la population âgée, les conclusions du rapport Libault (« 10 propositions pour passer de la gestion de la dépendance au soutien à l'autonomie ») alimenteront aussi la réflexion et devront conduire à des adaptations significatives. Objectiver les dysfonctionnements et certaines rentes de situation dans l'organisation des soins pour les corriger, sans oublier de répondre aux nombreuses carences actuelles, non ou mal traitées, ne repose pas que sur des modifications structurelles ou d'organigrammes. Cela suppose d'écouter les acteurs, de discuter avec eux avant de décider et aussi de leur faire confiance. Ce serait sans doute le meilleur moyen d'imaginer le futur, pour rendre possible ce que tous peuvent trouver souhaitable.

RÉFÉRENCES

[1] Haut Conseil pour l'avenir de l'assurance-maladie (HCAAM), *Contribution à la transformation du système de santé*, 2018 (https://www.strategie.gouv.fr/publications/contribution-transformation-systeme-de-sante).

[2] Créées par la loi de 2016, elles regroupent, sur la base du volontariat, divers acteurs de santé afin de mieux coordonner les prises en charge sur la base de projets territoriaux.

[3] La part des urgences hospitalières est estimée à 13 milliards d'euros, soit 17 % de l'Ondam hospitalier, par la Cour des comptes (chiffres 2016). La réduction des passages sera un important enjeu financier pour l'hôpital.

[4] Données assurance-maladie 2016.

16

Les urgences, au carrefour des deux crises

André Grimaldi

L'engorgement des urgences est le symptôme de la double crise du système de santé, crise de la médecine de ville et crise de l'hôpital.

Carence de la ville

Près de la moitié des personnes qui vont aux urgences relèvent de soins qui pourraient être pratiqués en ville. Mais, pour des raisons tenant à l'histoire de la vieille médecine libérale d'antan attachée à l'exercice isolé en cabinet et au paiement à l'acte, nous n'avons pas construit un service de la santé de proximité avec des professionnels, médecins et paramédicaux, travaillant en équipe. Il y a seulement vingt ans le Conseil national de l'ordre des médecins considérait le travail en équipe pluriprofessionnelle comme suspect de « compérage », c'est-à-dire de la multiplication de consultations inutiles en échange d'une entente financière entre professionnels. Les maisons de santé pluriprofessionnelles et les centres de santé sont une réponse à ce besoin ancien, rendu impératif par l'augmentation épidémique des maladies chroniques et le déficit programmé de médecins généralistes. On ne peut pratiquement pas organiser des consultations sans rendez-vous si on travaille seul. Il faut au moins deux médecins pour répartir les patients selon leur état de santé et si possible un infirmier. Le plan « Ma santé 2022 » de la ministre vise à accélérer ce mouvement. Mais les résultats attendus sont lointains et incertains d'autant que les moyens financiers mobilisés sont à ce jour très limités.

Crise de l'hôpital

À cette crise d'adaptation de la médecine de ville s'ajoute la crise de l'hôpital traité depuis plus de dix ans comme une entreprise commerciale sommée d'augmenter son activité et de « travailler à flux tendu » pour pouvoir être rentable. En même temps, pour contenir l'enveloppe budgétaire, toute augmentation d'activité hospitalière entraîne automatiquement une baisse des tarifs de financement par la Sécurité sociale. En dix ans, les tarifs hospitaliers ont baissé de 7 % ! En 2019, la ministre s'est vantée d'une « première historique depuis dix ans » : une hausse des tarifs de 0,5 %. Elle oublie de dire que l'année précédente, le gouvernement avait déjà réalisé une première historique : la baisse des tarifs de 0,5 % alors même que l'activité des hôpitaux était restée stable. Ainsi l'hôpital est très fortement régulé par l'État alors que la médecine de ville est gérée par des accords conventionnels entre la Sécurité sociale et les syndicats de médecins libéraux.

Les dogmes poursuivis avec constance depuis quinze ans à l'hôpital public sont : la diminution des lits (plus de 15 % de lits supprimés en quinze ans, soit 70 000 lits, malgré l'augmentation de la population et son vieillissement), la diminution des durées de séjour quitte à faire revenir les patients, l'occupation maximale des lits si bien que le premier problème des urgences est devenu le manque de lits d'aval pour coucher les 30 % des patients arrivés aux urgences nécessitant impérativement une hospitalisation. Ainsi sont réapparus les brancards où les patients doivent être soignés aux urgences pendant des heures, voire parfois plusieurs jours faute de lits libres dans les services spécialisés occupés par les soins programmés. Il arrive que pour faire face à l'engorgement des urgences, il faille déprogrammer des hospitalisations en annulant les rendez-vous pris. Les spécialistes du management qui depuis la loi HPST dirigent les hôpitaux, souhaitant passer selon leur expression d'une « gestion des stocks » à une « gestion des flux », participent ainsi activement à la désorganisation généralisée, aggravée par les mutualisations de personnels et les horaires variables entravant le travail d'équipe. Le taux de patients restant des heures sur des brancards aux urgences est un symptôme de la gravité de la crise hospitalière généralisée. Plusieurs études montrent que le séjour prolongé sur un brancard est une cause directe d'augmentation de la mortalité intrahospitalière.

De la compassion à l'action !

La situation va s'aggraver car si la réforme de l'ex-ministre porte les fruits annoncés, ce sera au mieux dans cinq ans ou plutôt dix ans. D'ici là, la crise des hôpitaux va s'intensifier et on va assister à la fermeture de services d'urgences importants ou à la limitation drastique de leurs activités en se déchargeant des activités les plus lourdes (les polytraumatisés) sur quelques centres déjà à bout de souffle.

L'heure n'est plus aux déclarations compassionnelles. On ne peut pas dénoncer l'usage abusif des arrêts de maladie quand c'est le seul moyen qu'on laisse aux professionnels à bout pour éviter le pire. On ne peut pas dire que la situation devient « insupportable » et en appeler à l'éthique professionnelle du sacrifice sans fin. Ce jeu est dangereux, et pour les patients et pour les soignants.

L'heure est à l'action. Il faut :

1. Demander aux patients de téléphoner systématiquement à un numéro unique (comme le 15) assurant un service de conseil médical et de guidage dans le système de santé du territoire concerné avant de se rendre aux urgences hospitalières.

2. Accroître les capacités d'accueil des unités de médecine polyvalente, de médecine interne, en aval des urgences. Contrairement au dogme actuel, ces unités doivent en permanence avoir des lits disponibles pour accueillir les patients admis aux urgences. On ne paie pas seulement les pompiers quand il y a le feu !

3. Augmenter les unités et centres de soins de suite pour accueillir les personnes qui, après la fin des soins aigus, nécessitent encore des soins mais ne peuvent pas rentrer directement au domicile. Cela correspond chaque jour à l'AP-HP à plusieurs centaines de patients. Cette libération de lits dans les services spécialisés permettrait de recevoir directement sans passer par le service des urgences les patients relevant de la prise en charge correspondante.

4. Développer dès maintenant aux urgences, mais aussi dans les autres services hospitaliers spécialisés, les délégations de tâches médicales aux infirmiers cliniciens reconnus sur la base de l'expérience professionnelle, alors qu'aujourd'hui il faut franchir de multiples obstacles administratifs demandant deux à trois ans. Et sans attendre les promotions d'infirmiers de pratique avancée (IPA) promises pour les années à venir.

5. Assurer un accueil direct dans les services spécialisés sans passer par les urgences, des patients suivis régulièrement dans ces services pour leur pathologie. Encore faut-il que tous les lits de ces services ne soient pas occupés.

6. Développer les unités de gériatrie aiguë postopératoire permettant d'assurer la réadaptation postopératoire personnalisée des personnes très âgées fragiles permettant un retour rapide au domicile ou en Ehpad alors qu'elles sont aujourd'hui victimes de séjours hospitaliers prolongés.

7. Revaloriser significativement le salaire des paramédicaux, infirmiers, aides-soignants, secrétaires. Le salaire brut des infirmiers débutants est de 1 600 euros, ce qui nous place en 28e position des pays de l'OCDE. Assurer à travail égal et compétence égale un salaire comparable entre médecins hospitaliers et médecins

libéraux, condition nécessaire au maintien de l'attractivité de l'hôpital public.

Il n'y aura pas de réforme structurelle du système de santé sans moyens financiers conséquents. Le plan « Ma santé 2022 » n'est pas financé. Quant au plan urgences doté de 750 millions d'euros, il s'agit d'un redéploiement de sommes déjà programmées et pour l'essentiel il est destiné à l'amont et non à l'aval, c'est-à-dire à la ville et non à l'hôpital. Les malades vont rester des heures sur des brancards. Les bonnes paroles ne suffisent plus. L'ancienne ministre prétendait vouloir « sauver l'hôpital », mais en réalité elle s'était résignée, sous la pression de Bercy, à la destruction de pans entiers du service public hospitalier ? Elle avait promis l'inversion de la courbe du nombre de passages aux urgences avant la fin du quinquennat. Une promesse d'inversion de la courbe qui en rappelait une autre.

17

Le plan du gouvernement pour l'hôpital : rallonge budgétaire ou plan com' ?

André Grimaldi

En novembre 2019, suite à la mobilisation historique de l'ensemble des professionnels hospitaliers contre un budget de la Sécu imposant, pour 2020, 800 millions d'économies supplémentaires aux hôpitaux, le gouvernement a élaboré dans la précipitation un plan pour l'hôpital alors même que l'objectif national des dépenses d'assurance-maladie (Ondam) avait déjà été voté par l'Assemblée nationale.

Le 20 novembre, l'ancienne ministre de la Santé et le Premier ministre ont présenté solennellement ce plan. Et pour donner l'impression d'un effort très important, malgré des mesures très limitées, ils ont multiplié habiletés et demi-vérités-demi-mensonges.

Les tours de passe-passe

1. L'annonce de petites primes. Ainsi, les infirmiers et aides-soignants toucheront « une prime de 800 euros par an », ce qui correspond à 66 euros par mois (moins qu'un passe Navigo) mais si, et seulement si, ils travaillent à Paris ou dans certains départements de l'Île-de-France – et si, et seulement si, ils gagnent moins de 1 900 euros par mois… De même, ont été annoncées une petite prime individualisée au mérite et une prime plus importante de

100 euros par mois pour les aides-soignants travaillant auprès des personnes âgées et ayant validé un diplôme de gériatrie.

2. L'État va reprendre 10 milliards des 30 milliards de dette des hôpitaux. Dit comme cela, 10 milliards, cela fait gros. En réalité, la diminution du service de la dette se traduirait par environ 100 millions par an (à vrai dire personne à ce jour n'est capable de donner un chiffre fiable) à répartir entre les hôpitaux. Selon quels critères ? On ne le sait pas. Et en tout cas, on sait que cela sera en échange d'un « plan de rigueur », restant à préciser. Pas un mot sur l'origine de cette dette due à l'État ayant décidé de transformer les hôpitaux en entreprise commerciale empruntant sur les marchés financiers. Et quand la crise financière de 2008 a éclaté, l'État a sauvé les banques, mais pas les hôpitaux...

3. « Nous allons augmenter le budget des hôpitaux de 1,5 milliard sur les trois ans à venir. » Tout un chacun comprend qu'on va augmenter le budget chaque année de 500 millions. Pas du tout ! Il s'agit d'un calcul cumulatif de 300 millions en 2020, 200 millions en 2021 et encore 200 millions en 2022. L'augmentation annoncée de 300 millions pour 2020 est également comptée en 2021 et en 2022, soit en tout 900 millions, et les 200 promis pour 2021 sont également comptés pour 2022, soit 400 millions, 900 et 400 font 1 300 auxquels vous ajoutez les 200 millions de 2022, et vous voilà à 1,5 milliard. Un chiffre impressionnant permettant de dire à l'éditorialiste économique Dominique Seux sur *La Matinale* de France Inter : « Le tout correspond à une augmentation du budget de l'hôpital de 4 %, justement ce que demandent les collectifs hospitaliers. » Remarquons que la somme serait encore plus impressionnante si on faisait le total sur cinq ans. Avec ce mode de calcul, 200 millions en plus par an sur cinq ans ne feraient pas 1 milliard mais 3 milliards. C'est un peu comme si chaque Noël on remettait sous le sapin les cadeaux de toutes les années précédentes. Et vous osez vous plaindre !

Bien sûr, les mêmes ne calculent pas selon cette méthode « cumulative » le taux de l'inflation, l'augmentation du coût des médicaments et des dispositifs médicaux, le coût de l'entretien de la logistique et des bâtiments, l'augmentation de la masse salariale, etc.

Fausses vérités

Et après les tours de passe-passe, voici les fausses vérités :

1. Ce ne sera pas 300 millions en plus pour le budget 2020 des hôpitaux mais seulement 200 millions, l'Assemblée ayant voté que 100 millions iraient aux Ehpad publiques qui en ont bien besoin.

2. L'ancienne ministre de la Santé, qui aime rappeler qu'elle est une scientifique rigoureuse, ose dire : « Nous allons augmenter les tarifs de paiement des hôpitaux par la Sécurité sociale (T2A). » Et elle ajoute : « C'est une première historique. »

Cette augmentation de 0,2 % pour 2020 est en réalité seulement le résultat de l'application automatique de l'équation volume × prix = constante, qui fait que quand l'activité augmente les tarifs baissent et qu'à l'inverse, lorsque l'activité diminue, comme cela est le cas aujourd'hui faute de personnels, les tarifs augmentent. En vérité, la grande première historique a été réalisée par la ministre de la Santé en 2018 lorsque les tarifs ont été baissés de 0,5 % alors que l'activité avait diminué pour la deuxième année consécutive. Il faut cependant être honnête et reconnaître que ce n'était pas la ministre de la Santé qui décidait mais le ministre du Budget, elle assurait seulement le service après-vente. Elle fut une médecin scientifique. Elle vise désormais une carrière politique.

18

T2A et coronavirus

Anne Gervais, André Grimaldi

Épidémie, plan blanc, mobilisation générale, l'événement infectieux 2020 bouleverse tout, y compris le fonctionnement de l'hôpital alors que nous ne sommes encore qu'au début de l'épidémie. Fort heureusement, l'hôpital public est là, c'est sa mission de répondre à la nécessité sanitaire. Rappel des personnels en vacances, déprogrammation des interventions et hospitalisations programmées, libération de lits en maladies infectieuses, pneumologie et médecine interne, augmentation du nombre de lits en réanimation, tout est fait pour faire face au mieux.

La santé publique montre l'ineptie du concept de « l'hôpital de flux », celui où pas un lit ne doit être libre car c'est du « manque à gagner » à l'ère de la T2A. Dans l'hôpital de flux, le malade doit s'écouler, avec un parcours fluide, rien ne doit faire obstacle à la plomberie du soin. Et patatras ! La vision en tuyau ne répond pas à la crise sanitaire.

Cette crise sanitaire qui percute l'hôpital – entreprise déjà en souffrance depuis plusieurs années – devrait conduire à un moratoire immédiat du financement de l'hôpital public par la tarification à l'activité.

Il faut en effet disposer d'une structure hospitalière publique assumant d'avoir, en permanence, des lits disponibles. La crise du coronavirus met en exergue cette nécessité d'isoler des patients infectés, de surveiller les cas peu sévères mais à risque de s'aggraver et de prendre en charge les formes graves. Mais c'est tout au cours de l'année qu'il faut disposer d'une marge d'activité et de lits disponibles pour accueillir les enfants atteints de bronchiolite, les personnes âgées atteintes de la grippe saisonnière et les urgences en général.

Et comment continuer à évaluer l'activité de soins pour la transformer en financement alors que tous les hôpitaux s'organisent, devant l'évolution imprévisible de la situation, pour faire face à un afflux potentiel de patients graves ? C'est combien le tarif d'un séjour pour coronavirus ? Et c'est combien le non-séjour dans cette aile vide qui attend le malade ? Et c'est combien la déprogrammation des patients qui auraient dû avoir leur intervention et qui ne pourront pas être hospitalisés car le légitime plan blanc vient percuter le flux dans la plomberie ?

Doit-on imaginer que les hôpitaux qui sont en première ligne pour la prise en charge du coronavirus seront pénalisés financièrement ? Que les hôpitaux qui vont garder des lits vides en prévision d'un afflux éventuel de patients seront sanctionnés pour cette baisse d'activité ?

Cette crise sanitaire démontre, s'il était besoin, l'aberration du financement actuel de l'hôpital majoritairement par la T2A, de la volonté d'avoir des taux d'occupation des lits proches de 100 %, et de mélanger la filière des urgences et les soins programmés. Le coronavirus aura donc le mérite de rappeler des évidences : on ne paie pas des pompiers simplement pour qu'ils aillent aux feux, on les souhaite présents et prêts dans leur caserne.

On peut d'ores et déjà tirer des enseignements de l'épidémie : il faut financer les hôpitaux indépendamment des séjours des patients notamment en médecine. Le candidat Emmanuel Macron avait promis la fin du financement de l'hôpital par la tarification à l'activité mais rien ou presque n'a été fait depuis trois ans

Le gouvernement devrait annoncer un moratoire immédiat sur l'utilisation de la T2A pour financer l'hôpital public et il devrait proposer à l'Assemblée le vote d'un rectificatif budgétaire pour financer l'hôpital en fonction de ses besoins.

CINQUIÈME PARTIE

Quel rôle pour les « patients experts » et les associations de patients ?

Repenser le contenu et l'articulation des différents acteurs du système de soins – tâche en elle-même déjà immense puisqu'elle va de la formation jusqu'à l'organisation du travail quotidien – ne suffira toutefois pas à résoudre toutes les questions que posent à la fois l'accroissement des demandes de consultations en urgence et le défi des maladies chroniques. En effet, tant que le système de soins avait à guérir des maladies aiguës bénignes ou graves, la médecine clinique, alliée à la recherche en laboratoire, appelait essentiellement des patients « passifs », convaincus, comme les décideurs politiques d'ailleurs, que les avancées de la recherche biomédicale promettaient de faire reculer la mort selon la logique d'un progrès aussi linéaire qu'inéluctable. Le sida et, plus largement, le retour des maladies transmissibles ont fait table rase de ces promesses exagérées. Surtout, les patients atteints de maladies chroniques ne se contentent plus d'être les objets des interventions des professionnels du soin. Par définition, ces malades doivent apprendre à « gérer » au quotidien leur maladie. Ils sont en contact fréquent et régulier avec la médecine, qui perd au passage de son aura mystérieuse. Ils demandent que leur point de vue soit pris en compte et veulent participer aux décisions qui les concernent. Ils doivent aussi articuler les impératifs médicaux avec les contraintes de leur vie professionnelle et familiale.

Il en résulte que les malades chroniques ont éprouvé, puis revendiqué, une « compétence », un savoir et un savoir-faire spécifiques sur leur maladie. Ils exigent de ce fait une relation thérapeutique plus horizontale et « démocratique ». Cette exigence a pu aller jusqu'à constituer le « pouvoir des patients » en véritable contre-pouvoir du pouvoir médical, voire, dans le pire des cas, en « pouvoir des consommateurs » face au « pouvoir des offreurs de soins », selon une logique consumériste où chacun ferait ses choix sur le marché de la santé. Cet ouvrage va maintenant aborder le rôle des patients et de leurs associations dans le système de santé, l'une des dimensions du changement de paradigme que doit relever notre système de santé. La « démocratie sanitaire » est la notion autour de laquelle tournent de nombreux débats relatifs à l'agencement des pouvoirs en santé. Si l'on se refuse à se limiter aux slogans, la « démocratie sanitaire » est une notion beaucoup moins consensuelle qu'il n'y paraît. C'est à la clarification de ce débat que se consacre la prochaine partie.

19

Le « patient expert » : quelle expertise ? quels rôles ?

Ariane Pommery

Avant de devenir patient expert, j'ai connu les affres de la dépendance à l'alcool. Lors de mon hospitalisation à l'hôpital Bichat pour un sevrage, j'ai accepté de signer un contrat de soins dans lequel je m'engageais, en contrepartie des soins qui allaient m'être prodigués, à recevoir des patients experts dans ma chambre et à assister aux groupes de parole. Juriste de formation, je précise que mes obligations dans ce « contrat de soins » n'étaient qu'incitatives et que j'aurais été tout aussi bien soignée si j'avais refusé ! Ces obligations font partie des soins au même titre qu'un traitement, mais beaucoup d'entre nous, sans ces incitations, se privent de ces rencontres. Je voulais bien – avec difficulté – admettre que j'étais alcoolodépendante, mais je n'avais aucune envie de rencontrer des alcooliques tels que je me les imaginais. J'étais encore sous le joug des représentations si bien décrites dans le livre, que j'ai découvert plus tard, *Les Représentations de l'alcoolique* [1].

L'importance du groupe de parole

Avant que je ne fasse la connaissance de ces patients experts, alors nommés « aidants [2] », le personnel soignant avait tellement porté et valorisé en amont les bénéfices de ces rencontres que, même si je ne comprenais pas en quoi ces personnes pouvaient m'aider à me rebeller contre la tyrannie de ma dépendance, j'étais disposée à les accueillir.

Leur visite dans ma chambre m'a apporté cet espoir que j'avais perdu depuis si longtemps. La vie et la gaieté qui émanaient d'eux m'ont montré qu'il était possible de vivre heureux sans alcool. À ce moment précis, j'ai vécu intimement l'identification, ce sentiment que je pourrais ressembler à ces personnes qui allaient si bien. C'est également à partir de cette visite que j'ai accepté de participer au groupe de parole.

Dans ces groupes sont systématiquement présents des médecins, des psychologues, les patients experts, les personnes hospitalisées pour une addiction, les personnes en début d'arrêt d'alcool, les personnes qui ont le désir d'arrêter de boire, les personnes abstinentes dont la durée de sobriété va de quelques jours à des années et tous les soignants en formation qui le souhaitent (étudiants en médecine, médecins généralistes, infirmiers, travailleurs sociaux, etc.).

L'organisation des groupes de parole est très structurée. Au début de chaque réunion, le psychologue ou le médecin rappelle les règles de fonctionnement. C'est un espace-temps qui s'ouvre et se ferme, une manière aussi de fixer un cadre aux alcoolodépendants qui n'ont de cesse de dépasser les limites. Assister à ce groupe de parole, où les participants témoignaient librement de cette part cachée et honteuse que j'avais toujours tue, a marqué une étape importante dans mon cheminement. J'ai découvert la bienveillance des thérapeutes, qui se présentaient en sujets apprenants de nos interventions, et la puissance du témoignage des patients experts empreint d'authenticité et de savoir-être. J'y ai assisté avec beaucoup d'assiduité.

Peu à peu, les soignants ont pu mesurer mon évolution et la manière dont je transformais ma maladie en vécu expérientiel. Je me décentrais. Mes interventions, m'ont-ils fait remarquer, visaient autant à illustrer des propos dans le but d'aider les autres qu'à me raconter. Ils m'ont alors suggéré de passer un diplôme universitaire d'alcoologie à l'université Paris-V qui me permettrait d'obtenir une validation universitaire. Si cet enseignement m'a beaucoup appris sur l'aspect médical de la maladie, il ne m'a pas formée à l'intervention spécifique auprès de patients en début de parcours.

Formation et rôle des patients experts en addictologie

À la suite de ce constat, et afin de toucher un plus grand nombre de personnes, nous avons décidé de coconstruire avec les soignants une formation de patient expert. Nous avons mis au point ensemble une grille de recrutement et un programme de formation par le centre de formation continue de l'AP-HP de Picpus. Cette formation est à la fois théorique (trois modules de deux jours) et pratique (stages à l'hôpital et supervision). Les patients experts interviennent en tant que formateurs dans les modules théoriques ainsi qu'à l'hôpital où ils sont tuteurs de stage. Nous avons également créé l'Association des patients experts en addictologie (APEA) afin d'avoir une personnalité juridique pour signer des conventions avec les sites hospitaliers dans lesquels nous intervenons et de souscrire une assurance responsabilité civile. Cette association est totalement intégrée au parcours de soins des personnes alcoolodépendantes et aux équipes soignantes. Et ce partenariat soignant/patient expert est d'une très grande richesse par de nombreux aspects. Enfin, l'association facilite les échanges entre patients experts, et encadre leurs projets en dehors de l'hôpital.

L'intégration des patients experts dans l'équipe soignante est aujourd'hui précisée par une fiche mission, élaborée avec les soignants, qui permet à la fois d'organiser nos interventions dans le service et de rassurer le personnel hospitalier sur la complémentarité de nos missions. L'accompagnement des patients s'inscrit dans toute la durée du parcours de soins : cela débute souvent en amont de l'hospitalisation pour se poursuivre après la sortie.

Certains médecins intra- et extrahospitaliers demandent à leurs patients de nous rencontrer avant toute hospitalisation et ces rencontres individuelles puis collectives, dans le cadre du groupe de parole, permettent bien souvent de lever leurs réticences à une hospitalisation. Découvrir que nous avons connu les mêmes craintes, représentations et doutes crée spontanément une alliance. Auprès de nous, ils peuvent poser toutes les questions qu'ils n'osent aborder avec leur médecin sur le déroulement du séjour, les affaires qu'ils doivent emporter avec eux. L'hospitalisation en addictologie a lieu dans une unité psychiatrique et, pour des raisons de sécurité, les patients ne doivent pas avoir dans leur chambre d'objet qui puisse être dangereux comme des ciseaux, un rasoir ou encore un cordon de recharge de téléphone. Le matériel est disponible au poste de soins où ils peuvent recharger leur téléphone et récupérer momentanément leurs affaires pour leur toilette. L'explication préalable, par exemple, de la nécessité d'une fouille des affaires personnelles lors de l'admission prépare le patient à vivre plus sereinement ce moment. Nous sommes dans une posture d'intermédiaires, de traducteurs, parce que nous pratiquons le « bilinguisme », ce vecteur de compréhension mutuelle qui favorise la compréhension et le dialogue entre patients et les équipes soignantes.

Pendant l'hospitalisation, les visites en chambre ont lieu une fois par semaine. Avant de commencer, nous avons un temps d'échange avec les soignants au cours duquel nous nous arrêtons un instant sur toutes les personnes que nous allons rencontrer. En fonction du sexe, de l'âge, de la situation familiale, de la dépendance ou encore des comorbidités, nous déterminons qui va rencontrer tel ou tel patient et si nous y allons seul ou à deux. Les objectifs varient selon les personnes : donner de l'espoir, faire comprendre la nécessité d'un suivi posthospitalisation, donner la possibilité de déposer sa détresse, expliquer la dépendance avec notre langage, créer du lien… L'essentiel est de rejoindre le patient là où il en est de son parcours et de s'adapter à lui sans jamais lui imposer telle ou telle solution (cette première réunion permet aussi de faire le point sur les patients vus la semaine précédente et sur leur évolution).

Ces rencontres avec les patients donnent naissance à une identification réciproque, concept issu du modèle des médiateurs de santé pairs (MSP) [3] développé en santé mentale. L'identification que peut vivre le patient, décrite précédemment, devient réciproque, dans la mesure où je me souviens de ce que j'ai été. C'est aussi en cela que je peux être authentique. Je m'appuie sur mon vécu personnel pour illustrer notamment la nécessité des soins addictologiques et faire comprendre l'importance de leur poursuite à la sortie de l'hôpital. À l'issue de cette prise de contact, nous invitons les patients à nous retrouver au groupe de parole, invitation qui vient prolonger le travail de préparation des soignants et qui est bien souvent acceptée.

Dans ces groupes, les patients sont libres de s'exprimer ou non. Ils se retrouvent dans les témoignages des autres participants et découvrent une horizontalité où tous, soignants, patients experts et patients ont à apprendre les uns des autres. Les bienfaits ressentis sont tels que la plupart reviennent spontanément une fois sortis de l'hôpital. Il est intéressant de s'arrêter sur la question de la « contrainte » que peut représenter, au début, l'invitation imposée à se joindre à un groupe de parole. Ainsi que je l'ai expliqué, sans elle je n'aurais pas franchi le pas. Nous sommes nombreux à témoigner du bénéfice de cette « contrainte » externe qui vient s'opposer à la contrainte interne qui nous empêche. Elle participe également du cadre qui nous apprend à respecter des limites.

Enfin, l'accompagnement se poursuit après l'hospitalisation. Les patients experts restent en contact avec les patients par le biais d'appels téléphoniques, de SMS, de rencontres. Les patients experts donnent leur numéro de téléphone et initient le premier contact par un SMS car ils savent d'expérience la difficulté à demander de l'aide. Ils le font dès que le patient sort de l'hôpital, à un moment où ils savent qu'il va bien, afin qu'il ose les solliciter quand le besoin s'en fera sentir. C'est une proposition d'accompagnement que les patients restent libres d'accepter ou de refuser. Laisser le choix de cette aide leur permet de s'approprier leur prise en charge et place bien les patients experts dans un rôle de soutien à leur autonomisation, de « tuteurs de résilience », comme le dit André Grimaldi.

Nous demandons aux patients qui désirent faire appel à nous de nous contacter d'abord par SMS. Nous leur répondons systématiquement et fixons un rendez-vous téléphonique s'ils le souhaitent, mais, à nouveau, poser ce cadre permet d'apporter une réponse différée, non immédiate, ce qui rompt avec le mode de fonctionnement des personnes alcoolodépendantes. En effet, les personnes « addictes » répondent instantanément à une émotion par la consommation de produit. Cette procédure leur apprend à accepter un délai entre une demande et une réponse. Écrire un message a une autre vertu thérapeutique. Le temps de concentration nécessaire à la rédaction, même court, repousse l'envie de boire quand celle-ci se fait sentir. Les SMS ont enfin l'avantage d'assurer une présence discrète, un soutien sans être intrusif. Ils sont un encouragement à continuer, une preuve que la personne n'est pas seule sur son chemin, une main tendue invisible mais réelle. Nous avons pu mesurer au cours des dernières journées de la Société française d'alcoologie (SFA) la place sans cesse croissante des nouvelles technologies dans l'arsenal thérapeutique.

Les patients experts représentent donc un relais précieux pour les patients sortis de l'hôpital, lorsqu'ils ressentent des envies de consommer à nouveau. Ils aident à recréer du lien social. Cette activité d'ouverture sur la ville qui permet aux patients de rester en lien avec leurs soins par le biais des patients experts a été récompensée par le Trophée patient AP-HP obtenu par l'APEA en mai 2018.

Autres interventions du patient expert

Au-delà de ces missions cliniques, bénévoles, directement auprès des patients, les patients experts peuvent intervenir à d'autres niveaux : l'organisation des soins, la formation et la recherche, comme le décrit le modèle de Montréal [4].

Pour commencer, les patients experts partagent avec les soignants le savoir qui leur est propre, celui qu'ils retirent de leur expérience, lors des réunions de transmission et des réunions institutionnelles.

Ils participent à l'organisation des soins lorsqu'ils sont consultés sur des éléments du contrat de soins ou par exemple sur la mise en place d'une nouvelle journée d'hôpital de jour. Ils participent à la formation des externes en stage pendant six semaines dans le service. Par le biais de jeux de rôle et de mises en situation, ils contribuent à les sensibiliser à la problématique addictive et à leur apprendre à aborder cette difficile question de la dépendance.

Plus largement, nous avons partagé avec les soignants le triste constat d'un très grand retard à la prise en charge des patients qui arrivent à l'hôpital. Ils auraient gagné beaucoup de temps, des années, si la question de leur addiction avait été abordée en amont. Nous avons ainsi été requis pour coanimer des formations auprès de médecins généralistes, les premiers à pouvoir aider à condition d'oser les premiers mots. Et pour intervenir de manière encore plus précoce, nous participons à l'enseignement des étudiants en médecine et en soins infirmiers. Cette initiative de coformation des étudiants en médecine par des patients experts vient d'être récompensée (15 mars 2019) par le prix Veyssière décerné par la SFA. Dans sa thèse de médecine, le Dr Obadia montre que, trois mois, puis six mois après le cours, les étudiants se souviennent davantage des illustrations des critères du « trouble de l'usage de l'alcool » partagées par les patients experts que des supports présentés par les cliniciens [5]. Je le souligne parce que nous avons fait le choix de quitter le « simple » témoignage individuel pour apprendre à illustrer ces critères et apporter ainsi un éclairage complémentaire aux apports théoriques. Nous participons également à la formation des intervenants de proximité : les médecins du travail, les magistrats, les travailleurs sociaux et tout public en lien avec des personnes touchées par la dépendance afin de les aider à aborder cette problématique.

Enfin, certains d'entre nous sont directement impliqués dans des projets de recherche, comme le programme hospitalier de recherche infirmière et paramédicale (PHRIP), en cours d'élaboration, au sujet de l'intervention des patients experts dans le parcours de soins en addictologie.

D'autres participent à des activités de représentation auprès des instances officielles, par exemple, les groupes de travail de la Haute Autorité de santé (HAS). Pour ma part, écrire sur le sujet du patient expert [6] dans des ouvrages collectifs a non seulement nourri ma fierté, mais m'a également permis de poursuivre ma réflexion auprès des différents intervenants. En fonction de nos personnalités, nous exerçons une ou plusieurs de ces activités. Et ce dernier point est essentiel, car le modèle des patients experts n'impose en aucun cas de toutes les exercer. De même que notre accompagnement se fait sur mesure, les missions qu'exerce un patient expert doivent être adaptées à sa personnalité, à ses appétences, à ses compétences et à sa disponibilité. C'est lui qui choisit l'activité ou les activités qui résonnent positivement en lui. Et la supervision régulière lui assure une tranquillité entre ses aspirations et ses missions.

L'importance de la supervision

De cette expérience locale est né un véritable dispositif que nous espérons pouvoir étendre à d'autres services d'addictologie. Des expériences diverses se développent en addictologie et dans d'autres domaines. Dans cette perspective, je souhaite conclure en soulignant quelques conditions fondamentales à de tels dispositifs. En effet, l'addiction est une maladie du lien qui se soigne par le lien mais il est impératif que ce lien soit sécure et, pour cela, certains points sont incontournables.

D'une part, la supervision régulière des patients experts par un soignant est impérative pour assurer leur stabilité émotionnelle. Certaines rencontres peuvent en effet ébranler le patient expert qui est avant tout un patient. Cette supervision régulière l'aide à ajuster son intervention, à exprimer ses émotions et le soutient dans ses missions. Elle garantit la sécurité du patient en même temps qu'elle rassure les soignants.

D'autre part, le patient expert est un partenaire de soins mais il n'est *pas un soignant*. Cette confusion serait très dommageable et mettrait en péril le modèle. En effet, un patient expert qui outrepasserait sa mission déstabiliserait l'ensemble du système qui repose sur la complémentarité et le partenariat. L'expérimentation des médiateurs de santé pairs (MSP) a rencontré à ses débuts la forte opposition. Les MSP étaient considérés comme des professionnels ayant une maladie mentale estimée en rémission, ayant un niveau d'étude bac + 2, et surtout ayant suivi une formation diplômante, théorique et pratique, leur permettant d'aider les patients dans leurs démarches administratives pour accéder à leurs droits sociaux, leur apporter un soutien relationnel et participer avec les équipes soignantes à l'éducation thérapeutique. Ils étaient rémunérés sur la base du Smic. Des syndicats infirmiers ont initialement réclamé au ministère de la Santé l'arrêt complet de l'expérimentation. Ceux-ci craignaient notamment que de tels intervenants non diplômés mettent à mal le métier de soignant. Il est clair que les équipes n'étaient pas suffisamment informées sur le rôle des MSP qui allaient être complémentaires sans pour autant être des soignants. L'information et la formation des soignants sont essentielles, car ce sont eux qui portent en amont tout le projet et c'est parce qu'ils le valorisent auprès de leurs équipes et de leurs patients que le patient expert pourra s'intégrer et coconstruire le projet de soins.

La formation du patient expert est bien sûr incontournable et si un enseignement théorique par le biais d'un Mooc (*massive open online course*) ou toute autre approche exclusivement théorique y compris celle du diplôme universitaire (DU) d'alcoologie peut être un des éléments de cette formation, il ne saurait être suffisant. Il serait même, au regard de notre expérience de plusieurs années, dangereux de permettre à des patients de se proclamer patients experts avec ce seul enseignement, dangereux aussi bien pour eux-mêmes que pour les patients accompagnés. Seule la formation pratique par le biais de stages présentiels à l'hôpital apprend à mettre de la distance tout en étant proche des patients et offre l'opportunité de faire une relecture immédiate et différée de chaque rencontre *via* la supervision. Cet équilibre subtil entre proximité et distance doit être vécu, encadré et surtout supervisé car il résonne différemment en chacun de nous. C'est sur lui que repose la pertinence pratique du patient expert en addictologie. Rien ne pourra remplacer cette expérience qui nous enseigne le savoir-être le plus ajusté possible.

Qu'en est-il de la sortie du dispositif du patient expert ? Si un patient expert veut interrompre ses missions, il est évident qu'il peut le faire en toute simplicité car la durée de cet engagement bénévole est soumise à son entière et libre appréciation. La question de la rémunération est très souvent posée. Nous avons fait le choix d'effectuer bénévolement nos activités cliniques. Nous savons que les patients ont perdu toute estime d'eux-mêmes, aussi venir gratuitement passer du temps avec eux donne encore plus de prix à la rencontre. En revanche, nous demandons une rémunération en contrepartie des activités d'enseignement.

Ce partenariat innovant, en plus de rompre avec l'approche paternaliste en reconnaissant le savoir expérientiel du patient, permet d'atténuer considérablement le poids de toutes les représentations liées à cette pathologie particulière qu'est l'addiction auprès des patients mais également auprès des professionnels de santé.

RÉFÉRENCES

[1] H. Gomez, M. Claudon, G. Ostermann, *Les Représentations de l'alcoolique. Images et préjugés*, Toulouse, Érès, 2015.

[2] M. Lejoyeux, *Du plaisir à la dépendance. Nouvelles addictions, nouvelles thérapies*, Paris, La Martinière, 2007, p. 125.

[3] J.-L. Roelandt *et al.*, *Programme médiateurs de santé/pairs. Rapport final de l'expérimentation 2010-2014*, Lille, CCOMS, EPSM Lille Métropole, 2015.

[4] M.-P. Pomey *et al.*, « Le "Montreal model" : enjeux du partenariat relationnel entre patients et professionnels de la santé », *Santé publique*, 2015, S1, p. 41-50 ; L. Flora, A. Berkesse, A. Payot, V. Dumez, P. Karazivan, « L'application d'un modèle intégré de partenariat-patient dans la formation des professionnels de la santé : vers un nouveau paradigme humaniste et éthique de coconstruction des savoirs en santé », *J. Int. Bioéthique éthique Sci.*, 2016, 27 (1), p. 59-75.

[5] C. Obadia, *Impact des patients experts en addictologie auprès des étudiants en médecine. Une étude qualitative*, DES de médecine générale, université Paris-Diderot-Paris-VII, thèse soutenue le 9 octobre 2018.

[6] A. Pommery, « Place et rôle du patient expert en alcoologie », *in* M. Lejoyeux (dir.), *Traité d'addictologie*, Paris, Elsevier Masson, 2017, p. 415-427 ; A. Pommery, « Le patient expert, tuteur de résilience », *Médecine des maladies métaboliques*, 2018, 12 (7), p. 611-614.

20

Patient « expert » ou patient « ressource » ?

André Grimaldi

Le développement des maladies chroniques a modifié le rapport médecin/patient et la place des associations de patients dans le système de soins. Reprenant le concept d'expertise profane, des patients associatifs ont revendiqué leur expertise et se sont qualifiés de « patients experts ». À vrai dire, cette qualification a dans un premier temps pris les soignants à revers. En effet, la conception éthique de base d'un médecin (d'un soignant), particulièrement s'il est formé à l'éducation thérapeutique, est qu'un patient n'est jamais réductible à sa maladie. Or voilà des patients qui se définissent par leur maladie – *je suis ma maladie !* – et dont l'agenda se trouve largement rempli par la maladie (formations, réunions, articles, interventions, conférences, enseignement...). Mais à qui s'adresse ce qualificatif d'« expert » ? Sûrement pas aux autres patients. Ce serait une revendication de supériorité quelque peu arrogante. Ce terme s'adresse d'abord à nous, les soignants, particulièrement les médecins, et secondairement aux autorités de santé. Vous n'êtes pas les seuls experts, nous disent-ils, nous aussi nous sommes des experts : « Vous êtes experts de la maladie, nous sommes experts du vécu avec la maladie », comme si le vécu était le même pour tous. Et aux gestionnaires de santé, ils disent : « Nous voulons participer aux décisions de santé publique qui nous concernent au premier chef. »

Retour sur le passé

Pour mieux comprendre cette révolution, sûrement est-il utile de jeter un coup d'œil sur le passé. Les maladies chroniques existent depuis toujours, mais les patients qui en étaient atteints ont longtemps été victimes de discrimination, voire d'exclusion, ou de pitié, ou des deux à la fois, en tout cas placés dans un statut d'infériorité. Les malades tuberculeux étaient isolés loin des leurs, pendant des mois, dans des sanatoriums. Jusqu'en 1953, la fonction publique était interdite aux diabétiques et jusqu'en 1963 les enfants diabétiques pouvaient être exclus des collèges. On comprend que des patients aient caché leur maladie pour pouvoir être considérés comme les autres, « les gens normaux », mais bien souvent cette clandestinité allait de pair avec l'intériorisation d'une représentation négative de la maladie considérée comme une « tare ». Heureusement, la société a évolué, même s'il reste pas mal de progrès à faire pour que la différence ne soit pas transformée en inégalité.

Historiquement, l'association des Alcooliques anonymes (fondée en 1935) a marqué un premier changement. Par leur façon de se présenter lors de leurs réunions – « Bonjour, je m'appelle Jean-Pierre, je suis alcoolique, je n'ai pas bu depuis X mois et j'espère ne pas boire aujourd'hui » –, ils affirmaient que l'alcoolisme était une maladie et non un simple trouble du comportement dû à un manque de volonté, ils faisaient de leur maladie leur identité revendiquée et ils insistaient sur la place importante de pairs ayant connu la même situation et ayant réussi à s'en sortir grâce à un processus de résilience (à l'époque, on ne parlait pas de résilience). La place donnée à la maladie dans l'identité et l'aide à la résilience grâce à l'identification sont des aspects que l'on retrouve chez le patient « expert » d'aujourd'hui.

Le véritable grand tournant a eu lieu avec le sida, maladie infectieuse, contagieuse, subaiguë mortelle devenue chronique à partir de 1996 grâce aux trithérapies. La proposition de « sidatorium » était même réapparue dans certains discours d'exclusion. Face à l'annonce du diagnostic, en l'absence de traitement, des patients séropositifs se sont regroupés pour comprendre et agir. Ils ont développé des solidarités, ont bousculé la société par leur *coming out*, ont apporté leur aide à la recherche, se sont mobilisés pour la prévention et pour l'accès aux traitements. Finalement certains ont surmonté le traumatisme de l'annonce en héroïsant leur combat et aujourd'hui sont devenus des « patients experts », faisant de cette expertise le sens de leur vie.

« Expert » ou « ressource » ?

Le « patient expert » est à la mode comme le « parcours de soins » et la « décision médicale partagée ». L'ennui, c'est que la répétition mécanique des mots transforme les concepts en slogans, les soustrayant à la réflexion et permettant leur manipulation. Ainsi dans notre société marchande, la figure du « patient expert » est utilisée par des managers et des économistes libéraux comme le modèle du « consommateur éclairé » ou pour reprendre leur jeu de mots du « consomm'acteur » faisant ses choix sur le marché de la santé où les médecins ne sont que des « offreurs de soins » ou des prestataires parmi d'autres. Comme si par nature le médecin était imperméable à une empathie authentique qui permet de comprendre et de ressentir ce que vit l'autre. Et voilà que, par un détour inattendu, le propos de certains patients experts se confond avec celui des promoteurs de la « médecine industrielle », du « médecin ingénieur » et de l'« hôpital-entreprise » qui très logiquement en viennent à demander la suppression du serment d'Hippocrate. « Ce qu'on demande à un médecin comme à tout prestataire : un maximum de compétence, un minimum de politesse. » Et pour l'« humain » et l'empathie, voyez le « patient expert » ! Alors que le partage devrait se faire entre l'empathie souhaitée du médecin praticien et l'identification seulement possible avec un patient « ressource ». Les mots ne sont pas indifférents :

le qualificatif d'« experts » s'adresse aux médecins et aux « décideurs », celui de « ressources » s'adresse aux patients et devrait remplacer le terme « experts ».

Comment devient-on « patient expert » ?

On peut s'interroger sur ce qui amène des patients à devenir des « patients experts ».

Il n'y a sûrement pas de réponse univoque. Toute maladie chronique, de façon variable, va entraîner la mise en œuvre de défenses psychologiques pour éviter de sombrer dans la dépression ou d'être paralysé par l'angoisse. Ces mécanismes de défense, du déni au refus conscient en passant par le défi, la minimisation, la pensée magique, le clivage, les conduites à risque, l'hyperactivité, les addictions, les bénéfices secondaires, les projections..., peuvent être mineurs ou transitoires ou au contraire se prolonger et s'enkyster. Dans ce cas, il s'agit véritablement d'une seconde maladie : le patient est malade et il est malade d'être malade. Pour en sortir, il faut qu'il en prenne conscience et accepte d'en parler, pour pouvoir, ce faisant, remanier ce vécu douloureux. Cela ne va pas de soi et nécessite souvent le recours à des médiations. Beaucoup de patients ayant surmonté le traumatisme initial éprouvent alors le besoin d'écrire, pour partager leur vécu et donner un sens à leur maladie dans leur vie. Toute une littérature est en train de se développer sur le vécu de la maladie chronique [1].

Beaucoup de « patients experts », parmi les pionniers, ont, me semble-t-il, commencé par le refus, voire le déni de la maladie et l'ont souvent payé médicalement très cher quelques années plus tard. Ils ont aussi très souvent le souvenir de rapports difficiles avec des soignants paternalistes plus ou moins autoritaires ou arrogants, leur ayant tenu des propos moralisateurs, voire humiliants. Ils ont donc assez souvent quelques comptes légitimes à régler. On le comprend... Après ce deuxième coup de la maladie, ils se sont retournés à 180 degrés et ont décidé de prendre leur maladie en main et de mettre les soignants à leur service. Ils ont alors envie de donner un sens à leur expérience personnelle douloureuse pour aider d'autres patients. Ils s'engagent. La maladie devient le centre de leur activité, jusqu'à devenir une nouvelle identité assumée ou du moins une part importante de leur identité. Le titre de « diabétique honoraire » revendiqué par Philippe Barrier, patient diabétique ayant bénéficié d'une greffe du pancréas, rappelle « l'alcoolique qui ne boit pas » des Alcooliques anonymes. Cependant, ce n'est pas un modèle pour tous les patients, cela ne correspond qu'à certains patients qui finalement se soignent en aidant les autres à se soigner et en luttant pour l'amélioration des « prises en charge » et la fin du paternalisme médical.

Les différents habits du « patient expert »

Que fait le « patient expert » ? Le même qualificatif recouvre des activités très diverses. Il peut s'agir d'un « patient associatif » aidant les malades novices ou les personnes en difficulté, sous la responsabilité de l'association. Il peut s'agir d'un « patient enseignant » participant à l'enseignement des étudiants en santé (et des professionnels), en particulier sur la relation médecin/malade, en partant de leurs expériences personnelles. Le patient expert est alors un enseignant sous l'autorité de l'université, il doit en avoir la compétence et devrait être rémunéré ou indemnisé. Il peut encore s'agir de « patients chercheurs » participant à des comités scientifiques s'occupant de la recherche. Il s'agit alors en général de comités mixtes avec des professionnels. Des « patients experts en santé publique » interviennent à tous les niveaux du système de soins où ils représentent des associations de patients (à l'HAS, aux ARS, à l'ANSM, à la Sécurité sociale…). Ils doivent en avoir acquis la compétence pour ne pas être de simples cautions. Ils peuvent plus simplement être représentants des usagers dans les établissements de soins. Certains peuvent aussi jouer un rôle de médiateurs de santé communautaire pour des populations issues de l'immigration et socialement défavorisées.

Mais quel est le rôle du « patient expert » ou « ressource » au sein de l'équipe soignante ? On entend dire qu'il pourrait être utile pour traduire le langage médical en « langage patient ». Si c'est le cas, il est urgent de former les soignants à la communication, ne serait-ce que pour qu'ils puissent pratiquer la « décision médicale partagée ». Force est d'ailleurs de constater que certains patients experts chercheurs en éducation thérapeutique utilisent autant si ce n'est plus de jargon conceptuel que les médecins ! Le médecin doit savoir parler le langage de ses patients, mais il ne peut pas et il ne doit pas prétendre à l'identification. Le fait que le médecin soit lui-même malade n'est d'ailleurs pas une aide pour le patient. Se donner en modèle serait à la fois dérisoire et inutile (surtout quand on sait comment de très bons médecins se soignent eux-mêmes très mal lorsqu'ils sont malades).

Certains patients peuvent apporter aux soignants leurs compétences personnelles indépendantes de leur maladie : compétences artistiques, sportives, informatiques… qui peuvent être très utiles dans l'éducation thérapeutique. Encore faut-il distinguer le bénévolat plus ou moins occasionnel et amateur d'une réelle activité professionnelle devant être rémunérée ou indemnisée.

Pour moi, le vrai rôle du patient « ressource » dans l'équipe de soins est celui d'un « tuteur de résilience », qui aide le patient à surmonter ses difficultés. Cela suppose qu'il ait connu des difficultés similaires et qu'il ait réussi à les surmonter, qu'il ait pu les analyser et en prendre distance, qu'il ait une capacité d'écoute empathique et soit disponible pour une aide dans la durée. Cette relation d'aide n'est pas sans risque, en particulier d'instauration insidieuse d'une relation d'emprise. Il faut donc que le « patient ressource » soit intégré à l'équipe médicale et puisse bénéficier d'une supervision. Les équipes de soins devraient idéalement bénéficier de la participation de plusieurs patients ressources car il s'agit d'une aide individualisée, personnalisée.

Le modèle promu par l'Université des patients d'un patient expert, qualifié pour toutes les missions et utile pour tous les patients, me laisse perplexe, sachant qu'à l'issue de ces formations tous les formés ayant suivi le cursus sont diplômés. Des patients ressources intervenant au sein d'un établissement hospitalier existent déjà, notamment dans le service d'addictologie de l'hôpital Bichat à Paris. Ces patients sont disponibles pour d'autres, ils se présentent individuellement aux patients hospitalisés, et proposent une aide bénévole y compris après la sortie de l'hôpital. Cela ne peut pas être un métier.

Un nouveau métier ?

Certains, au contraire, envisagent de transformer les « patients experts » en coachs ayant un statut d'autoentrepreneurs, vendant leur service aux patients ou aux établissements. Au-delà de cette dérive commerciale se posent un certain nombre de questions pour ceux qui pensent que le « patient expert » doit devenir un nouveau métier de la santé au même titre qu'un infirmier ou un psychologue : les « patients experts » auront-ils accès aux dossiers médicaux des patients non experts ? Réciproquement, les patients non experts auront-ils accès au dossier médical du patient expert ? Quel sera leur positionnement par rapport aux autres membres de l'équipe soignante (qualification, champ de compétences, temps de travail, horaires, rémunération, responsabilité) ? Pourront-ils « exercer » dans le service dans lequel ils sont eux-mêmes soignés ? Se limiteront-ils aux patients ayant leur maladie au nom d'un vécu partagé ou seront-ils polyvalents pour tous les patients et toutes les maladies chroniques ou toutes les maladies relevant de la même discipline médicale ? Bénéficieront-ils d'une formation continue ? Pourront-ils être salariés ? Avec un CDD, un CDI ? Auront-ils à craindre le licenciement ? Pour défendre leurs droits et leurs revendications, devront-ils construire un syndicat des patients experts ? Pourront-ils exercer le droit de grève ?... Cela devient très compliqué.

À mon sens, il faut réfléchir à partir des missions confiées, puis définir les compétences nécessaires et les formations utiles, pratiques plus qu'académiques, pour les atteindre, il faut assurer leur validation et préciser l'autorité institutionnelle sous laquelle les « patients ressources » peuvent être placés. Des patients ressources bénévoles peuvent effectivement apporter beaucoup dans les équipes de soins, pour certains patients mais pas pour tous. Ils peuvent participer pleinement au processus de résilience si important et aujourd'hui si négligé dans l'éducation thérapeutique des patients. Le qualificatif de patient ressource semble ici plus approprié que celui de patient expert.

RÉFÉRENCE

[1] Voir A. Grimaldi *et al.*, *Les Maladies chroniques. Vers la troisième médecine*, Paris, Odile Jacob, 2017.

21

Les associations de patients : une chance pour notre système de santé

L'exemple de la Fédération française des diabétiques

Gérard Raymond
avec la collaboration de Nicolas Martin

Au début du XXIe siècle, quelle est la découverte la plus prometteuse dans le domaine de la santé ? Est-ce le séquençage du génome humain, la biologie de synthèse, l'impression en trois dimensions ? Quelle devise pour ouvrir le XXIe siècle de la santé : la thérapeutique à l'ère du biologique ? La médecine à l'ère du numérique ? Non, la plus grande découverte, c'est le patient.

Le XXIe siècle découvre les patients

La démocratie sanitaire à l'ère du patient citoyen, voilà la devise. Notre siècle découvre les patients. On s'avise qu'ils ont quelque chose à dire, à demander avec insistance. Ils se regroupent, ils veulent jouer un rôle actif et effectif. Est-ce là une posture militante pour persuader, pour mobiliser ? C'est d'abord l'expression d'une conviction, la conviction d'une vie associative : pour qu'enfin batte le cœur de la démocratie sanitaire, le patient doit se faire entendre dans les plus hautes instances. Les mieux placés pour évaluer un projet de santé restent les patients. Ils sont de « remarquables observateurs du déroulement de leur parcours [1] ». Cependant, pour peser et évaluer, le patient ne pourra le faire que s'il se regroupe en associations du système de santé, reconnues et agréées.

La découverte du patient, la formule n'est pas qu'un raccourci hardi et facétieux, elle fait écho à bien des analyses : « La représentation des usagers est une condition de l'équilibre d'un système de santé moderne [2] », estime Didier Tabuteau, parier « sur les destinataires des soins, les citoyens [3] », propose Christian Saout, « le patient est une ressource mal utilisée [4] », constate Étienne Minvielle, la voix des patients n'est pas encore suffisamment entendue et reconnue (États généraux du diabète et des diabétiques, proposition #15) [5].

Qu'est-ce que la démocratie sanitaire ? « La démocratie sanitaire est une démarche associant l'ensemble des acteurs du système de santé dans l'élaboration et la mise en œuvre de la politique de santé, dans un esprit de dialogue et de concertation. » Si l'on s'accorde sur cette définition que les agences régionales de santé donnent de la démocratie sanitaire, force est de constater que les patients et les usagers ont été tenus à l'écart. Il est grand temps de leur rendre la parole. Et si la situation évolue, on le doit au combat inventif et opiniâtre des associations. Celles-ci sont une chance et une promesse de qualité pour le système de santé. Commençons par rappeler l'histoire de la démocratie sanitaire.

Les étapes décisives de la toute jeune démocratie sanitaire

Cette histoire gravite autour des lois de 2002 relatives aux droits des malades et à la qualité du système de santé, de 2004 relative à la santé publique, de 2005 relative aux droits des malades et à la fin de vie et de 2009 portant réforme de l'hôpital et relative aux patients, à la santé et aux territoires (HPST). Jetons un œil sur l'avant et l'après de ces moments charnières.

« La loi de 2002 peut être regardée comme le fruit de mouvements convergents qui ont irrigué les politiques et le droit de la santé pendant plusieurs décennies [6]. » Parmi les forces accélératrices, il y a l'épidémie mondiale de sida, dont le virus responsable sera décrit en 1983, ainsi que les scandales sanitaires, dont l'affaire du sang contaminé. Les patients réclament de la part de l'État, des médecins, des chercheurs une vraie mobilisation et le droit à l'information complète [7]. Deux associations, Aides et Act Up, réveillent le débat public, l'Association française contre les myopathies (AFM) organise un téléthon en 1987. C'est sous le gouvernement de Lionel Jospin que les États généraux de la santé sont organisés, qui préfigurent la loi Kouchner de 2002. Lors de la séance de clôture (juin 1999), le Premier ministre place l'Homme au centre de la médecine. Quant à eux, les patients aspirent à prendre une place de partenaires parmi les acteurs de la démocratie sanitaire, et non à être encerclés par eux. Il est vrai que l'« on ne remet pas en cause sans heurt deux siècles de délégation de l'organisation sanitaire à un corps professionnel [8] ».

L'épidémie de sida reconfigure la raison d'être des associations. La Fédération française des diabétiques a été créée en 1938 sous le nom d'Association française des diabétiques (AFD) par Me Paz, diabétique et homme politique français. Mais les patients s'émancipent et prennent le pouvoir en 2003, l'AFD devient une association de patients dirigée par des patients. De l'accès à l'insuline pour tous à l'accès à la qualité de vie pour tous, les militants marquent de leur empreinte quatre-vingts années de bataille associative. Cet engagement, aujourd'hui, oblige la Fédération française des diabétiques à être une force innovante et productive. Dernier chantier en date : 15 propositions pour une médecine fondée sur l'humanisme.

Huit ans après la loi de 2002, nous écrivions avec Karen Benchetrit dans *Quelle santé voulons-nous ?* : « Démocratie sanitaire, les patients s'impatientent [9]. » Et, en 2013, Christian Saout ironisait : « “Démocratique” n’est pas spontanément le qualificatif que l’on choisirait d’appliquer au domaine de la santé [10]. » La même année, Didier Tabuteau appelait « à un véritable Big Bang du système de santé d’ici à 2025 [11] ». Et en 2018, Étienne Minvielle déplorait que nous ayons « oublié de raisonner sur le travail, son organisation et le quotidien de la relation avec le patient [12] ».

Le chemin est long jusqu’à la pleine effectivité des droits des malades et de la participation des associations à l’élaboration des politiques de santé. Il faut distinguer les difficultés, en définissant l’émancipation individuelle et collective des patients.

L’émancipation individuelle et collective

Cette distinction fait écho à la reconnaissance des droits individuels et collectifs des patients. Par émancipation, les philosophes signifient que la personne affirme sa capacité d’agir. La Fédération s’efforce de renforcer les capacités des patients à s’approprier les informations concernant leur santé afin de prendre, avec les professionnels, les décisions adaptées à leur situation (#6). L’émancipation du patient stimule la démocratie sanitaire, apparue en réaction à l’asymétrie d’informations et de connaissances, au pouvoir du médecin sur le patient [13].

Donc la vitalité de la démocratie sanitaire s’évalue aussi dans la relation médicale, dans la façon d’accueillir le patient et d’établir ses préférences. Chaque entretien est singulier, il ne se réduit pas à l’ordonnance d’un médecin à couvert derrière l’écran de son ordinateur. Image caricaturale ? Elle est édifiante à dessein, pour souligner que la relation médicale procède d’un nouvel humanisme : un expert profane, le patient, et un expert scientifique, le médecin, dialoguent et collaborent. Les expertises ne s’affrontent pas, elles se complètent. Les conditions de la « convivance » sont réunies : « Devant prodiguer un soin adéquat et proposer des traitements ou des thérapies adaptés à l’état du malade et à ses besoins spécifiques, le soignant doit faire en sorte que ce dernier puisse les exprimer et être attentif à son dire, qui ne coïncide pas toujours avec les mots qu'il emploie, surtout quand il souffre, qu'il est fatigué ou en colère. Il lui faut comprendre ce que le patient souhaite, écouter le dit et s'appuyer sur le dire [14]. »

Où sont les patients dans la prise de décision concernant leurs propres soins ? Vis-à-vis des professionnels, l'attitude de la Fédération est constructive, dans la clairvoyance des faiblesses respectives, des progrès à accomplir, de la part du patient, de la part du médecin et des soignants. C'est cet état d'esprit collaboratif, d'ouverture, de coconstruction auquel s'oppose l'argument qui proportionne la responsabilité du patient à l'observance. « Les personnes malades ne peuvent être tenues pour seules responsables de leur état de santé [15]. » De plus, les tenants de cet argument seraient bien inspirés de méditer sur « l'homologie qui existe entre l'inertie clinique des médecins et la non-observance des patients [16] ». Le patient ne fait pas l'examen prescrit ! Le médecin lui a-t-il demandé pourquoi, avant de le juger irresponsable et illégitime à disposer de droits ? Éclate la mauvaise foi de « la théorie des droits et des devoirs. Misère de la pensée [17]... ». « La vérité est qu'une bonne partie des droits affirmés par la loi de 2002 est encore méconnue de nombreux professionnels de santé [18]. »

N'imposons pas au patient l'hégémonie de la capacité à gérer son capital santé. Encourageons l'adoption de modes de vie plus favorables à la santé (#1). Car nous ne sommes pas tous en capacité d'exercer nos droits ni d'être l'acteur avisé de notre santé. Bien des facteurs empêchent l'autonomie : l'âge, les barrières linguistiques, culturelles... « La difficulté tient également en partie à la valence sociale des rôles que chacun, dans la relation médecin-malade, s'attribue et attribue à l'autre [19]. »

Les missions des associations sont l'émancipation collective, la reconnaissance des droits collectifs des patients, leur représentation dans les établissements et les instances de décision. L'objectif est de donner les moyens à la démocratie sanitaire de s'exercer (#15).

D'autant que « si la confiance constitue toujours le ciment de la relation individuelle entre le professionnel de santé et le patient, elle paraît de plus en plus absente des réformes du système de santé [20] ». Les associations se doivent de construire leurs plaidoyers, des argumentaires pour contester, défendre les droits, améliorer la qualité du système de santé. Proposer et coconstruire, c'est aussi partager la responsabilité de l'organisation et de la qualité du système. De l'émancipation des individus à l'émancipation collective, les États généraux du diabète et des diabétiques ouvrent un passage. Tel est aussi le but des études du Diabète LAB qui, animé par des sociologues, mobilise aujourd'hui plus de 4 000 patients acteurs. Depuis 2015, le Diabète LAB suit notamment l'évolution des usages et des représentations que les personnes diabétiques ont des dispositifs de mesure en continu du glucose. Troisième exemple, les représentations du bien manger et les pratiques alimentaires des personnes diabétiques. La méthode est qualitative. Elle traque ce qui échappe aux filets de l'analyse quantitative : les patients ne souhaitent pas que le label « bon pour diabétiques » soit apposé sur les produits ni s'aliéner au carcan d'un régime, mais se faire plaisir en mangeant. Ces conclusions inspireront utilement les décideurs : mieux vaut promouvoir une alimentation variée et une politique d'éducation nationale à la santé, à la stigmatisation du « bon pour vous ».

L'expérience singulière du patient, l'étoffe de son rapport au temps, son style de vie, voilà ce qui n'a pas encore droit de cité. Or, « les individus souhaitent [...] être considérés [...] comme des citoyens qui ont leur mot à dire pour eux-mêmes et pour le système dans son ensemble [21] ». Il s'agit de métaboliser les attentes individuelles en une force de persuasion collective, afin de « gérer la singularité à grande échelle », selon l'expression d'Étienne Minvielle. Les actions de la Fédération visent par exemple la défense individuelle et collective des droits sur l'accès et le maintien dans l'emploi, en intervenant dans le règlement de certains litiges, en se mobilisant pour réviser les textes réglementaires (#5). Le but est bien d'en finir avec les discriminations qui anéantissent les vocations des jeunes, malgré les progrès thérapeutiques, les innovations technologiques, l'amélioration des conditions de travail. « La médecine progresse, la société inclusive doit progresser également », déclarait Agnès Buzyn, alors ministre des Solidarités et de la Santé, le 20 mars 2019 à l'Assemblée nationale.

Sur ce chemin de la démocratie sanitaire, l'union des associations est importante.

L'émancipation interassociative

La loi de modernisation du système de santé du 26 janvier 2016 conforte les lois précédentes (2005, 2009) en complétant les droits individuels des patients (action de groupe, droit d'alerte). Elle consolide les droits collectifs à travers la création d'une Union nationale des associations agréées d'usagers du système de santé (France Assos Santé). L'émancipation collective incite à mutualiser les actions, au sein d'un même champ clinique, dans un souci de cohérence. Pour nous, celui des maladies non transmissibles du métabolisme : le diabète, notamment de type 2, le cardiovasculaire, l'obésité, l'apnée du sommeil. Comment porter des projets communs sur l'accompagnement, les soins de proximité, la prévention hygiéno-diététique ? À l'évidence, la taille de la population concernée plaide en faveur d'une organisation à l'échelle territoriale.

France Assos Santé (FAS) est le lieu où les associations ajustent leurs visions de la démocratie sanitaire. « Cette vocation transversale [...] a renforcé sa légitimité à être l'interlocuteur naturel des pouvoirs publics et largement dissipé les critiques de lobbying catégoriel avancées par ses détracteurs [22]. » Il n'empêche que le combat perdure, puisque toute avancée sur le front des droits génère son lot de contreparties et de défiances : se décharger sur le patient de sa responsabilité, transférer vers la sphère domestique la part qui incombait à l'institution, « suspecter les associations de conflits d'intérêts avec l'industrie pharmaceutique [23] ». Tel serait le tribut de l'émancipation individuelle et collective. Pour endiguer le flot des critiques, précisons les valeurs que la Fédération se donne.

Les valeurs de la Fédération

Fondée sur des valeurs d'humanisme et de transparence, la Fédération conçoit son rôle comme facilitant l'interlocution, dans le respect et la clarté de la pluralité des points de vue, publics, privés. C'est dans ce contexte de transparence que s'analyseront la relation aux entreprises du médicament et du numérique, les influences politiques et institutionnelles. L'essentiel n'est pas tant l'indépendance que la qualité de l'interdépendance, de telle sorte que les liens soient connus de tous. La transparence construit la confiance. La lutte contre les diabètes se renforcera dans la solidarité des actions publiques, privées, associatives. Ne vaut-il pas mieux faire connaître les liens contractés pour répondre en commun à l'épidémie que les couper ? Le modèle économique des associations du XXIe siècle ne peut être celui du XXe siècle, basé sur les cotisations des adhérents. Les partenariats conclus pour développer l'information, la prévention, la formation des patients experts, le programme d'accompagnement Élan solidaire, le Diabète LAB, l'organisation des États généraux, appellent une refonte de ce modèle. Faut-il créer une taxe industrielle pour faciliter ces innovations ? Quoi qu'il en soit de cette piste, « il faut marteler avec insistance que l'argent public ne vient qu'en second lieu, après que les associations ont innové avec de l'argent privé [24] ». Pour la Fédération, l'enjeu est aussi organisationnel. Nous avons construit une gouvernance vivante, qui reflète le combat en faveur de la démocratie sanitaire et privilégie l'intelligence collective, la prééminence de la mission sur la fonction ou le titre statutaire, les cercles de réflexion, l'élection sans candidat, le consentement des pairs.

Autre horizon, autre priorité : l'e-santé. Les outils connectés confortent l'autonomie du patient, les consultations à distance et la télémédecine (télésuivi) ouvrent de nouvelles perspectives au système de soins (#11). Veillons toutefois à ce que l'autonomie du patient acquise *via* les opérateurs du numérique ne place pas le premier sous l'autorité des seconds, détenteurs des données personnelles. Lesquelles données de santé sont nôtres, elles nous appartiennent. À nous, demain et dès aujourd'hui, de les recueillir et d'en gérer les usages, au nom des patients. Ce n'est qu'à ces conditions de participation et de coconstruction avec l'ensemble des acteurs que nous bâtirons la santé numérique. Toutefois le cadre du fonctionnement, du recueil et de l'utilisation des data doit être réglementé et régi par l'État. Il est le garant de la protection de la vie privée et des données personnelles, donc de la transparence du fonctionnement.

Une vision élargie de la démocratie sanitaire

Pour faire vivre la démocratie sanitaire, plutôt que de se regarder en chiens de faïence et s'affronter, les acteurs de la santé – les associations, l'État, les industriels du médicament, les opérateurs du numérique, les professionnels médicaux, paramédicaux – tous sont invités à établir un rapport d'implication réciproque, dans la transparence *réfléchie* des spécificités de chacun. *Réfléchie*, parce que si la notion de transparence est une valeur publique, elle peut produire des effets pervers [25].

L'amélioration de la qualité de vie est l'un des objectifs poursuivis par les associations. Mais ce travail associatif est inclusif. Il bénéficie à tout le système : de la qualité de vie du patient à l'efficience de l'organisation des soins et de la prévention. L'expertise profane n'est pas la contre-expertise de l'expertise médico-technique, mais la valorisation d'un capital d'expérience et la mise au jour de cette soif de qualité qui fait aussi partie de la vie des patients, et à laquelle l'expertise médico-technique ne pense pas spontanément. Les compétences de patient expert ou de représentant des usagers de la santé ne s'accordent qu'au terme d'une formation validée par la délivrance d'un diplôme. Ces compétences-là pourraient un jour déboucher sur un métier, *a minima* sur une action sociale valorisée, mais toujours dans le cadre d'une association agréée du système de santé. Parce qu'il n'a plus rien à voir avec le bénévolat d'antan, cet engagement réclame une reconnaissance, de la part des associations comme de la part de l'État. Le patient expert n'est pas un auxiliaire de soins, mais un patient scrupuleusement formé à l'écoute, à la bienveillance, à l'accompagnement des soins. Le « titre » de patient expert ne consacre pas la longue expérience d'une personne vivant avec le diabète, il s'octroie au terme d'un véritable effort de formation [26].

Un nouveau rôle se dessine pour les associations de patients, celui d'évaluateur. Après le patient traceur de la HAS, aujourd'hui l'expérience patient devient un axe primordial dans la nécessaire évaluation de notre système de santé. Une des faiblesses majeures de notre système est d'insuffisamment mesurer les résultats des soins mais uniquement les moyens mis en œuvre.

Pourtant, il existe une dynamique mondiale pour évaluer l'expérience patient tout autant que les résultats perçus par ceux-ci. Ces indicateurs qui doivent être conçus avec la participation des associations ont pour objectif d'évaluer la qualité de la prise en charge et les bonnes pratiques médicales menées par un établissement de soins ou par un professionnel de santé ou une équipe de soins coordonnés pour une pathologie donnée. Les associations de patients se doivent donc d'être les initiateurs de la réalisation de ces indicateurs. Elles doivent aussi être en capacité de recueillir et d'analyser l'ensemble de ces résultats.

L'évaluation de notre système de santé ne saurait se résoudre à une évaluation sur Facebook avec des étoiles, mais au contraire à l'issue d'un processus mené par l'ensemble des acteurs sous l'autorité de l'institution sanitaire. Les associations de patients ont la légitimité de mobiliser l'ensemble des citoyens à participer aux enquêtes concernant l'évaluation de leur système de santé.

Forgée après les notions de démocratie politique (la définition et la conduite d'une politique de santé) et de démocratie sociale (relative à l'égalité des droits des assurés sociaux), la notion de démocratie sanitaire étaie la légitimité du système de santé [27]. Réciproquement, le laboratoire associatif qui émancipe l'individu et le collectif inspirera les démocraties politique et sociale. Incidemment et à titre d'exemple, un groupe de travail réuni à l'initiative de notre Fédération et de la Caisse nationale de l'assurance-maladie a remis à Nicolas Revel, le directeur de la Cnam, ce rapport : *Quels leviers pour favoriser l'adhésion des patients à leur traitement* ? De la recherche sur la non-observance [28] et l'inertie clinique à l'engagement du patient, les associations réveillent la citoyenneté.

La complexité du diabète exerce la faculté de juger, elle incite les patients à réfléchir au sens de leur existence. Ce surcroît de sensibilité ne peut que rayonner sur la vie sociale et politique.

L'idéal associatif est la représentation des patients, dans la vigilance sans cesse aiguillonnée de ce qui distingue ces deux priorités : garantir la participation de tous à une décision, garantir la sagesse et la pertinence de cette décision. Cette sagesse de la décision relève de l'idée que l'on se fait de notre responsabilité, dont l'intensité va *crescendo* : au XXe siècle, de la représentation à la participation, au XXIe siècle, de la participation à la coconstruction et à l'évaluation. Les associations de patients, par cette évolution et leur engagement, deviennent donc des acteurs responsables de l'organisation et de la qualité de notre système de santé. Les associations de patients sont donc bien une chance pour notre système de santé.

RÉFÉRENCES

[1] É. Minvielle, *Le Patient et le Système. En quête d'une organisation sur-mesure. Approches innovantes du parcours de santé*, Paris, Seli Arslan, 2018, p. 194.

[2] D. Tabuteau, *Démocratie sanitaire. Les nouveaux défis de la politique de santé*, Paris, Odile Jacob, 2013, p. 224.

[3] C. Saout, *Santé, citoyens !*, Paris, Éditions de Santé, 2013, p. 210.

[4] É. Minvielle, *Le Patient et le Système*, *op. cit.*, p. 189.

[5] La Fédération française des diabétiques, « Les États généraux du diabète et des diabétiques. Nos 15 propositions pour une médecine fondée sur l'humanisme », 2018. Les références aux propositions des États généraux du diabète et des diabétiques se limiteront dorénavant à la seule indication de leur numéro.
[6] D. Tabuteau, *Démocratie sanitaire*, *op. cit.*, p. 218.
[7] Voir la déclaration fondatrice de la Coalition des personnes atteintes du sida, Denver, 1983.
[8] D. Tabuteau, *Démocratie sanitaire*, *op. cit.*, p. 45.
[9] K. Benchetrit, G. Raymond, *Quelle santé voulons-nous ? Plaidoyer pour un débat citoyen*, Paris, Les Carnets de l'info, 2010, p. 123.
[10] C. Saout, *Santé, citoyens !*, *op. cit.*, p. 267.
[11] D. Tabuteau, *Démocratie sanitaire*, *op. cit.*, p. 233.
[12] É. Minvielle, *Le Patient et le Système*, *op. cit.*, p. 277.
[13] *Ibid.*, p. 190.
[14] C. Pelluchon, *Éthique de la considération*, Paris, Seuil, 2018, p. 122.
[15] B. Sandrin-Berthon, « À quoi sert l'éducation pour la santé pour pratiquer l'éducation du patient ? », *La Santé de l'homme*, mai-juin 2006, n° 383.
[16] G. Reach, *Une théorie du soin. Souci et amour face à la maladie*, Paris, Les Belles Lettres, 2010, p. 21.
[17] C. Saout, *Santé, citoyens !*, *op. cit.*, p. 158.
[18] D. Tabuteau, *Démocratie sanitaire*, *op. cit.*, p. 224.
[19] S. Fainzang, *La Relation médecins-malades. Information et mensonge*, Paris, PUF, 2006, p. 147.
[20] D. Tabuteau, *Démocratie sanitaire*, *op. cit.*, p. 233.
[21] É. Minvielle, *Le Patient et le Système*, *op. cit.*, p. 190.
[22] D. Tabuteau, *Démocratie sanitaire*, *op. cit.*, p. 220.
[23] *Ibid.*, p. 224.
[24] C. Saout, *Santé, citoyens !*, *op. cit.*, p. 279.
[25] G. Bronner, *La Démocratie des crédules*, Paris, PUF, 2013.
[26] G. Raymond « Le "patient-expert" en débat », *in* A. Grimaldi *et al.*, *Les Maladies chroniques. Vers la troisième médecine*, Paris, Odile Jacob, 2017, p. 322-329.
[27] D. Tabuteau, *Démocratie sanitaire*, *op. cit.*, p. 221.
[28] Le groupe partage l'idée que le terme « adhésion et participation des patients à leurs traitements », proposé par France Assos Santé, est plus judicieux que le terme « observance ».

22

Les zigzags de la démocratie sanitaire

Valérie Chigot

Dans les années 1980-2000, les demandes de participation et d'intervention des associations de malades surgissent dans un contexte de scandales sanitaires et de crise de la démocratie représentative. Les représentants des usagers du système de santé sont depuis entrés dans de nombreuses instances, de l'échelon local (établissements de santé et médico-sociaux) à l'échelon national (Haute Autorité de santé, Agence de biomédecine, etc.), souvent par voie législative ou réglementaire. La « démocratie sanitaire », mot-valise, locution devenue, en une vingtaine d'années, omniprésente et incontournable dans tous les discours sur le système de santé français, a des contours et un contenu relativement flous, qui ont probablement contribué à son succès auprès de tous les groupes sociaux intervenant dans le champ sanitaire et médico-social. Mais on peut aujourd'hui en préciser la nature, et les limites.

L'intervention collective des « usagers »

La demande de participation des patients et « usagers » est observable dans tous les pays développés. Néanmoins, elle prend des formes différentes selon les contextes nationaux et la trajectoire historique des systèmes de santé. Aux États-Unis, la tradition de l'auto-organisation de la « société civile » dans un contexte de méfiance à l'égard de l'intervention de l'État fédéral et la préférence pour les solutions marchandes et philanthropiques ont conduit à une tout autre structuration des intérêts des malades qu'en France, où c'est l'État qui, historiquement, structure la représentation des intérêts sociaux. Même s'il existe des processus d'import-export de formes associatives et de répertoires d'action – on pense à Act Up –, les différences demeurent notables. En ce sens, la « démocratie sanitaire » est une notion typiquement française, caractéristique de ce que les politistes appellent le « néocorporatisme sectoriel » : l'État organise les relations qu'il a avec les groupes d'intérêt dans divers secteurs de l'action publique (chambres d'agriculture et syndicats agricoles, Sécurité sociale et syndicats de salariés, chefs d'entreprise et médecins, associations familiales ou de consommateurs) et les finance souvent. Il en résulte des rapports d'interdépendance qui peuvent être dénoncés par les groupes exclus de ces négociations privilégiées comme des « collusions ». Dans le monde de la santé, l'État a ainsi contribué à émanciper les associations de la tutelle historique qu'exerçait sur elles la profession médicale pour en faire un « contre-pouvoir ». C'est ce qui explique en grande partie les relations souvent tendues entre médecins et représentants associatifs.

Il existe aujourd'hui des centaines d'associations d'usagers du système de santé en France, aux agendas variables, selon les groupes sociaux qu'elles représentent, et au sein de ces groupes. Celles qui obtiennent un agrément pour représenter les usagers sont essentiellement des associations de malades, de personnes en situation de handicap, de familles, de consommateurs ou de retraités. Les associations de malades peuvent agir pour la promotion et le financement de la recherche médicale, le soutien par les pairs, la conquête de nouveaux droits individuels et collectifs. Les associations de consommateurs peuvent être inspirées par les mouvements familiaux et/ou syndicaux ou par les mouvements de consommateurs théorisés aux États-Unis par Ralph Nader. Les associations familiales ont des objets multiples : d'inspirations confessionnelle (protestants, catholiques ou laïcs), professionnelle ou éducative, etc.

L'organisation par l'État de la représentation centralisée des usagers par une union nationale d'associations permet aux administrations de l'État et aux responsables politiques d'avoir un interlocuteur stable, censé représenter l'ensemble des usagers. Cet échange politique entre le monde associatif et l'État modifie le modèle corporatiste du champ de la santé. Sans le soutien matériel et symbolique de l'État, l'éclatement du monde associatif serait un obstacle important à son influence sur l'élaboration et la mise en œuvre des politiques publiques de santé. En retour, l'État peut se revendiquer des « usagers » et des « malades » pour légitimer son action dans un monde médical qui lui est historiquement hostile. Autrement dit, la construction politique d'une représentation unifiée des « usagers » est une ressource cruciale de légitimation des politiques publiques.

Le Collectif interassociatif sur la santé (CISS) est créé en 1996 pour porter une parole unifiée, et donc plus forte, après les crises et « scandales » sanitaires des années 1980-1990. Les associations ayant obtenu de nouveaux droits pour les malades du sida souhaitent que ceux-ci soient augmentés, et étendus à tous les usagers. D'abord composé d'associations représentant les consommateurs, les malades, les handicapés et les familles, il intègre également ensuite des associations de retraités. La loi de modernisation de notre système de santé de 2016 crée l'Union nationale des associations agréées du système de santé (Unaass dite France Assos Santé – FAS), qui remplace le CISS. Elle assure la formation des représentants des usagers, peut mener des actions de groupe, rendre des avis aux pouvoirs publics et élaborer des propositions. Son financement est assuré par un fonds national pour la démocratie sanitaire, essentiellement abondé par l'assurance-maladie.

Une réponse néocorporatiste à la française

L'institutionnalisation et la professionnalisation de la représentation des usagers sont le résultat d'un échange politique : l'État structure la représentation en fournissant des ressources juridiques, financières et symboliques aux associations et, en retour, bénéficie de la légitimité des « usagers » pour élaborer et mettre en œuvre des politiques publiques dans un secteur longtemps dominé par des groupes d'intérêt puissants : profession médicale, bien sûr, mais aussi industries de santé ou encore assureurs privés. Certains de ces groupes n'ont pas manqué, en retour, de dénoncer la collusion entre représentants des « usagers » et l'État : la « démocratie sanitaire » est alors présentée comme le faux nez et le cheval de Troie des réformateurs étatiques. Pour autant, ces dénonciations pèchent souvent par excès.

Il n'est pas anodin de se pencher sur la qualité d'« usager » du système de santé. Elle se distingue de celle de « citoyen », liée à la démocratie représentative élective, de celle d'« administré », qui évoque une relation de subordination à une autorité administrative, de celle de « client », qui suppose une relation marchande et des intérêts économiques et de celle de « malade ». Le terme « usager » semble relativement neutre et universel. L'usager se distingue du « malade » et pourrait, plus paisiblement puisque ayant pris de la distance avec sa maladie, « participer », voire évaluer les services et biens de santé qu'il « consomme ». Dans le choix du terme « usager », on peut donc trouver en filigrane une volonté de pacification des rapports entre groupes et administrations après les luttes et scandales des années 1980 et 1990. En un sens, la démocratie sanitaire vise à réaliser ce que la « démocratie sociale » a fait dans l'après-guerre : transformer l'antagonisme (de classe) en partenariat (social).

On assiste dans toutes les démocraties libérales à une fragmentation de la « gouvernance » des États-nations, dès lors souvent présentés « en crise » : au niveau supranational (Commission et Parlement européen, Organisation mondiale du commerce, Organisation mondiale de la santé, etc.) et national (délégation de pouvoir à des agences et autorités plus ou moins indépendantes), voire infranational (décentralisation). Les formes de l'action publique se sont modifiées et les États sont devenus davantage « régulateurs » (de marchés) que producteurs ou assureurs [1]. Cette régulation par la « gouvernance à niveaux multiples » s'inscrit dans un contexte d'affaiblissement de la légitimité de la démocratie représentative. Si l'État s'est affirmé, à la faveur de la mise sur agenda de la maîtrise des dépenses publiques, dans un secteur, la santé, où historiquement il était faible en raison de la gestion paritaire de la Sécurité sociale et du poids politique de la profession médicale, cette affirmation s'est faite à un moment où, paradoxalement, l'interventionnisme public était de plus en plus contesté. Pour ses promoteurs, la participation des usagers pourrait rendre plus efficaces et plus légitimes les politiques publiques. L'alliance de l'État avec les associations d'usagers lui donne un appui dans son action réformatrice, tout particulièrement dans ses tentatives de limitation de l'autonomie de la profession médicale.

La traduction de cette volonté de promouvoir la participation est très variable selon les États, et il serait difficile d'en établir une typologie. Comme on l'a dit, chaque modèle de participation est le produit d'une culture et d'une histoire propres aux pays où ils se sont développés, engendrant leurs propres limites et imperfections. La France n'est pas le seul pays à avoir conditionné la représentation à l'appartenance à une association d'usagers : c'est aussi le cas aux Pays-Bas, avec des effets comparables (professionnalisation, tentatives d'instrumentalisation). Au Québec, la participation centrée sur le citoyen (*via* l'élection des représentants au suffrage universel) est un semi-échec. Le modèle pluraliste des États-Unis, d'orientation principalement consumériste, n'a pas été un moteur pour l'extension des droits à l'assurance-maladie des Américains, et son financement par les industries explique la faiblesse de sa contestation du prix des médicaments.

L'utilisation parfois indistincte des termes « démocratie sanitaire » et « démocratie participative » par les associations d'usagers et d'autres acteurs du système de santé entretient une confusion qui, elle-même, alimente la critique. Démocratie sanitaire et démocratie participative partagent un objectif commun : donner un cadre à la participation des citoyens, en dehors du calendrier électoral. La démocratie participative désigne des procédures qui favorisent l'implication directe des citoyens « ordinaires » aux réflexions sur l'action de l'État ; forums et jurys citoyens, budgets participatifs, etc. Tous ces dispositifs ont en commun de ne pas conditionner la participation des individus à leur expertise, leur formation, ou leur affiliation à une organisation, quelle qu'elle soit (syndicat, parti politique ou association) [2] : c'est une différence majeure avec la participation conditionnée par l'appartenance à une association, disposant de surcroît d'un agrément, comme dans le cas de la démocratie sanitaire française. Mais ces dispositifs ont eux aussi des limites : participation (ou délibération) puis confiscation de la décision, faible participation des citoyens « ordinaires », domination par la parole des professionnels et des groupes organisés.

La démocratie sanitaire française est donc de type « néocorporatiste » : elle intègre le groupe d'intérêt constitué par les associations dans la gouvernance du système de santé, comme l'État l'avait fait pour les syndicats de salariés et le patronat dans la gestion de la Sécurité sociale et de l'assurance-chômage à leur création. Les intérêts des usagers du système de santé sont en effet représentés :

- par un nombre limité d'organisations, reconnues par l'État, *via* un agrément à la représentation délivré par une commission politico-administrative (la CNA-arusp). En échange, celles-ci obtiennent le monopole de la représentation ;
- les individus ne peuvent avoir un mandat de représentation que s'ils sont adhérents à ces organisations ;
- ces organisations sont ordonnées de façon hiérarchique (centralisation de la représentation par France Assos Santé).

Au sein de France Assos Santé, les associations de défense des personnes atteintes de maladies chroniques ou en situation de handicap détiennent 86 % des sièges de l'Assemblée générale au premier semestre 2019, 75 % des sièges du conseil d'administration et 50 % des sièges du bureau. Cette majorité dans tous les organes est-elle justifiée ? En tout cas, elle ne reflète pas la composition de la population française. Mais les personnes atteintes de maladies chroniques ou handicapées ont des interactions très fréquentes avec le système de santé. De son organisation, de son accessibilité et de sa qualité dépendent souvent leurs vies entières. Ce constat – la représentation des vulnérabilités – est la principale justification à ce que les associations qui les représentent soient majoritaires au sein de France Assos Santé. Cependant, on peut la contester. En effet, elle privilégie les plaidoyers axés sur la qualité et l'accès aux soins. Et on peut aussi considérer qu'une personne non malade, sans handicap, jeune ou d'âge moyen, célibataire et précaire, est représentée par les associations de consommateurs, mais c'est encore plus contestable : bien que certains secteurs de notre système de santé soient inscrits dans un marché, les usagers ne peuvent pas être considérés par nature comme des consommateurs.

Les angles morts

La centralisation de la représentation contribue, par la voie de la globalisation des problèmes et du vote à la majorité, à établir des compromis qui diminuent fortement le caractère contestataire et perturbateur de la représentation, d'autant plus que FAS dépend des financements publics (qui constituent plus de 90 % de son budget). Les propositions visant à réduire les restes à charge et à améliorer la répartition des médecins sur le territoire en diminuant l'autonomie de la profession médicale obtiennent la majorité au sein de FAS, parce qu'elles prolongent les luttes fondatrices des associations de malades contre le « paternalisme médical » et trouvent des alliés dans l'appareil d'État. Cependant, un accord est plus difficile à obtenir sur les politiques à mener pour réduire les inégalités sociales de santé. Au-delà d'une amélioration de la prévention circonscrite au champ sanitaire qui fait l'unanimité (accès aux soins, dépistage, accompagnement des malades), leur diminution relève en effet de la politique générale et suppose un engagement politiquement plus risqué : fiscalité, système éducatif, politique du logement, place du secteur public dans le système de santé et moyens alloués à celui-ci, etc.

L'institutionnalisation de la représentation des usagers du système de santé par l'intermédiaire des associations est le fruit d'une demande sociale et d'une alliance entre militants associatifs et réformateurs administratifs. Elle a contribué à la démocratisation et à la publicisation de débats autrefois réservés aux experts du domaine de la santé. Au-delà de sa professionnalisation et de sa tendance oligarchique – loi d'airain de toute forme de représentation –, elle montre, en recherchant les compromis ou en nouant des alliances conjoncturelles, des ambiguïtés et des fluctuations dans ses prises de position : nous allons le voir à propos des assurances-maladie complémentaires. De plus, les revendications comportent des angles morts : au sujet du travail, du handicap, et de la défense des personnes en situation d'exclusion.

Défense de la Sécurité sociale ou « régulation » du marché des complémentaires santé ?

On assiste depuis une quarantaine d'années à un désengagement progressif de l'assurance-maladie obligatoire (AMO), qui ne rembourse plus que 50 % des soins courants : cela constitue un affaiblissement du principe de solidarité et d'universalité de l'assurance-maladie [3]. Même si les assurances-maladie complémentaires (AMC) (mutuelles, instituts de prévoyance et compagnies d'assurances) sont constituées majoritairement de contrats dits « responsables et solidaires » (c'est-à-dire n'effectuant pas de sélection selon l'état de santé et incitant les assurés à respecter le parcours de soins), elles ont un coût variable selon l'âge des contractants et le type de contrat (individuel ou collectif – lié au salariat, et inégal selon les entreprises). En 2013, 5 % des Français n'étaient pas couverts par une AMC : souvent chômeurs, étudiants, travailleurs indépendants ou retraités.

Bien que s'alarmant souvent du désengagement de l'AMO, France Assos Santé tient un discours pragmatique, incitant les usagers à souscrire une AMC en comparant les offres, et parfois, s'allie à l'État et aux assureurs dans certaines des réformes qui accentuent les inégalités assurantielles : accord national interprofessionnel (ANI) de 2013 rendant obligatoires les contrats collectifs d'assurance-maladie complémentaire dans les entreprises, contrat d'accès aux soins (secteur optionnel) issu de la négociation paritaire entre syndicats médicaux et caisses d'assurance-maladie de novembre 2012, loi Le Roux du 27 janvier 2014 autorisant les mutuelles à pratiquer des remboursements différenciés selon que les assurés ont recours ou non à leurs réseaux de soins.

L'alliance avec les AMC est particulièrement visible au sein de l'observatoire des restes à charge, lancé en 2013 par le CISS, Santéclair et *60 Millions de consommateurs*. Ses rapports sont financés par Santéclair, filiale de plusieurs organismes complémentaires d'assurance-maladie (Ocam) spécialisée dans les réseaux de soins. Les restes à charge sont les sommes restantes à la charge des usagers après intervention de l'AMO, et de l'AMC. Dans son rapport de 2016 sur « les frais cachés des ALD », il évalue le reste à charge après intervention de l'AMO et le compare au reste à charge après intervention des AMC, sans rendre visible leur coût, variable selon le type de contrat, puis conclut que « plus la maladie s'aggrave, plus la complémentaire santé peut être utile ».

Cela démontre une ambiguïté du discours de France Assos Santé (FAS) sur les AMC, causée par les contraintes structurelles de l'assurance-maladie en France (divisée donc en AMO et AMC) : dénoncer leur intervention croissante parallèle au désengagement de l'AMO des soins courants, mais en faire la promotion, en taisant leur caractère inégalitaire et leur coût. La lisibilité politique de telles prises de position n'est guère évidente.

Des difficultés à représenter spécifiquement les personnes en situation d'exclusion

France Assos Santé milite pour un accès aux soins universel et dénonce les discriminations envers les personnes bénéficiant de la couverture médicale universelle complémentaire CMU-C et de l'aide médicale d'État (AME). En mars 2017, dans son analyse des programmes santé des candidats à la présidentielle, la FAS a réaffirmé son attachement à l'AME, pour des raisons de santé publique, puis a demandé sa fusion dans le régime général en janvier 2019. Mais l'amélioration de la santé des personnes en situation de précarité ne saurait se réduire à l'accès universel aux soins.

Les statuts de FAS stipulent que le conseil d'administration est organisé en collèges, qui délèguent des administrateurs au bureau, instance politique et stratégique. Cette organisation, proposée par Édouard Couty, conseiller à la Cour des comptes et président de la mission de concertation pour la création de l'Unaass, avait été adoptée sans difficulté par le comité de préfiguration. Malgré tout, il a fallu deux ans pour qu'elle soit effective, cela illustrant les difficultés d'une institutionnalisation descendante. En effet, le collège des associations dont l'objet est la défense des intérêts des personnes en situation de précarité et le collège des associations dont l'objet est la santé environnementale et la sécurité des soins ne trouvaient pas de candidat. On peut faire l'hypothèse qu'une telle vacance dans la représentation des intérêts des patients précaires est un effet du recrutement préférentiel des associations dans les classes moyennes et supérieures éduquées, qu'on retrouve dans beaucoup d'autres organisations (partis politiques, associations sportives et culturelles, etc.), et que, s'agissant de la santé environnementale, la prépondérance des associations de malades a conduit à relier cette question à celle de la sécurité des soins.

En juin 2019, le nouveau conseil d'administration est enfin organisé en collèges, dont celui de la « précarité » dont l'unique membre provient de l'Association des familles victimes du saturnisme. Le collège « environnement et sécurité des soins » comprend cinq administrateurs, dont quatre issus d'associations œuvrant spécifiquement dans le domaine des risques liés aux soins.

La santé au travail : des alliances difficiles pour un enjeu de santé publique majeur

Les associations membres de France Assos Santé peinent parfois à établir des collectifs de travail sur des sujets transversaux, par exemple pour la santé au travail et le handicap.

L'association (im)Patients Chroniques & Associés (ICA), membre de FAS, regroupait douze associations et éditait des guides sur les maladies chroniques et l'emploi, participait à des enquêtes et des colloques, faisait une veille juridique sur les évolutions du droit. Dans ses publications ne figuraient pas ou peu d'analyses de la place et de la crise actuelle de la médecine du travail, de la non-accessibilité et de la non-adaptation des lieux et modes de travail aux personnes malades chroniques, du non-respect des textes contraignant en théorie les entreprises à employer 6 % de personnes handicapées, etc.

En effet, dans ce domaine, comme dans d'autres, la convergence est difficile à obtenir dans un cadre où les agendas et les intérêts diffèrent : le collectif ne comprenait pas d'association de défense des personnes handicapées et la Fédération nationale des accidentés du travail et des handicapés (FNATH) en était également absente, alors que son agenda principal est constitué de la promotion de la santé au travail et de la prévention de la désinsertion sociale liée à l'absence d'activité professionnelle.

De façon symétrique, (im)Patients Chroniques & Associés qui était entrée, en 2009, au Conseil national consultatif des personnes handicapées (CNCPH) s'en était retirée en mars 2016. Selon elle, le CNCPH ne prenait pas suffisamment en compte la situation des malades chroniques, qui, pourtant, peuvent souffrir de troubles invalidants ou de handicaps invisibles. (im)Patients Chroniques & Associés s'est finalement dissoute en juin 2019.

Au sein de FAS, il n'existe donc pas de structure dédiée à la problématique emploi/santé, représentant tous les usagers (et non pas seulement les malades chroniques). Au regard de l'importance du travail dans la reproduction des inégalités sociales de santé, cette absence peut être considérée comme très dommageable.

Conclusion : des avancées qui coexistent avec des ambiguïtés et des lacunes

La démocratie sanitaire, comme nous l'avons vu, s'est construite sur une demande de droits individuels et collectifs axés sur la qualité et l'accès aux soins. Elle a des difficultés à adopter une approche populationnelle, qui prendrait en compte tous les autres déterminants de santé : culturels, environnementaux, socio-économiques. Ces difficultés sont celles du système de santé français, que déplorent les partisans du dépassement de la démocratie sanitaire dans la « démocratie en santé » qui pourrait recouvrir toutes les thématiques de santé, et non pas se limiter aux seuls soins.

Les associations d'usagers du système de santé participent aux débats sur les politiques de santé. Elles se sont professionnalisées et pourraient achever, par leur organe central institutionnalisé par voie législative en 2016, France Assos Santé, leur mutation en nouveau corps intermédiaire. Cette construction ne garantit ni la participation ni la représentation de tous les usagers, et bénéficie d'une autonomie très relative vis-à-vis de l'État. Mais ce nouveau corporatisme n'est pas mauvais en soi : il l'a pour l'instant protégé de la voie consumériste. En étudier les limites ne signifie pas nier la nécessité de la participation des usagers, qui n'est contestée par personne, y compris par les adversaires de la démocratie sanitaire, qui peinent à proposer un autre modèle. Ainsi, quand le président du laboratoire Gilead France et Frédéric Bizard, expert des questions de santé, dans leur tribune publiée dans *Les Échos* en novembre 2017, demandent l'entrée de « citoyens patients » à la HAS, ils concluent : « Ce pari d'une véritable démocratie sanitaire dans la politique des produits de santé nécessitera inévitablement une réflexion sur la transformation de la représentation des citoyens patients. Elle devra être davantage professionnalisée, rétribuée, plurielle, et représentative de la diversité de la population des patients et de l'ensemble des citoyens. » On peut supposer qu'une telle représentation par des porte-parole divers, à la fois profanes *et* professionnalisés, indépendants des associations, menacerait moins les intérêts des autres groupes organisés (notamment industriels et professionnels de la santé) que le nouveau corps intermédiaire constitué par la démocratie sanitaire telle qu'elle s'est construite en France.

RÉFÉRENCES

[1] R. Michels, *Sociologie du parti dans la démocratie moderne. Enquête sur les tendances oligarchiques de la vie des groupes* (1925), Paris, Gallimard, « Folio essais », 2015 ; P. Hassenteufel, *Sociologie politique de l'action publique*, Paris, Armand Colin, 2011.

[2] L. Blondiaux, *Le Nouvel Esprit de la démocratie. Actualité de la démocratie participative*, Paris, Seuil, « La République des idées », 2008.

[3] P. Batifoulier *et al.*, « Mutation du patient et construction d'un marché de la santé. L'expérience française », *Revue française de socio-économie*, 2008, 1, p. 27-46.

SIXIÈME PARTIE

Un « pognon de dingue » !

« Il vaut mieux prévenir que guérir », dit le dicton populaire. La « prévention » est souvent louée pour le gisement d'économies budgétaires qu'elle permettrait d'exploiter. Il y a pourtant de bonnes raisons, y compris logiques, d'en douter, car, sauf à ratifier les discours des transhumanistes, 100 % d'une classe d'âge est mortelle. Autrement dit, si l'on ne meurt pas d'un cancer, on mourra d'une autre pathologie dont la prise en charge sera coûteuse. Remarquons que le fait que la prévention soit louée pour ses vertus « économiques » est symptomatique de l'emprise des catégories budgétaires sur la politique de santé. Tout se passe comme si une action publique en santé avait d'autant plus de chances d'être entendue par les décideurs politiques et administratifs qu'elle promettait de résorber le fameux « trou de la Sécu ». De fait, jamais le ministère des Finances n'a pesé aussi lourdement sur la fabrique des politiques de santé. Désormais, la direction du Budget exerce une tutelle sur la principale direction centrale du ministère des Affaires sociales et de la Santé, la direction de la Sécurité sociale, en charge de la préparation du projet de loi de financement de la Sécurité sociale voté chaque automne par le Parlement. Raisonnement budgétaire et non raisonnement économique car, en économie de la santé, ce dernier consiste à évaluer l'utilité d'une action publique en rapportant les coûts aux bénéfices. Dans le raisonnement budgétaire, on ne considère que les coûts, et, plus exactement, les coûts dans le court terme du seul point de vue des finances publiques. Il en résulte des choix souvent désastreux à moyen et long terme.

On n'en prendra ici que deux exemples. À force de mettre à la diète budgétaire les hôpitaux publics alors que ces derniers voyaient leur activité augmenter, les conditions de travail se sont tellement dégradées que de nombreux médecins et soignants sont désormais décidés à le fuir. Il faut donc aux directions hospitalières débourser de plus grosses sommes pour attirer des intérimaires ou des « mercenaires » afin de pouvoir continuer à faire tourner les services. Le règlement de l'ardoise finale pour des hôpitaux souvent endettés relève bien souvent de la quadrature du cercle. Deuxième exemple, que nous allons explorer dans la partie qui vient : afin de maîtriser les dépenses publiques de santé, on en a transféré une partie sur les assurances-maladie privées dites « complémentaires » (mutuelles, instituts de prévoyance, assurances). Résultat à moyen et long terme : le système de santé devient globalement plus inefficient (pour 1 euro versé à l'assurance-maladie obligatoire, 0,95 est utilisé pour le remboursement des soins contre seulement 0,80 pour les assurances complémentaires) tandis que les inégalités financières d'accès aux soins augmentent. Pourtant, les contre-exemples américain et suisse auraient dû prévenir contre une telle tentation. Mais il faut bien rentrer dans les clous des exigences européennes… Même si à la fin, cela coûte plus cher tout en aggravant les inégalités. Ainsi, la logique budgétaire fait souvent fi de la rationalité économique pour seulement procéder à de simples transferts de coûts : des cotisations sociales et de la CSG vers les primes versées aux complémentaires et le budget des ménages, quitte à aggraver les maux du système de santé.

23

La France dépense-t-elle trop pour la santé ?

Brigitte Dormont

« Sur quel poste réduire le poids de la dépense publique ? » C'est la question posée par France Stratégie, dans une note publiée récemment [1]. On y reconnaît l'objectif du gouvernement actuel dans la terminologie employée. On parle de « poids » pour insister sur la lourdeur des impôts, en escamotant les contreparties : services publics et large périmètre de solidarité dans la protection sociale. Les auteurs de la note comparent poste par poste le niveau de la dépense publique en France à celui de nos partenaires européens pour voir où il serait possible de tailler dans les dépenses pour obtenir une « économie » de 3 points de produit intérieur brut (PIB) (soit une coupe budgétaire proche de 70 milliards d'euros). Concernant la protection sociale il apparaît que la France dépense 3,4 points de PIB de plus que ses partenaires pour les retraites et 1 point de PIB de plus pour la santé. Les scénarios envisagés montrent que la réduction recherchée ne peut être atteinte sans toucher aux « dépenses sociales », dont la santé et les retraites.

La dépense publique de santé

Il s'agit donc pour le gouvernement de réduire la dépense publique de santé. Dépensons-nous trop pour la santé ? La question est complexe, il ne faut pas s'en cacher. En effet, il n'y a pas que les soins médicaux qui contribuent à la santé, la dépense privée peut aussi financer les soins et enfin il faut tenir compte des questions d'efficience. Ce qui compte, c'est la dépense utile pour l'amélioration de la santé. Il est totalement légitime de diminuer les dépenses en réduisant les gâchis de ressources. Mais dans le même temps, on peut trouver que le niveau des dépenses de santé est insuffisant s'il ne permet pas d'offrir à tous l'accès à des innovations médicales fondamentales. La question de l'efficience existe, mais elle n'évacue pas celle du périmètre de la dépense publique de santé.

C'est principalement à cause des retraites complémentaires que notre pays a un niveau de dépenses publiques supérieur à celui de ses partenaires européens [2]. Les retraites complémentaires, dont la disparition est programmée par la réforme en cours, sont chez nous obligatoires pour les salariés du privé, une originalité française qui crée une solidarité plus large que chez nos partenaires, avec pour contrepartie statistique un plus haut niveau de dépenses publiques.

La France se distingue-t-elle des autres pays pour la dépense publique de santé ? L'écart est beaucoup moins marqué que pour les retraites, mais il existe. Contrairement aux retraites, il n'est pas dû à une couverture publique plus généreuse, mais à un niveau de dépenses de santé totale (publique et privée) supérieur.

Avec une dépense de santé égale à 12 % de son PIB, la France est au troisième rang mondial, loin derrière les États-Unis (17 %), juste après la Suisse, légèrement devant l'Allemagne et la Suède (11 %) et nettement devant la moyenne de l'Europe des Quinze (10 %) [3]. Elle dépense donc plus que ses proches partenaires. Pour ce niveau de dépenses, les résultats sont bons, sans être exceptionnels, avec une contre-performance notable en matière d'inégalités sociales de santé. Les derniers chiffres disponibles ont confirmé le constat, avec pour les hommes un écart de treize ans d'espérance de vie entre les plus aisés et les plus modestes [4].

La dépense publique de santé concerne une partie seulement des dépenses, celle couverte par des mécanismes de solidarité *via* la Sécurité sociale. Le degré de solidarité est-il supérieur en

France ? Il faut faire attention aux chiffres : les commentaires qui accompagnent la publication des comptes de la santé en France soulignent souvent que la France est le pays d'Europe où le reste à charge (la dépense directe des ménages) est le plus faible. Ce chiffre est un peu fallacieux car il tient compte des complémentaires santé (mutuelles, instituts de prévoyance et compagnies d'assurances) qui, n'étant pas obligatoires, comportent peu de mécanismes de solidarité (tarification à l'âge par exemple). Si l'on compare le degré de couverture publique des soins médicaux, la France ne se distingue pas par une couverture particulièrement généreuse. Pour 2016, les données de l'OCDE montrent que le taux de couverture publique des dépenses de santé en France (78,8 %) est inférieur à celui observé en Allemagne (84,6 %), en Grande-Bretagne (79,2 %), aux Pays-Bas (80,8 %) et en Norvège (85,2 %) par exemple. Si la France a une dépense publique de santé supérieure à celle de ses partenaires, ce n'est pas dû à une couverture publique plus généreuse, mais à une dépense de santé plus élevée.

Le prix de la solidarité

La France dépense-t-elle trop pour la santé ? Pourquoi se poser la question ? Personne ne se demande si les Français achètent trop de voitures ou d'objets électroniques. En effet, ces biens sont accessibles à un prix abordable et leur achat est librement décidé par chacun. La situation est tout autre pour les services de santé, car l'accès aux soins passe par une assurance sociale financée par des prélèvements obligatoires.

L'existence de l'assurance-maladie trouve sa source dans le fait que les coûts des traitements médicaux peuvent parfois atteindre des valeurs extrêmes qui dépassent les capacités financières de l'individu le plus fortuné. En effet, les dépenses de soins sont très concentrées : chaque année, 50 % de ces dépenses sont causées par les besoins d'une minorité de patients, qui représentent seulement 5 % des assurés. Cette caractéristique de la distribution des dépenses de soins est observée dans tous les pays. Elle fait qu'une société qui veut garantir un accès aux soins à tous ses membres doit instaurer une assurance-maladie obligatoire. Cette obligation permet un partage des risques à l'échelle de la population et réduit le coût de l'assurance pour chacun. Par définition, cette assurance-maladie est financée par des prélèvements obligatoires : impôts, cotisations sociales ou primes. La dépense publique de santé correspond aux dépenses ainsi couvertes.

Les prélèvements obligatoires ponctionnent les revenus des citoyens pour financer une dépense publique dont les contours sont définis par l'État. Les contribuables sont ainsi privés de ressources qu'ils auraient pu consacrer à l'achat de biens ou de services selon leurs goûts. La perte partielle de liberté individuelle dans l'usage de ces ressources peut nourrir une hostilité à l'impôt. Dans les décennies récentes, de nombreux pays européens ont suivi un agenda libéral et réduit leurs dépenses publiques. Dans notre pays, il est frappant de voir que dans les campagnes présidentielles la plupart des candidats promettent des baisses d'impôt. On observe aussi que l'évolution du taux de prélèvement obligatoire est maintenant un indicateur dont l'évolution est scrutée avec autant d'attention que celle du taux de chômage.

En France, la partie publique des dépenses de santé vise à instaurer une solidarité dans l'accès aux soins selon le principe qui a présidé à la création de la Sécurité sociale : « de chacun selon ses moyens à chacun selon ses besoins ». Le fait que cette solidarité a pour contrepartie des prélèvements obligatoires impose une double exigence : il faut définir de manière pertinente le « bon » périmètre de la solidarité et il faut être intransigeant sur l'efficience de la dépense publique de santé. En l'absence de rigueur sur l'efficience, les arguments en faveur des privatisations s'imposeront facilement.

L'érosion progressive de la couverture

Avant de poursuivre, il faut souligner que certaines modalités de diminution de la dépense publique ont un impact purement cosmétique sur le taux de prélèvement obligatoire sans libérer de pouvoir d'achat pour les citoyens. Il en est ainsi des multiples retraits de couverture par la Sécurité sociale qui ont été décidés à partir de 2004, et compensés par les couvertures complémentaires. Cela contribue à baisser les prélèvements obligatoires puisque les remboursements par la Sécurité sociale sont ainsi contenus, mais n'augmente aucunement le pouvoir d'achat des individus. En effet, tout le monde ou presque dispose d'une assurance complémentaire (indispensable à un bon accès aux soins) et les organismes complémentaires répercutent évidemment sur la valeur des primes d'assurance le surcroît de remboursements basculés dans leur champ. Ces retraits de couverture progressifs ont été stoppés à partir de 2012, mais dès 2017 le forfait hospitalier a été relevé, ce qui améliore les ressources des hôpitaux aux frais des assurances complémentaires.

Pourquoi ces retraits de couverture publique ne libèrent-ils pas du pouvoir d'achat ? Parce qu'il ne s'agit pas d'un produit ou d'un service de santé qui serait déremboursé dans sa totalité, auquel cas l'individu pourrait décider librement de sa consommation. Il s'agit d'une partie du coût de soins nécessaires, de ce fait couverts en majeure partie par la Sécurité sociale, que l'individu soucieux de sa santé n'a pas vraiment la latitude de ne pas consommer. Plus simplement, le fait que la consultation chez le généraliste soit couverte à 70 % et non 100 % contribue à contenir la dépense publique, mais n'empêche pas que le pouvoir d'achat soit amputé des 30 % nécessaires au paiement de la consultation, ou de la prime d'assurance complémentaire correspondante.

Cette situation résulte d'une structuration de l'assurance-maladie propre à la France, où des assurances complémentaires privées contribuent à cocouvrir des soins couverts partiellement par la Sécurité sociale. Cette organisation a eu pour inconvénient de déresponsabiliser les autorités en charge du pilotage de la dépense. Au lieu de chercher l'efficience pour contenir les coûts, elles ont utilisé l'érosion progressive de la couverture par la Sécurité sociale comme outil de régulation budgétaire. Or transférer une partie de la couverture sur les assurances complémentaires n'est pas moins coûteux pour les assurés : cela transfère de la dépense publique sans maîtriser la dépense.

L'accroissement des dépenses

Les débats sur la pression fiscale sont attisés par le fait que les dépenses publiques ont beaucoup augmenté au cours du XXe siècle. En France, la part des dépenses publiques dans le PIB est passée de 12,6 % en 1912 à 56,5 % en 2017. Cette dynamique est liée au développement de la protection sociale et a touché tous les pays dans les mêmes proportions, jusqu'aux politiques menées plus récemment par nombre de pays pour contenir leur dépense publique. Il est vrai que ces chiffres sont impressionnants. Ils signifient une progression marquée de la socialisation de la consommation. Autrement dit une part majeure de notre revenu, plus de la moitié, est consacrée à des consommations décidées collectivement.

Les dépenses de santé sont emblématiques de cette évolution, car elles progressent beaucoup plus vite que les autres postes de consommation. Entre 1950 et 2015, leur part dans le PIB est passée de 2,5 à 8,9 % [5]. La cause principale de cette progression n'est pas le vieillissement de la population mais les innovations thérapeutiques. En général, le progrès technique permet des gains de productivité. Pourquoi serait-il responsable de la hausse des coûts de la santé ? Deux mécanismes sont à l'œuvre : la substitution de traitement, qui permet un gain d'efficacité ; la diffusion du traitement, qui correspond à une utilisation croissante de l'innovation. C'est le mécanisme de diffusion qui conduit à une hausse des dépenses : de nouveaux traitements apparaissent, dont l'usage s'étend rapidement.

L'exemple de la cataracte est éloquent. Les nouvelles technologies ont permis d'importants gains de productivité : on observe une stabilité du coût de l'opération de la cataracte alors qu'elle a gagné en efficacité, conduisant à de meilleurs résultats en termes d'acuité visuelle et de réduction des taux de complication. Les dépenses associées au traitement de la cataracte n'ont augmenté qu'à cause de l'extension de l'opération à une plus grande proportion de patients. Moins risquée et plus efficace, elle peut être réalisée sur des patients plus âgés ou éprouvant une gêne moins sévère. Pareillement, une innovation majeure comme l'angioplastie a permis de résoudre certaines crises cardiaques sans recours à une opération à cœur ouvert. Moins coûteuse que le pontage et plus performante en termes de qualité de vie postopératoire, cette innovation a rendu possible l'extension du traitement à des patients plus nombreux. Observée dans la plupart des pays développés, cette évolution a permis de grands progrès dans les taux de survie et la qualité de vie des personnes atteintes. On pourrait considérer quantité d'autres innovations médicales, comme la prothèse de hanche ou la chirurgie du genou, qui améliorent les performances sanitaires et réduisent les incapacités, tout en conduisant à une augmentation des dépenses de soins.

La diffusion rapide de ces innovations est observée partout. Dans tous les pays développés, c'est une large couverture publique qui en a solvabilisé la demande. En France, c'est leur inclusion dans le panier de soins remboursés par la Sécurité sociale qui a permis l'accès de tous à ces soins innovants. À l'avenir, de nombreuses innovations sont anticipées pour les proches décennies, toutes aussi efficaces pour les soins qu'elles seront coûteuses pour la collectivité, dès lors qu'elles seraient intégrées au panier de soins remboursés par la Sécurité sociale. En l'absence de couverture socialisée, la diffusion des innovations médicales serait fortement ralentie. On assisterait aussi à la montée des inégalités dans l'accès à des soins pouvant influencer la longévité ou la qualité de la vie des malades, inégalités dont personne ne sait l'impact qu'elles pourraient avoir sur la cohésion sociale.

Un choix de société

Doit-on choisir entre préservation d'un pouvoir d'achat en limitant les dépenses socialisées, ou acceptation d'offrir à tous l'accès aux innovations médicales pour continuer à faire société ? Ainsi posé, le dilemme semble tragique. Mais son énoncé est trompeur, car il omet la croissance. Consacrer une part toujours plus importante de notre revenu aux soins médicaux ne signifie pas qu'il s'agisse de diminuer notre consommation actuelle de biens et services non médicaux. Rien ne permet de penser qu'il faudra se restreindre pour financer les soins. La question est celle de l'usage des fruits de la croissance à venir. Voulons-nous consacrer les gains de pouvoir d'achat à la consommation privée de voyages touristiques et de loisirs numériques ? Ou bien donner une part plus grande à de la consommation collective qui peut concerner les soins médicaux, mais aussi la protection de l'environnement, la culture, etc. ?

En France, les arbitrages sont rendus par des instances publiques ou paritaires censées agir au nom des assurés sociaux et on peut se demander si les décisions actuellement prises sont conformes aux préférences des citoyens. Concrètement, les décisions qui influencent la dépense de santé portent sur le choix des biens ou services médicaux qui seront couverts par la Sécurité sociale, sur leur niveau de prix, et sur l'organisation de l'offre de soins par les hôpitaux et la médecine de ville. Contrairement à un marché de biens privés où les achats reflètent les arbitrages des individus, le financement des soins par la Sécurité sociale ne permet pas aux préférences individuelles de s'exprimer. Cela rend nécessaire une vigilance accrue sur les services rendus par les soins ainsi financés. Dépensons-nous trop pour la santé ? Pour répondre à une telle question, il faut évaluer en unités monétaires la valeur obtenue en contrepartie de ces dépenses.

Évaluer l'impact des soins sur la santé est un préalable. Il peut sembler choquant de questionner l'existence d'un impact positif, tant les découvertes médicales apportent la preuve continue des victoires remportées contre la maladie. Mais quel est le lien, au niveau d'un pays, entre les moyens déployés et les résultats ? Est-il vrai que dépenser plus apporte plus de santé ? Ces questions, qui portent sur la fonction de production de santé, sont loin d'être simples. Ce n'est que récemment que des bases de données individuelles suffisamment fines pour évaluer la morbidité des individus ont permis de montrer, en contrôlant par les besoins, que le taux de décès est bien une fonction décroissante des dépenses engagées [6].

Un autre problème tient au fait que d'autres facteurs contribuent à réduire la mortalité, comme l'amélioration de la qualité des logements, l'hygiène, l'approvisionnement en eau potable, la généralisation de l'enlèvement des ordures et le développement de l'éducation. Cela crée une difficulté pour l'identification de l'impact des services de santé proprement dits.

Dans les pays développés cependant, la plupart des décès résultent d'un cancer ou d'une maladie cardio-vasculaire, ce qui ouvre aux soins médicaux de grandes potentialités d'impact sur la longévité. On a pu calculer que l'augmentation entre 1950 et 2000 de l'espérance de vie des hommes aux États-Unis, égale à neuf ans, était principalement due à la réduction de mortalité pour crise cardiaque (+ 3,7 ans) et pour accident vasculaire cérébral (+ 1 an) [7]. Ce n'est pas seulement la longévité, mais aussi la qualité de la vie qui est améliorée par les soins : les progrès réalisés dans les prothèses de la hanche ou du genou ont réduit les handicaps associés aux troubles musculo-squelettiques.

La valeur de la vie

Comme d'autres services pour lesquels n'existe ni marché ni prix, la santé n'est pas intégrée à la mesure de la production nationale. Le seul élément incorporé dans le PIB est le coût des soins, qui ne représente qu'une faible part de la valeur de la santé. Pourtant la santé a évidemment une valeur. Lorsqu'ils sont interrogés, la plupart des individus sont prêts à consacrer des sommes importantes pour vivre longtemps et en bonne santé.

Le concept utilisé pour mesurer la valeur des gains en santé et en longévité est appelé « valeur statistique de la vie ». Il est utilisé dans d'autres domaines de la décision publique : pour des arbitrages concernant des infrastructures pouvant réduire le nombre d'accidents de la route, ou sur des questions environnementales, pour évaluer des investissements visant à améliorer la qualité de l'air. Conférer une valeur monétaire à la vie peut sembler choquant sur un plan éthique [8]. Mais c'est la seule voie pour mesurer l'apport des dépenses de santé et le comparer avec d'autres productions bien visibles dans le PIB. C'est aussi le seul moyen de rendre explicites les critères utilisés pour décider de l'orientation de la dépense publique sur tel ou tel secteur, le logement ou la santé, par exemple. En l'absence de cet outil de mesure, les arbitrages sont quand même rendus, mais avec des critères souvent improvisés et généralement opaques.

La valeur statistique de la vie est basée sur des enquêtes d'évaluation contingente, une méthode développée récemment pour connaître les préférences des individus, lesquelles peuvent d'ailleurs être appréciées dans leur diversité. Elle permet d'évaluer l'apport de chaque innovation médicale, l'apport étant entendu comme la valeur conférée par les individus à cette innovation, compte tenu de leurs préférences. Il s'agit d'une évaluation en unités monétaires du bien intrinsèquement non marchand qu'est la santé. La valeur statistique de la vie peut aussi être utilisée de manière plus globale, pour mesurer en unités monétaires la valeur créée par les gains en santé et en longévité. Les économistes Kevin Murphy et Robert Topel ont réalisé cette évaluation pour les États-Unis [9]. Ils obtiennent un résultat spectaculaire : entre 1970 et 2000, les gains en santé et en espérance de vie auraient ajouté chaque année à la richesse du pays une valeur équivalente à environ 34 % du PIB ! L'apport annuel des dépenses de santé serait ainsi très supérieur à leur coût, qui était de 15 % du PIB aux États-Unis en 2000. Cet écart suggère que l'effort consenti pour les dépenses de santé dans ce pays, pourtant le plus dépensier au monde en matière de santé, serait encore inférieur à sa valeur optimale selon les préférences de ses citoyens, telles qu'elles ont été mesurées par les enquêtes qui ont permis d'estimer la valeur statistique de la vie aux États-Unis.

Pour les États-Unis, Murphy et Topel aboutissent à une conclusion contraire au sempiternel constat de dépenses de santé excessives. Ce résultat très différent du sens commun est obtenu car ils ont cherché à mesurer la valeur des gains en santé obtenus en contrepartie des dépenses. Il est possible, dans l'attente de résultats permettant de la fonder, qu'une conclusion similaire soit obtenue pour la France. Dans cette hypothèse (qui doit être testée), il faudrait consacrer une plus large part des fruits de la croissance à des dépenses de santé pour répondre aux préférences des Français.

Dans le cadre du financement solidaire en place actuellement, cela se traduirait par une augmentation de la part des prélèvements obligatoires dans le revenu national. Obtiendrait-on un consensus en faveur d'une telle évolution ? Rien n'est moins sûr, tant l'idée d'une augmentation des cotisations est difficile à défendre dans le contexte actuel. C'est là que la mesure des préférences des Français par le chercheur en sciences sociales (la mesure de la valeur statistique de la vie est sujette aux incertitudes qui affectent tout résultat empirique) pourrait enrichir l'organisation actuelle de la délibération politique.

L'impératif de l'efficience

À ce stade, la question de l'efficience trouve toute sa place : réaliser des gains d'efficience peut contribuer à limiter l'augmentation des dépenses tout en améliorant les services rendus, autrement dit la valeur créée. Éviter le gaspillage des ressources est aussi un objectif de nature politique : la recherche d'efficience fonde le consensus social autour de l'effort consenti pour les dépenses de santé. L'adhésion des citoyens aux prélèvements obligatoires serait favorisée s'il était clair que les sommes dépensées permettent d'atteindre des objectifs définis collectivement et ne servent pas à alimenter les rentes de quelques-uns.

Pour gagner en efficience, il faut améliorer l'organisation du système de soins et les arbitrages sur le panier de soins remboursés. Les enjeux associés à ces objectifs sont tous des sujets qui fâchent : prix du médicament, installation géographique des médecins, rémunérations des professionnels de santé, tarification de l'hôpital et des parcours de soins, pour n'en citer que quelques-uns. Il est très difficile de gagner en efficience car les autorités en charge de la régulation n'observent jamais bien les contraintes réelles des acteurs sur le terrain. Avec une connaissance imparfaite de réalités hétérogènes, les responsables se bornent le plus souvent à serrer la vis budgétaire, alors que seuls des mécanismes fins peuvent inciter à l'efficience sans mettre les acteurs en difficulté pour leur fonctionnement.

S'il est urgent d'organiser en France un débat public sur le niveau désirable des dépenses publiques de santé, il est tout aussi fondamental de faire progresser l'opinion sur la question de l'efficience et d'améliorer les pratiques en matière de régulation du système de soins. Dans notre pays, toute proposition visant à plus d'efficience est soupçonnée d'introduire un rationnement des soins. Cette accusation est hélas trop souvent justifiée par les coups de rabot imposés. Elle est aussi instrumentalisée avec succès par les groupes porteurs d'intérêts menacés par la recherche d'efficience. Il est vraisemblable que nous dépensons trop pour les soins actuellement délivrés. En même temps, il est possible que les Français veuillent plus de soins pour améliorer leur santé et soient prêts à dépenser davantage. Un tel choix, collectif et raisonné, doit être fondé sur une délibération tenant compte des préférences des citoyens.

RÉFÉRENCES

[1] France Stratégie est un organisme placé auprès du Premier ministre. C. Gouardo, F. Lenglart, « Où réduire le poids de la dépense publique ? », France Stratégie, *La Note d'analyse n° 74*, janvier 2019.
[2] A. Bozio, B. Dormont, « Gouverner la protection sociale : transparence et efficacité », *Les Notes du Conseil d'analyse économique n° 28*, janvier 2016.
[3] « Les dépenses de santé en 2017 », *Résultats des comptes de la santé*, Drees, 2018.
[4] On désigne ainsi les individus qui ont un niveau de vie correspondant aux 5 % les plus riches (ou aux 5 % les plus pauvres). Voir N. Blanpain, « L'espérance de vie par niveau de vie : chez les hommes, 13 ans d'écart entre les plus aisés et les plus modestes », *Insee Première n° 1687*, février 2018.
[5] Ces chiffres sont un peu différents de ceux mentionnés en début d'article car ce ne sont pas les mêmes définitions des agrégats qui sont utilisées pour les comparaisons internationales et les analyses en longue période.
[6] S. Martin, N. Rice, P. Smith, « Does health care spending improve health outcomes ? Evidence from English programme budgeting data », *Journal of Health Economics*, 2008, 27, p. 826-842.
[7] K. Murphy, R. Topel, « The value of life and longevity », *Journal of Political Economy*, 2006, 114 (5), p. 871-904.
[8] Soulignons que dans ce concept, la vie a une valeur indépendamment des capacités productives de l'individu.
[9] K. Murphy, R. Topel, « The value of life and longevity », art. cité.

24

Pour améliorer la qualité des soins, faut-il la payer ?

André Grimaldi

Il existe déjà en France un financement de la « qualité » pour la médecine de ville au sein de la rémunération sur objectifs de santé publique (Rosp) et pour l'hôpital par l'incitation financière à l'amélioration de la qualité (Ifaq). La Rosp a rapporté en 2016, en moyenne, à chaque médecin généraliste 6 983 euros (pour un total de 466 millions d'euros), deux tiers de ce revenu étant consacré à la rémunération de 8 indicateurs de suivi des patients diabétiques, hypertendus, et à risque cardio-vasculaire élevé, et à la rémunération de 12 indicateurs consacrés à la prévention. Dans le même temps, l'Ifaq ne consacrait que 40 millions d'euros au financement de 46 indicateurs recueillis par 1 400 établissements. En conséquence, le nouveau président de l'Agence nationale d'appui à la performance des établissements de santé et médico-sociaux (Anap) a estimé que le « moment est historique pour mettre aujourd'hui la qualité dans le modèle de financement » des hôpitaux. « C'est un enjeu historique qui ne se reproduira peut-être pas si on n'est pas capable de le saisir. » Et l'ex-ministre a répondu à cet appel de détresse en augmentant en 2019 le bonus qualité hospitalier à 300 millions d'euros et en prévoyant de le porter à 1 milliard en 2020. Les députés ont ajouté un malus pour les mauvais élèves, ce qui permettra de rester à budget constant. Ainsi le malus des uns fera le bonus des autres.

L'incitation financière à la qualité suscite trois types de réflexions : éthique, psychologique, et factuelle.

Une réflexion éthique

En premier lieu, une réflexion éthique, dans la mesure où l'engagement des professionnels à fournir des soins pertinents et de qualité fait partie du serment prêté par les médecins. Financer le respect d'un serment ne revient-il pas en effet à supprimer ce serment ? C'est pourquoi le Conseil national de l'ordre des médecins s'était prononcé, en 2008, contre le Capi (contrat d'amélioration des pratiques individuelles, ancêtre de la Rosp). La qualité des soins est un devoir pour les médecins et, plus généralement, pour les soignants. Sa non-observance relève donc éventuellement de sanctions pouvant aller jusqu'à l'interdiction professionnelle. La qualité des soins n'est pas une option facultative choisie par le médecin selon son rapport financier, c'est une obligation éthique qui explique que le médecin doive mettre à jour en permanence ses connaissances, ne pas dépasser ses limites de compétences, et enfin accepter une évaluation de ses pratiques (de l'autoévaluation à l'évaluation par les pairs, en passant par l'évaluation par les patients et leurs associations et en acceptant l'évaluation institutionnelle à partir de bases de données).

La qualité des soins est l'objectif de l'exercice médical. C'est le sens même du métier. Et pour les maladies chroniques, le transfert de compétences aux patients, la prise en compte de leur vécu, la pratique de la décision médicale partagée, le travail en équipe et la coordination avec les professionnels intervenant en amont et en aval dans le fameux « parcours de soins », font partie de cette qualité qui ne se réduit pas à la prescription. Cette « philosophie déontologique », ou philosophie du devoir, est contraire à la logique commerciale qui veut que le client paie la qualité des choses ou des services et que, en conséquence, riches et pauvres n'y aient pas un égal accès. À l'opposé, l'impératif de la qualité des soins relève de la morale kantienne : elle doit être universelle, c'est-à-dire la même pour tous (et toutes), et elle doit être une fin et ne saurait devenir un moyen (de faire de l'argent).

À cette philosophie morale s'oppose – hélas – la réalité, avec son double constat de l'inégalité sociale d'accès aux soins et de la disparité des pratiques médicales quant à la pertinence et à la qualité des soins. Partant de cette réalité, la « philosophie utilitariste » estime que toute action librement consentie permettant d'améliorer les résultats en termes de bien-être sans porter tort à autrui est éthique. Financer un médecin ou un malade pour améliorer la qualité d'un soin ou d'un comportement n'est peut-être pas très « moral », mais est parfaitement éthique si (et seulement si) le résultat est positif et le coût acceptable eu égard à d'autres choix. C'est le classique pragmatisme anglo-saxon qui débouche sur le calcul du prix d'une année de vie en bonne santé (QALY, pour *quality-adjusted life year*), calcul théoriquement utile pour faire un choix rationnel entre divers investissements (par exemple supprimer les passages à niveau dangereux, ou dépenser plus pour le traitement des cancers). C'est la fameuse « culture du résultat » qui, poussée à l'extrême, se moque de la nature des moyens utilisés si le résultat est bénéfique. C'est la fin qui justifie les moyens. Ainsi, une étude randomisée en cours vise à évaluer le bénéfice de bons d'achat (pour un montant cumulatif pouvant atteindre 380 euros) chez des femmes enceintes continuant à fumer malgré les prises en charge psychocomportementale et pharmacologique classiques. Un tel protocole est-il éthique ? Pour les adeptes d'une philosophie déontologique, la réponse est clairement non, car le bien-être d'un enfant ne peut pas avoir de prix, et cette pratique du bonus n'est pas universalisable. Pour les partisans d'une philosophie utilitariste, la réponse est oui, car si le résultat est positif, ce sera bien et pour l'enfant et pour la mère (du moins si elle ne rechute pas). Encore faudrait-il que le critère principal de jugement de cette étude soit pertinent, à savoir le bénéfice pour les enfants (poids de naissance, hypotrophie fœtale, prématurité, mort *in utero*...), et ne se limite pas au taux de sevrage tabagique des mères. Resterait encore à évaluer s'il vaut mieux attribuer le bonus financier à l'arrêt du tabac, ou à l'arrêt de l'alcool ou d'autres addictions, ou encore à la lutte contre la maltraitance infantile... Par ailleurs, le fait qu'un bonus de 380 euros puisse être très motivant pour une personne pauvre et être perçu comme dérisoire, voire insultant, pour une femme riche importe peu du point de vue utilitariste.

Ce débat éthique n'est pas secondaire, car il concerne des sujets de société aussi brûlants que le statut de la prostitution et la grossesse pour autrui rémunérée. Selon que l'on considère le corps humain comme une personne ou comme un assemblage d'organes (peu différent d'une somme de prothèses), la réponse est évidemment diamétralement opposée. Ce débat concerne également l'introduction dans la santé de la pratique assurantielle, jusque-là interdite, du bonus ou du bonus/malus. Combat entre le « nouveau monde » et l'« ancien monde » ?

Une réflexion psychologique

La deuxième réflexion est d'ordre psychologique et porte sur la motivation pour les changements de comportements. Rappelons d'abord que la motivation suppose dans tous les cas un effort. On distingue classiquement la motivation intrinsèque et la motivation extrinsèque. Lors de la motivation intrinsèque, l'activité nécessite certes un effort, mais elle génère en elle-même de la satisfaction, voire du plaisir, car elle correspond à des valeurs profondes de la personne donnant sens à sa vie (l'altruisme, le courage, le dépassement de soi, la connaissance, la créativité, la transmission...). Lors de la motivation extrinsèque, l'effort réalisé n'apporte en soi aucune satisfaction, et peut même être très pénible ou franchement désagréable, mais il permet d'obtenir un bénéfice secondaire (reconnaissance, notoriété, pouvoir, argent...).

Cette distinction est évidemment réductrice, car l'être humain est capable d'intérioriser une motivation extrinsèque : pour un avare, l'argent n'est-il pas « du concentré de bonheur » à l'état pur et, par ailleurs, l'argent ne permet-il pas de s'approprier toutes les qualités intrinsèques ou presque ? « Ce peu d'or suffirait à rendre blanc le noir, beau le laid, juste l'injuste, noble l'infâme, jeune le vieux, vaillant le lâche… » (Shakespeare dans *Timon d'Athènes*). N'a-t-on pas vu l'argent transformer n'importe quoi en « œuvre d'art » ? Inversement, une motivation extrinsèque peut soit renforcer une motivation intrinsèque, soit, au contraire, la dégrader. Ainsi, l'argent ne dégrade pas, et peut même renforcer la motivation intrinsèque d'un sportif de haut niveau, d'un artiste de talent, d'un chercheur reconnu ou d'un conférencier prestigieux, mais il dégrade ou altère la motivation intrinsèque déterminant une action altruiste (don du sang ou d'organe…) ou un engagement sociétal (associatif ou politique).

À l'inverse, la reconnaissance sociale renforce la motivation intrinsèque, bien que la quête de notoriété médiatique ou la recherche du pouvoir puisse la rendre suspecte. Les médecins sont sensibles à la reconnaissance et à la notoriété. Ils étaient censés traditionnellement ne pas céder à l'appât du gain, respecter « le tact et la mesure » pour leur rémunération, et « offrir gratuitement leurs soins à l'indigent ». Lors des attentats du Bataclan et de l'Hyper Cacher de la porte de Vincennes, Martin Hirsch, le directeur général de l'Assistance publique-Hôpitaux de Paris, fit l'expérience de la dévalorisation par l'argent de la motivation intrinsèque, comme il le confie dans son livre *L'Hôpital à cœur ouvert* : « J'avais été d'emblée frappé par la mobilisation spontanée des personnels qui sont revenus, restés… qui tous ont répondu présent, merveilleusement présent. » Exactement comme s'en était émerveillée sa prédécesseure à la tête de l'AP-HP, Rose-Marie Van Lerberghe, lors du drame de la canicule. Et exactement comme elle, il a voulu « saluer cette mobilisation non seulement par des mots » mais en octroyant « une prime exceptionnelle à celles et ceux qui s'étaient mobilisés ». Et tout comme elle, il reçut comme réponse : « Nous n'avons pas besoin d'une aumône [1]. » Les personnes concernées auraient sûrement accepté un treizième mois, mais elles ne voulaient pas dévaloriser leur action par l'attribution d'une petite prime... En la matière, tout dépend néanmoins des valeurs d'une société : être milliardaire aide un Américain à devenir Président, mais, jusqu'à ce jour, ce serait plutôt un handicap pour un candidat à la présidence de la République française. Pour combien de temps encore ?

Une réflexion sur l'efficacité

La troisième réflexion porte sur les résultats du paiement à la performance (*pay for performance* = P4P). C'est en effet le critère ultime de jugement pour les économistes utilitaristes qui estiment que c'est l'efficience qui fait l'éthique. Quels sont donc les résultats du P4P introduit en 2004 en Angleterre pour les médecins généralistes, puis développé dans les hôpitaux anglais et américains, et qui se diffuse aujourd'hui largement ? Avant toute chose, il faut se demander quel est l'objectif du P4P, différent d'un programme à l'autre : abaisser les coûts de santé, améliorer l'accès aux soins, réduire la morbidité et les réhospitalisations, ou diminuer la mortalité ? Quel doit être le niveau de l'intéressement financier pour être suffisamment motivant ? Doit-il être personnel, attribué à chaque professionnel, ou collectif, attribué à une équipe soignante, ou global pour un établissement de santé ou les trois à la fois ? Faut-il viser un seuil maximal à atteindre et/ou un seuil minimal à dépasser, faut-il récompenser seulement les 10 % ou les 25 % premiers au risque de démobiliser les autres, faut-il pénaliser les derniers au risque d'accroître les inégalités, faut-il valoriser l'amélioration avec le temps ? La mesure de la « qualité » doit-elle être ciblée, limitée à un ou quelques objectifs portant sur une ou quelques pathologies ou, au contraire, permettre le calcul d'un score global de qualité ? Les indicateurs de « qualité » doivent-ils porter sur les moyens et l'organisation (quota de personnels soignants, délai de rendez-vous, coordination ville/hôpital...), sur les procédures au risque de soigner l'indicateur plutôt que le malade (verser la solution hydroalcoolique dans l'évier pour améliorer son indicateur ICALIN des infections nosocomiales), sur des critères intermédiaires (hémoglobine glyquée, pression artérielle...) et/ou sur des événements cliniques significatifs ? Comment prendre en compte les inégalités sociales des populations et la gravité évolutive des pathologies ? Quelle place donner à la satisfaction et à l'appréciation des résultats importants pour les patients ?

En ce qui concerne la médecine de premier recours, l'expérience la plus importante est sans conteste celle de l'Angleterre qui a consacré au P4P des moyens très importants, avec plus de 1 milliard d'euros par an, représentant 25 % des revenus des médecins généralistes, et une adhésion volontaire de plus de 99 % des praticiens. Une évaluation a été publiée en 2007, puis en 2009, comparant l'évolution de la « qualité » avant l'introduction du P4P (de 1998 à 2003) et après son introduction (de 2005 à 2007). Pour l'insuffisance coronaire, comme pour l'asthme et le diabète, on a observé une accélération initiale de l'amélioration des indicateurs de qualité, puis une stagnation après 2005. Plus inquiétant fut le constat que les indicateurs de qualité ne donnant pas lieu à rémunération déclinèrent pour l'asthme et l'insuffisance coronaire. Quant à la perception des patients de l'accès aux soins et de la qualité de la relation, elle ne fut pas affectée par le P4P, tandis que le suivi personnalisé diminuait.

L'absence de poursuite de l'amélioration pouvait s'expliquer par le fait que les praticiens, dès 2005, avaient gagné 97 % de la somme maximale prévue, résultat très élevé entraînant une baisse de leur motivation « extrinsèque » pour obtenir « le reste à gagner ». Il fut donc décidé, en 2006, de rehausser les exigences et d'augmenter le nombre d'indicateurs. Une étude portant sur près d'un demi-million de patients hypertendus suivis pendant quatre ans avant et pendant trois ans après l'introduction du P4P ne montra pas de bénéfice, ni sur les chiffres de PA et l'intensification du traitement, ni sur l'incidence des accidents vasculaires cérébraux, des infarctus du myocarde, des insuffisances cardiaques ou rénales. Finalement, le programme du P4P anglais n'a pas montré de réduction de la mortalité ajustée sur l'âge et le sexe (qu'il s'agisse de la mortalité globale, ou par maladie cardio-vasculaire, ou par cancer) comparativement à vingt-six pays de l'Organisation de coopération et de développement économiques (OCDE) ne pratiquant pas le P4P, y compris après ajustement sur le produit intérieur brut (PIB) par personne, le taux de chômage et d'inégalités sociales, et sur le type de système de santé. Le National Institute for Health and Care Excellence (NICE) a insisté pour que les indicateurs soient plus centrés sur les résultats que sur les procédures. Cette dissociation entre l'observance médicale des procédures et la morbi-mortalité des patients est bien documentée. Et s'explique à la fois par la variabilité de réponse au traitement des patients non sélectionnés dans la vraie vie contrairement aux études et surtout par la variation de l'observance des patients.

C'est le mouvement inverse qui a été suivi en France pour les indicateurs de qualité introduits dans la Rosp. À partir de 2017, l'objectif d'un bon équilibre du diabète des patients (une HbA_{1c} $\leq$ 7,5 %) pour 80 % des patients diabétiques de type 2 a été supprimé. Il suffit désormais qu'au moins 90 % des patients aient bénéficié d'au moins deux dosages d'HbA_{1c} dans l'année pour que le médecin prescripteur gagne 30 points, soit 210 euros. En effet, le résultat dépend autant – sinon plus – du patient diabétique que du médecin, et un bonus alloué au seul médecin pourrait l'inciter à la sélection des « bons clients ». Finalement, la revue *Cochrane* – qui fait autorité – consacrée aux effets de l'incitation financière sur la qualité des soins en médecine de premier recours conclut, à partir de l'analyse de sept études méthodologiquement correctes : « Il n'y a pas suffisamment de preuves en faveur ou en défaveur de l'incitation financière des médecins de premiers recours pour l'amélioration de la qualité des soins [2]. »

Le P4P a débuté dans les hôpitaux américains en 2003. Le *Hospital Quality Incentive Demonstration* (HQID) sur cinq pathologies : l'insuffisance cardiaque, l'infarctus du myocarde, la pneumonie, le pontage coronarien, la pose de prothèse de hanche et de genou. Le financement concernait l'établissement, et non directement les professionnels. Il était compétitif, le décile supérieur touchant un bonus représentant 2 % du financement global de l'hôpital, le second décile recevant seulement 1 %. Les établissements ont été recrutés parmi les hôpitaux volontaires pour participer à une évaluation de leur qualité sur ces mêmes indicateurs, avec un rendu public des résultats (*Hospital Quality Alliance* [HQA]).

On a ainsi pu comparer 200 hôpitaux participant au P4P à 400 hôpitaux participant à l'évaluation de la qualité rendue publique sans incitation financière. La comparaison porta sur trois pathologies : l'infarctus du myocarde, l'insuffisance cardiaque et la pneumonie. Après ajustement sur la performance initiale et sur les caractéristiques des hôpitaux, on observa une amélioration discrète (de 2 à 4 points), mais significative, des indicateurs de qualité dans le groupe P4P par rapport au groupe contrôle. Les progrès les plus grands étant observés pour les établissements initialement les moins performants. Cinq ans plus tard, une nouvelle étude ne montrait aucune différence de mortalité à 1 mois entre les « hôpitaux PAP » et les hôpitaux avec *public reporting* sans P4P, pour quatre pathologies (infarctus du myocarde, insuffisance cardiaque, pneumonie, pontage coronarien) concernant 6 millions de patients.

De même, le programme anglais *Advancing Quality* (AQ) comparait le taux de mortalité à 1 mois dans les dix-huit mois précédant l'instauration du P4P dans les hôpitaux du nord-ouest de l'Angleterre à celui des dix-huit mois suivants, comparativement aux taux des autres hôpitaux du pays non encore inclus dans le programme. Après un bénéfice significatif initial, deux ans plus tard, on n'observait plus aucune différence de mortalité entre les hôpitaux P4P et les hôpitaux du groupe contrôle. Une analyse de 34 programmes mis en œuvre dans 14 pays de l'OCDE constate la grande hétérogénéité de ces programmes, souligne la faiblesse et l'inconstance des résultats qui peuvent être attribués aux effets collatéraux du P4P – focalisation de l'attention sur les indicateurs et publication des résultats – plutôt qu'à la rémunération financière elle-même. Elle conclut que le P4P n'a pas été à la hauteur des attentes.

Finalement, un éditorial d'une revue américaine récapitule les résultats du P4P : amélioration transitoire des indicateurs de procédures, pas d'amélioration de la morbi-mortalité, pas d'amélioration de la qualité des soins perçue par les patients ; dans certains programmes, détérioration des marqueurs de qualité ne donnant pas lieu à rémunération, voire aggravation des inégalités avec pénalisation des hôpitaux ou des professionnels prenant en charge les patients les plus pauvres ou les malades les plus graves. Il conclut : « Il est largement temps d'abandonner ce modèle qui ne fonctionne pas [3]. » Pire, il peut fonctionner à l'envers : un article publié en décembre 2018 dans le *JAMA* sur les patients américains âgés bénéficiant du programme *Medicare* montra une augmentation de la mortalité après pneumonie et insuffisance cardiaque après qu'on eut introduit un bonus pour éviter la réhospitalisation dans le mois suivant la sortie de l'hospitalisation initiale. Après l'introduction du P4P, on enregistra effectivement moins de réhospitalisations mais plus de décès dans la période !

En France, on a mené une étude pilote de 2012 à 2014 dans 185 hôpitaux, comparés à 192 ne bénéficiant pas d'incitation financière. L'étude n'a pas montré de différence significative. Ce résultat négatif a été minimisé par les auteurs, l'attribuant à une récompense financière insuffisante, une durée trop courte de l'étude, des indicateurs et des objectifs inadaptés. Il est donc dans l'ordre habituel des choses que, malgré la négativité de l'étude pilote, les managers français aient décidé en 2016 de généraliser le P4P à tous les hôpitaux, suivant l'exemple des Américains avec dix ans de retard.

Finalement le rapport « Charges et produits » de la Sécurité sociale de 2018 estime très justement que « pour beaucoup de régulateurs, les résultats des programmes se sont révélés décevants, en deçà des espoirs investis dans de tels dispositifs » (ce qui veut dire poliment que cela ne marche pas), mais constate que « la conviction qu'il est essentiel d'introduire des mécanismes d'incitation à la qualité dans les modes de rémunération reste plus forte que jamais ». Comme quoi les financeurs/managers ne sont pas, comme on pourrait le croire, des êtres à part, froids et rationnels. Ils ont seulement la passion des chiffres !

Quelle(s) alternative(s) ?

L'amélioration de la pertinence et de la qualité des soins a pour objectif, dans un système de santé financé essentiellement par la solidarité nationale, le « juste soin pour le patient au moindre coût pour la collectivité ». Dans la mesure où les moyens alloués à la santé ne sont pas illimités, mais fixés chaque année par la représentation nationale qui vote l'objectif national de dépenses de l'assurance-maladie (Ondam), tout acte non justifié est non éthique, non seulement parce qu'il peut être préjudiciable au patient, mais aussi parce qu'il utilise un financement qui fera défaut à des soins utiles, mais non ou mal remboursés. De même, tout manque de qualité dans l'accès aux soins, dans leur réalisation et dans la coordination entre les professionnels peut être délétère pour le patient et, secondairement, coûteux pour la collectivité. Inversement, la recherche de la rentabilité financière par la tarification à l'activité ou le paiement à l'acte comporte un risque de manque de pertinence (par exemple, demande d'examens inutiles pour justifier une hospitalisation de jour) et de dégradation de la qualité (par exemple, sortie prématurée de patients hospitalisés, voire recours abusif à la chirurgie ambulatoire responsable de suites compliquées pouvant nécessiter une réhospitalisation).

L'amélioration de la pertinence des prescriptions et des actes nécessite une politique nationale impliquant l'ensemble des acteurs pour obtenir une réduction des disparités importantes constatées sur les bases de données de l'assurance-maladie et du programme de médicalisation des systèmes d'information (PMSI) montrant des variations d'incidence pouvant aller de 2 à 4 en matière de thyroïdectomie, d'hystérectomie, de cholécystectomie, de prostatectomie, de pose de stent coronaire ou de pacemaker, de césarienne. Pour la chirurgie de l'obésité dont bénéficie chaque année plus de 60 000 patients la variation d'un département à l'autre peut aller de 1 à 20… De même, un certain nombre d'examens biologiques ou d'imagerie demandés à « titre systématique » pourraient être réduits grâce à l'implication coordonnée de la Haute Autorité de santé (HAS), des sociétés savantes, du service médical de la Sécurité sociale, et des associations de patients, avec une communication adaptée auprès des professionnels, en attendant la généralisation du dossier médical partagé.

En ce qui concerne la qualité des soins hospitaliers, le moteur essentiel de motivation extrinsèque doit être la reconnaissance des patients et la notoriété des équipes sans financement spécifique. À la limite, un financement devrait aider les hôpitaux en difficulté, plutôt que de récompenser les meilleurs ! Il faut donc réaliser des évaluations, porter leurs résultats à la connaissance des professionnels afin qu'ils puissent s'améliorer, et rendre publique l'évaluation après la démarche d'amélioration. Ces évaluations doivent être multiples, réalisées par les équipes elles-mêmes (autoévaluation et évaluations comparatives entre équipes sur des indicateurs fixés en commun), évaluation par les correspondants d'amont et d'aval, évaluations institutionnelles, évaluation par les patients et leurs associations. Ces évaluations doivent être à la fois globales et simples, comportant les volets suivants portés à la connaissance du public :

– nombre de patients pris en charge dans l'année par pathologie (car on ne fait bien que ce que l'on fait assez souvent) ;
– travail en équipe avec un personnel en nombre suffisant, formé, stable, habitué à travailler ensemble et à discuter collectivement des difficultés rencontrées ;
– existence de protocoles établis et de liens structurés avec les professionnels travaillant en amont et en aval. Une évaluation anonymisée réalisée par les pairs sur une échelle de 1 à 10 ;
– accessibilité et accueil des patients : qualité relationnelle perçue par les patients avec une note globale de satisfaction anonymisée de 1 à 10 réalisée par les patients ;

- détermination par les équipes elles-mêmes d'indicateurs particuliers à améliorer chaque année (par exemple : traitement de la douleur, relation avec le patient, facilité d'accès au téléphone, délai de rendez-vous, délai d'attente en consultation, coordination avec le médecin traitant, taux de « reprises chirurgicales », taux de réhospitalisations en rapport avec une intervention chirurgicale, taux d'infections nosocomiales manuportées, erreurs dans les prescriptions et distributions des traitements...) et bilan des actions décidées ;
- enfin, évaluation institutionnelle sur des indicateurs extraits automatiquement des bases de données.

Libre ensuite à chacun (associations de patients, médias, assureurs...) de donner son classement en précisant sa méthodologie, en donnant un droit de suite aux professionnels mis en cause et en révélant ses conflits d'intérêts éventuels. Quant au rôle de l'État, il est d'assurer les conditions de base de sécurité (accréditation) et la répartition appropriée des moyens et des professionnels sur le territoire. Il doit interpeller les professionnels sur la disparité de leurs pratiques en les engageant à développer des programmes d'action pour améliorer la qualité. Mais ce n'est pas son rôle de classer les équipes et les établissements.

La qualité des soins est une chose trop importante pour être confiée aux seuls financeurs et managers de santé.

RÉFÉRENCES

[1] M. Hirsch, *L'Hôpital à cœur ouvert*, Paris, Stock, 2017, p. 260.

[2] A. Scott *et al.*, « The effect of financial incentives on the quality of health care provided by primary care physicians », *Cochrane Database Syst. Rev.*, 2011, 9, CD008451.

[3] A. B. Frakt, A. K. Jha, « Face the facts : We need to change the way we do pay for performance », *Ann. Intern. Med.*, 2018, 168 (4), p. 291-292.

25

L'aide médicale d'État : « un pognon de dingue » ?

Alfred Spira, Marion Quach-Hong, Nathalie Godard

Une remise en cause incessante

En septembre et octobre 2019, pendant la phase de préparation du budget 2020, l'aide médicale d'État (AME) a occupé une place de choix dans les médias et dans les discussions politiques. Alors que le candidat Macron s'était engagé pendant la campagne des élections présidentielles de 2017 à ne pas y toucher, des restrictions de ce dispositif ont par la suite été sérieusement mises à l'étude. Une mission conjointe de l'Inspection des affaires sociales (Igas) et de l'Inspection générale des finances (IGF) a formulé en octobre 2019 un certain nombre de propositions dans un rapport très largement discuté [1]. Si des modifications substantielles ont été envisagées puis abandonnées (instauration d'un ticket modérateur, réduction significative du panier de soins), le législateur a finalement adopté des mesures qui, sous couvert de lutte contre la fraude, rendront plus compliqué l'accès à cette couverture maladie indispensable pour des populations déjà très précaires [2]. De plus, et pour la première fois, ces mesures contre l'AME ont été accompagnées de restrictions à l'égard de l'accès à la couverture maladie des demandeurs d'asile [3]. Les arguments avancés par le gouvernement et ses soutiens étaient principalement de deux ordres : l'AME coûte cher (le montant symbolique du milliard d'euros pour le budget dédié à l'AME était en passe d'être atteint), et il faut lutter contre des abus, dont l'exacte nature et le volume n'ont pourtant pas été précisément documentés [4].

Fantasme d'un argent jeté par les fenêtres qui profiterait à un « tourisme médical » : ces idées reçues servent depuis toujours de terreau à un discours qui instrumentalise un dispositif de santé publique et essaie d'en faire ce qu'il n'est pas et ne saurait être, à savoir un outil de contrôle des flux migratoires. On peut penser que ce nouveau dispositif sera inopérant en matière de délivrance des soins, sauf à les retarder éventuellement ; coûteux pour les finances des hôpitaux et la bonne marche du système de santé ; ruineux pour l'image de notre pays. Prendre soin des personnes malades, quelle que soit leur situation, est un impératif éthique pour l'ensemble des personnels de santé. « L'Ordre des médecins ne peut envisager qu'une fraction de la population soit à présent discriminée dans son droit à être soigné, sur le sol français [5]. »

La santé des migrants

De difficiles conditions d'accueil, d'habitation et de séjour dans le pays hôte attendent les migrants – majoritairement jeunes et en bonne santé malgré un parcours éprouvant – à leur arrivée. Cette précarité est responsable de maladies infectieuses, respiratoires et digestives, se surajoutant à des affections préexistantes ou souvent acquises, parfois virales, comme les hépatites ou l'infection par le VIH, qui altèrent rapidement leur qualité de vie [6]. Leur santé, en particulier psychologique et mentale, est ensuite progressivement fragilisée par leur très grande vulnérabilité. L'incidence d'altérations de la santé mentale est multipliée par six par rapport à la population générale. Leurs histoires, souvent empreintes de violences mêlées à des conditions de vie, de logement et d'alimentation très hostiles, concourent à la dégradation progressive de leur santé générale : une incidence élevée d'hypertension artérielle et de maladies cardio-vasculaires, d'obésité et de diabète, une santé bucco-dentaire très souvent altérée.

Lors des premiers temps de leur séjour dans le pays de destination, la santé n'est pas prioritaire pour les personnes qui arrivent, soumises à des nécessités plus immédiates : obtenir la légalisation du séjour, un hébergement, s'alimenter, avoir des ressources financières, travailler, veiller à la sécurité et aux besoins des proches, en particulier la scolarisation des enfants, rester en bonne santé, se soigner, etc. Autant d'urgences quotidiennes qui poussent à remettre à plus tard les préoccupations de santé.

Qu'est-ce que l'aide médicale d'État ?

L'accès à la santé (couverture maladie, prévention et soins) n'est pas le même pour tous ceux qui vivent en France, selon leur origine et leurs revenus. Alors que les migrants sans papiers ont des caractéristiques semblables à toutes les personnes en situation de précarité et qu'ils ont le droit de travailler, l'accès à la couverture maladie leur est très difficile. Jusqu'en 1993, les personnes de nationalité étrangère « sans papiers » qui travaillaient en France bénéficiaient de la Sécurité sociale comme tous les salariés [7]. Ils payaient (et paient d'ailleurs toujours) des impôts (TVA, impôts sur le revenu). Les sans-papiers « démunis », c'est-à-dire ayant un revenu inférieur à un certain seuil, bénéficiaient comme tous les démunis d'une aide sociale, « l'aide médicale ». En 1993, la « loi Pasqua » sur l'immigration instaure une condition de régularité de séjour pour l'accès à l'assurance-maladie de droit commun : plus rien n'est prévu en termes de couverture maladie pour les personnes sans titre de séjour qui travaillent et dont le revenu est au-delà de la condition de ressource, alors que les sans-papiers démunis continuent à bénéficier de l'aide médicale.

En 1999, la loi instaure la couverture maladie universelle (CMU) et la CMU complémentaire (CMU-C) pour les plus démunis. Les personnes « sans papiers » qui arrivent à déposer une demande d'asile bénéficient de la CMU-C. Ce droit leur sera acquis durant tout leur séjour si elles bénéficient, *in fine*, du droit d'asile. Cependant les personnes qui ne déposent pas de dossier de demande d'asile, le plus souvent parce qu'elles ne connaissent pas leurs droits ou ne remplissent pas les conditions d'éligibilité, ou celles qui renoncent devant la complexité des dossiers à remplir, et celles qui sont déboutées du droit d'asile et demeurent sur le territoire sans titre de séjour et ne sont pas reconduites à la frontière, se trouvent en situation irrégulière. Ce sont les « sans-papiers ». Ainsi la loi isole et pérennise un système de couverture maladie destiné aux seuls étrangers en situation irrégulière, l'aide médicale d'état (AME), entrée en vigueur le 1er janvier 2000 [8]. Bien que la CMU ait été créée pour simplifier et universaliser l'accès à la couverture maladie, le très complexe fonctionnement de l'ensemble des dispositifs existants est peu lisible et provoque parfois des ruptures de droits (du fait des changements de statut des personnes), qui entrent en contradiction avec le préambule de la Constitution de 1948 qui garantit le « droit à la Sécurité sociale » à tous. Malgré la création de la protection universelle maladie (PUMa) par la loi de modernisation du système de santé de janvier 2016, un système administratif parallèle subsiste pour les migrants sans papiers et qui n'ont pas accès à l'asile, l'AME. Ces personnes restent en dehors de la PUMa.

L'AME est une prestation sociale financée par l'État, censée participer pleinement des politiques de santé [9]. Son budget est voté chaque année par le Parlement dans le cadre de la loi des finances, indépendamment de celui de la Sécurité sociale [10].

L'AME recouvre plusieurs dispositifs :

• *L'AME de droit commun* constitue le cœur du dispositif. Elle est accordée pour une durée d'un an renouvelable aux personnes sans papiers, faisant la preuve d'un séjour d'au moins trois mois ininterrompus en France et justifiant de revenus inférieurs au seuil de la CMU-C fixé aujourd'hui (mars 2019) à 734 euros par mois pour une personne seule, 1 542 euros par mois pour une famille de quatre personnes. Ce dispositif représente environ 95 % du financement de la dotation de l'action et est à la charge de l'État, géré par l'assurance-maladie.

• *La prise en charge des « soins urgents »* (dispositif des « soins urgents et vitaux ») dont l'absence mettrait en jeu le pronostic vital ou pourrait conduire à une altération grave et durable de l'état de santé. Ils sont assurés par les hôpitaux pour les patients étrangers qui résident en France en situation irrégulière sans pouvoir bénéficier de l'AME (pour des raisons de durée de séjour insuffisante ou de revenus supérieurs au seuil). Ces soins sont réglés aux établissements de santé par l'assurance-maladie et font l'objet d'une prise en charge forfaitaire de l'État, après instruction du dossier par l'Office français de l'immigration et de l'intégration (OFII).

• *D'autres dispositifs* au champ plus limité :
  – *l'AME dite « humanitaire »* qui, par décision individuelle prise par le ministre compétent, permet des admissions pour soins hospitaliers ponctuels en France de personnes françaises ou étrangères qui ne résident pas en France. Cette AME dite « humanitaire » n'a pas le caractère d'un droit pour lesdites personnes. Ce dispositif représente chaque année moins d'une centaine de personnes ;
  – *les évacuations sanitaires d'étrangers* résidant à Mayotte vers des hôpitaux de la Réunion et éventuellement vers la métropole ;
  – *l'aide médicale pour les personnes gardées à vue* qui ne finance que les médicaments (si besoin) et les actes infirmiers prescrits.

Ces trois derniers dispositifs donnent lieu à des délégations de crédits aux services déconcentrés de l'État concernés (action sociale) pour paiement direct.

Quel budget [11] ?

Pour l'année 2019 (loi de finances), les crédits prévus au titre de l'AME s'élèvent à 935 millions d'euros, soit l'équivalent de 0,47 % du budget de l'assurance-maladie, proportion stable depuis son instauration :
– nombre de bénéficiaires AME (31/12/2018) : 311 310 ;
– nombre de bénéficiaires de la CMU-C : 5,6 millions ;

- nombre de bénéficiaires du régime général de la SS : 62 millions ;
- AME budget total : 934,9 millions d'euros (+ 53,2 millions d'euros, + 4 % sur un an) ;
- AME de droit commun : 893,4 millions d'euros ;
- AME soins urgents : 40 millions d'euros [12] ;
- autres dispositifs AME : 1,5 million d'euros ;
- budget assurance-maladie 2019 : 200,4 milliards d'euros (+ 2,5 % sur un an) ;
- dépense maladie par bénéficiaire AME : 3 003 euros/an ;
- dépense maladie par bénéficiaire Sécurité sociale : 3 232 euros/an.

Les prestations hospitalières représentent 65 % des dépenses de l'AME de droit commun. Les honoraires des médecins de ville représentent 12 % des dépenses, et les dépenses de médicaments 16 %. La Cpam de Paris représente 23 % de la dépense AME totale, les caisses d'Île-de-France 43 %, Cayenne 5 %.

Le budget total de l'AME augmente régulièrement du fait de l'augmentation des coûts de la santé (en moyenne 3,8 % par an [13]) et de l'augmentation du nombre de bénéficiaires (en moyenne +1,5 %). Celle-ci s'explique d'une part par les flux importants de migrants, d'autre part par la difficulté croissante pour les étrangers d'obtenir des titres de séjour stables [14], y compris pour des raisons médicales. L'augmentation de + 4 % de 2018 à 2019 correspond effectivement au cumul de l'augmentation des coûts de la santé et de l'augmentation du nombre de bénéficiaires.

La population des bénéficiaires de droit commun est plutôt jeune, 41 % ayant moins de 30 ans. Les hommes (en majorité seuls) représentent 57 % de l'effectif total.

Concernant les soins urgents (dispositif des « étrangers malades »), le nombre et la proportion de dossiers admis ont considérablement baissé depuis que l'évaluation médicale des dossiers opérée par l'Office français de l'immigration et de l'intégration (OFII) est passée sous la tutelle du ministère de l'Intérieur en 2017. Cette année-là par rapport à 2016, le nombre de premières délivrances de ces titres (hors renouvellements) a baissé de 39 %, passant de 6 850 à 4 187, d'après la Direction générale des étrangers en France (DGEF) [15]. Un plancher jamais atteint ces dix dernières années. La baisse est d'autant plus remarquable que, dans le même temps, l'octroi des autres titres de séjour « humanitaires » augmente, qu'il s'agisse de l'asile, de la protection subsidiaire ou encore de la protection des victimes de la traite.

Les limites et obstacles au bon fonctionnement

La Direction de la Sécurité sociale (DSS) et la Direction générale de la cohésion sociale (DGCS) sont les gestionnaires administratifs de l'ensemble de ces dispositifs. Si la gestion de l'AME de droit commun est déléguée par l'État à la Cnam-TS qui coordonne sa mise en œuvre et établit les statistiques nationales, et si les caisses primaires d'assurance-maladie (Cpam) étaient chargées de l'admission des bénéficiaires et du service des prestations jusqu'à fin 2018 [16], les bénéficiaires de l'AME ne sont pas des assurés sociaux. Ils n'ont pas droit aux programmes de prévention de l'assurance-maladie (par exemple, les frais d'examen de prévention « bucco-dentaire » pour les enfants comme le programme « M'T dents ») ou aux campagnes de dépistage systématique des cancers du côlon et du sein. Ils n'ont pas de carte Vitale, ce qui engendre des refus de soins de la part des professionnels de santé, comme l'a dénoncé le Défenseur des droits [17]. Leur panier de soins est réduit par rapport à celui d'un assuré social : pas de prise en charge des actes techniques, examens, médicaments et produits nécessaires à la réalisation d'une aide médicale à la procréation (AMP) ou des cures, thermales. D'autre part, et contrairement aux bénéficiaires de la CMU-C, ils peuvent se voir appliquer des dépassements d'honoraires par les médecins, et une prise en charge partielle des frais d'optique, d'audiologie et de prothèse dentaire (pas de forfait au-delà de la prise en charge par la Sécurité sociale), alors que celle-ci est de 100 % pour la CMU-C [18]. Ne sont pas non plus couverts les frais d'hébergement et de traitement des enfants ou adolescents handicapés, certains médicaments dits

« de confort » dont le service médical rendu a été classé comme faible (remboursement à 15 %), indemnités journalières (prestation en espèces).

La population de personnes en situation irrégulière qui relève de ce dispositif est par nature mal connue : la situation sanitaire peut varier selon l'origine des personnes, l'évolution des effectifs dépend des résultats de politiques distinctes (droit d'asile, reconduites à la frontière) et d'événements internationaux. Par ailleurs, la remontée d'informations des caisses primaires d'assurance-maladie vers la Caisse nationale de l'assurance-maladie (Cnam) puis vers les directions ministérielles de la santé est complexe, longue et tardive.

L'AME a pour mission de faciliter l'accès aux soins des personnes « sans papiers ». Les constatations rapportées par le rapport Igas/IGF de 2011 sont claires [19].

Les bénéficiaires de l'AME, majoritairement des hommes seuls, présentent un état de santé dégradé. Ils ne recourent aux soins et à la couverture maladie qu'en cas de besoin. L'AME contribue à leur prise en charge précoce par le système de soins et ainsi à éviter l'aggravation de pathologies et à lutter contre les épidémies.

Les dépenses de soins des bénéficiaires de l'AME sont particulièrement concentrées sur les hôpitaux, qui rencontrent de grandes difficultés de recouvrement lorsque les patients ne sont pas affiliés à une protection maladie, qu'il s'agisse de l'AME ou de la PUMa. En solvabilisant les soins des personnes en situation irrégulière, l'AME allège la facture de la Sécurité sociale.

La multiplication des systèmes de prise en charge des personnes dénuées de prise en charge « normale » (par la PUMa) est génératrice d'une très faible lisibilité du système, de surcoûts liés à l'empilement des dispositifs et à la complexité de leur gestion administrative et financière. En outre, les changements de régime de couverture maladie de ces personnes selon leurs évolutions vis-à-vis de l'assurance-maladie entraînent des périodes de carence et de rupture dans la prise en charge de l'accès aux soins. La complexité des dispositifs, la pluralité des prises en charge, l'évolution permanente des textes réglementaires, la complexité des formulaires et des pièces à fournir, la difficulté et la diversité de traitement des dossiers de demande d'AME dans les Cpam [20], se traduisent par une proportion élevée de renoncement aux demandes d'AME. Le véritable labyrinthe administratif qui a été mis en place constitue une arme efficace de dissuasion. Cela pourrait aussi favoriser les tentatives d'abus, sur l'état civil et/ou les conditions de résidence ou de ressources. Néanmoins, le nombre de fraudes avérées est extrêmement faible : 54 cas de fraude ont été détectés par l'assurance-maladie en 2014 ! En 2017, le montant du préjudice du fait de fraudes a été estimé par la Cnam à 461 014 euros, soit moins de 0,06 % du total des dépenses AME la même année. Les personnes étrangères ne viennent pas en France pour se faire soigner.

Les personnes malades finissent dans la plupart des cas par consulter en cas de besoin avéré de soins. Lorsqu'elles n'ont pas de couverture maladie et pas d'AME, les permanences d'accès aux soins de santé des hôpitaux publics (PASS) peuvent théoriquement les accueillir. Mais ce dispositif est très insuffisant pour répondre à la demande, sous-doté, il n'est en outre pas connu de tous [21]. Ces personnes sont donc souvent contraintes de consulter dans les urgences et services des hôpitaux publics, souvent sans avoir les moyens de payer leurs consultations ou hospitalisations. Les hôpitaux vont se trouver détenteurs de dettes non recouvrées, ce qui creusera leur déficit.

Ces dispositifs complexes sont la source de retards, voire de renoncements aux soins. Les bénéficiaires de l'AME, en situation irrégulière, confrontés à de multiples obstacles dans l'accès à leurs droits et aux soins, arrivent de façon particulièrement tardive dans les soins, porteurs de pathologies aggravées. Les pathologies graves (système nerveux, cardio-vasculaires, hématologiques, VIH) et les frais d'hospitalisation sont ainsi surreprésentés dans le budget de l'AME (65 % du total) en comparaison avec la moyenne des assurés de l'assurance-maladie (41 %). Le coût induit par le retard de prise en charge, du fait de l'absence de couverture maladie, des personnes porteuses du VIH a fait l'objet d'une analyse approfondie [22]. Une prise en charge précoce de ces personnes grâce à une couverture maladie adéquate (AME ou CMU-C) générerait une économie moyenne comprise entre 32 000 et 198 000 euros par patient (selon différentes situations), et permettrait de prévenir entre 0,3 et 0,5 infection secondaire. Le bénéfice est donc à la fois important en termes économiques et de santé publique, non seulement pour les migrants mais aussi pour la population du pays d'accueil.

Le dispositif AME a connu depuis sa création des restrictions successives qui changent fréquemment et rendent son ouverture encore plus complexe pour les personnes, mais aussi pour les professionnels du médico-social accompagnant ces personnes : ticket modérateur (2002, jamais appliqué), obligation de prouver sa présence ininterrompue de trois mois sur le territoire (2011), application d'une franchise de 30 euros malgré l'avis explicitement contre du rapport Igas/IGF qui n'a été rendu public qu'après l'adoption de la loi (2011, abolie en 2012), absence de formation des professionnels de santé à ce dispositif, pénurie de personnel d'accompagnement social qui est souvent réalisé par des bénévoles associatifs.

Par ailleurs, les crédits AME sont sous-budgétisés de façon chronique. Les dépenses effectivement réalisées sont systématiquement supérieures au budget prévu, l'excédent restant à la charge de la Sécurité sociale, aggravant ainsi la dette de l'État à son égard (ce seul poste représentait environ 50 millions d'euros fin 2017). Cela contribue (à dessein ?) à la politisation et à l'instrumentalisation de ce dispositif, qui devient tous les ans un enjeu politique lors de la discussion budgétaire au Parlement, l'une des solutions régulièrement portées par amendements parlementaires étant… sa suppression pure et simple.

L'AME a été conçue comme un système financier et administratif parallèle spécifique pour les migrants « sans papiers », allant à l'encontre de l'universalité de la protection sociale. Le montant financier qu'il représente est à la mesure de l'importance numérique de la population couverte. Il y aurait en France entre 300 000 et 600 000 « migrants », soit moins de 1 % de la population, dont environ la moitié sans papiers (aucune estimation vérifiée ne peut être produite par construction [23], il y a tous les ans environ entre 20 000 et 30 000 reconductions à la frontière), soit 0,5 % de sa population.

Le budget de l'AME, d'un peu moins de 1 milliard d'euros, représente 0,5 % du budget de l'assurance-maladie. Il évolue au cours des années au même rythme que l'évolution des dépenses de santé, c'est-à-dire en restant dans une proportion stable par rapport au budget de l'assurance-maladie. Cela indique que l'on consacre à ces personnes le même budget santé que pour toutes les autres qui résident sur le territoire national. Il ne s'agit donc en aucune sorte d'un « puits sans fond », ni d'un dispositif qui aurait été mis en place pour répondre à un « appel d'air ». Les immigrés sont globalement des contributeurs nets aux budgets sociaux : ils travaillent, paient des charges sociales et des impôts.

Pourquoi il faut fusionner AME et PUMa

Alors même que la Sécurité sociale est un droit humain fondamental inscrit dans la Constitution française, un système de santé à deux vitesses a été mis en place, au détriment de la dignité de certaines personnes résidant sur le territoire national.

L'Académie nationale de médecine a adopté, en juin 2017, un rapport intitulé « Précarité, pauvreté et santé », en partie consacré aux migrants, et le Comité consultatif national d'éthique a émis en octobre 2017 un avis sur la *Santé des migrants et exigence éthique* [24]. Sans « prendre parti dans la dimension politique de la question », cette institution fait « le constat d'une situation complexe pour laquelle les solutions mises en œuvre par l'ensemble des acteurs publics ne sont pas à la hauteur des enjeux d'aujourd'hui et de demain ». Sur le sol français et européen, un accueil et un hébergement dignes, combinés à une réelle politique de prévention et des soins adaptés, doivent être mis en place pour nous conformer à nos valeurs traditionnelles de solidarité et d'humanité, ce qui n'est malheureusement plus le cas aujourd'hui.

Devant cette situation, pour des raisons de santé publique, pour des raisons économiques, pour des raisons éthiques, plutôt que la suppression de l'AME qui ne ferait qu'aggraver la situation sanitaire des personnes concernées, qui engendrerait des coûts importants liés au retard ou à la non-prise en charge de pathologies qui doivent être traitées le plus précocement possible, pour permettre un accès aux droits humains à la santé simplifié pour tous, l'Académie nationale de médecine, le Défenseur des droits, le Conseil national des politiques de lutte contre la pauvreté et l'exclusion sociale (CNLE), les inspections générales des affaires sociales et des finances et de nombreuses associations (Fédération des acteurs de la solidarité, Médecins du monde, Uniopss, France Assos Santé, Croix-Rouge, Observatoire du droit à la santé des étrangers…) demandent l'intégration de l'AME dans le régime général de la Sécurité sociale, par la fusion de tous les dispositifs existants, et l'automaticité de l'accès aux droits en santé pour toutes les personnes qui vivent sur le territoire national. Cela permettrait non seulement de répondre à un enjeu de santé publique, mais aussi de faire réaliser des économies à notre système de santé en simplifiant la gestion, en évitant les surcoûts liés aux retards des soins et en favorisant l'accès à la médecine de ville plutôt qu'aux urgences hospitalières. La fusion de l'ensemble des dispositifs pour toutes les personnes résidant sur le territoire français permettrait de faciliter le recours aux droits mais aussi le travail des professionnels de santé, du social et des caisses d'assurance-maladie, par la suppression de deux modèles distincts à gérer.

Parce qu'il est urgent d'enrayer le renoncement aux soins ; parce qu'il est nécessaire de poursuivre les efforts entamés dans la stratégie pauvreté ; pour mettre fin à l'instrumentalisation politique qui menace chaque année l'AME ; parce que nos voisins européens l'ont fait ; parce que l'AME n'a pas toujours existé ; parce que les personnes ne viennent pas en France pour se faire soigner… la fusion des dispositifs et l'accès automatique à la santé pour toutes et tous est non seulement possible mais c'est également un devoir de santé publique, de justice sociale, de bonne gestion des finances publiques. Cela concrétiserait de manière enfin pérenne l'universalité de l'accès aux soins [25].

RÉFÉRENCES

[1] *L'Aide médicale d'État : diagnostic et propositions*, Rapport Igas/IGF, 5 novembre 2019.

[2] Obligation de déposer la demande d'AME en mains propres au guichet Cpam, délai de trois mois de séjour irrégulier pour faire la demande (les personnes entrées en France avec un visa doivent donc attendre *de facto* six mois de présence).

[3] Instauration d'un délai de carence de trois mois pour demander la protection universelle maladie (PUMa) et sa complémentaire (CMU-C).

[4] *L'Aide médicale d'État : diagnostic et propositions*, rapport cité.

[5] « Soins des étrangers : le CNOM s'interroge sur le délai de carence », *Caducee.net*, 8 novembre 2019.

[6] Académie de médecine, « La santé des migrants », séance du 15 janvier 2019.

[7] C. Bec, V. Parel, « Le financement du système de soins français », *in* C. Adam, V. Faucherre, P. Micheletti, G. Pascal (dir.), *La Santé des populations vulnérables*, Paris, Ellipses, p. 67-74.

[8] www.ameli.fr/assure/droits-demarches/situations-particulieres/situation-irreguliere-ame

[9] T. Fatome, « Présentation stratégique du projet annuel de performances », PLF 2017, *Programme n° 183* (www.senat.fr/commission/fin/pjlf2017/np/np25/np25_mono.html).

[10] Même si c'est la Sécurité sociale qui épongera les déficits du dispositif.

[11] www.assemblee-nationale.fr/15/budget/plf2019/b1302-tIII-a38.asp

[12] Ce montant, qui n'a pas augmenté depuis 2008, couvre environ 40 % de la dépense de soins à la charge de la Cnam-TS.

[13] H. Soual, « Les dépenses de santé depuis 1950 », *Études et résultats*, Drees, juillet 2017, 1017.

[14] J.-P. Battesti, M. Ahrweiller, IGA, *Rapport sur l'accueil des ressortissants étrangers par les préfectures et sous-préfectures*, IGA-ministère de l'Intérieur, 2014.

[15] J. Pascal, « La délivrance de titres de séjour aux étrangers malades chute depuis 2017 », *Le Monde*, 16 novembre 2018.

[16] L'année 2019 est celle de la mise en œuvre de la centralisation de l'instruction des demandes d'AME. Les caisses de Paris, Bobigny et Marseille assureront l'instruction de l'ensemble des demandes d'AME en métropole, ce qui devrait permettre de réaliser des économies de gestion et d'améliorer l'accès aux droits par la réduction des délais d'instruction des procédures, de renforcer le pilotage et le contrôle des dossiers.

[17] https://juridique.defenseurdesdroits.fr/index.php?lvl=notice_display&id=26822

[18] P. Denormandie, M. Cornu-Pauchet, « L'accès aux droits et aux soins des personnes en situation de handicap et des personnes en situation de précarité », Rapport au Parlement, juillet 2018.

[19] Rapport sur la gestion de l'aide médicale d'État, IGF/Igas 2007, La Documentation française.

[20] C. Gabarro, « Les demandeurs de l'aide médicale d'État pris entre productivisme et gestion spécifique », *Revue européenne des migrations internationales*, 2012, 28 (2), p. 35-56.

[21] B. Moriau, Contribution de Médecin du monde au Conseil national des politiques de lutte contre la pauvreté et l'exclusion sociale, 2011.

[22] M. Guillon, M. Celse, P.-Y. Geoffard, « Economic and public health consequences of delayed access to medical care for migrants living with HIV in France », *Eur. J. Health Econ.*, 2018, 19, p. 327-340.

[23] Centre d'observation de la société, « Combien de sans-papiers en France ? », 12 mars 2018 (http://www.observationsociete.fr/population/combien-de-sans-papiers-en-france.html).

[24] C. Basset *et al.*, *Santé des migrants et exigence éthique*, *Avis n° 127 du 16 octobre 2017*, CCNE.

[25] I. Abubakar *et al.*,« The UCL-Lancet Commission on Migration and Health : the health of a world on the move », *Lancet*, 2018, 392, p. 2006-2054.

26

Faut-il plus de Sécurité sociale ou plus de « complémentaires » ?

Frédéric Pierru

Il règne dans l'opinion publique une assez grande confusion sur les notions de protection sociale, de Sécurité sociale, de mutuelles ou encore d'assurances. Même si elles relèvent toutes des politiques « sociales », elles ne sont pourtant pas équivalentes. Cette confusion est sciemment entretenue par les groupes d'intérêt qui se disputent le juteux marché de la santé. En effet, les Français placent systématiquement la santé dans leurs trois premières préoccupations prioritaires. Par ailleurs, au contraire des Nord-Américains, le « marché » n'a pas bonne réputation en France. L'égalité et la solidarité devant les soins, et, à un degré moindre, devant la santé sont des valeurs hypermajoritaires. Mieux : les inégalités d'accès aux soins, que ce soit pour des raisons financières ou géographiques, sont les inégalités les plus mal tolérées par le corps social, parmi toutes les autres inégalités (de revenu, de logement, d'éducation...). En résumé, pour les Français, la santé doit demeurer un service public. Or, depuis quelques années, subrepticement, des logiques de privatisation sont à l'œuvre, notamment du côté du financement, dont il sera question ici. Ce grignotage du financement des soins par la Sécurité sociale s'est longtemps fait à bas bruit, en dessous des radars politiques, par accumulation de mesures censément techniques.

Il y a eu certes quelques moments de forte politisation de ce mouvement de recul de la Sécurité sociale. Lors du quinquennat de Nicolas Sarkozy, des mesures du type franchise médicale ont été fortement contestées. Plus récemment, on se souvient des déclarations fracassantes du candidat François Fillon aux élections présidentielles au mois de novembre 2018. En effet, ce dernier a eu le courage, ou le malheur, ou la maladresse, de dire tout haut ce que les gouvernements, de gauche comme de droite, faisaient tout bas depuis le milieu des années 1980 : recentrer la branche maladie de la Sécurité sociale sur ce qu'il est convenu d'appeler le « gros risque » – c'est-à-dire les affections de longue durée, prises en charge à 100 % par la « Sécu », et les soins hospitaliers, pris en charge pour un peu plus de 90 % – et privatiser l'ensemble du « petit risque », les affections bénignes. Idée qui n'avait absolument rien de nouveau : elle était déjà avancée par la direction du Budget du ministère des Finances en… 1979 ! Comme nous allons le voir, les gouvernements des années 1980-1990 ayant échoué à mettre le système de santé sous contrainte budgétaire, sous la forme d'une enveloppe fermée, leurs successeurs des années 2000 ont mis en œuvre cette orientation de manière hypocrite avec comme résultat l'érosion lente du taux de couverture des dépenses de soins par la Sécurité sociale et, surtout, une polarisation croissante entre « gros » et « petit » risque. Ce dernier fut progressivement ristourné aux « complémentaires santé » (mutuelles, instituts de prévoyance et compagnies d'assurances) intervenant dans un marché de plus en plus concurrentiel dont les logiques de fonctionnement vont à rebours des valeurs fondatrices de la Sécurité sociale. La « polémique Fillon » a eu pour mérite de rappeler aux décideurs politiques et administratifs que la privatisation du financement des soins ne faisait guère recette sur le plan électoral. Le succès inattendu du film *La Sociale* de Gilles Perret au même moment a confirmé cette forte réticence française au marché dans la santé.

Pour dissiper le brouillard des *fake news* sur le sujet, nous commencerons par faire un rappel historique qui permettra de montrer comment s'est instauré, pour des raisons politiques grimées en rationalisations économiques, un double système de financement des soins, associant « Sécu » et « mutuelles ». Puis nous verrons comment ce compromis est devenu de plus en plus bancal à mesure que la maîtrise des dépenses de santé devenait l'une des préoccupations majeures des gouvernements, à la faveur du ralentissement de la croissance. Enfin, nous verrons l'aberration à la fois politique, sociale, économique et sanitaire qui consiste à considérer que la Sécurité sociale et les « complémentaires santé » sont les deux composantes du service public de la santé.

1945 : un Yalta bancal… et instable

Les grandes figures de la Sécurité sociale, le ministre communiste Ambroise Croizat, le haut fonctionnaire gaulliste Pierre Laroque, et, au-delà, les rédacteurs du programme du Conseil national de la Résistance (CNR) étaient au clair avec ce sur quoi ils voulaient rompre. En premier lieu, rompre avec les pratiques de l'assistance, cette charité laïcisée, qui considéraient le « pauvre » comme un sous-citoyen devant faire la preuve de sa bonne volonté, notamment en termes de travail, et de sa morale. La Sécurité sociale devait en finir avec le traitement moral de la question sociale [1]. Car le « secours », l'« aide » ou l'« assistance » avaient pour contrepartie une forme d'orthopédie morale des personnes « aidées ». Pour le CNR, le pauvre devait devenir un travailleur et un citoyen à part entière. Idée importante : la Sécurité sociale instaure des *droits* sociaux, et, par construction, un droit ne se négocie pas avec des bienfaiteurs, qu'ils soient prêtres ou notables locaux. Cette précision est importante car la tendance actuelle est d'englober la Sécurité sociale dans un ensemble plus vaste, la « protection sociale », au sein duquel les pratiques assistantielles, honnies par les créateurs de la première, font un retour en force. C'est le fameux slogan « Il faut concentrer nos efforts sur celles et ceux qui en ont le plus besoin », qui fait consensus à gauche comme à droite. À gauche : cela semble satisfaire l'aspiration à plus de justice sociale. À droite : cela permettra de faire des économies et de pratiquer un plus grand contrôle sur les « assistés ». C'est cependant là une première trahison avec la *vocation universaliste* de la Sécurité sociale. Ses créateurs voulaient une caisse unique pour tout le monde couvrant aussi bien la vieillesse, la famille, les accidents du travail et la maladie. Tous les travailleurs et leur famille, en tant qu'ayants droit, devaient bénéficier des mêmes *droits* selon le principe « chacun paie selon ses moyens et reçoit selon ses besoins ». Sans entrer dans les détails, un travailleur paie des cotisations sociales proportionnelles à son salaire – des cotisations et non des « charges » sociales car les cotisations sont du salaire socialisé (ou « continué », selon le terme de Bernard Friot), mis dans un pot commun – et, si le travailleur tombe malade, il doit recevoir les soins que nécessite son état : avec la Sécu, il n'y a plus de médecine pour les riches et de médecine pour les pauvres.

La Sécurité sociale rompait explicitement donc avec la vision des partisans de « l'objection libérale », pour reprendre l'expression de l'historien Henri Hatzfeld [2], qui depuis la fin du XIXe siècle ont lutté avec succès contre la mise en place d'assurance sociale obligatoire comme l'avait fait, sous la pression de la social-démocratie, le chancelier Bismarck. Les petits patrons et agriculteurs y voyaient une condamnation à la mort économique de leurs entreprises. Les médecins libéraux, très remontés, imaginaient déjà des caisses de Sécurité sociale s'immisçant dans le « colloque singulier », conçu comme une relation privée entre un médecin libre de faire ce qu'il veut et un patient qui s'en remet à son expertise, relation se concluant par une transaction commerciale. Et, surtout, pour ce qui nous intéresse : les mutuelles. En effet, on oublie qu'historiquement la Mutualité, regroupant les sociétés de secours mutuels existant avant 1945, a combattu la Sécurité sociale, pour une raison simple : la création de celle-ci lui enlevait sa raison d'être puisque ce sont les mutuelles qui occupaient alors le terrain « social » au nom de la « prévoyance individuelle ». Car la Mutualité a longtemps fait partie de la vision du monde libéral selon laquelle les ouvriers doivent être « moralisés » et sortir du court terme pour devenir « prévoyants » comme la bourgeoisie… D'ailleurs, les notables locaux et les patrons chapeautaient les mutuelles qui fonctionnaient selon le principe de la libre adhésion individuelle. Certes, il existait aussi des mutuelles ouvrières, mais qui reposaient peu ou prou sur la même idée. Elles ont longtemps été vues d'un mauvais œil par le Second Empire et la république bourgeoise qui lui a succédé car soupçonnées d'être le creuset du mouvement révolutionnaire. Les pouvoirs publics les surveillaient comme l'huile sur le feu…

Le mouvement ouvrier, avec l'appui des élites modernisatrices d'après-guerre, voulait en finir avec cet état de minorité sociale et politique. On en arrive donc au second principe de la Sécurité sociale : la « démocratie sociale ». Les forces sociales et politiques qui s'étaient opposées aux assurances sociales obligatoires sont sorties de la Seconde Guerre mondiale largement discréditées par la collaboration. Les grandes entreprises capitalistes françaises avaient plutôt adopté une attitude bienveillante à l'égard de l'occupant et du régime de Vichy. Il fallait instaurer une démocratie « sociale », à côté de la démocratie représentative classique, dans laquelle les représentants élus des assurés sociaux devaient occuper les trois quarts des sièges dans les caisses. La Sécurité sociale, une fois encore, participait d'un projet politique beaucoup plus large, celui de l'émancipation des salariés et de leur famille. De plus, aussi bien Ambroise Croizat que Pierre Laroque se méfiaient de l'État, et, plus précisément, du ministère des Finances, en cas de difficultés économiques : la tentation serait forte de « taper dans la caisse » de la « Sécu » pour renflouer l'État. Les finances sociales devaient donc être distinctes des finances de l'État.

Ce projet initial s'est heurté à de nombreux obstacles sociopolitiques. D'abord, parce que des groupes socioprofessionnels, qui avaient déjà leur propre régime, comme les fonctionnaires ou les cheminots, ont refusé de se fondre dans le régime général de la Sécurité sociale, au nom de la défense de leur identité corporatiste. De plus, d'autres, comme les commerçants et artisans, la « boutique », ou encore les agriculteurs, ne se voyaient pas rejoindre une Sécurité sociale gérée par la CGT. Les débats actuels sur l'avenir du RSI datent de cette époque… Surtout, les opposants historiques à la « Sécu » ont laissé passer l'orage et ont tenté de regagner le terrain perdu en 1945. C'est la Mutualité qui a commencé par mener l'offensive. En effet, c'était pour elle une question de survie, d'autant plus que l'article 39 des ordonnances de 1945 permettait, sur le modèle du régime d'Alsace-Moselle, que la Sécurité sociale puisse être aussi choisie comme mutuelle... Après un intense combat politique, la Mutualité a réussi à faire mieux qu'inverser la vapeur. Dans une loi de 1947, votée « dans l'intérêt de la Mutualité française » (*sic*), non seulement ce groupe d'intérêt a réussi à empêcher la généralisation à la France entière du modèle d'Alsace-Moselle, en interdisant à la Sécu de faire mutuelle, mais elle a même réussi à s'arroger le droit qu'elle venait de refuser à la nouvelle Sécurité sociale ! En effet, certaines mutuelles, comme celle des enseignants (la MGEN), pouvaient devenir un « guichet unique », assurant aussi bien le pilier obligatoire que le volet complémentaire ! La notion – inepte – de « ticket modérateur », selon laquelle les assurés sociaux doivent payer de leur poche une partie de leurs soins pour ne pas être incités à « abuser », devenait complètement absurde. Si ce « ticket modérateur » est remboursé par les mutuelles, on ne comprend plus sa fonction prétendument « modératrice » ! En réalité, les arguments économiques fallacieux rationalisaient un compromis politique : il fallait, pour acheter la paix sociale, laisser une place à cet acteur historique qu'est la Mutualité, même si cela se faisait au prix d'une complexité et d'une inégalité accrues du système de santé en voie d'édification. On notera l'ironie qui veut qu'un acteur qui a défendu une forme de libéralisme historique ait justifié sa place dans le système de santé en... neutralisant ses thèmes favoris de « responsabilisation » et de « prévoyance » ! La survie économique implique souvent de faire des entorses aux principes affichés.

Le patronat a lui aussi assez vite repris l'offensive en encerclant « la démocratie sociale » par des institutions paritaires, dans lesquelles les sièges étaient réparties à parts égales entre assurés sociaux et représentants patronaux [3]. Car, là encore, il règne une grande confusion dans les esprits. Le « paritarisme » n'est pas une création de 1945 mais un outil de combat contre la « démocratie sociale » promue par les créateurs de la Sécurité sociale. Entendre des syndicalistes défendre le « paritarisme » est, de ce point de vue, une aberration. Qu'il s'agisse des retraites complémentaires ou de l'assurance-chômage, le paritarisme donne de fait le pouvoir au patronat pour une raison simple : ce dernier est relativement unifié, les syndicats sont divisés. À 50/50, il suffisait aux représentants du CNPF de choisir le syndicat le plus favorable à leurs orientations. C'est ainsi qu'en 1967, la CGT perd la main au profit de FO, plus conciliante vis-à-vis de la première grande réforme gestionnaire de la Sécurité sociale, celle de 1967.

Il faut enfin rappeler, au passage, qu'en 1945, la Sécurité sociale avait surtout pour vocation de verser des indemnités journalières aux travailleurs malades et donc incapables de travailler. Il s'agissait autrement dit de verser un substitut du salaire (raison pour laquelle les cotisations sociales sont du salaire socialisé). La médecine, en effet, commençait seulement à être efficace, avec l'arrivée de la révolution des antibiotiques. La pharmacopée était réduite et nous étions encore très loin des traitements très coûteux actuels (il n'existait ni dialyse rénale ni greffe d'organes). Ensuite, elle reposait sur une perspective radieuse : la croissance économique forte postreconstruction allait permettre de financer des droits sociaux appelés à s'étendre.

Tel était l'état des lieux lorsque le ralentissement durable de la croissance économique – condition économique capitale du système bâti en 1945 – a conduit les gouvernements, de gauche comme de droite, à se focaliser sur la maîtrise des dépenses *publiques* de santé. Publiques, car, en effet, ce sont elles qui posent problème. Dans la contre-révolution néolibérale, les dépenses publiques : c'est mal ; les dépenses privées : c'est bien. Pour les ménages cela ne change rien car, cotisations sociales ou primes de mutuelle, cela reste une dépense contrainte pour être en mesure d'accéder aux soins. En un sens, les primes versées aux complémentaires santé sont des « impôts privés », qui, comme les impôts, sont des prélèvements de fait obligatoires, mais qui, en plus, sont foncièrement inégalitaires et, cerise sur le gâteau, inefficients. Comme le montre le contre-exemple des États-Unis, plus un système de santé est privé, plus il est coûteux, plus il est inégalitaire et moins il est performant du point de vue sanitaire. Remplacer des cotisations sociales ou la contribution sociale généralisée (CSG) par des primes prélevées par des acteurs privés est, à tout point de vue, un non-sens social, économique, sanitaire. C'est donc aussi un non-sens politique.

Portrait des mutuelles en assureurs

Tant que les mutuelles continuaient « dans leur couloir » – en gros, couvrir le « ticket modérateur » – et restaient ancrées dans leurs valeurs historiques – solidarité, démocratie, ancrage local –, le compromis bancal de 1947 restait admissible. Après tout, on ne peut reprocher à un mouvement social comme le mouvement mutualiste de vouloir persévérer dans son être. Mieux, sous la pression des mutuelles de fonctionnaires, la Mutualité a fini par devenir, à compter des années 1960, un acteur politique important de la défense de la Sécurité sociale. Elle a abandonné son hostilité originelle, et a accepté la division du travail entre Sécurité sociale et Mutualité. On en donnera un seul exemple : quand le gouvernement de Raymond Barre envisage d'instaurer un « ticket modérateur d'ordre public » – l'ancêtre de la franchise Sarkozy –, la Mutualité déclenche une protestation collective d'ampleur qui oblige les pouvoirs publics à renoncer à leurs projets de privatisation, grimés, comme chaque fois, en impératif de « responsabilisation » d'assurés sociaux portés à abuser de leurs droits, selon un schéma de racisme social qui n'a fait que se renforcer depuis : il suffit de songer pour cela aux dénonciations nauséabondes des « assistés », qu'elles viennent de l'extrême droite, de la droite « républicaine », voire de la gauche. Les créateurs de la Sécurité sociale étaient attachés à l'universalité, on l'a dit, et on comprend : la solidarité ne peut être découpée en tranches. Dès lors que l'on quitte les rivages du continent selon lequel tout citoyen doit bénéficier de droits sociaux non négociables, alors s'ouvre la voie de la mise au pilori de celles et ceux qui « profitent » sans « contribuer », oubliant au passage le principe de bon sens qu'il est impossible aux plus aisés de rester en bonne santé dans un monde où de très nombreuses personnes ne peuvent plus se vacciner ou se soigner… C'est d'ailleurs ce qu'avaient découvert les riches bourgeois du XIXe siècle : les épidémies ont le mauvais goût de ne pas s'arrêter aux frontières des quartiers pauvres… La santé, par construction, met à l'épreuve le principe de solidarité d'une société. L'individualisme y produit des effets délétères pour tout le monde ! Deux célèbres épidémiologistes britanniques ont montré que plus une société est inégalitaire, donc anxiogène, plus elle présente des indicateurs des santés publiques médiocres… Et cela implique aussi les plus riches ! Pour le dire autrement, les plus riches ont intérêt à ce que les pauvres puissent se soigner. Où l'on voit que les créateurs de la Sécurité sociale, passés par la solidarité de la Résistance, avaient une bien meilleure conscience des interdépendances humaines et de l'avantage qu'il y a à faire « bloc », alors que l'individualisme contemporain, de plus en plus radical, laisse accroire que chacun peut s'en sortir par ses propres moyens et son « mérite » personnel.

Hélas, le beau mot « mutuelle » a, au fil du temps, progressivement servi de paravent au déploiement des logiques assurantielles, en tout point contraires aux principes fondateurs de la Sécurité sociale. La confusion est d'autant plus grande que des compagnies d'assurances à but lucratif ont repris le nom de mutuelle. Pour une assurance privée, vous êtes protégé en fonction du choix de votre contrat, donc de votre risque statistique et de votre « disposition à payer ». Tout le contraire du slogan bien connu « Chacun contribue selon ses moyens, chacun reçoit selon ses besoins » de notre Sécurité sociale. L'idéal d'un assureur est ce qu'il appelle la « neutralité actuarielle ». Pour faire simple : le montant de votre prime doit être calculé le plus exactement possible sur votre risque statistique de tomber malade. Si ces « facteurs de risque » sont élevés, alors vous devez être riche car il vous faudra payer beaucoup plus. Un assureur a les yeux rivés sur son profit, comme ses actionnaires. Il n'est pas un philanthrope. Les mutuelles sont un peu plus hypocrites car elles continuent de revendiquer de grandes et nobles valeurs, mais leurs pratiques empruntent désormais beaucoup à celles des assureurs privés. Certes, quelques-unes, plus ou moins liées aux partis de gauche, tentent de préserver les valeurs historiques du mouvement ouvrier. Mais elles sont condamnées à disparaître car l'engrenage du marché est infernal : immergées dans le marché des assureurs et des institutions de prévoyance, si elles continuent de faire prévaloir des valeurs humanistes, elles seront irrémédiablement « sorties » du marché car elles récupéreront tous les « mauvais risques » dont ne veulent pas les acteurs lucratifs. Exactement comme les cliniques se défaussent sur l'hôpital public des patients les plus « lourds », « vulnérables », « complexes ». Les économistes emploient un euphémisme pour désigner ce processus de sélection : « l'écrémage » des risques. Autrement dit, le marché se réserve, à son profit, les individus à faible risque, et la collectivité récupère les « mauvais risques », non « rentables ». Soit le contraire des principes d'universalité, de solidarité et d'égalité de la Sécurité sociale.

Les années 1990 représentent un tournant dans l'histoire de la Mutualité. Après avoir rallié, non sans mal, la Sécurité sociale, la Mutualité a renoué avec son tropisme historique d'hostilité à son endroit. Ce résultat désastreux est lié à une erreur d'appréciation politique, dans le cadre de l'affirmation de l'échelon européen. En effet, à la fin des années 1980, la Fédération nationale de la Mutualité française, instance représentative du mouvement mutualiste, fait un pari, qu'elle va perdre. Certaine d'avoir sécurisé sa position sur l'assurance complémentaire santé, elle décide de se placer sous les fourches caudines des directives assurantielles européennes, bref de se mettre volontairement en concurrence avec les assureurs. Pourquoi ? La Mutualité voulait concurrencer les assureurs et les institutions de prévoyance sur la prévoyance retraite, bref, étendre son champ d'action. Choix désastreux. En effet, c'est exactement l'inverse qui s'est passé. Les assureurs ont décidé de mener l'offensive sur le terrain de la complémentaire santé, avec succès car leurs pratiques, par construction, les avantagent : ils sélectionnent les risques, segmentent les contrats pour les adapter à chaque profil de risque, ils sont très agressifs commercialement. Du coup, ils ont commencé à gagner des parts de marché, tandis que les institutions de prévoyance, gérées par les « partenaires sociaux », se concentraient sur les contrats d'entreprise, chaque syndicat de salariés ayant son propre institut de prévoyance. L'on a assisté au partage du marché.

En fait, le marché de la « complémentaire santé » s'est institutionnalisé par petits pas à compter des années 2000 [4]. Un moment a été décisif : la réforme de l'assurance-maladie de 2004. D'un côté, l'institution assurance-maladie obligatoire accélère sa conversion gestionnaire étatique. Les « partenaires sociaux » sont *de facto* expulsés de sa « gouvernance », sur laquelle la haute fonction publique a désormais la haute main, puisque leur avis n'est plus que consultatif. Le vrai « patron » désormais est le directeur général, un haut fonctionnaire nommé en Conseil des ministres. C'est lui, par exemple, qui négocie directement avec les syndicats de médecins libéraux. Certains politistes ont ainsi parlé de « technocratisation », au lieu d'« étatisation », tant le pouvoir de la technostructure a connu une véritable affirmation au cours des années 1990-2000. De l'autre, la réforme institutionnalise la place croissante des complémentaires santé dans le financement du système de santé avec la création en 2004 de l'Union nationale des organismes complémentaires d'assurance-maladie (Unocam). Désormais, au même titre que les « partenaires sociaux » – mutuelles, instituts de prévoyance et assureurs – sont parties prenantes des décisions de la « Sécu ». Cette création est hautement symbolique mais aussi et a surtout des effets très pratiques. Symbolique : les « complémentaires santé » ne sont plus des acteurs périphériques du système de santé. Elles en colonisent le cœur. Les pouvoirs publics ont définitivement fait le choix de leur ristourner le financement du « petit risque ». Le conseiller d'État Didier Tabuteau tire alors le signal d'alarme : la « Sécu » rembourse désormais moins de 50 % du coût des affections bénignes. On fait ainsi un pas vers les États-Unis où les assurances privées couvrent plus de 50 % de l'ensemble des soins. Sans que la collectivité nationale n'ait eu à se prononcer sur ce sujet hautement sensible, on assiste à une dualisation de l'assurance-maladie. D'un côté, les pouvoirs publics prennent en charge les « inassurables » : personnes atteintes de maladies graves ou de maladies chroniques, personnes pauvres ou âgées. De l'autre, le marché de la complémentaire santé s'accapare la partie rentable, c'est-à-dire, pour faire vite, les salariés en bonne santé et ayant un emploi. Socialisation des pertes, privatisation des bénéfices : rien de nouveau sous le soleil. Cette dualisation aurait profondément heurté les créateurs de la Sécurité sociale, attachés qu'ils étaient à l'Universalité. Effets symboliques, effets pratiques mais aussi effets politiques, cette nouvelle division du travail fragilise énormément la légitimité politique de l'institution Sécurité sociale : dès lors qu'une institution se concentre sur des pans vulnérables de la société, elle devient vulnérable aux offensives politiques des femmes et hommes politiques qui aiment désigner des boucs émissaires qui seraient des fardeaux pour la collectivité. Ce n'est pas un hasard si les bénéficiaires de l'aide médicale d'État (AME) ou encore de la couverture maladie universelle (CMU), créée en 1999, sont régulièrement pris à partie par celles et ceux qui n'aiment guère la Sécurité sociale.

Gouvernement de droite, gouvernement de gauche, sur ce plan, les orientations ne changent guère car la priorité est désormais de rentrer dans les clous des normes européennes de déficit et de dette publics, même si les principes originels doivent considérablement en souffrir. Ainsi, en 2013, le pouvoir socialiste initie et met en œuvre un accord national interprofessionnel (ANI), qui dans son article 1 instaure l'obligation pour toute entreprise de proposer une « complémentaire santé » à ses salariés. Cette mesure est alors présentée comme une « avancée sociale » : en fait, il s'agit d'un grand bond en arrière car on ratifie l'idée d'« entreprise providence » d'avant 1945 ou, de façon plus contemporaine, celle des États-Unis où l'assurance-maladie fait partie de la négociation salariale. Premier constat : chômeurs, retraités, et même… les fonctionnaires sont laissés sur le bas-côté. C'est bien à une forme de démutualisation et de dénationalisation de la solidarité qu'on assiste, avec comme conséquence notamment le considérable renchérissement des primes des mutuelles des personnes âgées. Tout le contraire de la Sécurité sociale qui institue une double solidarité : entre malades et bien portants, entre riches et pauvres. Second constat : la qualité de la couverture complémentaire dépend des « branches » professionnelles qui, originellement, négocient avec des institutions de prévoyance la couverture des salariés concernés. Inutile de préciser que certaines branches privilégient, au nom de la « compétitivité », le « low cost », c'est-à-dire des contrats dits d'entrée de gamme. L'accès aux soins reflète désormais l'éclatement du salariat. En résumé, cette « grande avancée sociale » aggrave à tout point de vue les inégalités. Pire, ce marché de plus en plus concurrentiel est solvabilisé largement sur fonds publics *via* des ristournes fiscales ou encore des dispositifs comme l'aide au paiement d'une complémentaire santé (ACS) pour les ménages dont les revenus sont juste au-dessous des seuils de la couverture maladie universelle.

L'institutionnalisation des complémentaires santé est telle qu'elle subvertit même des notions clés comme celle de « reste à charge ». Jusqu'à récemment, le « reste à charge » désignait le montant des sommes restant à la charge des assurés sociaux une fois accompli le remboursement de la Sécurité sociale. Après 2013, le « RAC » revêt une nouvelle définition : il renvoie à ce qui reste à la charge des patients une fois qu'ils ont été remboursés par la Sécurité sociale mais aussi leur complémentaire santé ! Ce glissement semble technique mais il est en fait très politique car il acte le fait que Sécu et mutuelles, c'est pareil ! Or, par construction, ça ne l'est pas, quelles que soient les velléités de « régulation » des pouvoirs publics.

Un non-sens économique, social, sanitaire et politique

Un tel constat mérite d'être argumenté. En fait, un certain nombre de « lois » régissent le marché de l'assurance-maladie, lesquelles se résument en une seule phrase : la concurrence du côté du financement, ça ne fonctionne pas. Ce n'est pas une question d'opinions politiques. C'est un fait, largement documenté par les économistes de la santé comme d'ailleurs des organisations aux orientations libérales affichées comme l'OCDE. Tous les systèmes de santé qui ont fait le choix de privatiser le financement sont devenus plus coûteux et inégalitaires, sauf à déployer une usine à gaz bureaucratique qui finalement annule l'idée même de concurrence !

• *Première loi.* Sur un marché concurrentiel d'assurance-maladie, les mauvaises pratiques chassent les bonnes : tarification au risque plutôt qu'aux revenus, sélection des risques, segmentation des contrats. Quelles que soient les valeurs et la sincérité des opérateurs mutualistes, la concurrence fonctionne comme un engrenage qui « sort » du marché tous ceux qui se refusent à adopter les pratiques assurantielles. Une étude récente du service statistique du ministère de la Santé montre ainsi que la solidarité ne cesse de reculer dans les contrats individuels en France. Les pratiques et identité mutualistes ne résistent pas à la dure loi de la concurrence. Le label « mutuelle » devient une simple image de marque qui a de moins en moins de rapport avec les pratiques observables.

• *Deuxième loi.* Un marché concurrentiel tend à la concentration. Ainsi, le marché de la complémentaire santé connaît une concentration accélérée depuis quinze ans. De plus, les frontières se brouillent entre catégories d'opérateurs. Des grands groupes mutualistes cherchent ainsi à s'associer avec des institutions de prévoyance. Ce pouvoir de marché a tendance à se transformer en pouvoir politique afin de sécuriser sinon d'amplifier sa rente par des campagnes de lobbying auprès des décideurs et élus politiques, des campagnes d'opinion coûteuses, etc. De plus, à l'encontre de l'affirmation selon laquelle le marché de l'assurance-maladie privée serait compatible avec les valeurs d'égalité et de solidarité à condition de le « réguler », il n'existe à ce jour aucune expérience concluante de marché « régulé » en matière d'assurance-maladie.

• *Troisième loi.* Dès lors que les acteurs de marché ont atteint une taille critique aux dépens de l'assurance-maladie publique, il devient politiquement impossible de revenir en arrière. Autrement dit, le marché produit des irréversibilités en se transformant en pouvoir politique. Par exemple, aux États-Unis, toutes les tentatives d'instaurer une Sécurité sociale à l'européenne ont échoué face à la mobilisation politique des assureurs, de l'industrie du *managed care* (« gestion des soins ») et de l'American Medical Association qui ont déversé des millions de dollars en lobbying pour empêcher toute proposition de réforme universelle et publique de passer. Même le président Obama a dû couler son Obamacare dans le marché de l'assurance-maladie privée.

• *Quatrième loi.* Un système public d'assurance-maladie remboursant uniquement les soins des plus malades et des plus pauvres devient rapidement un système public pauvre et malade. On comprend aisément pourquoi : tôt ou tard, celles et ceux qui financent le système – en général les actifs bien portants pas ou peu malades – tendent à ne plus se sentir solidaires d'un dispositif qui ne rembourse pas leurs soins. En effet, seuls les 15 % de personnes qui consomment 70 % des dépenses de soins ou les plus démunis voient leurs soins pris en charge par l'assurance-maladie publique. C'est la raison pour laquelle toute proposition de franchise ou de « bouclier sanitaire », en rompant avec le principe d'universalité, finit tôt ou tard par fragiliser l'assise politique de l'assurance-maladie publique.

• *Cinquième loi.* Comme l'a montré récemment l'OCDE, plus la part des organismes privés d'assurance est grande, plus le système de santé devient inefficient. En 2014, les coûts de gestion et de marketing des complémentaires santé représentaient environ 21 %

de leur chiffre d'affaires… contre 4,1 % pour la Sécurité sociale. En France, les frais de gestion annuels des complémentaires santé sont de 7,5 milliards supérieurs à ceux de la Sécurité sociale (7,3 milliards), alors que les complémentaires ne remboursent que 13 % des soins tandis que la Sécurité sociale en rembourse 78 %. Et cette loi est vraie dans tous les pays. Pour faire court, 1 euro de cotisation ou de CSG transformé en prime de mutuelle est 1 euro inégalitaire et inefficient. Un comble pour des pouvoirs publics qui n'ont que le mot « performance » à la bouche !

De ces lois émerge un constat incontournable : la « Mutualité », désormais en concurrence avec les assureurs et les institutions de prévoyance, est le faux nez du déploiement de la logique assurantielle dans le système de santé français. Il ne s'agit pas ici de remettre en cause les valeurs et la sincérité des dirigeants mutualistes, lesquelles sont réelles. Mais l'engrenage de la concurrence les condamne à la défaite.

Dès lors, pour les assurés sociaux attachés aux principes d'égalité et de solidarité en santé – c'est-à-dire l'immense majorité d'entre eux –, la seule option possible est celle de la reconquête de la Sécurité sociale. Plusieurs options ont été proposées. Certains proposent d'en revenir aux ordonnances de 1945 et de généraliser le modèle d'Alsace-Moselle à toute la France : dans ce cas, la « Sécu » pourrait être aussi choisie comme « mutuelle ». D'autres, comme Martin Hirsch et Didier Tabuteau [5], et, plus récemment, Pierre-Louis Bras [6], président du Conseil d'orientation des retraites – soit autant de grandes figures de la haute fonction publique des affaires sociales –, proposent de pousser la logique à son terme ultime et d'instaurer le « 100 % Sécu » ou, dit autrement, de supprimer la fonction assurantielle des complémentaires santé. Du point de vue du pouvoir d'achat des ménages, cela ne changerait guère de choses : payer plus de CSG ou plus de primes de mutuelle, au final, cela ne fait guère de différence.

Toutefois, la proposition du remboursement à 100 % par la Sécurité sociale suppose de tracer la ligne de partage entre ce qui relève de la solidarité nationale et ce qui relève de choix personnels, c'est-à-dire non pris en charge par la solidarité nationale mais pouvant être couverts par des assurances « supplémentaires ». Si le principe général est simple – le « panier de prévention et de soin solidaire » remboursé à 100 % doit inclure tout ce qui est validé médicalement et accepté socialement –, la pratique suppose un réel exercice de démocratie sanitaire. Il est plus aisé de définir ce qui ne devrait pas relever de la solidarité nationale, par exemple tous les traitements remboursés actuellement à 15 % ou à 35 % (dont l'homéopathie) faute de preuve scientifique ou le refus systématique des médicaments génériques. Par contre, il est choquant que les vaccins obligatoires ne soient pas remboursés à 100 %, comme il est choquant que le président Emmanuel Macron ne tienne pas sa promesse électorale de revenir sur l'exclusion en 2011 (par le gouvernement de François Fillon) de la prise en charge à 100 % des hypertendus sévères.

Au fond, il n'y a plus de débat entre « experts » sur la supériorité d'un financeur public unique par rapport à un marché de l'assurance-maladie privé, même « régulé ». Les difficultés sont en réalité d'ordre politique. Une « Sécu à 100 % » oblige d'abord à revoir le compromis politique de 1945 avec le monde mutualiste, et, depuis les années 1950, les institutions de prévoyance et les assureurs. Cela n'ira pas sans soulever une levée de boucliers de ces acteurs mutualistes, syndicaux, patronaux et capitalistes et on peut les comprendre. Cela supposerait en contrepartie de proposer à la Mutualité de se réinvestir dans les activités vraiment utiles pour la santé publique, soit les œuvres sanitaires et sociales, par exemple, la gestion de centres de santé et les politiques de prévention. Pour les « partenaires sociaux », cela impliquerait qu'ils trouvent d'autres formes de recettes, étant donné que leur base d'adhérents est, on le sait, faible en France… Peut-être reconquérir leur audience dans la société, plutôt que de jouer le jeu de l'institutionnalisation à tout prix. Les assureurs, eux, survivront, sans aucun doute !

Surtout, un tel projet suppose, outre des instances d'évaluation vraiment indépendantes, un haut niveau de maturité de la délibération démocratique car un financement à 100 % suppose que les citoyens acceptent que la Sécurité sociale puisse ne pas prendre en charge tout ce qui est potentiellement bon pour la santé. L'on sait que l'OMS définit cette dernière comme un « état complet de bien-être physique, mental et social », soit à peu près la définition du bonheur. Si la Sécu devait rembourser le bonheur, le budget de la nation n'y suffirait pas ! Que la naturopathie, l'équithérapie, la sophrologie, l'homéopathie (quelques exemples piochés, parmi tant d'autres, dans les réactions aux conférences données par l'auteur de ces lignes) fassent du « bien » à celles et ceux qui y ont recours, l'on n'en doute pas, mais il ne saurait être question de les prendre en charge par la Sécurité sociale, du moins tant que leur efficacité n'a pas été dûment évaluée et prouvée. On imagine déjà le lobbying de tous les professionnels et entreprises d'un marché du « bien-être » en pleine expansion pour faire sauter le verrou de l'évaluation, avant de faire sauter… la banque qu'est la Sécurité sociale. C'est à ce niveau, scientifique et démocratique, que le véritable défi se pose : une société travaillée par l'individualisme, l'utilitarisme et les forces du marché est-elle compatible avec les disciplines et les choix difficiles que suppose une solidarité intégrale dans le financement de la santé ?

RÉFÉRENCES

[1] B. Palier, *Gouverner la Sécurité sociale*, Paris, PUF, 2002.

[2] H. Hatzfeld, *Du paupérisme à la Sécurité sociale. 1850-1940*, Nancy, Presses universitaires de Nancy, 2005.

[3] B. Friot, *Puissances du salariat*, Paris, La Dispute, 2012.

[4] P.-L. Bras, D. Tabuteau, *Les Assurances maladie*, Paris, PUF, 2019.

[5] M. Hirsch, D. Tabuteau, « Créons une assurance-maladie universelle », *Le Monde*, 14 janvier 2017.

[6] P.-L. Bras, « Une assurance-maladie pour tous à 100 % ? », *Les Tribunes de la santé*, 2019, 60, p. 87-106.

27

Le coût des médicaments : l'industrie contre la santé publique

Jean-Paul Vernant

Les innovations thérapeutiques récentes, en particulier dans le domaine de la cancérologie, sont mises sur le marché par l'industrie pharmaceutique à des prix tellement élevés que le système de santé solidaire national risque d'être mis en danger. Ces excès sont-ils justifiés ?

Comment est déterminé le prix des médicaments

Pendant très longtemps et durant la plus grande partie de la seconde moitié du XXe siècle, le prix d'un médicament était calculé en fonction de l'investissement que l'industrie pharmaceutique avait consenti à la recherche et au développement (R&D). La découverte de nouveaux médicaments était alors le fruit de longues et laborieuses recherches avec des criblages systématiques où la chance jouait également un rôle très important.

Ainsi c'est en cherchant de nouveaux antibiotiques à partir de micro-organismes présents dans des extraits de terre prélevés en Norvège que furent découverts par Sandoz au milieu des années 1970 la Ciclosporine et son effet immunosuppresseur. Au début des années 1950, la mise en évidence dans une éponge de la mer des Caraïbes de nucléosides comportant du D-Arabinose permit la synthèse de la Vidarabine, molécule active contre certains virus du groupe herpès puis, par modifications chimiques, la synthèse de l'Acyclovir et du Ganciclovir plus efficaces et au spectre plus large. À partir de ce même nucléoside a été également synthétisé un produit antileucémique : l'Aracytine. Bien que la recherche menée par l'industrie ait été coûteuse et le chemin long avant l'obtention d'une autorisation de mise sur le marché (AMM), le prix de ces produits était raisonnable, basé sur les investissements engagés.

À la fin du siècle dernier, après des prises de contrôle souvent hostiles et des fusions, la centaine de laboratoires pharmaceutiques s'est réduite à une quinzaine de Big Pharmas et les pratiques de l'industrie pharmaceutique se sont transformées, d'autant que dans le même temps se développait la prise du contrôle des laboratoires par des fonds de pensions en quête de profits à court terme. Les progrès de la biologie moléculaire et la compréhension de la physiopathologie de nombreuses affections, en particulier maladies virales et cancers, changeaient les modalités de la recherche qui était le plus souvent réalisée par des structures académiques financées par des fonds publics. Il n'y avait plus à faire de longues recherches pour découvrir de nouvelles molécules par un laborieux criblage. La cible à atteindre était proposée à l'industrie, celle-ci n'ayant plus qu'à fournir la molécule qui aurait l'opportunité d'être efficace. Ainsi en est-il de l'immunothérapie par des anticorps monoclonaux dirigés contre les cibles PD-1 ou CTLA-4 qui stimulent le système immunitaire et permettent de traiter de façon souvent très efficace certains cancers. Ces anticorps sont produits par l'industrie pharmaceutique mais tout le travail de recherche en amont a été produit par les équipes du Japonais Tasuku Hondo et de l'Américain James Allison très justement récompensés pour cela en 2018 par le prix Nobel de médecine. Par ailleurs, l'industrie prenant connaissance d'anomalies observées grâce au séquençage, financé par des fonds publics, du génome de tumeurs, propose des molécules ciblant ces anomalies. La production par l'industrie de nouveaux médicaments du cancer est donc largement facilitée par le travail universitaire réalisé en amont. Parfois, et de plus en plus fréquemment, l'industrie, en rachetant très cher une petite start-up de biotechnologie, prend possession, clés en main, d'une molécule innovante et fait passer les dépenses de cette opération boursière pour des dépenses de recherche.

Le développement clinique de ces nouveaux médicaments permet l'obtention de plus en plus rapide d'une AMM. En effet, ce n'est plus la survie globale qui est utilisée comme gage d'efficacité du traitement mais des critères intermédiaires rapidement obtenus (réponse clinique, amélioration de l'imagerie, correction d'une anomalie moléculaire...). Le crizotinib, inhibiteur de kinase spécifique, a eu une AMM aux États-Unis en 2011 dans les cancers du poumon avec réarrangement ALK après des études de phase I/II seulement quatre ans après la publication des données décrivant la protéine de fusion, cible du traitement. De la même façon, la première AMM pour un anticorps anti-PD-1 a été obtenue après un développement très rapide et un simple essai de phase L. Il est donc paradoxal d'observer une telle envolée du prix des innovations thérapeutiques alors que les dépenses de R&D diminuent. Cette diminution se confirme lorsqu'on se penche sur les bilans financiers des Big Pharmas : en moyenne moins de 15 % des chiffres d'affaires sont consacrés à la R&D alors que plus de 25 % sont alloués au marketing et que les marges bénéficiaires excèdent en règle 19 % [1].

La diminution des charges de R&D ne lui permettant plus de justifier l'exigence de prix très élevés, l'industrie pharmaceutique argue depuis quelques années de la qualité du service médical rendu : les prix exorbitants réclamés au payeur seraient justifiés par les économies procurées par ailleurs. Certes la guérison de l'hépatite C par le Sovaldi® permet d'éviter la cirrhose, les hémorragies digestives, l'hépatocarcinome, la greffe hépatique, mais le prix du vaccin contre la poliomyélite au milieu du siècle dernier n'a heureusement pas été déterminé à l'aune de sa remarquable efficacité.

En outre, beaucoup de ces innovations thérapeutiques très coûteuses ne présentent pas un service médical rendu exceptionnel. Une publication s'est intéressée à 48 médicaments du cancer ayant obtenu une AMM en Europe entre 2009 et 2013 dans 68 indications thérapeutiques. Dans deux tiers des cas on n'observait pas d'amélioration de la survie et si dans un tiers des cas une amélioration de celle-ci était constatée, elle n'était que de 1 à 5,8 mois (médiane 2,7 mois) [2]. Une autre étude portant sur 51 nouvelles molécules du cancer ayant obtenu une AMM aux États-Unis ne montre d'ailleurs aucune corrélation entre l'efficacité et le prix demandé [3].

Très régulièrement l'industrie explique que la R&D conduisant à l'AMM d'un seul médicament coûte 1 à 2, 6 milliards de dollars compte tenu des dépenses engagées par ailleurs pour les nombreux produits qui échouent en chemin. En réalité, cette évaluation basée sur les travaux du Tufts University Center for the Study of Drugs Development, dont le financement est en grande partie assuré par l'industrie pharmaceutique elle-même, est infirmée par de multiples publications qui estiment le prix réel de la mise sur le marché à 20 ou 30 % du chiffre prétendu [4]. De toute façon une analyse portant sur 99 médicaments du cancer mis sur le marché aux États-Unis montre que 1 dollar investi pour l'ensemble de la R&D semble rapporter à l'industrie pharmaceutique une médiane de 14,50 dollars [5].

Toutes les justifications de l'industrie ne sont que de mauvais prétextes et le prix des innovations thérapeutiques est simplement déterminé par l'idée que les industriels se font de ce que le marché peut supporter. Cela explique que le traitement de l'hépatite C par le Sovaldi® coûtait l'équivalent de 90 000 euros aux États-Unis, de 42 000 euros en France, de 2 000 euros en Thaïlande et de 750 euros en Égypte où l'on estime à 13 millions le nombre de porteurs du virus de l'hépatite C. Ces écarts de prix n'empêchent pas le laboratoire Gilead de réaliser dans tous les cas de confortables bénéfices puisque la production de médicaments pour la cure revient à moins de 150 euros. Le passage du prix de l'imatinib (Glivec®) aux États-Unis de 30 000 à 120 000 dollars par malade et par an en une quinzaine d'années s'explique non par une amélioration du service médical rendu mais parce qu'il semblait au laboratoire Novartis que le marché américain était apte à tolérer cette inflation.

C'est le plus souvent aux États-Unis, où l'industriel impose son prix sans négociations avec les pouvoirs publics, que s'effectue la première mise sur le marché des innovations thérapeutiques. En France le Comité économique des produits de santé (CEPS), sous la double tutelle des ministères de la Santé et de l'Économie, a pour fonction de négocier les prix avec l'industriel. Mais compte tenu de ce que le prix de base a été défini aux États-Unis, les marges de négociation sont, comme dans les autres pays européens, limitées.

Beaucoup de ces innovations thérapeutiques bénéficient en France, avant l'AMM, d'une autorisation temporaire d'utilisation (ATU) dont le prix est fixé unilatéralement par l'industriel et cela oriente et limite encore la négociation une fois l'AMM obtenue. Autre limite, le prix officiel de certains médicaments, dit prix facial, ne peut être inférieur au prix le plus faible pratiqué au sein d'un panel de quatre pays : Allemagne, Espagne, Italie et Royaume-Uni. Si le prix retenu par le CEPS doit tenir compte de l'amélioration du service médical rendu (ASMR) définie par la Commission de la transparence de la Haute Autorité de santé, il n'empêche que des produits d'ASMR médiocres peuvent avoir des prix très élevés. À côté du prix facial, le CEPS a certes l'opportunité de négocier des remises que les laboratoires pharmaceutiques auront à verser à l'assurance-maladie mais la négociation portant sur ces dernières, au prétexte du secret des affaires, se déroule dans une totale opacité. Et ce système de remises versées à l'assurance-maladie a plusieurs effets pervers. D'une part, il pénalise les malades par le biais du ticket modérateur et du coût de leur complémentaire qui ne tiennent compte que du prix facial. D'autre part, un certain nombre de petits pays européens fixent leurs prix en se référant au prix facial de pays comme la France, car c'est le seul prix dont ils aient connaissance. L'industrie a donc intérêt à obtenir des prix faciaux élevés quitte à consentir à ce principe de remise.

Enfin, les modalités de révision des prix ne sont pas toujours respectées. La Cour des comptes a pu constater qu'à quelques exceptions près les prix n'étaient pas revus à la baisse comme prévu au bout de cinq ans lorsque les études en survie globale, pas toujours disponibles compte tenu des réticences de l'industrie à les fournir, ne confirmaient pas, ce qui est très fréquent, les bénéfices thérapeutiques escomptés [6].

Rôle du lobbying et du marketing

De toutes les industries, c'est l'industrie pharmaceutique qui, au niveau mondial, dépense le plus pour son activité de lobbying. Quant à ses dépenses commerciales et de marketing, elles dépassent largement celles dédiées à la R&D. En dehors même des innovations thérapeutiques l'industrie pharmaceutique, même sans preuve scientifique probante, s'efforce en règle de convaincre les médecins prescripteurs que la dernière molécule disponible est par définition meilleure que la précédente souvent passée dans le domaine public et dont le prix est largement inférieur à la nouveauté. On connaît ce type de pratique pour de nombreux produits notamment les statines où la rosuvastatine (Crestor®) a connu un bond des ventes lorsque l'atorvastatine (Tahor®) a été génériquée. De même l'industrie profitant d'une autorisation d'AMM relativement précoce a tendance à élargir abusivement les indications des nouveaux médicaments (antidiabétique, anticoagulant) avant même que le rapport bénéfice/risque du nouveau produit ait complètement été évalué.

Aux États-Unis, l'industrie tente même de faire pression sur les patients à travers des publicités qui sont autorisées dans la presse généraliste. Ce travail de terrain que mènent les laboratoires justifie les sommes importantes dévolues aux tâches de marketing. La « catastrophe financière » que constitue le passage d'une molécule dans le domaine public est une incitation pour l'industriel à mettre sur le marché une molécule copiée sur sa molécule originale avec une modification chimique minime (molécule *me too*) ne lui conférant aucun avantage autre que, n'étant pas considéré comme un générique, celui de pouvoir bénéficier d'un nouveau brevet. Ainsi AstraZeneca remplaça au début des années 2000 l'oméprazole (Mopral®) tombant dans le domaine public par l'ésoméprazole (Inexium®) comportant un seul des deux isomères de l'oméprazole, donc quasi identique mais plus cher. Lorsqu'il ne s'agit pas de faire la promotion d'une molécule *me too*, l'industrie peut tenter de promouvoir la prescription en première ligne, à la place d'une molécule tombant prochainement dans le domaine public, une molécule différente jusqu'alors réservée à un traitement de deuxième ligne. Cette promotion suppose une activité de lobbying et de marketing : activité de lobbying car il convient que les autorités de régulation acceptent de modifier l'indication de l'AMM et activité de marketing car il faut persuader les prescripteurs du bien-fondé de ce changement de stratégie thérapeutique. Novartis prévoyant le passage dans le domaine public du Glivec® en 2015 offre un excellent exemple de ce travail de lobbying et de marketing. Le Glivec® (ITK de première génération) était indiqué en première ligne dans le traitement de la leucémie myéloïde chronique et rapportait à Novartis, avant qu'il ne soit génériqué, 4,5 milliards de dollars par an, et le Tasigna® (ITK de deuxième génération) était indiqué seulement en deuxième ligne en cas d'intolérance ou de résistance au Glivec®. Alors qu'en dehors de ces situations le Tasigna® n'offrait pas d'avantage significatif par rapport au Glivec®, son activité de lobbying a permis à Novartis d'obtenir rapidement une AMM en première ligne aux États-Unis pour le Tasigna® et le marketing auprès des prescripteurs a permis de faire passer les dépenses mondiales de Tasigna® de 200 à 300 millions de dollars par an lorsqu'il était utilisé en deuxième ligne à plus de 1 milliard par an en 2015 puis 2 milliards en 2017.

Malgré ses capacités de lobbying, l'industrie n'est pas toujours capable de faire prendre des vessies pour des lanternes et un coupe-faim pour un antidiabétique. Lorsqu'elle craint donc de ne pouvoir obtenir des autorités de régulation toutes les indications qu'elle souhaitait pour l'un de ses produits, l'industrie peut tenter de convaincre les médecins de prescrire ce produit en dehors des indications de l'AMM. Mais cela est tout à fait illégal : si un médecin a de sa propre initiative le droit de prescrire un médicament en dehors des indications reconnues, en revanche le fabricant ne peut, sous peine de procès, inciter à ce type de promotion. De grands groupes pharmaceutiques sont cependant régulièrement condamnés, pour promotion hors AMM, à des sommes colossales qui n'atteignent pourtant pas celles que ces pratiques ont permis d'engranger. On comprend que l'industrie, dont le retour sur investissement constitue l'objectif majeur, consacre des sommes largement plus importantes aux activités de lobbying et de marketing qu'à la R&D.

Génériques et pénuries

Vingt ans après le dépôt du brevet, un médicament tombe dans le domaine public et est généricable. En France, les génériques bénéficient d'une décote d'en moyenne 60 % par rapport au prix du princeps. Pour certains médicaments récents le prix reste cependant très élevé. Ainsi les génériques du Glivec® coûtent encore en France 10 000 euros par an par malade alors qu'ils sont vendus en Inde moins de 300 euros. Il y a en oncologie une quarantaine de médicaments anciens passés dans le domaine public depuis de longues années qui, à des prix raisonnables, sont qualifiés de médicaments d'intérêt thérapeutique majeur (MITM). Ces produits constituent encore la base de presque tous les protocoles de chimiothérapies du cancer. Ils font partie des 80 % de médicaments tombés dans le domaine public dont le principe actif est, pour des raisons de moindre coût, fabriqué en Chine et en Inde où les salaires sont bas et l'indice de performance des normes environnementales très médiocre. Les laboratoires pharmaceutiques façonniers qui ont la fonction importante de contrôler le principe actif, de produire les ampoules, comprimés ou gélules au dosage requis et de distribuer le produit fini sont localisés en Occident. Mais ces laboratoires titulaires des AMM sous-traitent de plus en plus le travail de façonnage. On observe depuis une dizaine d'années des pénuries de ces MITM. Ces pénuries peuvent être liées à des malfaçons du principe actif ou à une incapacité plus ou moins temporaire de production des industriels, médiocrement intéressés par l'exploitation de médicaments de faible rentabilité.

Il faut observer qu'il y a vingt ou trente ans les laboratoires pharmaceutiques assuraient toutes les phases de la fabrication d'un médicament, de la production du principe actif à celle du produit fini, cela garantissant un approvisionnement pérenne. Actuellement, la multiplication à tous les niveaux de la sous-traitance, destinée à maintenir ou améliorer les marges, explique la perte du contrôle de l'approvisionnement par les laboratoires pharmaceutiques.

Dans la plupart des cas, après des semaines, des mois, voire des années de pénuries, ces médicaments réapparaissent sur le marché avec des augmentations non contrôlées des prix [7]. Une autre cause de ces pénuries, dont les malades sont les victimes, est que l'industrie pharmaceutique, au prétexte d'économie, travaille en règle à flux tendu. Des stocks régulièrement constitués et entretenus permettraient d'amortir d'éventuelles ruptures d'approvisionnement des principes actifs ou des produits finis. La production à flux tendu utilisée par exemple pour les produits électroménagers ne devrait pas l'être pour les produits pharmaceutiques. Les conséquences d'une pénurie peuvent être dramatiques pour les malades car ceux-ci ne sont pas des « consommateurs » comme les autres.

Pratiques boursières

Afin d'accroître sa valeur boursière, l'industrie pharmaceutique rachète régulièrement ses actions sur le marché (*share buyback*). Cette pratique, qui apparaît pour le moins critiquable, limite le nombre d'actions disponibles, augmente leur valeur et appâte les actionnaires. Ainsi Pfizer a racheté entre 1999 et 2009 pour

53 milliards de dollars ses propres actions. De façon générale, les actionnaires sont particulièrement bien soignés et la revue financière nord-américaine *Forbes* conseillait le 23 septembre 2015 aux investisseurs des placements dans l'industrie pharmaceutique car de toutes les industries, c'est elle qui leur offrait les meilleurs dividendes, loin devant les industries de la communication, de l'informatique, de la banque, du luxe...

La manne générée par l'industrie du médicament est telle qu'elle attire de nombreux financiers. C'est le cas de Royalty Pharma, société d'investissement travaillant entre autres pour des fonds communs de placement, qui achète avant développement à des start-up ou en cours de développement à des Big Pharmas des parts sur la propriété intellectuelle de molécules. Cette société possède donc pour partie de très nombreuses molécules onéreuses comme l'Humira®, le Remicade® et le Truvada®, le Bosulif®... Les malades, et en France l'assurance-maladie, contribuent, donc, lorsque ces produits sont prescrits, aux rentrées financières de cette entreprise purement spéculative.

Quelles solutions ?

Les innovations thérapeutiques

L'explosion des prix a généré dans tous les pays de la part des médecins une levée de boucliers avec de multiples pétitions publiées dans les journaux scientifiques. En France, un appel de cent dix professeurs en oncologie et hématologie, puis une campagne de la Ligue contre le cancer et de Médecins du monde ont fait part de leur crainte que les prix exorbitants des nouveaux médicaments soient une menace pour l'accès universel aux progrès thérapeutiques [8].

Aux États-Unis, où les États participent au financement de Medicare et de Medicaid, dix d'entre eux dont la Californie et le Massachusetts ont décidé que, lorsqu'un traitement coûtait par exemple plus de 10 000 dollars par an, l'industriel producteur devrait justifier des prix demandés en particulier par les dépenses engagées pour la R&D du produit [9].

De principe, il serait nécessaire de définir pour une innovation un juste prix qui devrait être basé sur les sommes investies par les industriels pour leur R&D, en tenant compte des efforts fournis en amont par la recherche académique. Devrait s'ajouter bien sûr un retour sur investissement raisonnable que l'on pourrait définir *a priori*. Cette procédure d'arbitrage des prix devrait être transparente et les patients et leurs représentants comme les professionnels de la médecine devraient y être structurellement associés.

La loi de 1995 accordant un « certificat de protection complémentaire », qui autorise, en cas de temps long consacré au développement d'un produit, une prolongation de cinq ans du brevet de celui-ci avant qu'il ne tombe dans le domaine public, ne devrait plus s'appliquer pour les innovations thérapeutiques dont le temps dédié au développement est très court. Mais quelles sont les chances d'obtenir un juste prix et une juste durée de vie des brevets dans notre seul pays ? Les industries du médicament sont des multinationales et seul le poids de nombreux pays négociant de concert aura quelques chances de leur faire entendre raison. En ce qui concerne les pays en développement, on sait qu'en 1994 un accord international sur la protection des droits intellectuels a été ratifié par l'Organisation mondiale du commerce (OMC) qui autorise théoriquement ses pays membres à déroger aux règles de la propriété intellectuelle pour assurer, si besoin, la protection de la santé de leurs populations. La licence obligatoire qui est un élément de cette flexibilité devrait permettre aux pays en développement de produire et commercialiser sur leur sol à un prix abordable des copies d'innovations thérapeutiques dont la licence demeure valide. Malheureusement, les lourdes contraintes administratives imposées aux pays demandeurs ainsi que les pressions exercées par les industries pharmaceutiques et les pays occidentaux où elles résident limitent jusqu'alors l'utilisation de la licence obligatoire. Même s'il est permis d'espérer que l'on pourra à terme et grâce à cette licence obligatoire traiter efficacement les malades des pays en développement, cela ne concernera que les affections communes au Nord et au Sud et pas celles propres au Sud.

En effet, si la recherche académique travaille et publie sur le sujet des maladies parasitaires propres aux pays du Sud, en revanche l'industrie pharmaceutique n'a que très peu cherché à développer des traitements contre ces affections qui tuent pourtant tous les ans des millions d'Africains. Mais peut-être ce marché n'était-il pas considéré à ce jour assez rémunérateur. La situation semble un peu s'améliorer grâce à l'action, qu'il convient de soutenir, de structures à but non lucratif issues d'ONG aidées par l'OMS et par des organisations philanthropiques auxquelles se sont joints avec retard certains laboratoires pharmaceutiques.

Les médicaments passés dans le domaine public

Les laboratoires producteurs de génériques dont les prix restent souvent très élevés n'ont pourtant aucune charge de R&D et l'hétérogénéité de leurs prix dans des pays équivalents est difficilement compréhensible. Ainsi les génériques sont-ils globalement beaucoup plus chers en France qu'aux Pays-Bas et au Royaume-Uni. Il conviendrait de se prémunir des pénuries de certains médicaments engendrant de façon quasi inéluctable des augmentations de prix indues. Pour cela, deux mesures s'imposent rapidement :

- d'une part, il est nécessaire que la production des principes actifs actuellement externalisée en Chine et en Inde (où les conditions de travail et de sécurité des personnels sont responsables d'une disparité de la production) soit rapatriée en Europe ;
- d'autre part, les laboratoires pharmaceutiques titulaires des AMM doivent cesser de travailler à flux tendu et doivent mettre en place et gérer des stocks de produits finis, cela permettant d'amortir des défauts d'approvisionnement.

Révoltés par les conséquences de ces pénuries pour leurs malades et mécontents des augmentations itératives des prix, plus de 500 établissements de santé aux États-Unis ont fait un choix radical et décidé en 2018 de la création d'un établissement pharmaceutique *non-profit* produisant les médicaments passés dans le domaine public (Civica Rx). Il serait bien sûr souhaitable qu'une telle structure prévenant les pénuries, et garante à la fois de qualité des médicaments et de prix justes et pérennes, puisse voir le jour en Europe.

RÉFÉRENCES

[1] V. Prasad, K. De Jesus, S. Mailankody, « The high price of anticancer drugs : Origins, implications, barriers, solutions », *Nat. Rev. Clin. Oncol.*, 2017, 14 (6), p. 381-390.

[2] C. Davis, H. Naci, E. Gurpinar *et al.*, « Availability of evidence of benefits on overall survival and quality of life of cancer drugs approved by European Medicines Agency : Retrospective cohort study of drug approvals 2009-13 », *BMJ*, 2017, 359, p. 4530.

[3] S. Mailankody, V. Prasad, « Five years of cancer drugs approvals : Innovation, efficacy and costs », *JAMA Oncol.*, 2015, 1 (4), p. 539-540.

[4] J. Avorn, « The $2.6 billion pill-methodologic and policy considerations », *N. Engl. J. Med*, 2015, 372 (20), p. 1877-1879 ; V. Prasad, S. Mailankody, « Research and development spending to bring a single cancer drug to market and revenues after approval », *JAMA Internal Medicine*, 2017, 177 (11), p. 1569-1575.

[5] K. Tay-Teo, A. Ilbawi, S. R. Hill, « Comparison of sales income and research and development costs for FDA-approved drugs sold by originator drug companies », *JAMA Network Open*, 2019, 2 (1), e186875.

[6] N. Grössmann, M. Robausch, K. Rosian *et al.*, « Monitoring evidence on overall survival benefits of anticancer drugs approved by the European Medicines Agency between 2009 and 2015 », *Eur. J. Cancer*, 2019, 110, p. 1-7.

[7] I. Hernandez, S. Sampathkumar, C. B. Good *et al.*, « Changes in drugs pricing after drug shortages in the United States », *Ann. Intern. Med.*, 2019, 170 (1), p. 74-76.

[8] Ligue contre le cancer, « Pour une équité d'accès aux médicaments », https://bit.ly/23KlsK8 ; D. Maraninchi, J.-P. Vernant, « L'urgence de maîtriser le prix des nouveaux médicaments contre le cancer », *lefigaro.fr*, 14 mars 2016 ; Médecins du monde, « Garantir l'accès aux médicaments », https://bit.ly/1sBAELn.

[9] A. Sarpatwari, J. Avorn, A. S. Kesselheim, « State initiatives to control medication costs. Can transparency legislation help ? », *N. Engl. J. Med.*, 2016, 374 (24), p. 2301-2304.

SEPTIÈME PARTIE

La santé publique à la peine

Dès le début des années 1970, l'instigateur même de la grande réforme de 1958 qui a posé les fondations du système de santé actuel, le professeur de pédiatrie Robert Debré, avait vu les limites d'une politique de santé réduite au financement des avancées de la biomédecine et à un « hospitalocentrisme » transformant les hôpitaux en forteresses relativement coupées de leur environnement. Au contraire, selon lui, l'hôpital devait devenir un centre de santé – et non des seuls soins curatifs – pleinement ouvert sur les autres acteurs de l'offre de soins mais aussi sur les individus ne nécessitant pas d'être couchés dans un lit. Dès lors, Robert Debré affirmait que la santé publique, cette discipline carrefour entre la médecine et les sciences sociales dans leur diversité, devait devenir le savoir roi de la médecine « intégrée ». Il en appelait à ses jeunes confrères pour mener une « seconde révolution ». Hélas, si Robert Debré avait l'optimisme de la volonté, il ne tenait guère compte de la force des facteurs qui ont marginalisé la santé publique dans notre système de santé.

En effet, depuis les avancées remarquables des hygiénistes dans la seconde moitié du XIXe siècle, la contemporaine santé publique a été l'objet d'une condescendance, voire d'un rejet, de la part d'une profession médicale qui a longtemps vu en elle un interventionnisme étatique lourd de menaces pour les libertés, à commencer par les sacro-saintes libertés médicales. Surtout, la santé publique a été dédaignée par l'élite des cliniciens qui considèrent encore pour une bonne part qu'elle est le refuge des « mauvais » médecins. Résultat funeste : ses trop nombreux acteurs et ses savoirs sont restés coupés du système de soins, qui s'est focalisé sur les seuls soins curatifs.

La santé publique devrait être la discipline médicale phare de la médecine du XXIe siècle impliquant la majorité des disciplines médicales, non seulement la médecine du travail, la médecine scolaire, la protection maternelle et infantile mais la médecine générale, la pédiatrie, la gériatrie et l'ensemble des spécialités s'occupant des maladies chroniques. Elle devrait rassembler médecins et non-médecins, psychologues, sociologues, philosophes, économistes, statisticiens, directeurs d'hôpitaux… et collaborer avec les différentes agences de santé de l'État et avec la Sécurité sociale. Elle devrait s'occuper de tous les grands sujets de société impliquant la santé (dont certains comme le don d'organe et la fin de vie sont abordés ici).

Pour des raisons historiques, la discipline de santé publique reste faible dans notre pays. Faute d'avoir pu penser la réforme du système de santé, celle-ci a été délaissée à des managers, des technocrates, des économistes libéraux et quelques rares médecins ultraspécialisés, ayant appliqué la pensée néolibérale anglo-saxonne au système de santé français. Pour l'essentiel la santé publique s'est cantonnée à deux fonctions : d'une part, élaborer des programmes d'information à destination du grand public, dont on peut douter de l'efficacité (ces messages prêchent souvent les convertis) ; d'autre part, garantir la veille épidémiologique et la sécurité sanitaire, grâce au chapelet d'agences qui, depuis les années 1990, flanquent désormais le ministère de la Santé (ce qui était certes indispensable mais très insuffisant). En effet, rien ou très peu a été fait pour réduire le « gradient social de santé » – l'état de santé varie en raison exacte de la position occupée dans la hiérarchie sociale – en s'attaquant aux déterminants sociaux de la santé : inégalités d'éducation, de conditions de travail, d'alimentation de logement, d'environnement physique, voire de revenus… Il est vrai que cela suppose de fâcher de puissants lobbies. La faiblesse de cette discipline explique que nous ayons construit un système de soins et non un système de santé. Encore bien classés en ce qui concerne les soins aigus et la mortalité évitable grâce au système de soins, nous sommes historiquement mauvais en ce qui concerne les inégalités sociales et territoriales de santé et très mauvais pour la mortalité évitable avant 65 ans grâce à la prévention.

28

La santé publique, victime de l'antagonisme historique entre l'État et la profession médicale

François Buton

L'administration en charge de la santé a souvent changé de nom et de place dans l'ordre gouvernemental en France depuis son autonomisation il y a un siècle comme ministère de « l'Hygiène, de l'Assistance et de la Prévoyance sociale ». Des années 1930 aux années 1950, la « Santé publique » a été inscrite au fronton du ministère, parfois seule (1930), souvent avec une autre attribution (1946 : « Santé publique et Population »). Depuis 1956, la santé publique a perdu son adjectif et s'est retrouvée associée avec le « social » (« Affaires sociales », « Solidarité », « Cohésion sociale », etc.). En un siècle, cette administration a aussi connu plusieurs statuts : ministère à part entière, délégué ou secrétariat d'État, elle a rarement pu briguer les premières places dans la hiérarchie gouvernementale. L'instabilité des statuts, l'euphémisation de la dimension « publique », l'intrication dans le « sanitaire et social » sont autant d'indices que la santé publique n'est pas une cause majeure en France. Reste une continuité : depuis un siècle, la santé publique est une affaire d'État, une question administrative.

Or cette dimension constitue à la fois la force et la limite de la santé publique, comme le montrent les dernières décennies. D'un côté, la santé publique a pu être renouvelée dans la durée grâce notamment à des mobilisations de réformateurs au sein de l'État, qui ont procédé à ce qu'on peut considérer comme une séparation du « sanitaire » d'avec le « social ». De l'autre, le renouvellement n'a pas réussi à intéresser au-delà de l'administration, ni à modifier les équilibres du champ médical. Les métamorphoses récentes de la santé publique sont encore loin d'avoir transformé sa place dans la société : c'est cette occasion manquée qu'il faut essayer de comprendre.

Une priorité

La notion de santé recouvre deux ensembles complémentaires et sécants de pratiques, ceux de la prévention et du soin. La santé publique renvoie au premier ensemble, qui s'est longtemps consacré à la lutte contre les épidémies infectieuses et les « fléaux sociaux » (comme l'alcoolisme) et au développement de mesures d'hygiène publique, avant de mettre l'accent sur la promotion de la santé au sens d'« état de complet bien-être physique, mental et social » (OMS) ; en bref, la prévention vise à empêcher la survenue des pathologies, entraver leur développement et atténuer leurs effets. Depuis les dernières décennies du XIXe siècle, les maladies infectieuses ont pu être combattues efficacement par l'alliance de mesures thérapeutiques et préventives : la victoire sur les microbes tient aux vaccins, aux médicaments, mais aussi à des dispositifs de médecine sociale (obligation, dispensaires, etc.) ; le modèle pastorien ne se limite pas à l'administration de vaccins, mais suppose l'alliance de savoir-faire (dépistage, dénombrements, etc.) ; les dispositifs les plus anciens (quarantaine, dépistage obligatoire, etc.) montrent encore à l'occasion leur utilité, notamment en l'absence de réponse thérapeutique disponible. Même si les menaces infectieuses sont loin d'avoir disparu, si certaines maladies « réémergent » à la faveur des résistances aux traitements, et si de nouvelles « émergent », la société française a largement bénéficié de l'élévation générale des conditions matérielles et du niveau de vie et des progrès thérapeutiques et préventifs, et connaît depuis plusieurs décennies une transition épidémiologique marquée par un vieillissement de la population et une prévalence croissante des maladies chroniques (cancers, maladies cardio-vasculaires, broncho-pulmonaires diabètes, maladies mentales et neurodégénératives, etc.), maladies souvent handicapantes, de longue durée, dont la prévention et la prise en charge sont complexes et coûteuses.

Cette situation, qui exige un réaménagement du mode de financement des soins et des mesures de prévention, devrait suffire à placer les pratiques de santé publique au cœur du système de santé. En cohérence avec les principes démocratiques et républicains de solidarité (recevoir selon ses besoins, contribuer selon ses moyens) et d'égalité (lutte contre les inégalités sociales de santé, dont les inégalités d'accès aux soins et à la prévention ne sont qu'une partie), priorité devrait aller aux mesures de prévention des maladies chroniques. Concrètement, l'accent devrait aller non seulement à la prévention des « facteurs de risque » mais aussi à toutes les pratiques de promotion de la santé. Un danger souvent souligné des politiques de prévention est de réduire les facteurs de risque aux comportements des individus et à leurs excès (consommation de tabac, d'alcool, alimentation, etc.) et d'oublier non seulement les facteurs environnementaux (pollution) mais aussi les déterminants sociaux des comportements individuels. Mais un autre danger vient de l'aveuglement que produit la perspective d'une égalité stricte entre santé publique et prévention des facteurs de risque : la surveillance des comportements et des environnements doit s'inscrire dans un engagement de long terme en faveur de la promotion de la santé dans les institutions centrales de la vie sociale (école, université, entreprise), les lieux de relégation (prison, lieux d'internement, hébergement des personnes âgées) ou d'accompagnement d'étapes de la vie (maternité, accès à la sexualité). Autrement dit, la santé publique suppose de défendre ce que l'on a l'habitude d'appeler « médecine collective » (scolaire, universitaire, du travail, pénitentiaire, psychiatrique, maternelle et infantile, etc.), de manière impropre puisqu'elle suppose de mobiliser non seulement les médecins mais bien plus largement les professionnels de santé, comme ceux du travail social ou de l'éducation.

Un lourd héritage

En France, l'histoire de la profession médicale a produit un antagonisme entre la profession et l'État, donc la santé publique. Rappelons quelques faits bien connus. Très tôt organisés en syndicats afin de défendre leurs intérêts économiques et leurs titres, les médecins titulaires d'un « doctorat » de médecine se sont construits comme profession libérale à la fin des années 1920 contre l'État et les projets d'assurances sociales. Adoptée lors du congrès des syndicats médicaux de 1927, la « charte commune à la profession » énonce sept principes dont le libre choix du médecin par le patient, le paiement à l'acte, et les libertés de prescription ou de fixation des honoraires : l'indépendance absolue du médecin est nécessaire à l'établissement de la confiance du patient à son endroit. La création de l'Ordre en octobre 1940 couronne le processus d'autonomisation de la profession médicale, dont le principe échappe à toute remise en cause à la Libération quand, avec la création de la Sécurité sociale, le financement des soins est en grande partie socialisé par des cotisations sur les salaires, et géré par les représentants des syndicats de patrons et de salariés. Or, ce modèle libéral, qui bénéficie fortement des progrès thérapeutiques et du financement socialisé depuis la fin de la Seconde Guerre mondiale, n'a que très peu satisfait les demandes étatiques de participation aux politiques de santé publique, à commencer par l'une des plus élémentaires, la déclaration censée être « obligatoire » (DO) depuis 1902 des cas des maladies les plus contagieuses (longtemps appelées « pestilentielles »). Le sida fournit une bonne illustration : le succès de la DO du sida, à partir de 1986, devait beaucoup au fait que la maladie sida était déclarée presque exclusivement par des médecins hospitaliers dont l'incitation à déclarer était d'autant plus forte que le financement de leurs services était indexé sur le nombre de leurs patients suivis (la « file active ») ; les résultats de la DO du VIH s'avèrent en revanche, aujourd'hui, bien plus décevants, car la déclaration dépend en bonne partie de médecins généralistes très inégalement « compliants » aux prescriptions de santé publique.

L'idéologie libérale de la profession médicale vient ici renforcer la logique même du champ médical dont l'autonomie relative est inséparable de la domination en son sein des cliniciens. À défaut de développer la perspective d'analyse en termes de champ, on insistera sur le fait qu'elle permet de comprendre la pérennité de la domination du sous-champ de la médecine anatomo-clinique. Bien avant l'apport de thérapeutiques très efficaces, celle-ci a réussi à disposer du monopole du diagnostic légitime sur les maladies, mieux, sur le corps de l'individu malade, et donc de réponses éventuellement adaptées aux maux diagnostiqués. C'est en partie sur la base du savoir anatomo-clinique que prospèrent par différenciation les spécialités médicales, même si leur développement au XIXe siècle s'appuie aussi sur les groupes spécifiques de population accueillis dans différentes institutions hospitalières. En tant que bien propre au savoir médical, le diagnostic fonde la domination de la médecine clinique et des médecins cliniciens sur les autres fractions du champ de la santé, et permet donc son autonomie relative. Les autres fractions, la médecine sociale et les sciences auxiliaires, se caractérisent en effet par leur hétéronomie. La médecine sociale, qui recouvre la santé publique et ses différents avatars historiques, vise en effet la santé des populations, dont la protection constitue sinon une prérogative régalienne *stricto sensu*, du moins l'affaire des gouvernants ; elle est donc dépendante des logiques propres au champ politique et administratif. Quant aux sciences auxiliaires, sciences biologiques d'abord, radiologiques ensuite, statistiques, gestionnaires ou encore informationnelles aujourd'hui, elles contribuent fortement aux progrès de l'exercice médical du diagnostic et du soin, mais obéissent à des logiques pour partie (et pour partie seulement) extérieures au champ médical et propres à d'autres champs (scientifique, universitaire, économique, etc.) ?

En bref, la structuration d'un champ médical autonome, produit de l'histoire de la revendication réussie de la prétention au monopole du diagnostic légitime par la médecine anatomo-clinique, est au fondement de l'antagonisme de ce champ à l'égard de la santé publique, affaire d'État dont la fraction du champ concernée, la médecine sociale, est constamment marginalisée et déconsidérée. Il n'est pas besoin de supposer un « conservatisme » atavique des étudiants en médecine ou de les soupçonner d'un irrésistible appât du gain pour comprendre leurs préférences pour certaines spécialités chirurgicales (chirurgie orthopédique) et médicales (médecine interne, dermatologie, neurologie, hépato-gastro-entérologie, oncologie), au détriment de la santé publique ou de la médecine légale, au moment des épreuves classantes nationales pour l'internat : ces préférences sont parfaitement ajustées aux logiques du champ médical qui favorisent la clinique.

Le déploiement du domaine du (risque) sanitaire

Et pourtant, la santé publique a changé, elle s'est réformée et reconfigurée. Contrairement à une idée répandue, ces réformes ne sont pas la conséquence directe et immédiate des crises ou affaires « sanitaires » toujours plus nombreuses depuis les années 1990, mais le produit de mobilisations qui ont profité des opportunités que le surgissement des crises et affaires a rendu possibles et souhaitables. Une partie non négligeable de ces mobilisations a pris corps au sein de l'État, parfois à l'initiative même des fonctionnaires et hauts fonctionnaires du ministère en charge de la Santé. Traditionnellement tenue pour faible, l'administration centrale de la santé a vu les domaines de compétence de ces grandes directions redéfinis. La Direction générale de la santé (DGS) a ainsi aujourd'hui pour tâches principales la préparation stratégique (*via* des « plans nationaux ») et la gestion des crises et alertes. Elle peut mobiliser les avis éclairés d'instances consultatives et solliciter une expertise à la fois externalisée (hors de l'administration centrale) et considérablement renforcée en personnels, au sein d'agences dédiées notamment à la sécurité des médicaments, à celle de l'alimentation, de l'environnement et du travail ou à la surveillance épidémiologique, l'urgence et l'éducation à la santé ; quant aux directions régionales et départementales, elles ont été également reconfigurées au sein des agences régionales de santé (ARS). Paradoxalement, la création d'agences, bureaucraties techniques aux périmètres régulièrement redéfinis, est loin de garantir la déprise de la santé publique par l'État central : au regard de la position de leurs dirigeants vis-à-vis de leurs tutelles ou des agendas qui leur sont imposés, l'indépendance des agences apparaît très faible. L'agencification contribue ainsi à une extension du domaine de l'État dans le champ de la santé.

La création d'agences de la sécurité sanitaire ou de la surveillance épidémiologique n'est pas seulement un processus organisationnel, mais se justifie par une réorientation des politiques de santé publique vers une meilleure prise en compte des risques de santé. L'inflation de l'adjectif sanitaire correspond ainsi moins à une mise en santé des problèmes sociaux (« sanitarisation ») qu'à une mise en risque (et en facteurs de risque) des problèmes de santé, au déploiement d'une perspective probabiliste sur la santé. Celle-ci est bien ajustée au caractère multifactoriel des maladies chroniques, mais elle soutient également l'appréhension des crises et menaces de court terme (et de toutes sortes, de la canicule au SRAS, de la méningite à la pandémie grippale). De fait, le travail des agents de la surveillance et de la sécurité sanitaires est soumis à une tension entre travail de long terme, par exemple dans la lutte contre les inégalités sociales de santé, et gestion de court terme, dont les tâches ne consistent pas seulement à traiter les crises quand elles surviennent, mais bien à préparer la réponse à toutes les menaces. Ce travail d'« anticipation préventive » (*preparedness*) suppose à la fois la production massive des « retours d'expérience » de toutes les crises traversées et la formalisation de procédures à partir de l'investigation des scénarios possibles, voire de leur mise à l'épreuve par des simulations en grandeur réelle. On aperçoit peut-être ici la proximité, historiquement établie, entre ces tâches et le modèle militaire de la « sécurité civile ». On devine aisément ce qu'un pouvoir politique soumis au calendrier électoral choisira de tenir comme prioritaire, de la réduction des inégalités sociales à l'échéance d'une génération ou de la gestion immédiate d'une menace, même quand celle-ci ne se concrétise pas.

Dans tous les cas, la notion de risque présente certains traits potentiellement avantageux pour l'action de santé publique. Elle permet la construction d'indicateurs quantifiés de santé, opération qui présente sans doute des biais et difficultés, mais qui permet au moins une discussion argumentée de ces (bien mal nommées) « données ». Au nom du principe d'anticipation, elle autorise le déplacement de la frontière entre le normal et le pathologique au profit du second, en requalifiant les personnes en bonne santé comme des patients asymptomatiques à traiter préventivement ou les personnes exposées au risque comme des « populations à risque » auxquelles un dépistage s'impose immédiatement (voire le plus précocement possible). Elle étend en bref le domaine du pathologique, le plus souvent en contradiction avec l'expérience sensible du sujet, qui ne se pense pas à risque, et ne s'envisage comme un patient. Elle permet enfin, signalons-le à nouveau, de qualifier aussi bien des comportements individuels que des environnements ou des situations : sa plasticité est un atout pour une approche globale de l'état de santé des populations.

Un rendez-vous manqué

Le renouveau de la santé publique a notamment eu pour effet de redéfinir la médecine de santé publique, donc l'image de la santé publique en médecine. Longtemps cantonnés dans des tâches de conformité des pratiques aux lois et règlements, les médecins de santé publique ont aujourd'hui massivement investi la surveillance épidémiologique des risques de santé et la gestion localisée des crises dans les agences ou l'administration, ainsi que l'analyse des données de santé dans les départements d'information médicale des hôpitaux. La santé publique est redevenue une tâche utile en médecine. Mais ce renouveau ne semble pas encore être apparu très évident aux cent mille médecins généralistes, dont les réticences sont toujours marquées à l'égard de la santé publique. On a déjà évoqué leur compliance insuffisante à la notification obligatoire des maladies, mais d'autres cas sont significatifs. Après l'échec du « médecin référent » à la fin des années 1990, on peut supposer que l'institution du « médecin traitant » a rencontré le succès avant tout parce qu'elle reposait sur une obligation à l'endroit des patients (le choix d'un médecin traitant conditionne le remboursement des soins et l'accès à un spécialiste) plutôt que sur l'incitation financière des médecins eux-mêmes.

Les « contrats d'amélioration des pratiques individuelles » ou Capi n'ont pas convaincu les médecins de réaliser des tâches de santé publique dont plusieurs pourraient être considérées comme de bon sens médical (par exemple, la meilleure prise en charge du diabète ou de l'hypertension artérielle). Aujourd'hui dénommée de manière bien plus explicite « rémunérations sur objectifs de santé publique » ou Rosp et différenciée selon la spécialité médicale concernée, l'incitation porte, dans le cas des médecins traitants, sur le suivi des maladies chroniques, la prévention et l'efficience des médicaments (ou des arrêts de travail…) prescrits. Elle s'inscrit dans une logique de financement à la performance dont les résultats semblent mitigés (le montant de la rémunération moyenne tendrait à baisser, les « résultats » seraient stables) et très contestés par les syndicats de médecins. Certains perçoivent ce dispositif comme une intrusion des financeurs dans leur pratique (les caisses d'assurance-maladie décident des indicateurs et des pratiques à encourager), et dénoncent une carotte susceptible de se transformer en bâton ; d'autres critiquent une perspective individualisante de la pratique médicale en contradiction avec la santé publique, soulignent l'effet pervers de la création d'angles morts de la santé publique (les indicateurs concernent seulement certaines pathologies), ou l'impossible quantification d'une éducation à la santé (ou « éducation thérapeutique ») par le colloque singulier. D'une manière générale, ce type de dispositif est perçu comme une nouvelle intervention de l'État (« d'en haut ») dans l'expérience qu'est le colloque singulier entre le médecin et « son patient » (« en bas »).

Il est vraisemblable que la réticence à l'égard de la santé publique relookée repose aussi sur une défiance non pas à l'égard de la pensée comptable, celle des dénombrements et des indicateurs (qui fonde certes les Rosp, mais aussi… l'exercice médical ordinaire *via* la vénérable institution du « paiement à l'acte » et la constitution d'une clientèle) mais à l'égard de la quantification de l'activité médicale en général, et de la pensée probabiliste (très différente de la pensée comptable) en particulier. On admet généralement que la très fameuse « médecine fondée sur les preuves », c'est-à-dire l'évaluation d'un nouveau médicament ou dispositif médical par réalisation d'une expérimentation en double aveugle permettant de comparer avec un placebo ou une thérapie déjà existante, n'a fait l'objet d'un consensus dans la communauté médicale que très récemment, dans les années 1990. Pour autant, la pensée probabiliste ne peut pas ne pas entrer encore aujourd'hui en conflit avec l'art médical du diagnostic ou la prouesse du geste chirurgical ou thérapeutique, avec l'exercice du soin toujours singulier car ajusté au cas pathologique en présence. Il y a là un conflit des valeurs dont on voit mal comment il pourrait être résolu définitivement.

Le rendez-vous manqué de la santé publique du XXIe siècle avec le champ médical ne s'explique pas seulement par l'aversion à l'égard de la pensée probabiliste et de l'État d'une profession engoncée dans son idéologie libérale. Il tient aussi à certaines particularités du renouvellement. Et d'abord dans le renforcement de l'État gestionnaire auquel il a procédé, qui ne peut que frapper l'idéologie libérale des médecins, même si la profession est elle-même affectée par des évolutions massives (relais générationnel, féminisation, montée du salariat).

Il doit ensuite beaucoup aux logiques propres aux réformes, effectivement pensées « d'en haut », souvent oublieuses des préférences et des intérêts de ceux d'en bas – pensons à la campagne de vaccination contre le H1N1 en 2009 –, parfois désignés comme des « effecteurs ». Or une telle négligence est d'autant plus dommageable que ces effecteurs ne sont pas seulement des relais pour l'action, mais aussi des producteurs de données que la biosécurité, tout entière vouée à l'observation et à la maîtrise des flux, sollicite sans doute au-delà du praticable. C'est ici que les sciences sociales ont leur mot à dire afin sinon de rendre compatibles les pratiques de santé publique à différents niveaux, du moins d'en dévoiler les logiques propres et de les mieux faire (re)connaître. Et cet autre mot d'ordre aussi : il est plus que temps de mobiliser les savoirs historiques, sociologiques ou anthropologiques dans les politiques et les pratiques de santé publique, et de réintroduire non pas « le social », mais bien des données socioprofessionnelles précises et fines, dans les indicateurs pertinents pour évaluer et améliorer l'état de santé des populations et des groupes sociaux.

29

Conserver 500 maternités en France ?

Israël Nisand

Fixer un seuil d'activité pour une maternité, quel qu'il soit, en deçà duquel rien ne serait bon et au-delà duquel tout serait parfait est à l'évidence déraisonnable, malgré le mérite de la simplicité. Les données chiffrées sur la morbidité induite par la distance de résidence d'une femme par rapport à une maternité convergent vers un seuil de quarante-cinq minutes de déplacement quelle que soit la saison. Sans quoi morbidité et mortalité périnatales seraient doublées. La morbidité et la mortalité augmentent aussi quand il n'y a pas de pédiatre sur place ou quand les obstétriciens doivent se déplacer de leur cabinet par manque de garde sur place.

Des critères de sécurité

Il y a donc un choix pour l'État de savoir s'il développe les transports (au besoin héliportés pour les lieux les plus reculés, notamment en hiver) ou s'il décide, pour protéger la santé des femmes et des enfants, de déployer les moyens nécessaires à leur sécurité sur place. Il faut, de plus, au moins trois temps pleins pour faire tourner une maternité car on ne peut pas travailler au lendemain d'une garde même si on a dormi toute la nuit. Et si on le fait tout de même, c'est qu'on a le goût du risque. L'équation est en fait encore plus complexe car poster un obstétricien dans un endroit isolé, qui va y périr d'ennui faute d'activité, y perdre son expertise et le faire manquer ailleurs, là où on aurait besoin de lui, est une décision impossible à prendre sauf à utiliser la contrainte, peu de mise dans notre pays.

Il tombe sous le sens que les maternités qui ont moins d'un accouchement par jour ne peuvent occuper ni un pédiatre, ni un obstétricien, pas même un anesthésiste (s'il n'a pas une autre activité chirurgicale dans l'établissement). Or une maternité qui n'aurait pas ces trois disciplines présentes en cas d'urgence n'aurait de « maternité » que le nom. Et c'est pire de laisser imaginer à la population qu'un lieu est autorisé à fonctionner alors même qu'il ne comporte pas tous les éléments de sécurité indispensables. Le ferait-on pour un téléphérique ou un avion ?

Il faudra donc bien se résoudre à transformer certaines maternités en centres périnatals de proximité où toutes les consultations durant la grossesse pourront être faites par des sages-femmes dont beaucoup sont aujourd'hui au chômage et qui pourraient avoir là un rôle essentiel dans l'occupation du territoire et réserver l'accouchement à des lieux correctement équipés.

La démographie des obstétriciens est en berne et il faut douze ans pour former un gynécologue obstétricien. Après trente années où l'alpha et l'oméga de la « Caste de Bercy », qui décide de tout pour nous, ont réduit l'offre de soins en diminuant le nombre de spécialistes pour dépenser moins, oubliant chemin faisant la féminisation de la profession, l'hyperspécialisation et le repos de sécurité, les postes hospitaliers sont désormais vacants sauf dans les grandes villes et les collègues libéraux ne trouvent plus ni remplaçant ni successeur. Les pays autour de nous ont tous deux fois plus d'obstétriciens dans les maternités (deux fois mieux payés d'ailleurs). Pour éviter qu'on ne continue de diminuer les personnels dans les maternités (seul critère de promotion des directeurs d'hôpitaux qui limitent les dépenses pour atteindre l'inaccessible équilibre), un groupe de travail du CNGOF, le Collège national des gynécologues et obstétriciens français, vient de rendre son rapport sous l'égide de Loïc Sentilhes sur les effectifs nécessaires dans les maternités (consultable sur le site du CNGOF). Il va, à l'évidence, devenir la nouvelle norme en la matière, une sorte d'obligation de moyens pour l'État ou le propriétaire d'une clinique qui a une maternité dans ses murs.

Trop de maternités insécures

Trop de maternités en France sont en insécurité et cela ne dérange personne, sauf les personnels qui tentent de faire contre mauvaise fortune bon cœur et taisent leur mal-être, étouffent leur burn-out. La mortalité maternelle en France est de 9/100 000, en Île-de-France de 12/100 000 et en Seine-Saint-Denis de 22/100 000, compte non tenu des comorbidités. Nous ne sommes plus bien placés en Europe en ce qui concerne la mortalité périnatale car nos chiffres ont stagné là où nos voisins se sont améliorés. Les maisons de naissance réclamées par les sages-femmes, sans obstétricien, ne sont pas opérantes. Obligée de jouxter une vraie maternité, elle la dérentabilise alors qu'il faudrait simplement appliquer la loi hospitalière qui dispose que chaque maternité devrait accueillir des professionnels extérieurs dans le cadre de l'ouverture de son plateau technique.

On est passé de 1 375 maternités en 1975 à 489 à ce jour sans répercuter les personnels sur les structures qui devaient assumer le surplus de patientes. Technique très efficace en termes d'économies, invisible pour les professionnels car très progressive, détestable en ce qui concerne la sécurité des femmes en couches. De plus, les équipes maltraitées deviennent maltraitantes et en cas d'accident on recherche bien sûr la responsabilité des médecins qui ont eu tort de ne pas signaler plus tôt qu'ils étaient en manque d'effectifs. Les gynécologues obstétriciens savent bien désormais que la maxime « S'il pleut l'après-midi, le défilé aura lieu le matin » s'applique bel et bien à eux, car ils sont précisément situés entre le marteau et l'enclume.

Au nom du CNGOF, nous disons que le critère de taille d'une maternité n'est pas suffisant et qu'il faut surtout regarder la qualité des soins prodigués (bien sûr mesurable puisque nos voisins le font) qui est conditionnée, entre autres, par les effectifs disponibles, mais pas uniquement. Une maternité, fût-elle petite, dont la tutelle déciderait de mettre les moyens nécessaires et qui de fait aurait de bons indicateurs, ne devrait pas fermer. À l'inverse, une maternité, fût-elle importante, qui aurait de mauvais indicateurs devrait au minimum avoir des comptes à rendre et se voir contrainte d'améliorer ses pratiques. Mesurer la qualité du travail effectué plutôt que de décider sur un trop simple paramètre de volume d'activité, voilà qui serait dans l'intérêt des patientes, si tant est qu'on s'y intéresse encore.

Il faudra encore fermer d'autres maternités par manque d'obstétriciens et les intérimaires très onéreux ne suffiront plus désormais à éviter l'orage politique en vue dans notre secteur, faute de pilote dans les prévisions démographiques nationales. Et ceux qui ont organisé ce véritable échec de santé publique dont on ne fait que ressentir les prémices, ceux qui ont provoqué cette mise en danger des femmes dans notre pays, rassurez-vous, ils coulent une retraite tranquille et ne seront jamais nommés, inquiétés ou obligés de rendre des comptes. C'est l'histoire très actuelle de l'irresponsabilité de ceux qui savent tout et n'ont donc jamais besoin de prendre un quelconque avis auprès de la profession.

30

Existe-t-il une préférence française pour les inégalités sociales et territoriales de santé ?

Emmanuel Vigneron

La proclamation par les « élites » de grands principes républicains comme « l'égalité » et l'emploi répété de mots ou d'expressions comme « territoires », « lutte contre les inégalités », « fraternité », « égalité », « accès de tous à des soins de qualité » contrastent avec la réalité des comportements politiques et des rapports sociaux qui, de fait, renforcent les inégalités existantes et en produisent de nouvelles par leur attachement à un libéralisme économique peu régulé et désormais mondialisé. L'analyse économique ou sociologique n'a pas jusqu'à présent porté sur la dimension territoriale de ces inégalités. L'analyse ici présentée ne vise donc qu'à compléter au plan géographique ces approches dans le cadre d'un ouvrage collectif.

Partout, l'inégalité territoriale est la loi

Sans doute la santé nous paraît-elle s'améliorer à en juger par l'évolution de l'espérance de vie sur la longue durée et à l'échelle du pays tout entier mais ce qui est vrai à cette vaste échelle ne l'est pas à celle des territoires de proximité.

L'état de santé

Il y aurait mille et mille faits et chiffres à rapporter pour documenter ce sujet. Pour aller à l'efficacité, on en jugera d'abord par l'évolution d'un indicateur synthétique de la mortalité à l'échelle du canton, la mortalité prématurée (mortalité évitable survenant avant 65 ans) [1] entre les décennies 1990 et 2000. Pour sa part, la carte qui est ici présentée décrit la mortalité générale entre 2014 et 2016 et permet de se faire une idée fine de la situation contemporaine. Le canton représente un bon compromis entre la finesse souhaitable de l'échelle d'analyse et la significativité statistique des valeurs calculées, ce que facilitent aussi des taux calculés sur des groupes de trois ou cinq ans.

L'évolution de la mortalité prématurée peut varier de 1 à 3 selon les cantons. Les contrastes territoriaux sont importants : les inégalités sont profondes, anciennes et durables. Elles existent en réalité depuis bien plus longtemps que les cartes ne le montrent et on a pu les retracer sur une longue période de presque trois siècles. Sur la période considérée, au cours des ans, l'ordonnancement initial se fragmente. Il existait jusqu'à la fin des années 1990 deux grands ensembles opposés. Le premier, que l'on pourrait appeler la France de la surmortalité, dessinait un croissant allant de la Bretagne à la Lorraine, contournant l'Île-de-France par le nord et très marqué dans cette partie septentrionale du pays. Le second formait une bande diagonale prenant la France en écharpe et s'étendant des Ardennes au Cantal. Schématiquement, la surmortalité formait ainsi comme un *T* dont la jambe oblique s'enfonçait dans le cœur du pays au sein d'un U formant une France en bonne santé.

La carte de la France en bonne santé allait de l'Île-de-France et de la Basse-Normandie au Pays basque, prenant en écharpe les Midis atlantique, pyrénéen et méditerranéen, couvrant largement la Provence, les Alpes et la vallée du Rhône et par la Franche-Comté allant s'amenuiser dans la plaine du Rhin. En bonne justice, et trop souvent négligés, il fallait ajouter à la France en mauvaise santé les départements et régions d'outre-mer à la situation peu

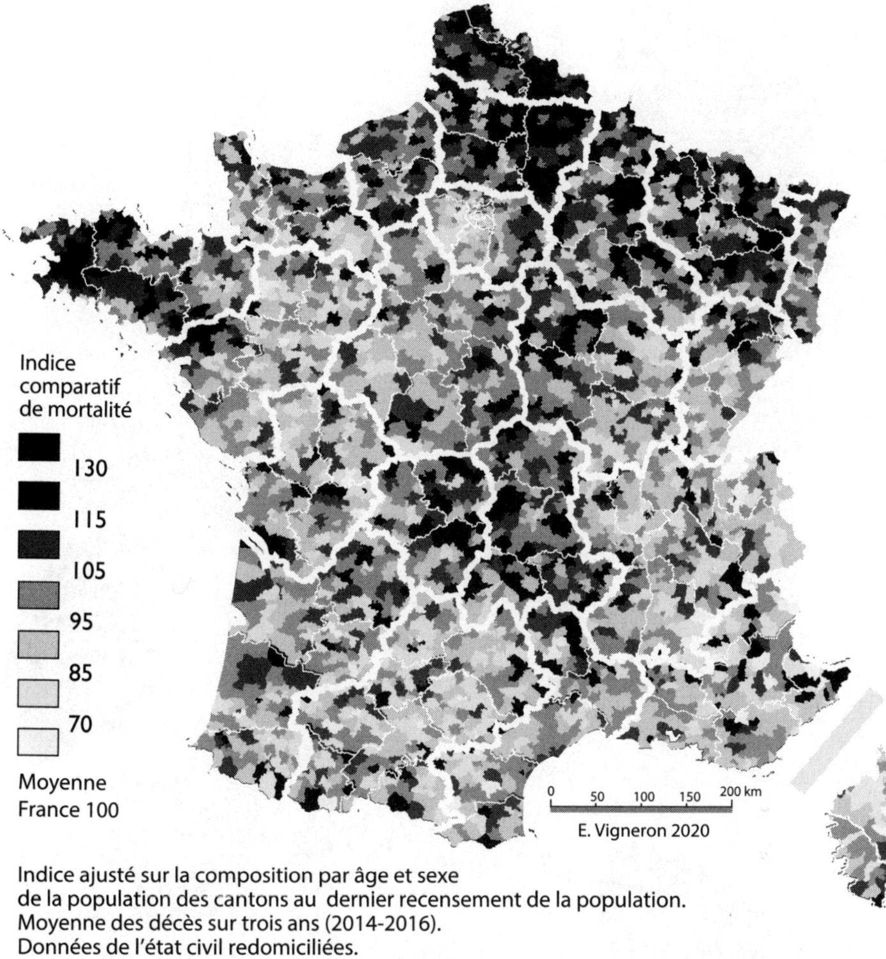

La mortalité en France.
Écarts cantonaux à la mortalité moyenne.

enviable, y compris la Martinique dans ses périphéries. C'est ainsi qu'en gros jusqu'à la fin des années 1990, le Nord dans son ensemble, le Finistère, la Lorraine étaient en mauvaise santé tandis que tout le Sud-Ouest et tout le Midi méditerranéen, exception faite de la Corse, étaient en bonne santé. Les choses étaient simples et l'on pouvait sans aller plus loin évoquer l'industrie lourde ou l'alcoolisme pour expliquer le Nord comme on se complaisait à invoquer le régime crétois ou le confit de canard pour expliquer le Sud sans même ciller à cette contradiction interne.

Mortalité à Paris de 1817 à 1821

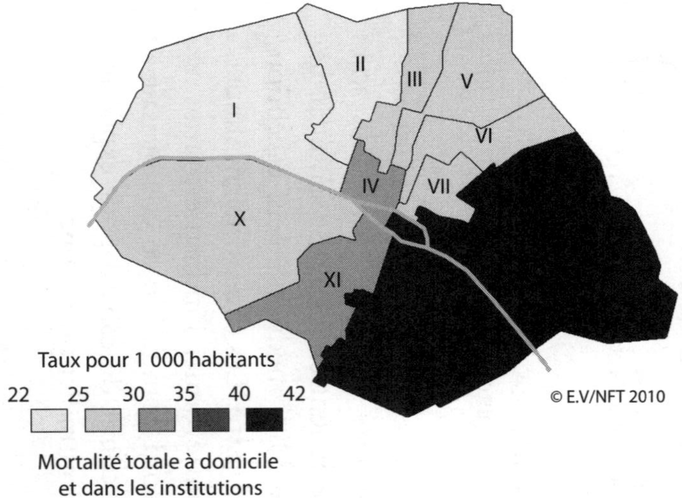

Mortalité à Paris de 1822 à 1826

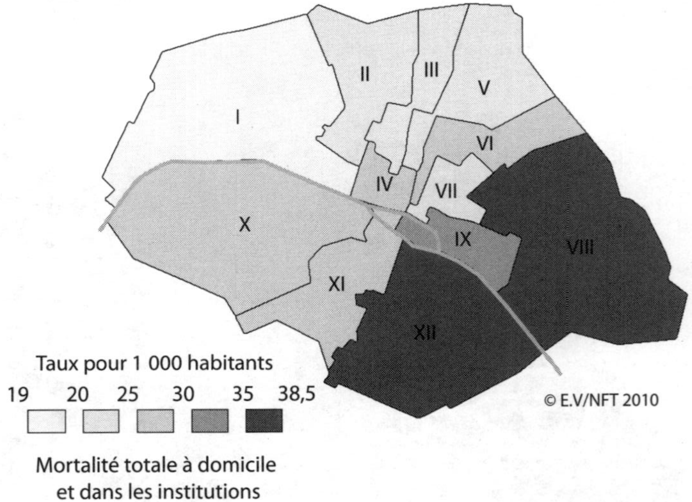

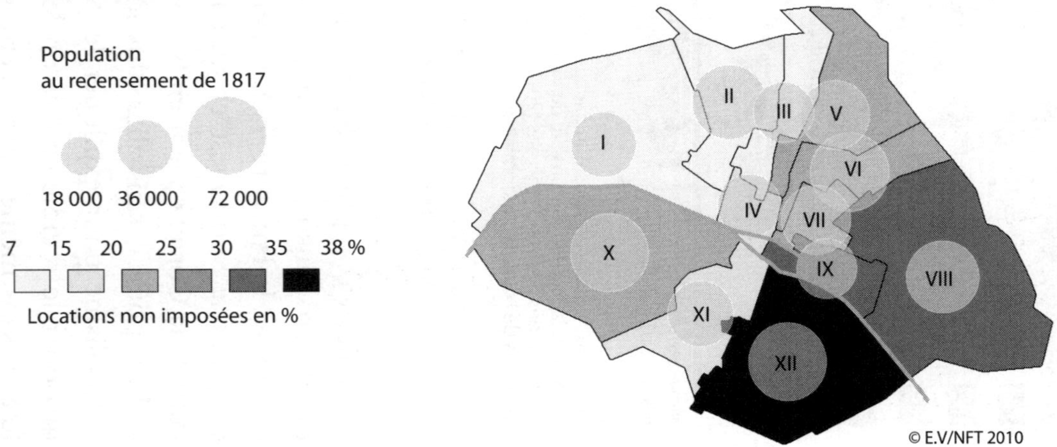

Population et locations non imposées dans le Paris de 1820

Cartes représentées pour la première fois et établies d'après les observations rapportées par Louis-René Villermé dans son « Mémoire sur la mortalité en France dans la classe aisée et dans la classe indigente », in *Mémoires de l'Académie de médecine*, T1, 1828.

De nos jours, à ces oppositions d'ensemble qui s'observent encore, sous-jacentes, s'ajoutent des fragmentations plus locales entre la ville préfecture et la périphérie départementale, entre la capitale régionale, son bassin, et les périphéries, entre Paris et sa banlieue. À peu de distance parfois, les contrastes sont violents. Au cours des ans, les gradients se renforcent. Ceux qui allaient bien vont souvent encore mieux relativement à la moyenne et aux autres ; ceux qui allaient mal vont souvent par rapport à la moyenne encore plus mal. Le fossé se creuse entre riches et pauvres. Ainsi, au long du RER B, la mortalité, à âge et sexe égaux, varie en quelques minutes du simple au double au moins (et la présence des médecins spécialistes libéraux de 1 à 60, oui, de 1 à 60 !). Ce que j'ai montré il y a déjà dix ans ne s'est pas amélioré.

Ces inégalités existent depuis longtemps. C'est dans Paris qu'elles furent pour la première fois mesurées par Louis-Antoine Villermé, entre 1810 et 1830. Il en tira des tableaux par arrondissement [2] et il eut l'idée de mettre en relation la mortalité avec la richesse des habitants. Cependant, ce n'est qu'à la fin du siècle, en 1874, quand la santé devint vraiment une préoccupation gouvernementale et que l'on songea à une organisation de l'offre quoique pas encore à un ministère de la Santé, que furent publiées les premières cartes détaillées de la mortalité en France. Elles sont dues à Louis-Adolphe Bertillon [3]. Représentées à l'échelle des départements, elles témoignent toutes de distributions spatiales très inégales. Ces constats sont à l'origine de la politique de santé initiée par la IIIe République et dont celle d'aujourd'hui est par bien des aspects l'héritière directe. C'est dire la vertu heuristique de ces cartes.

D'un point de vue prospectif et politique, la leçon de la géographie de la mort et des maladies est sans doute sans appel. Non seulement les inégalités se maintiennent mais en outre elles se renforcent et souvent à des échelles très locales. Cette fragmentation territoriale menace évidemment la cohésion de la société et, partant, celle de la République [4]. Le scénario au fil de l'eau est sombre. La lutte contre les inégalités de santé entreprise par la régionalisation des politiques sanitaires avec la création des agences régionales d'hospitalisation en 1998 puis de santé en 2010 doit être amplifiée et poursuivie par des actions de terrain toujours plus volontaires. On peut supposer qu'avec une concentration des efforts sur la prévention qui a toujours été délaissée en France, essentiellement pour des raisons médico-économiques, un scénario volontariste donnerait des résultats rapides. Ce scénario suppose une redéfinition profonde du mode de financement de la santé et de ses acteurs, de leur répartition aussi.

La désertification médicale : aggravation et approfondissement de la fracture territoriale

La question de la désertification médicale est une question qui occupe aujourd'hui le devant de la scène et se retrouve plusieurs fois par semaine à la « une » de tel ou tel titre de la presse locale, régionale ou nationale. Peu importe que le terme soit ou non mal choisi, l'usage l'a consacré. Peu importe qu'il n'y ait jamais eu autant de médecins en France… Peu importe qu'en 1900 le journal spécialisé *Le Concours médical* (qui existe toujours), et alors que la France comptait 17 000 médecins, soit sept fois moins qu'aujourd'hui en proportion de la population, ait lancé un grand concours auprès de ses lecteurs pour étudier « les causes et les effets de l'encombrement de la profession et les moyens de le combattre ? » et ainsi lutter contre la « paupérisation de la profession ». Peu importe que les inégalités de répartition des médecins soient très anciennes puisqu'elles reposent en large part sur la répartition des facultés de médecine demeurées peu nombreuses jusqu'à une période récente, ainsi que sur les ressources et les opportunités locales… À Montpellier, en l'absence d'industrie suffisante, pendant longtemps, il n'y eut point d'autre choix pour une tête bien faite que « la robe ou le caducée ».

Aujourd'hui, lorsqu'on cartographie la densité des effectifs de praticiens pour 10 000 habitants [5], on remarque tout d'abord l'appétence des professions médicales, paramédicales et auxiliaires pour les façades ouest et sud du pays, les Alpes et la vallée du Rhône. À une échelle plus fine, on distingue aussi Paris, champion toutes catégories, et la moitié ouest de l'Île-de-France, de même que les départements les plus urbanisés au sein de la plupart des régions qu'elles soient ou non bien dotées dans l'ensemble (Gironde et Pyrénées-Atlantiques en Aquitaine, Loire-Atlantique et Maine-et-Loire en Pays de la Loire, Côte-d'Or en Bourgogne ou Haute-Vienne en Limousin et Vienne en Poitou-Charentes, Somme en Picardie...). Il est clair que les professionnels de santé ont tendance à s'installer dans l'ombre portée des villes sièges de facultés de médecine, d'odontologie ou de pharmacie et des écoles professionnelles. Les nouveaux venus sont le plus souvent natifs des grandes villes. Ils y ont fait de longues études... Il n'est pas surprenant qu'au fil des ans leur installation, totalement libre (à l'exception de celle des infirmiers), renforce sans cesse la métropolisation du pays.

La réalité française est donc aujourd'hui celle d'une profonde désertification sanitaire de nombreux territoires. Plus personne n'ose la nier. Depuis vingt ans, elle l'est chaque année un peu plus car il s'y est ajouté une baisse passagère des effectifs de nouveaux docteurs, ce qui a encore aggravé le peu d'installations et de reprises de cabinet. La désertification est d'autant plus ressentie par les patients qu'avec le vieillissement mais aussi avec le partage des connaissances, les besoins et la demande de soins augmentent en même temps que la mobilité des patients devient plus compliquée. Elle l'est également parce qu'elle gagne du terrain et fait tache d'huile... À moins de dix ans d'intervalle, ce ne sont plus seulement des cantons ou des arrondissements qui manquent de médecins mais bien des départements entiers, comme la Mayenne ou la Haute-Marne et bien d'autres encore, qui sont dans une situation catastrophique. Or un département, c'est en moyenne 80 kilomètres d'une extrémité à une autre et souvent plus d'une heure pour atteindre la ville préfecture qui n'est pas toujours située « au centre » mais souvent « au bord » comme Dijon par exemple ou Avignon. Plus grave encore, ce sont même des régions entières ou presque qui sont atteintes : la région Centre, la Champagne-Ardenne, l'Auvergne en dehors du Puy-de-Dôme ou la Bourgogne hormis la Côte-d'Or. On condamne ainsi au déclassement des pans entiers du territoire, ce qui est non seulement injuste mais aussi imprévoyant : nous n'avons aucune idée de ce à quoi pourront servir demain ces territoires dont la diversité constitue pourtant l'une des principales richesses de la France et dont la ruralité présente incontestablement des atouts dans un monde en proie aux changements climatiques et écologiques.

Quelques chiffres permettent de préciser l'ampleur du problème, par exemple pour les seuls médecins généralistes, ceux dont l'absence ou la rareté sont le plus fortement ressentis. Sur 3 827 cantons, 91 étaient dépourvus de médecins en 2010, 148 le sont désormais en 2017. Seulement 306 cantons, soit 8 % seulement, ont vu leur densité s'améliorer de 5 % et plus entre 2010 et 2017, 459 ou 12 % l'ont vu demeurer assez stable entre – 5 et + 5 % quelle que soit sa valeur initiale, et 3 062, soit 80 %, l'ont vu baisser dont 1 108 (30 %) de plus d'un tiers. On a longtemps pensé que l'augmentation du nombre de médecins permettrait leur établissement partout. C'est un effort quasi séculaire qui a été opéré par la multiplication des lieux de formation. Des trois seules universités historiques de Montpellier, Paris et Strasbourg, on est passé en à peine un siècle entre 1872 (avec la création de la faculté de Nancy par transfert de celle de Strasbourg) et 1969 (par la création de celles de Saint-Étienne et Nice) de 3 à 27 facultés de médecine en métropole [6]. Les effets n'ont pas été au rendez-vous hormis dans les départements sièges de faculté de médecine. Face à l'augmentation des dépenses, on a en 1971, mais avec un effet sensible à partir de 1978 seulement, instauré un *numerus clausus*... Desserré aujourd'hui, ce dernier a plutôt favorisé la concentration en créant la rareté. Au surplus, le corps médical a su trouver une réponse au risque exacerbé de concurrence que créait la poursuite de la concentration en favorisant une spécialisation toujours plus grande, laquelle à son tour a besoin d'économies d'échelle et d'agglomération qui favorisent toujours

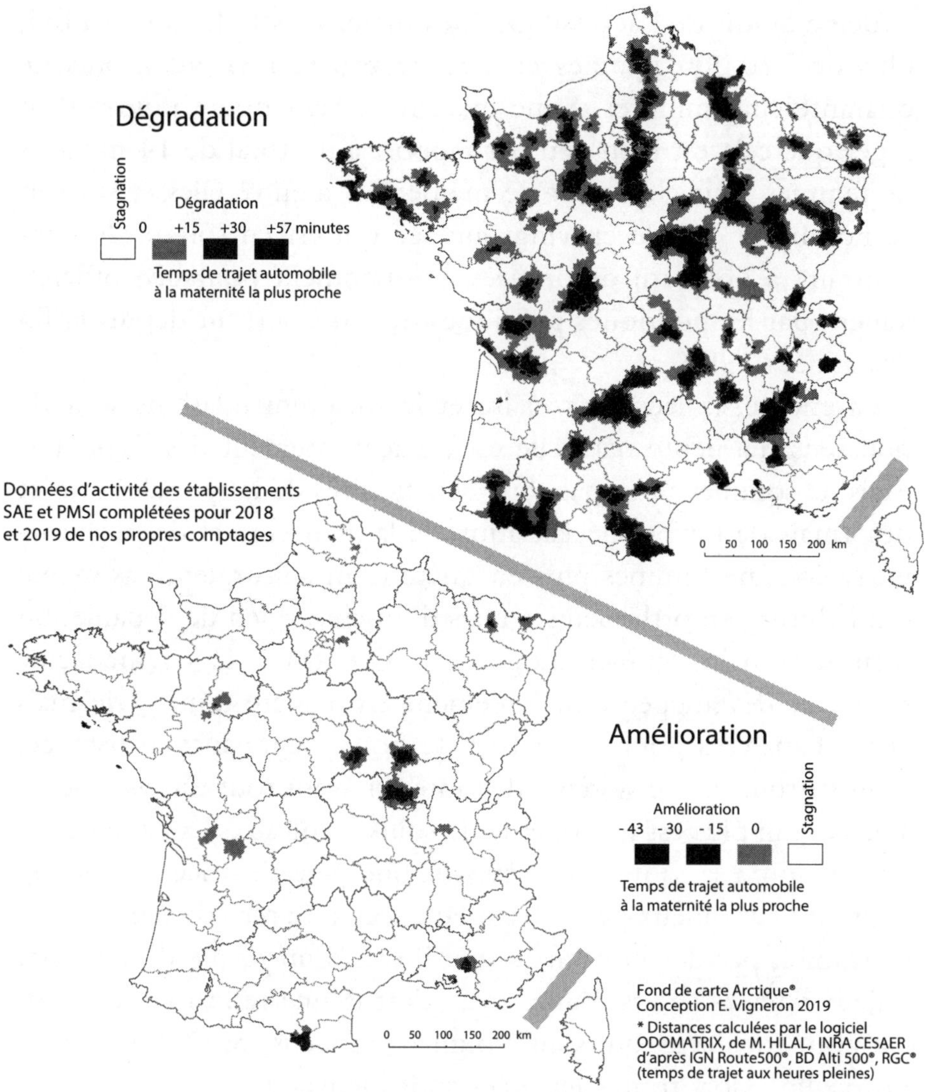

Évolution de l'accessibilité aux maternités entre 1997 et 2019.

plus la concentration. Aussi, les aides à l'installation multipliées depuis longtemps ne sont pas d'un grand effet au regard des avantages multiples que procure la vie, professionnelle au moins, dans une grande ville. Tout cela a eu des effets concrets sur l'accès aux soins. Là encore, les exemples non seulement d'absence d'amélioration mais encore de dégradation abondent. Ne retenons ici que celui de l'accès aux maternités et une seule carte, celle de la dégradation de l'accessibilité des maternités [7]. Aujourd'hui, plus de 720 000 femmes en âge de procréer vivent à plus de quarante-cinq minutes d'une maternité. Sans doute pourra-t-on juger que cela est bien peu par rapport à un total de 14 millions de femmes mais c'est tout de même 7 % d'entre elles et surtout ce nombre a doublé en vingt ans, ce qui est en soi absolument contraire à l'objectif de progrès constamment poursuivi officiellement par les politiques publiques de santé surtout depuis la fin des années 1990.

Là encore, la leçon est claire et les recommandations sont de bon sens. La pente naturelle est à l'accroissement des disparités. Mais ne sommes-nous pas tous bénéficiaires de la spécialisation et désormais de l'hyperspécialisation de la médecine et de la chirurgie ? Nous ne sommes plus en quête d'un chirurgien, pas même d'un chirurgien orthopédiste mais d'un chirurgien de l'épaule, ou bien de la main, ou bien du genou... Que faire ? La télémédecine peut être développée non seulement en matière d'imagerie mais aussi d'analyses pour permettre de bons diagnostics à distance. Mais surtout, notre système de santé est avant tout un système de soins et qui plus est un système de soins médicaux. La prévention, l'éducation à la santé n'y occupent que peu de place. Beaucoup peut être fait, mieux peut-être même, car avec plus de temps et de proximité, par des non-médecins. Il existe un risque d'une santé à deux vitesses ? Sans doute, mais c'est là une réflexion de nantis car pour tous ceux qui sont éloignés des soins, ce n'est déjà plus un risque. Alors toutes les idées sont bienvenues...

L'injure faite aux mots, la misère des faits

Nous avons conclu chacune des deux sous-parties précédentes par des recommandations conformes à l'objectif officiellement proclamé de « réduction des inégalités de santé ». Mais cet objectif est-il réellement poursuivi par les pouvoirs publics ?

L'affirmation de grands principes

Pourquoi existe-t-il de telles inégalités ? Comment justifier cet ordre apparemment très simple fait d'oppositions systématiques : Paris-province, Nord-Sud, centre-périphérie, ville-campagne, centre-banlieue, littoral-arrière-pays ? Toutes ces oppositions fonctionnent comme des tamis séparant les riches des pauvres, le bon grain de l'ivraie, les *insiders* des *outsiders*, les inclus des exclus, les métropoles dynamiques et jeunes, « disruptives », « agiles », « apprenantes » des « territoires à la traîne », sinon « à la ramasse », « fardeaux », « inutiles », ressassant leur passé comme « les Assis » de Rimbaud, dans un monde mondialisé, « fun », « fluide » et « mobile », dont la « trottinette électrique » est la débile allégorie urbaine. Pour signe que les mots n'ont pas de sens et que ceux qui les emploient seraient bien en peine de les définir, on les remplace de plus en plus souvent, lorsque malgré tout ils demeurent trop transparents dans leur dessein économique, par des barbarismes consternants en *-ing* ou par des formules latines faussement érudites pour déplorer « *in fine* » que ces territoires sont *so blurring* et méritent le *neglecting* car pour eux aucun *reporting* et *a fortiori* aucun *retargeting* ne sont plus désormais utiles. Parfois on emploiera des mots plus doux et tout en promettant du *cocooning* et du *coconstructing* en « mode projet » et forcément « agile », on invitera à Paris leurs représentants pour un moment de *brainstorming* entrecoupé d'un temps de *colunching* tout cela se passant dans des bâtiments officiels d'une République dont la langue tout aussi officielle est pourtant le français. Cela bien sûr évite de s'engager mais permet en revanche de faire comme si on était « au pilotage » occupé à « forger des outils » et « mettre en cohérence des feuilles de route ».

Les noms parfois font l'objet de jeux de mots qui sonnent bien mais sont pauvres de sens. Ainsi d'une déclaration sur un ton entendu et dont on se gargarise telle que « La santé n'a pas de prix mais elle a un coût » tant de fois entendue. Les mots, toujours les mots, qui insidieusement distillent leur poison : de l'idéal de fraternité d'où naît la solidarité, on passe à la « charge sociale » puis au « coût » et, pour finir, à la « dépense insupportable ».

Plus souvent encore, les mots sont employés en dehors de leur sens classique. La charge paraîtra-t-elle excessive quand chaque jour on peut entendre des enfilades de mots ainsi énoncées « sans queue ni tête » ? Que veulent dire des expressions comme « Le souci et la réflexion qui nous ont animés est (*sic*) qu'il faut être pragmatique avec une gouvernance forte tout en restant souple et agile » ? Il faut dire que la « mission de cette feuille de route qui articulera le numérique en santé est de définir la politique du numérique en santé, en garantir la cohérence au travers de ses arbitrages, de soumettre annuellement au ministre une feuille de route et les budgets associés, de coordonner l'ensemble des acteurs institutionnels nationaux et régionaux et de superviser le pilotage de l'ensemble des chantiers ». Dans ce contexte « ambitieux », ce sera bien le moins que cette feuille de route soit « garante d'un cadre de valeurs humanistes » et, pour finir, que « tous les services développés prennent racine dans un espace de confiance, sécurisé et qu'ils jouent le jeu de l'ouverture et donc de l'interopérabilité ». Convenons aussi bien sûr que « le numérique en santé doit être collé à la réalité du terrain, au plus proche des utilisateurs, des métiers et des spécificités territoriales. Il doit s'inscrire dans une démarche ambitieuse mais pragmatique, progressive mais volontaire. Il doit surtout libérer les usages au bénéfice des professionnels et des citoyens » et reconnaissons qu'avec ça « la gouvernance nationale du numérique en santé est maintenant claire, à la fois forte et souple [8] ».

Beaucoup de mots deviennent des mots passe-partout. Il en va notamment ainsi de l'un des mots les plus employés aujourd'hui par les politiques de santé, le mot « territoire ». Il est désormais le plus souvent employé au pluriel. Dans la feuille de route ici mentionnée, en moins de quinze pages de texte, le mot « territoire » est employé dix fois dont deux fois seulement au singulier et sans jamais être défini. Le mot est, toujours ou presque, utilisé sans autre précision et sans définition de ce qu'il recouvre et, au surplus, est souvent doté d'une majuscule, signe de sa sacralisation. On remarquera qu'au pluriel, « Territoires » ne désigne jamais Paris et les grandes aires métropolitaines mais ce qui est vu de loin par ceux qui sont au centre.

L'expression « les territoires » est ainsi devenue un mantra des politiques publiques. La loi de 2009, dite HPST (hôpital, patients, santé, territoires) ou loi Bachelot, employait en effet le mot « territoire » dans son titre même, le T de HPST, et dans le corps du texte, autrement que pour parler du territoire national ou des TOM quand la rédaction législative y oblige, soixante et une fois en quatre-vingt-sept pages. Sans reprendre le terme dans son intitulé mais dans un sens comparable à la loi HPST, la loi de 2016, dite loi Touraine, emploie le mot cent six fois en cent onze pages. Dans le projet de loi relatif à l'organisation et à la transformation du système de santé adopté en première lecture à l'Assemblée nationale le 26 mars 2019 le mot est employé dans ses diverses formes cent dix fois en quatre-vingt-quatorze pages. D'année en année, on assiste donc à une inflation de l'usage du mot.

L'emploi du mot « territoire » plus souvent au pluriel qu'au singulier va toujours avec l'affichage de la volonté (« forte » bien sûr) de lutter contre les inégalités. Le moyen principal de lutte envisagé est de rendre plus égal l'accès aux soins en tout point du territoire. Le premier des quatre objectifs stratégiques confiés aux agences régionales de santé par la ministre de la Santé lors de l'installation de leurs directeurs généraux le 1er avril 2010 était de « contribuer à réduire les inégalités territoriales de santé », le deuxième d'« assurer un meilleur accès aux soins », les deux autres étant d'« améliorer l'organisation des parcours de soins » et d'« assurer une meilleure maîtrise des dépenses de santé », ce qui revient à donner aux ARS un objectif majeur d'assurer partout à tous l'accès à des soins de qualité en visant à sa pérennité par la maîtrise des dépenses. L'objectif de la loi de 2016 était pour sa part « d'assurer l'égal accès de tous à des soins de qualité ». Aujourd'hui, « le projet de loi relatif à l'organisation et à la transformation du système de santé vise à faire émerger un système de santé mieux organisé dans les territoires, renforçant l'accès aux soins [9] ». Trois ministres, un même mot d'ordre répété sur dix ans ! Et on pourrait poursuivre la litanie sur trente ans et plus.

La misère des réalisations

Le seul moyen de suivre la lutte contre les inégalités serait de l'évaluer et d'en mesurer les résultats. Mais d'évaluation aucune ! Mais d'évaluation des territoires définis pour cela par la loi HPST ? Pas davantage ! D'évaluation des groupements hospitaliers de territoires (les GHT) créés il y a plus de trois ans maintenant [10] ? Toujours pas ! D'abord il est trop tôt et puis après il est trop tard, « c'est obsolète », un nouveau dispositif « a été concerté, il est en instance cabinet ». Un exemple : celui des hôpitaux de proximité, un jeu de bonneteau destiné à permettre la fermeture de services… Le 4 juillet au matin, la fermeture de la maternité de Dinan est annoncée. Deux mois plus tôt, un sous-ministre déclarait qu'elle avait « un véritable potentiel de développement ». L'après-midi du même jour tombe la recommandation de fermer celle de Guingamp. On manque d'obstétriciens, on est désolé, on n'y peut rien, c'est la faute à la démographie médicale… Mais le problème ne date pas d'aujourd'hui. Il est analysé au moins depuis la fin des années 1990. Qui fabrique les médecins et parmi eux les gynécologues obstétriciens ? Qui détermine le nombre de postes offerts au concours ? L'annonce également ce même 4 juillet au matin que les urgences du centre hospitalier de Lens vont fonctionner pendant tout l'été « en mode dégradé », pitoyable trouvaille langagière pour signifier, comme le dit honnêtement le journaliste, « l'hôpital du Pas-de-Calais subit une véritable hémorragie de médecins, avec pas moins de onze départs d'urgentistes depuis début janvier ! », etc.

Cette situation concerne tous les domaines. Voici une annonce parmi des centaines. Elle date de la fin juin 2019 et concerne cette fois la psychiatrie qui est la plus sinistrée des disciplines médicales : destinés aux urgences, les lits d'hospitalisation de courte durée du centre d'accueil permanent de psychiatrie à Avignon sont fermés depuis plusieurs mois, faute d'effectifs de psychiatres disponibles. Et la perspective d'une réouverture s'éloigne. Le 18 janvier 2020, *Le Dauphiné libéré* annonce que huit médecins de l'établissement ont démissionné de leurs fonctions administratives et de leur chefferie de service avec un millier d'autres responsables de service hospitaliers partout en France.

Imposture d'une république bourgeoise

Les inégalités de santé – territoriales autant que sociales – se maintiennent et parfois même, comme depuis le début de ce siècle, se creusent. Une telle situation va à l'encontre de l'objectif fondamental que les politiques publiques proclament poursuivre : l'accès de tous à la santé. Aussi imagine-t-on le plus souvent que si ces inégalités se maintiennent sinon se creusent, c'est parce qu'il est très difficile de les combattre. Peut-être mais c'est peut-être aussi parce qu'on ne fait pas ce qu'il faut, qu'on n'actionne pas les bons leviers, qu'on manque de moyens. Et chaque spécialiste d'insister sur telle ou telle cause à l'origine de ces inégalités qu'il faudrait supprimer ou du moins réduire et de proposer des solutions pertinentes. Mais l'objectif de réduction des inégalités est-il vraiment un objectif ou bien n'est-il qu'un leurre ? un attrape-gogos ? D'autres buts ne prennent-ils pas le pas sur ce que nous croyons être l'objectif central ?

La devise de la République – Liberté, Égalité, Fraternité – est une devise ; elle est une promesse qui implique la réduction des inégalités sociales et territoriales de santé. François Mauriac écrivait en 1945 au sortir de la guerre dans *Le Bâillon dénoué* : « Ce n'est plus pour nous une formule vide, écrite sur les murs officiels. Cette devise s'est incarnée de nouveau, elle s'est faite chair et sang. Ne sommes-nous pas quand nous croyons à ces fortes paroles et que nous luttons contre les inégalités de santé que les idiots utiles d'un monde beaucoup plus vil [11] ? » Et cependant les temps ne sont pas si éloignés d'une période où cet objectif paraissait réel à des hommes comme Mauriac. Cette période qui est celle de la Libération et des « Jours heureux » fut si pleine d'espoir et de fraternité retrouvée que nous y croyons encore comme à l'une des plus belles choses que l'esprit humain ait jamais proposées.

Mais alors quels seraient donc les buts réels de toutes ces déclarations contre les inégalités de santé ? Nous pouvons au moins en dresser la liste même si la place nous manquera pour les développer :

1. Assurer son salut au travers de l'exercice de la charité. Le projet est ancien. Il est sans doute toujours présent car les racines chrétiennes de la France demeurent vives. Elles concernent également le monde musulman, longtemps très en avance sur l'Occident en matière hospitalière.

2. Affirmer le pouvoir de l'autorité temporelle. L'objectif est également ancien et toujours présent. Comme un pervers narcissique, le pouvoir est presque toujours inguérissable dans sa volonté de toute-puissance. Sa médiocrité intellectuelle quand il est concentré en trop peu de mains l'entraîne à de graves dérives. Il ne se grandit qu'en laissant vivre des contre-pouvoirs mais il est tellement plus facile de se hausser du col et de donner des coups de menton et de surjouer les crises.

3. Maintenir l'ordre social en calmant la colère des « gueux », des « Jacques », des « classes dangereuses », de « la France d'en bas » ou des « sans-dents » et des « gens de rien », versions successives du peuple et au besoin en enfermant les plus rétifs. Il ne commande que le strict nécessaire. Ni fioritures ni dépenses excessives.

Pourtant, l'hôpital public, héritier de l'hospice médiéval, reste l'un des pansements les plus efficaces des plaies de la société. Il est le patrimoine de ceux qui n'en ont pas. Voici les mots prononcés au Club de l'Économie-*Le Monde* le 23 mai 2019 par Gérard Larcher, président du Sénat : « Le pays n'est pas sorti de son état de malaise et de division. Ma plus grande inquiétude est liée aux replis ethniques, religieux, mais aussi communautaires. Entre métropolisation, mondialisation, financiarisation, toute une partie de la France ne se sent plus dans le jeu. Pour elle, les mots "unité de la nation" et "communauté nationale" sont en train de perdre progressivement tout sens et toute référence. J'ai reçu une délégation d'anciens Gilets jaunes [...]. Il faut réinventer des solidarités territoriales. » Et de poursuivre : « Les citoyens ne comprennent plus rien aux décisions. Ils ont le sentiment que c'est très loin d'eux. La décentralisation est, à mon avis, la voie quasi unique pour sortir de cette crise de confiance. Le président de la République a mis sur la table trois sujets : le logement, les transports et la transition écologique. Je souhaite en évoquer deux autres, qui nécessiteront sans doute une expérimentation. Tout d'abord, l'emploi. [...] L'autre sujet est la santé. Il s'est imposé dans le grand débat alors qu'il n'avait pas été convoqué. J'ai été de ceux qui ont prôné les agences régionales de santé, mais aujourd'hui, ça ne marche pas bien. Nous devons retrouver le lien entre territoire et santé. »

On retrouve les mêmes idées chez un républicain de 1848, ami de Lamartine, élu de l'Eure et médecin célèbre de la Salpêtrière, Louis Delasiauve, qui en 1843 déjà écrivait : « Malgré les progrès chaque jour plus marqués, les conquêtes incessantes des arts, des sciences et de l'industrie, la société est en proie à un état de crise et de maladie, qui se révèle dans tous les rangs par d'éclatants symptômes. Le présent paraît morne et l'avenir orageux. L'incertitude est dans tous les esprits, le dégoût au fond des cœurs [12]. »

Aujourd'hui, la conception entrepreneuriale de la santé qui domine rend difficiles de vastes dépenses qui paraîtraient aller à l'encontre des objectifs de performance et de rentabilité. Quand le navire menace de sombrer, de grands plans sont financés comme les plans hôpital 2007 puis 2012. Mais le plus souvent, on colmate les brèches à coups de subventions qui sont autant de rustines insuffisantes. Le même jour de juin 2019, on relève ainsi « 70 millions débloqués immédiatement pour répondre à la colère des urgences », ici « une ligne de trésorerie de secours de 20 millions accordée au CHU de Guadeloupe » pour qu'il puisse continuer à acheter des médicaments et là une autre enveloppe de secours. Début juillet, l'annonce du retour à l'équilibre des comptes de l'AP-HM (Assistance publique-Hôpitaux de Marseille) en large part

« grâce à un soutien exceptionnel de l'État pour près de 20 millions ». Début juillet encore, l'ex-ministre de la Santé calme la Fédération hospitalière du secteur privé non lucratif qui début juin dénonçait « l'acharnement du gouvernement sur le secteur du privé non commercial » en annonçant quelques mesures financières...

4. Assurer le progrès du genre humain par celui des sciences et de la médecine. Depuis la Révolution française, la médecine s'est progressivement ouverte aux sciences. Comme beaucoup de ses contemporains du milieu du XIXe siècle, Louis Delasiauve pensait que la science était au service des hommes. L'apogée de cette conception se situe sans doute à la fin du XIXe siècle. Elle demeure à l'œuvre aujourd'hui encore à tous les niveaux de la chaîne de soins illustrant si merveilleusement cette formule de Jean Jaurès mais en réalité d'inspiration bien évangélique qu'il « n'est d'intelligence que celle du cœur ».

À l'Exposition universelle de 1889, il n'y avait pas à voir que la tour Eiffel et Buffalo Bill, il y avait aussi partout dans l'Exposition des sections médicales, des congrès internationaux avec visites d'asiles par exemple et au Pavillon de la Ville de Paris, le plus grandiose, une exposition spéciale de l'Assistance publique. Pour celle de 1900, l'Assistance publique publie un énorme et magnifique ouvrage que l'on serait bien incapable de financer aujourd'hui [13]. Il vante les mérites d'un système de soins déjà décrit comme « le meilleur du monde » reposant sur l'excellence de la médecine qui s'y invente. La diffusion en tout point de la France du progrès médical semble alors aller de soi tant il forme un flot puissant maîtrisé par de merveilleux capitaines dont les images parviennent jusque dans les campagnes... Louis Pasteur bien sûr mais aussi bien d'autres tout au long du XXe siècle qui ornent les couvertures de magazine.

Sur treize prix Nobel français vivants, quatre le sont en médecine ou physiologie. Au total, depuis les origines du prix, treize Français l'ont reçu en médecine ou physiologie, ce qui place la France au quatrième rang des « nations médicales du monde » derrière les États-Unis (quatre-vingt-dix-sept lauréats), le Royaume-Uni (vingt-neuf) et l'Allemagne (vingt). Tous ou presque l'ont été pour des recherches fondamentales, excepté peut-être Charles Laveran et Charles Nicolle dont l'œuvre fut aussi de santé publique... mais c'était en 1907 et en 1928. Ce goût pour les sciences, cette « attirance pour la paillasse », pour reprendre une expression du grand Georges Mathé, ont fait le renouveau de la médecine française après 1945, mais ils ont certainement aussi contribué à couper la médecine de ses préoccupations sociales et cantonné la santé publique à la portion congrue, d'autant que les maladies infectieuses et parasitaires, de toutes les plus évidemment « sociales » et « environnementales », s'effaçaient.

5. *Satisfaire les individus qui se livrent ainsi à un travail gratifiant* et peuvent s'en targuer pour asseoir leur position sociale et secondairement économique. Pour difficile et astreignant qu'il soit, l'exercice des métiers de santé est aussi source de prestige et de reconnaissance sociale. Mais dans la construction du prestige médical, il n'y a aucune place pour la médecine sociale, la santé publique, la couverture sanitaire des territoires, la prévention, l'éducation à la santé. Il n'y en a pas beaucoup non plus pour la recherche. Tout ramène sans cesse à la clinique et comme chez les chamans à l'autorité du bon diagnostic.

Tant que les images de prouesses techniques domineront, tant que l'hôpital s'imposera comme le lieu exclusif de traitement de la maladie et que les médecins seront perçus seulement comme des sauveurs de vie dans l'urgence et grâce à leur maîtrise du diagnostic, la question des inégalités territoriales de santé apparaîtra bien secondaire. Elle n'est pas de ces questions dont on fait des séries télé et auxquelles accrocher une émotion facile à manipuler. Les étudiants d'aujourd'hui n'ont aucune connaissance en cette matière. La question de la couverture du territoire n'est pas de leur ressort qui s'arrête à la porte du cabinet ou de l'établissement de soins. Ce qu'il se passe au-dehors, cela ne les concerne pas. On ne leur parle jamais de règles ou de devoir d'installation, de couverture du territoire, d'organisation du territoire.

6. Permettre une accumulation du capital et le dégagement de profits pour ceux qui possèdent l'outil de travail. Le principe même de l'accumulation du capital, à la base de l'économie de marché, passe, dans un domaine de service comme la santé, par la réalisation d'économies d'échelle et d'agglomération qui va à l'encontre d'une couverture égale de la population, la seule limite étant celle du consentement à l'éloignement pour le consommateur. Créer la rareté peut ainsi se révéler rentable. Dans le domaine de la production des soins comme ailleurs, tout ce qui est rare est cher. Ce ne sont plus des raisons médicales ou des considérations de desserte égale de la population qui commandent mais des « impératifs » comptables. Il en va ainsi des marchands de meubles, de l'épicerie, de la quincaillerie et du bricolage, tous secteurs qui ont connu une concentration considérable et que l'on retrouve à la périphérie des grandes villes avec les hôpitaux publics et surtout les cliniques. Là encore, l'idée de desserte du territoire et de ses habitants s'arrête au périphérique ou à la rocade à l'intérieur desquels vivent des populations urbaines, tertiaires, fortement consommatrices de soins. Ces villes et notamment les plus grandes d'entre elles sont aussi des centres de commandement régionaux ou nationaux de l'administration et des entreprises. C'est en leur sein que se définissent les politiques de santé. La connaissance qu'elles ont des banlieues et de la France périphérique est au mieux déficiente. Inutiles dans la recherche du profit, ces territoires en sont aussi les oubliés.

7. Procurer du travail à un grand nombre de gens et les revenus les plus conséquents possibles à ses cadres dirigeants. La santé offre du travail à un grand nombre de gens et c'est un objectif important pour ceux qui sont concernés et les territoires où ils vivent. On n'épiloguera pas.

On évoquera seulement les palinodies, les changements de pied, les montées au créneau, les cris d'orfraie causés par la question du déremboursement des pilules homéopathiques, le tout au nom de la défense de l'emploi car il n'est plus possible de défendre les vertus médicales de l'homéopathie sauf à défendre celles de la bave de crapaud, de la poudre de scorpion et des grains d'ellébore, ce que la médecine faisait encore jusque dans les années 1920. De même, on reconnaîtra que la défense obstinée de l'emploi ici ou là relève de l'obstination déraisonnable, aboutit à de moins bons résultats qu'une bonne négociation en vue de la création d'activités de substitution et surtout n'est guère compatible avec les idéaux que l'on prétend défendre.

8. Fournir les bases d'une vie sociale dynamique dans les territoires et concourir ainsi à leur développement. Un objectif républicain serait que la santé soit plus généralement au service du développement social et économique des territoires par la bonne santé offerte à leurs habitants et ainsi par sa contribution à leur capacité à créer et à s'épanouir. À rêver aussi car la bonne santé mentale est un atout pas aussi partagé qu'on pourrait le souhaiter et l'état de la psychiatrie n'y est hélas pas pour rien. Cette conception de la santé fait écho à celle si connue de l'OMS qui, en France du moins, ne constitue qu'un autre mantra bégayé à l'envi sans que l'on voie poursuivie sa réalisation. La poursuite de cet objectif passe par la réalisation de celui de résorption des inégalités de santé mais le dépasse largement pour dessiner un horizon plus vaste, plus respectueux de l'homme et de l'environnement, moins soucieux de profit que de bonheur. Nombreux sont ceux qui ont dessiné ce projet sans même mesurer la situation à laquelle conduisent le productivisme et l'accumulation des biens matériels. Il n'est pas aujourd'hui difficile de comprendre que la résorption des inégalités en santé, la correction des effets néfastes de la dégradation de l'environnement ou encore une vie plus sobre constituent une source de bien-être tant physique que moral et une condition indispensable de la vie sociale. Tout cela est connu.

Conclusion

L'idée que le système de santé aurait pour but central l'égalité d'accès aux soins et la desserte de tous par des soins de qualité est une notion qui semble juste et bonne. Dans les faits, cet objectif n'est pas atteint. Pire, nous pensons qu'il n'est guère qu'un rideau de fumée qui permet la poursuite d'autres objectifs moins glorieux où l'appât du gain entre pour beaucoup.

Afficher que l'on veut lutter contre les inégalités de santé, s'en servir comme d'un mantra, permettent de donner l'espoir. Cela ne parvient que jusqu'à un certain stade à masquer qu'on ne fait rien ou si peu. Vient un temps où l'on solde les comptes… comme dans l'Évangile de Matthieu.

Pour finir, qu'il me soit permis de citer Henri Barbusse qui, au spectacle du traitement inégal des soldats dans la guerre selon leurs origines sociales et géographiques, écrivait à sa femme Hélyonne [14] le 25 juin 1915, ce qui pourrait s'appliquer à la santé des territoires : « J'ai le sentiment, que je crois juste, d'une immense injustice [15]. » Henri Barbusse, issu d'une longue lignée de réformés cévenols et qui était parti à la guerre pour la République en croyant qu'elle était juste.

RÉFÉRENCES

[1] E. Vigneron, *Les Inégalités de santé dans les territoires français*, Paris, Elsevier-Masson, 2011, p. 36-45.

[2] Des tableaux de Villermé, j'ai tiré des cartes dans E. Vigneron, *Les Inégalités de santé dans les territoires français*, *op. cit.*, p. 22-23.

[3] L.-A. Bertillon, *La Démographie figurée de la France*, 1 vol. de cartes, tableaux et commentaires sur onglets, Paris, Masson, 1874.

[4] M. Deslandes, E. Vigneron, « Le grand scandale des inégalités », *L'Obs-Rue 89*, « Le grand entretien », 16 novembre 2016 ; E. Vigneron, « La santé cimente le pacte républicain », *L'Humanité*, 27 avril 2018.

[5] Présentée dans « Santé, des territoires abandonnés », série « Fractures françaises » publiée à l'occasion de la campagne pour l'élection présidentielle, *Le Monde*, 31 mars 2017.

[6] *L'Hôpital et le Territoire*, Paris, FHF/SPH Éditions, préface du Pr Claude Jaffiol, président de l'Académie nationale de médecine, voir carte p. 164.

[7] Exposé dans « Le nombre de femmes qui vivent à plus de 45 min d'une maternité a doublé en 20 ans », *Le Monde*, 22 mars 2019.

[8] Présentation de la feuille de route « Accélérer le virage numérique » par le ministère de la Santé, 24 avril 2019.

[9] Compte rendu du Conseil des ministres du 13 février 2019.

[10] J. Bringer, J.-M. Budet, C. Esper, E. Vigneron, *Les GHT : pour aller plus loin dans les coopérations hospitalières*, Paris, Berger-Levrault, 2018.

[11] Il faut ici bien distinguer entre objectifs des politiques publiques et buts poursuivis par les acteurs dont il n'y a pas de raison de douter de la volonté individuelle d'être au service des personnes souffrantes.
[12] L. Delasiauve, *De l'organisation médicale en France sous le triple rapport de la pratique, des établissements de bienfaisance et de l'enseignement*, Paris, Fortin, Masson & Cie, 1843.
[13] *L'Assistance publique en 1900*, ouvrage publié à l'occasion de l'Exposition universelle par l'Administration générale de l'assistance publique à Paris, composé, imprimé et broché par les pupilles de la Seine de l'École d'Alembert à Montévrain.
[14] La plus jeune des trois merveilleuses petites puces du tableau d'A. Renoir, *Les Filles de Catulle Mendès*, New York, The Annenberg Collection, Metropolitan Museum of Art.
[15] *Lettres de Henri Barbusse à sa femme, 1914-1917*, Paris, Flammarion, 1937. Cette lettre, p. 147.

31

L'anonymat du don

Jean-Paul Vernant

Des prélèvements d'organes réalisés sur des malades décédés peuvent permettre que se poursuive la vie de malades en attente de greffe. Ces dons posthumes ne vont cependant pas sans problème pour les receveurs, bien sûr reconnaissants, mais aussi, d'une certaine façon, endettés.

Don et contre-don

Dans une optique chrétienne, le don concerne avant tout celui qui donne et peu celui qui reçoit. Ainsi en va-t-il du Bon Samaritain (dans l'Évangile selon saint Luc) : il secourt un inconnu agressé, « bande ses plaies, le met sur sa monture et paie pour assurer son logement ». Il n'attend rien en retour de cet inconnu dont il ne sait rien et qui pourrait être n'importe qui. Le seul mobile du Samaritain est la compassion mais ce geste de compassion donne sens à sa vie. De façon générale, ce don charitable qu'est l'aumône est fait directement, de la main à la main, « à un pauvre » dont il n'est pas grand-chose à attendre en retour. Ce don se suffit à lui-même. Bossuet écrit ainsi en 1984 dans son oraison funèbre à Anne de Gonzague de Clèves : « C'est la vraie grâce de l'aumône, en soulageant les pauvres, de diminuer en nous d'autres besoins… » Le bénéfice est donc immédiat pour celui qui donne. Cependant Anatole France, lui, écrit en 1901 dans *Monsieur Bergeret à Paris* : « Je viens de faire l'aumône. En donnant deux sous, j'ai gardé la joie honteuse d'humilier mon semblable. Je me suis également humilié en l'humiliant. Car l'aumône avilit également celui qui la reçoit et celui qui la fait. » Anatole France évoque là l'humiliation possible d'un don sans contrepartie.

Le premier, Marcel Mauss, dans ce qui constitue probablement un des textes fondateurs de l'anthropologie sociale, *Essai sur le don*, publié en 1923, pose clairement la nécessité que soit associé au don un contre-don. C'est à partir d'une analyse de sociétés tribales qu'il définit le caractère socialement structurant du « donner, recevoir, rendre [1] ». Même si l'on peut remettre en question le caractère structurant universel du don/contre-don, il n'en demeure pas moins que certains dons peuvent avoir pour conséquence une dette indéfectible, par exemple lorsqu'il s'agit du don d'organes prélevés sur des donneurs décédés.

Comment s'acquitter de la dette induite par le don ?

Concernant le prélèvement d'organe sur donneur décédé, la loi française est basée sur le principe du consentement présumé : si, de son vivant, le sujet décédé n'a pas fait part de son opposition au don, soit en s'inscrivant sur le registre informatisé des refus, soit en faisant part à ses proches de cette opposition, on peut procéder au prélèvement de ses organes. L'équipe médicale n'a donc pas, si l'on s'en tient strictement aux termes de la loi, à demander l'avis de la famille et des proches mais uniquement à s'enquérir auprès d'eux de l'avis que le défunt aurait émis de son vivant sur le sujet. En l'absence d'opposition manifeste, le prélèvement est possible. En réalité, lorsque les proches témoignent d'une opposition du défunt, il est difficile de savoir qui parle, lui ou eux ? Et dans le doute, le prélèvement n'a pas lieu. Mais dans tous les cas, prélèvement ou non, les proches se sentent responsables. Ce sont eux qui, d'une certaine façon, ont ou n'ont pas donné.

Le receveur quant à lui reçoit un organe chargé d'une histoire. « Ce cœur qui bat dans mon thorax, à qui appartenait-il ? À quel homme, à quelle femme ? Qu'ai-je fait pour le mériter ? En serai-je digne ? Serai-je à la hauteur de celui ou de celle dont j'ai pu, dans l'attente de la greffe, souhaiter la mort pour que je vive ? » En plus d'être en dette, il se sent coupable. Il a reçu un don tellement extraordinaire qu'il ne pourra jamais s'acquitter, ni envers le donneur, ni envers sa famille. Cette dette négative est insupportable et on a pu parler, dans ces conditions, de « tyrannie du don ». *21 grammes*, un remarquable film d'Alejandro González Iñárritu sorti en 2003, pose bien le problème : un homme qui survit grâce à une greffe cardiaque se met en quête de l'identité de son donneur. Celle-ci découverte, il arrête le traitement immunosuppresseur, rejette le cœur et meurt. Ainsi, la connaissance du donneur, de son histoire, alourdit la dette et met en évidence l'impossibilité du contre-don, tel que défini par Mauss [2].

Cette impossibilité de s'acquitter justifie la législation française qui prévoit l'anonymat du don. Ainsi, on peut considérer que l'organe greffé n'est pas un don d'individu à individu mais un don que la société, qui a reçu l'organe en legs, fait au malade. C'est la société qui rend possible la greffe en l'organisant techniquement, médicalement, juridiquement, mais aussi en prenant en charge les perceptions symboliques de ce transfert pour toutes les parties. Ainsi on peut considérer que grâce à l'anonymat, la dette est scindée :

- d'une part, la société doit s'acquitter d'une dette envers le donneur décédé, ce qu'elle doit faire à travers des commémorations et des lieux de souvenirs destinés à rendre hommage à tous les donneurs, ce qui peut, de plus, contribuer au travail de deuil des familles ;
- d'autre part, le receveur a une dette non envers un seul, dont il ne saurait jamais s'acquitter, mais envers tous, envers l'humanité et envers la société qui organise la vie collective de cette humanité ; la poursuite de sa participation active à la vie sociale, à la vie associative, sera une façon simple de s'acquitter de cette dette.

On voit là le paravent protecteur qu'offre la société, et l'élément essentiel de ce paravent qu'est l'anonymat [3].

Et quand le don n'est pas anonyme ?

Tous les greffons ne proviennent pas de donneurs décédés et tous les dons ne peuvent être anonymes. Ainsi en est-il, par exemple, de la greffe de cellules souches hématopoïétiques (ou greffe de moelle) réalisée le plus souvent pour traiter des hémopathies malignes. Elle implique en effet très souvent un donneur et un receveur d'une même fratrie. La société intervient ici de façon très officielle, mais indirecte, par le biais d'un juge qui tente de vérifier, en l'absence des autres membres de la famille, que le donneur est bien volontaire et qu'aucune pression ne s'est exercée pour qu'il consente au don. Qu'en est-il concrètement en réalité des pressions médicales ou familiales qui ont pu s'exercer auparavant ?

Dans le cas de cette greffe, donneur et receveur sont en prise directe. Ils ont une histoire commune, qui va évoluer avec la greffe et qui peut être l'occasion souvent d'un rapprochement, expression d'une reconnaissance assumée, plus rarement d'un éloignement pouvant témoigner d'un passé commun déjà difficile ou d'une incapacité du receveur à s'acquitter de la dette.

Concernant la greffe de moelle, il faut souligner un problème particulier qui est celui de la « réaction du greffon contre l'hôte ». En effet, alors que l'événement immunologique habituel, bien connu de tous, pouvant compliquer une greffe d'organe est le rejet (le système immunitaire du receveur rejette le greffon), un autre phénomène peut survenir, avec une grande fréquence, dans les greffes de moelle : c'est, pour utiliser une métaphore guerrière, l'attaque du malade par le système immunitaire du donneur transmis par le greffon (le système immunitaire du donneur rejette le malade). Il n'est pas question d'incriminer de façon primaire et abusive la responsabilité, consciente ou inconsciente, du donneur dans un phénomène qui est largement génétiquement déterminé ; il n'en demeure pas moins que le donneur peut se sentir responsable des effets délétères, voire de la mort du malade : « Mes cellules ont attaqué ma sœur », ou encore, en cas de rechute

« Mon système immunitaire n'a pas été capable d'empêcher la rechute de la leucémie ».

Si l'échec d'une greffe d'organe peut être vécu comme un échec du receveur (c'est lui qui rejette la greffe), l'échec d'une greffe de moelle peut être vécu comme un échec du donneur (le greffon a agressé le receveur). Il convient évidemment de tenir compte de ces échecs possibles dans la prise en charge de l'ensemble des acteurs impliqués, dès avant la greffe [4].

L'anonymat discuté

Bien entendu, lorsque cela est possible, dans le cas de donneurs de moelle non apparentés, l'anonymat du don permet, là encore, de protéger le receveur d'une dette d'exonération difficile mais aussi le donneur d'un éventuel sentiment d'échec. Si le don d'organes permet la survie de certains patients, le don de gamètes, spermatozoïdes ou ovocytes peut, avec la procréation médicalement assistée, permettre à des couples jusqu'alors stériles de donner la vie. Le même problème de l'anonymat se pose alors. Jusqu'à aujourd'hui, la loi française a retenu le principe d'anonymat des donneurs de gamètes, mais le souhait a parfois été exprimé de remettre en question ce principe. Le désir de certains enfants nés par procréation médicalement assistée avec don de gamètes de connaître leurs origines génétiques, le souci pour certains que tout soit dit, qu'aucun secret ne subsiste, ont conduit à des débats animés, qui se poursuivent actuellement. Il apparaît cependant important de souligner que le maintien de cet anonymat demeure crucial car, pour l'immense majorité des couples, il est plus simple de s'acquitter envers la société qui organise le don plutôt qu'envers le seul donneur de cette lourde dette contractée. À l'enfant conçu par procréation médicalement assistée avec donneur, il est sûrement important de lui raconter son histoire, mais peut-être doit-on aussi lui expliquer que reproduction n'est pas filiation. Même conçu « sous la couette », comme disent les gynéco-obstétriciens, un enfant n'est pas choisi, il est le fruit du hasard qui fait qu'un seul des millions de spermatozoïdes qui passaient par là a pénétré dans l'ovocyte. Toujours fruit du hasard, et quels que soient ses gènes, l'important pour l'enfant est qu'il sache que ses parents sont contents de l'avoir lui, tel qu'il est, et que la parentalité sociétale est autrement plus importante que la parentalité génétique.

Pour conclure et brouiller les pistes, il convient de préciser qu'il n'y a peut-être pas que celui qui reçoit qui soit endetté. Ainsi, Maurice Godelier [5], s'éloignant du modèle maussien originel, renverse le problème en défendant que le donneur d'organes, en donnant, s'acquitte lui-même d'une dette qu'il a contractée, dès la naissance, en bénéficiant de ce don formidable qu'est la vie. Selon que cette dette ait été contractée à l'égard de la société ou d'une instance supérieure, il rejoint là une conception rousseauiste ou, paradoxalement, religieuse du don.

Finalement tous les hommes ont quelque chose à rendre, à des donateurs ou à la société, soit parce qu'elle a servi d'intermédiaire avec ces donateurs, soit plus simplement parce qu'elle leur a permis de vivre en son sein [6].

RÉFÉRENCES

[1] Les thèses de Mauss sur le don ont fait l'objet de développements fidèles (Godbout) mais aussi de certaines critiques (Lévi-Strauss) en particulier pour ce qui concerne leur généralisation aux sociétés modernes contemporaines.

[2] On peut considérer que les ONG, auxquelles on peut faire des dons, jouent ce même rôle de paravent protecteur entre les donateurs qui mus par la solidarité restent anonymes et ceux en souffrance qui reçoivent.

[3] P. Lévy-Soussan, *Éloge du secret*, Paris, Fayard, 2006.

[4] On parle en anglais, pour la réaction du greffon contre l'hôte, de *graft versus host disease*, et pour le rejet de *host versus graft effect*. En fait, la traduction littérale en français est source d'ambiguïtés car, pour nous, « hôte » a un double sens : c'est à la fois celui qui reçoit mais également celui qui est reçu, c'est celui qui donne l'hospitalité et celui qui en bénéficie. Ce double sens du mot « hôte » en français n'est probablement pas anodin : lorsque l'on bénéficie de l'hospitalité, on devrait, en inversant les rôles, la rendre en échange. De la même façon, dans une perspective maussienne, l'hôte, receveur de greffe, doit rendre au donneur quelque chose en contrepartie, et seul l'anonymat pourrait l'exonérer de cette obligation.

[5] M. Godelier, *L'Énigme du don*, Paris, Fayard, 1996.

[6] P. Barrier, *Lettre ouverte à ceux qui ne se verraient pas donneurs d'organes*, Paris, Éditions Frison-Roche, 2002.

32

Pourquoi rendre 11 vaccins obligatoires ?

Alain Fischer

« Le progressisme est en baisse à la bourse des idées et un soupçon général pèse sur les sciences », a récemment constaté le philosophe Frédéric Worms [1]. Malheureusement la question de la vaccination illustre cet état de fait. Il en résulte une application insuffisante de la vaccination en France et dans de nombreux autres pays, rendant les objectifs de réduction ou d'éradication de certaines maladies infectieuses comme la rougeole inatteignables. La décision prise dans ce contexte par l'ex-ministre de la Santé Agnès Buzyn de rendre obligatoire à compter du 1er janvier 2018 la pratique des onze valences vaccinales, jusque-là seulement recommandées pour huit d'entre elles chez les jeunes enfants, a pu paraître étonnante, voire potentiellement contre-productive. L'obligation n'est-elle pas incompatible avec la confiance ? Nous allons examiner comment la France est devenue championne de la défiance à l'égard de la vaccination [2] et montrer que la décision prise était la meilleure possible. Il s'avère, en effet, que celle-ci commence à porter ses fruits.

La vaccination, un pilier de toute politique de santé publique

Depuis l'intuition de Jenner à la fin du XIXe siècle de la protection contre la variole procurée par sa cousine bénigne, la vaccine, jusqu'au développement moderne des vaccins fondés sur une connaissance solide (bien qu'encore imparfaite) des mécanismes de la réponse immunitaire contre les agents microbiens et de sa mémoire, la pratique de la vaccination a sauvé des centaines de millions de vies. L'Organisation mondiale de la santé (OMS) estime que malgré l'insuffisance d'application de ces programmes, la vaccination épargne de l'ordre de 2,5 millions de vies chaque année dans le monde. L'éradication de la variole, la disparition en France de la poliomyélite et de la diphtérie en sont des succès incontestables mais souvent oubliés [3]. La vaccination est donc un bien précieux.

Pourtant ces avancées sont fragiles car un relâchement de la pratique vaccinale peut provoquer la réémergence d'épidémies comme cela est observé en Europe depuis quelques années en ce qui concerne la rougeole. Le constat de la situation française est mitigé. Si la prévalence de nombre de maladies infantiles a considérablement régressé au cours de la seconde moitié du XXe siècle grâce à la vaccination (coqueluche, infections à *Hæmophilius influenzæ*, rougeole…), les résultats ne sont pas à la hauteur des objectifs. Ainsi, près de 1 200 personnes décèdent encore chaque année de cancer ou de cirrhose du foie secondaire à une infection par le virus de l'hépatite B alors que nous disposons d'un vaccin efficace et sûr. Le cancer du col de l'utérus – 3 000 cas par an – tue près de 1 000 femmes par an alors qu'il existe un vaccin efficace capable de protéger au moins 90 % de ces cas grâce à l'immunisation contre les principales souches de papillomavirus responsables de ce cancer. On peut citer la résurgence de la rougeole – 2 800 cas en 2018, 8 % de complications graves et 3 décès –, les méningites à méningocoque C qui provoquent décès et séquelles graves respectivement de 20 et 40 personnes par an, les cas résiduels de tétanos… Sans parler de la grippe, responsable de décès chez des sujets âgés – et parfois de jeunes adultes dont des femmes enceintes, même si, dans ce cas, le vaccin n'est que partiellement efficace.

Une couverture vaccinale insuffisante

Ces échecs sont la conséquence d'un taux de vaccination insuffisant. Les objectifs étaient (et sont toujours) de vacciner 95 % de la population contre la rougeole et 80 à 90 % contre les autres infections. En dehors des vaccins qui sont obligatoires depuis longtemps (diphtérie, tétanos, polio – DTP) et de ceux qui leur sont associés (coqueluche, *Hæmophilus* et dans une moindre mesure hépatite B) dans la même injection, pour lesquels plus de 90 % de nourrissons étaient convenablement vaccinés avant 2018, la situation était moins favorable pour les autres vaccins recommandés : 79 % d'enfants complètement vaccinés contre rougeole/oreillon/rubéole – ROR –, 70 % contre le méningocoque C et très peu de vaccinations des enfants et adolescents, 40 % des adolescents vaccinés contre l'hépatite B, 16 % des jeunes filles vaccinées contre les papillomavirus sans parler des défauts de rappel de vaccination des adultes. La vaccination antigrippale n'est pratiquée que chez moins de 50 % des personnes concernées, à commencer par les professionnels de la santé !

Il convient donc de s'interroger sur les raisons de cet échec relatif, responsable de décès et d'invalidités évitables ! Il s'agit bien d'une question de santé publique car au-delà de l'immunisation individuelle conférée par la vaccination, c'est la protection de toute la collectivité qui est en jeu dans la plupart des cas (à l'exception du vaccin contre le tétanos et dans une moindre mesure contre la poliomyélite et la diphtérie). En effet, le sujet vacciné ne contamine plus son entourage. Ainsi les personnes vulnérables chez lesquelles les vaccinations sont inefficaces ou parfois contre-indiquées peuvent bénéficier indirectement de la vaccination. C'est le cas des enfants non encore vaccinés, des sujets immunodéprimés car atteints d'une maladie chronique ou traités pour un cancer, des personnes âgées chez qui la vaccination perd de son efficacité et des personnes en situation de précarité qui échappent au système de santé. Beaucoup des décès évitables observés surviennent chez ces personnes, comme l'illustre le décès par rougeole en 2018 d'une adolescente traitée pour leucémie aiguë. Le principe de solidarité s'impose donc face à la liberté individuelle de choix revendiquée par certains.

Hésitation... hostilité ?

Comment expliquer que la politique de vaccination soit inaccomplie en France ? Elle reflète le fait qu'une fraction importante et croissante de la population : 25 à 40 % contre moins de 10 % en 1990 [4] n'ont pas pleine confiance en la vaccination (ou du moins en certains vaccins). Ces personnes craignent des effets indésirables ou en méconnaissent les bénéfices. Les professionnels de santé eux-mêmes pour 10-15 % d'entre eux expriment des réserves identiques. De façon préoccupante, les enquêtes d'opinion révèlent que 13 % des personnes en âge d'avoir des enfants n'auraient pas fait vacciner leurs enfants contre DTP si l'obligation à l'égard de ces vaccins avait été levée.

D'où provient cette hésitation croissante qui confine au rejet si on évoque le cas de la vaccination contre le papillomavirus ? (16 % de couverture vaccinale en 2016 !). La vaccination a toujours été attaquée. Jenner fut violemment dénigré et les critiques n'ont guère cessé depuis – responsables d'un fond « incompressible » d'opposition que l'on retrouve dans tous les pays [5]. Néanmoins, depuis vingt-cinq ans environ, on a vu croître l'expression de cette opposition en France ainsi que dans de nombreux autres pays (à l'exception de l'Europe du Nord). Il est manifeste que le développement de la communication à travers les réseaux sociaux a donné un écho puissant à la diffusion massive de fausses nouvelles (*fake news*) concernant la vaccination. Il paraît de ce fait essentiel d'analyser l'origine de ces fausses nouvelles et les mécanismes qui les rendent crédibles par certains. Un important travail de recherche en socioanthropologie s'est développé dans ce domaine, on peut en particulier mentionner les remarquables travaux de Heidi Larson à Londres [6].

Aux origines des *fake news*

Au moins cinq sources ont été identifiées.

1. Une mauvaise utilisation de la science

L'origine de la quasi-totalité des attaques contre la vaccination émane de scientifiques ou de médecins, ce qui bien sûr leur confère *a priori* une respectabilité et donc une relative crédibilité. L'exemple le plus manifeste provient de Grande-Bretagne où un médecin, Andrew Wakefield, a publié dans la prestigieuse revue *The Lancet* en 1998 un article accusant la vaccination contre la rougeole de provoquer l'autisme, accusation depuis reprise par Trump aux États-Unis pendant sa campagne électorale. Il s'avère que cette allégation a été délibérément inventée dans un but financier : obtenir, avec intérêt personnel du médecin, des dédommagements de familles dont un enfant est atteint d'autisme. Il a fallu douze ans pour que l'article soit officiellement désavoué par la revue ! Sa publication avait entraîné une baisse de plus de 10 % de la couverture vaccinale contre la rougeole en Grande-Bretagne. Encore aujourd'hui, Wakefield dont le titre de médecin a été révoqué sévit aux États-Unis.

Plus près de nous, un médecin français, Romain Gherardi, est convaincu du fait que les adjuvants à base de sels d'aluminium – utilisés depuis 1926 dans de nombreux vaccins – provoquent une pathologie dénommée myofasciite à macrophages, responsable de syndrome de fatigue chronique, voire de pathologies neurologiques et cognitives. Ces allégations ont reçu en France un écho médiatique fort, source de nombreuses interrogations. Pourtant, toute analyse sérieuse montre que ce travail n'est pas solide. Le caractère quasi limité à l'intérieur de nos frontières de la survenue de ces complications, l'aluminium cessant d'être toxique au-delà de nos frontières..., les critiques argumentées des données du travail expérimental de Gherardi [7], l'absence de relation entre taux d'aluminium circulant ou capillaire et développement cognitif chez l'enfant [8] ont conduit les autorités de santé (de l'OMS aux agences nationales) à conclure que cette allégation d'effet indésirable n'est pas avérée. La recherche de notoriété médiatique est un moteur psychologique classique propice à la propagation de fausses nouvelles !

2. La promotion d'intérêts financiers

C'était le cas de Wakefield, c'est le cas de bien d'autres qui en attaquant la vaccination promeuvent la vente de produits dits « naturels », offrent des services, rédigent des ouvrages, donnent des conférences payantes. Il est piquant d'observer que les mêmes personnes essaient systématiquement de disqualifier les avis d'expert de la vaccination en les accusant de conflit d'intérêts avec les industriels qui vendent les vaccins. Si ces accusations peuvent être dans quelques cas fondées – il ne faut pas être naïf –, leur systématisation relève de la théorie du complot.

3. L'instrumentalisation politique

Le populisme sous ses diverses formes instrumentalise les thèmes porteurs. La vaccination en est un. Trump l'a utilisé, la coalition au pouvoir en Italie aujourd'hui (Lega/Cinque Stelle) a beaucoup utilisé et fait écho aux allégations antivaccinales lors de la campagne électorale et aujourd'hui remet en cause l'obligation vaccinale mise en place pour les mêmes raisons qu'en France par le gouvernement italien précédent. En France, Le Pen, Dupont-Aignan ont surfé sur les arguments antivaccination lors de la campagne présidentielle. Certains élus des Verts et du mouvement des Insoumis font de même en attaquant un « lobby provaccination des industriels ». La vaccination peut même participer de tentatives de déstabilisation par la manipulation de tweets provenant de Russie et dirigés vers les États-Unis [9] !

4. Des vues idéologiques

Une idéologie « naturaliste », pseudo-scientifique à composante parfois religieuse, a de tout temps combattu la vaccination. On la retrouve aujourd'hui dans des mouvements extrêmes de toutes les religions, responsables entre autres d'épidémies de rougeole. L'hostilité systématique à l'industrie pharmaceutique alimente aussi cette opposition.

5. La reconnaissance victimaire

Des associations de patients atteints de sclérose en plaques, de syndrome de fatigue chronique ou d'autisme (aux États-Unis) ont trouvé dans la vaccination la cible – certes fausse – de leurs souffrances réelles. Il bénéficie forcément d'une certaine écoute.

Pourquoi les fausses nouvelles « font recette » ?

Il existe de nombreuses sources émettrices de fausses allégations sur la vaccination, souvent techniquement très bien agencées [10], qui jusqu'à peu ont été complaisamment diffusées sur les plateformes de réseaux sociaux et souvent reprises par les médias traditionnels. Ces derniers parfois pour des raisons idéologiques, plus souvent par attrait de la controverse qui crée l'audience, ont largement amplifié et, dans une certaine mesure, donné du crédit à ces fausses nouvelles.

Le défaut d'information de qualité est souvent associé à l'hésitation [11], phénomène retrouvé au sein des populations de professionnels de santé, en partie faute de formation continue (problématique partagée avec l'ensemble des questions de santé). Ce défaut de disponibilité des médecins généralistes ne facilite pas la dissipation des questions soulevées par l'exposition aux fausses nouvelles.

Les fausses nouvelles ont retenu d'autant plus l'attention que plusieurs événements sont venus affaiblir la confiance et donc la parole des autorités de santé : scandales sanitaires (du sang contaminé, à l'hormone de croissance au Mediator) et crises associées aux vaccinations (allégation de lien entre vaccin contre l'hépatite B et sclérose en plaques, gestion pour le moins discutable de la vaccination antigrippale lors de l'épidémie par le virus H1N1 en 2009).

L'individualisme croissant peut se heurter à l'intérêt de la collectivité nationale défendue au sein d'une politique de santé publique prônant la vaccination (ou de façon très semblable la sécurité routière). S'y ajoute la faible culture de prévention en santé dans notre pays, en comparaison avec l'Europe du Nord par exemple qui rend plus difficiles prise de conscience et décision !

Face à cet afflux de fausses nouvelles et de circonstances qui ont favorisé leur diffusion et leur réception, il faut noter que les autorités sanitaires et politiques se sont tues pendant de nombreuses années par indifférence, méconnaissance et parfois peut-être complicité comme discuté plus haut. Le corollaire en est – dans le cadre du retrait de la médecine scolaire – la quasi-disparition de la pratique de la vaccination à l'école dont le bénéfice était double : vacciner (c'est ainsi que les enfants sont vaccinés à plus de 80 % contre le papillomavirus en Grande-Bretagne, en Suède ou en Australie) et éduquer à la vaccination.

Laisser faire ou informer et contraindre ?

La perception diffuse du recul de la vaccination a fini par alerter le monde politique. Après un rapport parlementaire, Mme Marisol Touraine qui a pris conscience des enjeux a mis en place début 2016 une concertation citoyenne sur la vaccination destinée à répondre à deux questions : comment améliorer la confiance en la vaccination et comment améliorer la couverture vaccinale ? Il en est résulté une série de recommandations destinées à améliorer les conditions d'information, d'éducation (savoir distinguer concomitance, corrélation et causalité), de communication autour de la vaccination que ce soit du public que des professionnels de santé assortie d'une proposition d'obligation vaccinale pour les vaccins recommandés aux enfants de moins de 2 ans [12]. L'ancienne ministre, Agnès Buzyn, a repris une partie de ces propositions dans une démarche ferme et audible de promotion de la vaccination. Elle a reçu rapidement le soutien de la très grande majorité des institutions de santé, des sociétés savantes médicales et de syndicats de professionnels de santé [13]. Cette mobilisation en particulier de l'agence Santé publique France est apparue comme un virage dans la politique vaccinale et a permis la mise en place début 2018 de l'obligation des onze vaccins recommandés pour les jeunes enfants. Malgré les nombreuses critiques et le scepticisme de certains : « Comment rendre confiance en obligeant », cette démarche semble porter ses fruits. Avec la prudence nécessaire liée au faible recul, il s'avère que ces mesures ont conduit à une augmentation de la pratique des vaccins obligatoires – de l'ordre de 5 % – et aussi des vaccins non obligatoires comme antipapillomavirus et grippe [14]. Les premières enquêtes d'opinion montrent un regain de confiance en la vaccination des mères d'enfants en bas âge [15]. Ce résultat est bien fragile mais corrobore l'observation en Italie d'une reprise de la vaccination lorsque les mêmes mesures avaient été mises en œuvre en 2016-2017.

En parallèle, on observe un changement d'attitude des médias, bien plus favorable à la présentation de la vaccination depuis deux ans environ, avec parfois des retournements de ligne éditoriale spectaculaires comme observé au *Parisien*, à *Libération* ou au *Monde*. À l'échelle internationale, l'alerte récente de l'OMS devant en particulier la recrudescence de la rougeole en Europe, qui place la lutte contre la désinformation sur la vaccination comme axe prioritaire, va dans le même sens. Elle s'accompagne début 2019 pour la première fois d'une censure des fausses nouvelles sur plusieurs plateformes comme YouTube ou Pinterest et Facebook.

Ces efforts – informer – combattre les fausses nouvelles – simplifier les modalités pratiques de la vaccination – doivent être poursuivis et amplifiés. Le succès de cette politique dans la durée devrait probablement s'accompagner d'une prise en charge intégrale par l'assurance-maladie des achats de vaccins, ce qui n'a pas été mis en place à ce jour, ainsi que de l'exercice d'une vigilance sur l'approvisionnement en vaccins et leur prix de vente, qui a tendance à augmenter sans justification réelle. Surtout, remettre l'école dans le dispositif, avec l'aide d'infirmiers pour vacciner et éduquer, est essentiel. Cela impose une volonté politique forte tant est réticente l'administration de l'Éducation nationale. Ce n'est qu'ainsi par exemple que devrait être obtenu le succès de la vaccination contre papillomavirus en l'étendant aussi aux garçons.

Conclusion : une valeur pédagogique de la contrainte

Contrairement aux craintes exprimées par certains – la contrainte associée à l'explication [16] –, la mise en place de l'obligation vaccinale n'a pas généré de mouvement d'hostilité, voire de révolte. Au contraire, comme discuté plus haut, la vaccination paraît mieux acceptée et effectuée même s'il reste beaucoup à faire. On peut formuler l'hypothèse que l'obligation induit une prise de conscience de la part d'une fraction de la population hésitante et jusque-là mal informée. L'obligation fait partie des mesures applicables en santé publique au nom de l'intérêt général – un concept sans doute explicitement ou implicitement accepté par une fraction de la population plus importante qu'anticipée. On peut formuler l'espoir que cette évolution des pratiques et des mentalités, si elle se confirme, serve d'exemple en matière d'éducation et de prévention en santé, notre bien public commun.

RÉFÉRENCES

[1] Frédéric Worms *in Le Monde*, 17 novembre 2018.
[2] H. J. Larson, A. de Figueiredo, Z. Xiahong, W. S. Schulz, P. Verger, I. G. Johnston, A. R. Cook, N. S. Jones, « The state of vaccine confidence 2016 : Global insights through a 67-country survey », *EBioMedicine*, 2016, 12, p. 295-301.
[3] P. Sansonetti, *Vaccins*, Paris, Odile Jacob, 2017.
[4] H. J. Larson *et al.*, « The state of vaccine confidence 2016 », art. cité ; Baromètre Santé 2016, Santé publique France.
[5] F. Salvadori, L.-H. Vignaud, *Antivax*, Paris, Éditions Vendémiaire, 2019.
[6] H. J. Larson, « The biggest pandemic risk ? Viral misinformation », *Nature*, 2018, 562 (7727), p. 309.
[7] Louise et Julie, « Gherardi : Mediatic story (2 ou 3 vérités embarrassantes sur ses études) », blog, 13 octobre 2017.
[8] M. P. Karwowski, C. Stamoulis, L. M. Wenren, G. M. Faboyede, N. Quinn, K. M. Gura, D. C. Bellinger, A. D. Woolf, « Blood and hair aluminum levels, vaccine history, and early infant development : A cross-sectional study », *Acad. Pediatr.*, 2018, 18 (2), p. 161-165.
[9] D. A. Broniatowski, A. M. Jamison, S. Qi, L. AlKulaib, T. Chen, A. Benton, S. C. Quinn, M. Dredze, « Weaponized health communication : Twitter bots and russian trolls amplify the vaccine debate », *Am. J. Public Health*, 2018, 108 (10), p. 1378-1384.
[10] N. Arif, M. Al-Jefri, I. H. Bizzi, G. B. Perano, M. Goldman, I. Haq, K. L. Chua, M. Mengozzi, M. Neunez, H. Smith, P. Ghezzi, « Fake news or weak science ? Visibility and characterization of antivaccine webpages returned by google in different languages and countries », *Front Immunol.*, 2018, 9, p. 1215.
[11] S. Eve, A. D. Pham, X. Blaizot, M. Turck, T. Raginel, « Vaccination contre les papillomavirus humains : intentions vaccinales et connaissances de parents d'élèves bas-normands avant intervention au cours de l'année scolaire 2015-2016 [Human papillomaviruses vaccination : Parental awareness and acceptance of the vaccine for children in Lower Normandy schools and informative campaign during the 2015-2016 school year] », *Revue épidémiol. santé publique*, 2017, 65 (4), p. 255-263.
[12] http://concertation-vaccination.fr/la-restitution/
[13] http://vaccination-info-service.fr
[14] Couverture vaccinale des enfants, premier bilan 2018 encourageant, Communiqué ministère de la Santé, 27 septembre 2018.
[15] R. Cohen, J. Gaudelus, B. Leboucher, J. P. Stahl, F. Denis, D. Subtil, p. Pujol, H. Lepetit, L. Longfier, A. Martinot, « Impact of mandatory vaccination extension on infant vaccine coverages : Promising preliminary results », *Med. Mal. Infect.*, 2019, 49 (1), p. 34-37.
[16] J. Colgrove, « Vaccine Refusal Revisited-The Limits of Public Health Persuasion and Coercion », *N. Engl. J. Med.*, 2016, 375, p. 1316-1317.

33

« Santé environnementale » : la prévention permettra-t-elle d'économiser le soin ?

Frédéric Pierru

S'il est une thématique désespérante pour qui s'intéresse aux politiques publiques de santé sur le long terme, c'est bien celle de l'absence de « culture de santé publique » en France ou, dit autrement, de l'insuffisance de la « prévention », mot-valise que celles et ceux qui prétendent la revaloriser se gardent bien de définir avec précision.

Vous avez dit « prévention » ?

Ces déplorations vont de pair, depuis quarante ans, avec des déclarations récurrentes de bonnes intentions : il n'y a pas un candidat à la présidentielle pour ne plaider, main sur le cœur, en faveur de politiques de prévention aussi ambitieuses que destinées à rester lettre morte une fois la séquence électorale passée. Notons, en passant, que souvent les acteurs politiques espèrent de la « prévention » qu'elle permettra de réaliser des économies, ce qui, à bien y penser, n'a rien d'évident. La victoire, au moins temporaire, dans les pays dits « avancés », contre les maladies infectieuses et transmissibles dans le troisième quart du XXe siècle explique que les systèmes de santé soient aujourd'hui aux prises avec les maladies chroniques, notamment celles liées au vieillissement. Cent pour cent d'une classe d'âge sont, jusqu'à nouvel ordre « transhumaniste », mortels. Si l'on ne meurt plus de maladies infectieuses à un jeune âge, on finit par mourir d'une autre maladie à un âge plus avancé... Militer en faveur de la santé publique ne relève pas de raison économique mais de progrès humain et de justice sociale : nous avons des inégalités sociales et géographiques devant la mort, qui sont parmi les plus élevées d'Europe [1]. L'on cite souvent le fait qu'un ouvrier vit en moyenne six ans de moins qu'un cadre et, double peine, en plus mauvaise santé. Hélas, on passe assez vite sur ce scandale, si on ne le ratifie pas en plaidant pour l'allongement de l'âge de départ en retraite au nom de l'allongement de l'espérance de vie. Or il n'y a pas de fatalité en matière d'inégalité sociale de santé : des pays comme la Grande-Bretagne ou les pays scandinaves se sont, en effet, dotés de politiques publiques comportant des objectifs précis, dûment évalués, pour réduire ce que les épidémiologistes appellent le « gradient social de santé [2] ». En France, il n'y a pas de politique de santé publique au sens rigoureux du terme : on multiplie les effets d'annonce, on empile les objectifs et les plans, on saupoudre le peu de moyens alloués, sur lesquels lorgnent d'ailleurs les acteurs du système de *soins* afin d'atténuer la contrainte budgétaire. Les rapports de force inégaux entre ministères, entre administrations centrales et entre les divers groupes d'intérêt font le reste. Ainsi le bilan du 3e plan national santé environnement (2015-2019) est accablant : cent dix mesures générales annoncées, sans précision sur les moyens humains, financiers et organisationnels. Résultat : aucun effet mesurable.

D'un autre côté, cependant, des voix s'élèvent, pour dénoncer le quadrillage normatif de la société que porterait avec elle la santé publique. Dans une tradition foucaldienne, la santé publique, ce serait la « biopolitique », le gouvernement de la vie par des savoirs et des technologies de plus en plus fins et prégnants. La santé publique serait, autrement dit, potentiellement liberticide car elle imposerait aux individus des normes de vie bonne toujours plus nombreuses et fines. Elle relèverait d'une forme de paternalisme, même si, grâce aux incitations à la fois économiques et informationnelles, ce paternalisme se ferait libéral (ce sont les fameux *nudges*, les coups de coude destinés à inciter les individus à faire les « bons » choix pour leur santé [3]).

Ne plus se payer de mots

Comme l'a pertinemment fait remarquer Didier Fassin, c'est donc un étonnant paradoxe que celui des perceptions sociales de la santé publique, lesquelles balancent entre idéologie dangereuse, voire potentiellement « totalitaire [4] », d'un côté et utopie vaine de l'autre [5]. Encore conviendrait-il de se mettre d'accord sur ce que « faire de la santé publique » veut dire, au-delà du principe, consensuel car très général, selon lequel la santé serait un bien public ou commun dont l'État serait le garant. C'est lorsque l'on commence à entrer dans les détails que les controverses apparaissent, par exemple sur la question de savoir où l'on positionne le curseur entre liberté individuelle et obligation au nom de « l'intérêt général ». Il suffit de penser à la vive polémique récente autour de la vaccination obligatoire pour s'en convaincre. Autre sujet de conflit potentiel : se doter d'une véritable politique de santé publique supposerait de hiérarchiser les objectifs et non de simplement les juxtaposer pour ne mécontenter personne. Or « son » problème de santé est toujours plus impérieux que celui du voisin. Hiérarchiser les objectifs en fonction, par exemple, de la prévalence ou de l'incidence de telle ou telle maladie entraînera immédiatement la mobilisation d'associations de porteurs de maladies rares ou mal définies (par exemple, la « fibromyalgie ») qui estimeront qu'il s'agit là d'une décision collective injuste.

Enfin, il convient de noter que le terme « santé publique » prend un sens variable selon les époques et les lieux. La contribution de François Buton dans le présent ouvrage a montré qu'au tournant des années 1990, le dispositif de santé publique français a été profondément remanié, tant du point de vue « conceptuel » (avec la consécration de la notion de « facteurs de risque ») qu'institutionnel (avec la création de nombreuses agences sanitaires). S'est alors imposée une définition de la santé publique comme préparation stratégique (élaboration de plans nationaux) et, surtout, comme gestion des crises et des alertes sanitaires, laissant en déshérence l'action de long terme sur les environnements de vie ou sur ce que l'on appelle les « déterminants sociaux de la santé » (travail, logement, alimentation, lien social, etc.).

Aussi, la santé publique semble être « dans une insatiable quête d'elle-même, une inlassable recherche de sa définition et de son territoire, une incessante dénonciation de ses insuffisances et de ses échecs, un éternel retour de la "nouvelle santé publique" comme solution à ces difficultés de mener à bien ses ambitions. La santé publique est une affaire de mots » qui contraste avec la modestie de ses réalisations, son côté pragmatique qui réside dans « l'art d'accommoder les restes [6] ».

« Revaloriser la santé publique », dans les faits et non seulement dans les intentions, supposerait donc d'abord que l'on se mette d'accord sur le sens des mots et donc que l'on tranche dans des débats politiques potentiellement explosifs. On connaît la célèbre phrase de Marx : « L'Humanité ne se pose jamais que les problèmes qu'elle est capable de résoudre. » Or il est loin d'être acquis que la société française – pour être plus précis, les catégories sociales politiquement actives – ait envie de résoudre le problème des inégalités devant la maladie et la mort, tant cette résolution supposerait des remises en cause radicales de nombre de politiques publiques. « Quand c'est flou, c'est qu'il y a un loup », disait aimablement une ancienne ministre des Affaires sociales à propos du programme du candidat désigné par son parti à l'élection présidentielle.

La santé publique au défi de l'épidémie de maladies chroniques

Doit-on s'en tenir à ce constat assez désespérant ? Cela n'est pas certain. En effet, la montée en puissance des préoccupations environnementales pourrait changer la donne. Les mobilisations sociales qui ont pour objet et enjeu le changement climatique pourraient permettre de sortir des ambiguïtés et des consensus de façade. La jonction entre préoccupations environnementales, sociales et sanitaires porte un nom : l'épidémie de maladies chroniques.

En 2008, au plan mondial, le rapport maladies non transmissibles/maladies transmissibles pour les causes de décès était de 63/37, et les projections à l'horizon 2030 sont de 88/12. Sur 57 millions de décès survenus dans le monde cette même année, 36 millions étaient imputables aux maladies non transmissibles, principalement les maladies cardio-vasculaires, les cancers, les maladies respiratoires et le diabète. Cet immense défi sanitaire et économique, comme nous allons le voir, a incité l'Organisation mondiale de la santé (OMS) à organiser en 2011 une grande conférence à New York sur le sujet… qui n'a débouché sur rien de concret hormis des déclarations volontaristes et la fixation d'un objectif de réduction de la mortalité par maladies chroniques de 25 % d'ici 2025, avec un accent mis sur les épidémies d'obésité et de diabète. Rien de comparable à la mobilisation à laquelle avait donné lieu l'épidémie de sida. D'une façon générale, le défi environnemental et le défi de l'épidémie de maladies chroniques sont les deux faces d'une même médaille ; et les deux supposent de revoir – c'est ici que cela se complique sévèrement – le modèle de développement occidental que prennent les élites et les catégories moyennes des pays dits « émergents ».

La France est, comme les autres pays, confrontée à ce défi. Quelles que soient les maladies chroniques, la progression de l'incidence sur la période récente (1990-2013) est beaucoup plus rapide que l'évolution de la population : + 124 % pour les maladies cardio-vasculaires, + 102 % pour le cancer, + 240 % pour le diabète, + 71 % pour les affections psychiatriques. Ni le vieillissement ni le dépistage ne peuvent expliquer à eux seuls une telle progression. Les causes sont en effet à rechercher dans les changements des modes de vie (sédentarité/alimentation/stress) et de l'environnement (pollution) survenus au cours des dernières décennies.

Cette épidémie emporte des coûts économiques considérables : si on ajoute au coût des affections de longue durée (les ALD) reconnues comme telles par la Sécurité sociale le coût des maladies chroniques non ALD repérées par leur consommation médicamenteuse, la nation aura dépensé, en 2014, 65 milliards d'euros de plus qu'en 1994, chiffre à rapprocher des 5 milliards de déficit de la branche maladie du régime général en 2017.

Les scientifiques ont dû élaborer de nouveaux concepts pour appréhender cette grande transition épidémiologique, comme celui d'« exposome » qui repose sur le fait qu'une partie importante des maladies chroniques trouvent leur origine dans une exposition aux stress environnementaux pendant la période de la gestation (consommation de tabac, d'alcool, défauts nutritionnels, perturbateurs endocriniens). De même, *via* la découverte de l'épigénétique, ils sont en train de sortir du réductionnisme génétique – on a longtemps cru qu'il suffisait de « décoder » le génome pour le réparer – pour investiguer les interactions entre environnements et facteurs génétiques. En quelque sorte, la génétique serait comparable à l'écriture d'un livre et l'épigénétique à l'interprétation qu'en fait le lecteur [7].

Une fois encore, il convient d'être rigoureux et précis dans l'emploi des mots : il ne saurait être question de reconduire les ambiguïtés de la « santé publique » avec l'usage vague du terme « environnement ». En effet, le toxicologue André Cicolella, l'un des principaux lanceurs d'alerte sur les conséquences délétères de la dégradation de l'environnement sur la santé, en appelle à une « seconde révolution de santé publique » qui consisterait d'abord à remplacer le terme « santé publique » par celui de « santé environnementale [8] ». Il s'agirait ainsi de « prendre en considération le fait que la santé de l'être humain ne dépend pas seulement d'un bon système curatif, mais aussi d'une bonne relation à l'écosystème [9] ». Un tel déplacement terminologique – que l'on qualifiera d'écologique, voire d'écologiste – inviterait à mieux cibler les relations multiples et complexes entre santé et « environnement ». Car c'est peut-être ici que le bât blesse : l'« environnement » dans lequel il conviendrait de chercher les causes des maladies chroniques est pour le moins très vaste : environnement au sens écologique bien sûr (pollutions diverses par diverses substances chimiques), mais aussi économique et social (dégradation des conditions de travail, surexploitation des salariés, agriculture productiviste, montée des inégalités), « culturel » (malbouffe, sédentarité, addictions, etc.). Tout un chacun un minimum lucide sera *a priori* convaincu par la thèse de l'insoutenabilité du modèle de développement actuel – et, pour être plus précis, du modèle du capitalisme néolibéral et financiarisé – tant du point de l'écosystème que de la santé, sans parler des dimensions sociales et politiques.

Mais on peut s'interroger sur le caractère « utopique » d'un tel souhait. En effet, on se demande si la portée utopique de la « vieille » santé publique soulignée précédemment n'est pas purement et simplement reconduite avec la notion de « santé environnementale ». Certes, les diverses mobilisations de la société civile suscitent un certain optimisme et on peut rêver d'une Europe rompant avec les dogmes du libre-échange et de la « concurrence libre et non faussée » pour se faire le héraut de biens publics mondiaux comme la santé. Sans nier les quelques avancées ici ou là (par exemple, le rôle moteur de la France sur la question du bisphénol A), force est pourtant de constater que, pour l'instant, les faits invitent plutôt à la réserve, sinon au pessimisme.

Que faire ?

On l'a dit, la « santé publique » se caractérise par le gouffre qui sépare ses immenses ambitions et la modestie de ses réalisations. Comment faire pour sortir de ce piège infernal qui cantonnerait la

« santé environnementale » à se payer de mots ou à n'être qu'une révolution de papier ? Car le risque est grand. Aujourd'hui, tous les partis ou « mouvements » politiques sont en train de pratiquer le *greenwashing*, même les partisans de « l'économie sociale de marché ». Le terme est particulièrement trompeur car il suggère de domestiquer le marché par le « social » alors que ses inventeurs, les penseurs ordolibéraux allemands et autrichiens, voulaient en réalité promouvoir partout – y compris dans la sphère publique – la concurrence, avec un « filet de protection sociale » minimal pour les perdants. Toutefois, après le mouvement des gilets jaunes, déclenché par la hausse du prix du carburant pour des raisons censément écologiques (la fameuse « fiscalité écologique »), il y a fort à craindre que les gouvernements d'aujourd'hui et de demain se contentent d'ajustements à la marge d'un « modèle de développement » dont l'inertie est très forte.

La reconnaissance de la santé comme « bien public mondial » se heurte, en effet, à d'immenses obstacles, qui sont tout à la fois économiques, politiques, sociaux et « culturels ». Prenons trois exemples.

L'on sait, grâce notamment aux travaux des épidémiologistes britanniques Richard Wilkinson et Kate Pickett, que le creusement, inégal selon les pays, des inégalités socio-économiques a des répercussions négatives majeures sur les indicateurs de santé, notamment parce que plus une société est inégale, plus elle génère du stress et voit se déliter la cohésion sociale (et donc la qualité du lien social) [10]. L'une des premières décisions à prendre serait donc d'adopter des politiques économiques, fiscales et sociales qui réduisent les inégalités. Or c'est exactement l'inverse qui se passe, comme l'a montré l'économiste Thomas Piketty. La France fait en l'occurrence moins mal que la plupart des autres pays développés, grâce notamment à son système de protection sociale, mais les réorientations en cours depuis 2017 semblent plutôt indiquer qu'elle va rapidement rattraper son « retard ». De même, l'on constate une montée des inégalités devant l'éducation, celle-ci étant l'un des principaux déterminants sociaux de la santé : plus on est éduqué et plus on vit longtemps et mieux. Or le système éducatif français est particulièrement inégalitaire avec ses filières de reproduction des élites sociales (contournement de la carte scolaire et polarisation sociale des établissements, appauvrissement des universités, etc.). La politique annoncée de démocratisation sociale par le mérite relève plus de la communication que d'un réel changement. Troisième et dernier exemple : la santé au travail. Là encore, il s'agit de l'un des principaux facteurs qui expliquent la force et la persistance du « gradient social de santé ». Des politiques déterminées d'amélioration de la qualité des emplois et des conditions de travail devraient être menées. C'est pourtant l'inverse qui se passe au nom de la « compétitivité » et de la préservation de l'emploi : l'emploi se précarise, ce qui déséquilibre toujours plus le rapport de force entre les patrons et leurs salariés au sein des entreprises, les salariés sont de plus en plus sous pression, pendant que l'on démantèle la médecine et l'inspection du travail... Avec des drames comme celui de France Telecom parmi tant d'autres moins connus. La dégradation des conditions de travail ne concerne en effet pas seulement le « précariat » des entreprises sous-traitantes et des sociétés d'intérim, soumis très souvent à de forts risques professionnels (accidents du travail, expositions chimiques ou aux radiations, etc.), mais l'ensemble du salariat, y compris même l'encadrement [11].

On aurait tort de ne voir là que les manifestations d'une « contrainte » économique très souvent naturalisée sous la forme d'une « globalisation » irrépressible. Il s'agit aussi de choix politiques, impulsés non seulement par des gouvernements convertis, de façon plus ou moins enthousiaste, au néolibéralisme mais aussi par les groupes sociaux qui les soutiennent (en particulier les actifs et retraités appartenant aux catégories moyennes-supérieures, soit le « bloc bourgeois [12] »), voire par les groupes sociaux qui sont les perdants de la mondialisation néolibérale. Le consumérisme fait des ravages aussi bien en haut qu'en bas de l'échelle sociale. D'un côté, un consumérisme élitiste « haut de gamme », de l'autre un consumérisme de masse, bas de gamme, et souvent délétère pour la santé, les deux étant particulièrement toxiques pour l'écosystème.

Les populations ont-elles envie, au-delà de quelques groupes limités, de rompre avec ce consumérisme ? Rien n'est moins sûr. On l'a constaté avec le mouvement des gilets jaunes : des revendications de pouvoir d'achat se sont rapidement manifestées, mais très peu ont porté sur la qualité de l'emploi. Tout se passe comme si les catégories populaires et moyennes inférieures avaient accepté tacitement la dégradation des conditions de travail contre un peu plus de pouvoir d'achat afin de continuer à consommer. Aussi bien, le « modèle de développement », à l'origine pour une part de l'épidémie de maladies chroniques, n'est pas seulement imposé par le haut. La grande masse de la population y adhère. On peut espérer que la crise écologique s'accentuant, le nombre des défections augmente. Mais, en attendant, la révolution écologique, économique, sociale et politique qui vient et portera sur les fonts baptismaux un « modèle de développement » alternatif, que faire ?

En attendant le « grand soir », il est toujours possible de rompre avec les façons de faire actuelles des politiques de santé en France. Récemment, le haut fonctionnaire Pierre-Louis Bras a cruellement comparé le « plan » britannique pour la santé pour la période 2019-2024 et la « stratégie » nationale de santé 2018-2022, présentée dans la loi « Ma santé 2022 » de la ministre de la Santé d'alors Agnès Buzyn : « Sur tous les sujets traités, on retrouve la même différence. Le plan anglais s'efforce de justifier les objectifs retenus à partir d'un bilan du passé et décrit les voies et moyens qui permettront d'atteindre l'objectif. La stratégie française se borne à juxtaposer des objectifs assez flous ; elle n'en comporte pas moins de cinquante dont la longue litanie montre que l'on a bien pris garde de n'oublier aucune problématique. Ils témoignent tous d'une volonté que l'on ne peut qu'approuver. On aurait peine à critiquer la volonté de "promouvoir une alimentation saine", de "promouvoir la santé au travail", "d'assurer la continuité des parcours en santé" ou "d'accélérer l'innovation numérique en santé"… Mais il est difficile de considérer qu'aligner ainsi cinquante bonnes intentions constitue réellement une stratégie [13]. » Beaucoup de mots, de slogans et d'incantations, une accumulation non hiérarchisée d'objectifs flous, peu ou pas d'évaluation des politiques passées, aucun intérêt pour l'intendance, alors que toute la science politique montre le caractère décisif du moment de la mise en œuvre des politiques publiques : il serait, en effet, temps d'en finir avec ces mauvaises pratiques.

À l'inverse, se doter d'une véritable politique de santé reviendrait à définir des objectifs clairs et hiérarchisés, c'est-à-dire de faire des choix même s'ils sont difficiles, mais aussi de la construire, au plus près du terrain, avec celles et ceux qui devront la mettre en œuvre, et de prévoir les instruments et les niveaux de financement adéquats. La différence entre le National Health Service et le système de santé français ne tient pas seulement au pragmatisme anglo-saxon versus le jacobinisme cartésien français. Elle vient d'un autre rapport historique à la santé non réductible aux soins et d'une autre culture du lien entre le dire et le faire. C'est sans doute à ce niveau qu'il convient de rechercher la faiblesse chronique de la santé publique dans notre pays.

RÉFÉRENCES

[1] M. Kaminsky *et al.*, *Inégaux face à la santé. Du constat à l'action*, Paris, La Découverte, 2008.

[2] Haut Conseil de la santé publique, « Inégalités sociales de santé : sortir de la fatalité », 2009.

[3] H. Bergeron *et al.*, *Le Biais comportementaliste*, Paris, Les Presses de Sciences Po, 2018.

[4] R. Gori, M.-J. Del Volgo, *La Santé totalitaire. Essai sur la médicalisation de l'existence*, Paris, Denoël, 2005.

[5] D. Fassin, « Au cœur de la cité salubre. La santé publique entre les mots et les choses », *in* J.-P. Dozon, D. Fassin (dir.), *Critique de la santé publique. Une approche anthropologique*, Paris, Balland, 2001.

[6] *Ibid.*, p. 56.

[7] A. Cicolella, F. Pierru, « Pour une politique de santé environnementale », *in* A. Grimaldi *et al.* (dir.), *Les Maladies chroniques. Vers la troisième médecine*, Paris, Odile Jacob, 2017.

[8] A. Cicolella, *Toxique planète*, Paris, Seuil, 2014.

[9] *Ibid.*, p. 264.

[10] R. Wilkinson, K. Pickett, *Pour vivre heureux, vivons égaux*, Paris, Les Liens qui libèrent, 2019.

[11] A. Thébaud-Mony, *Travailler peut nuire gravement à votre santé*, Paris, La Découverte, 2008.

[12] B. Amable, S. Palombarini, *L'Illusion du bloc bourgeois*, Paris, Raisons d'agir, 2019.

[13] P.-L. Bras, « Politique de santé : plan anglais et stratégie française », *Les Tribunes de la santé*, 2019, n° 60.

34

La fin de vie

Éric Favereau

Guérir certes, accompagner une longue maladie chronique sûrement. Comment en douter ? La médecine est bourrée de réussites, de merveilles, même de miracles. Elle soigne, améliore la défaillance de tel organe, remplace tel autre, visualise le moindre dysfonctionnement. Et elle médicamente le moindre trouble.

Mais pour autant, est-ce sa seule fonction ? Ou plus exactement, est-ce que le fait de guérir ne lui impose pas une nouvelle responsabilité ?

Ainsi, à la fin d'une vie, quand continuer de soigner ne sert plus à rien ou ne sert qu'à justifier ce qui a été fait avant – entamer ainsi une énième chimiothérapie ou remplacer encore une fois un pacemaker –, bref, que faire ? La médecine ne doit-elle pas savoir se retirer, du moins se faire modeste ?

Cette question est rarement posée, alors qu'elle va l'être de plus en plus. On le voit avec la médicalisation, parfois à outrance, de la grande vieillesse comme si celle-ci était devenue une maladie à traiter. On le voit, de manière plus cruelle, quand la médecine a réussi à prolonger une vie sans pour autant guérir la personne, et que se pose la question de continuer encore et encore, mais jusqu'où ? Et pour quelle vie ?

La fin de vie se médicalise le plus souvent. Et cela dérange la médecine comme cela déboussole notre système de santé. Bien des enjeux s'y cristallisent. Quelle place donner à la médecine quand celle-ci doit, paradoxalement, se retirer ? Sur quelles valeurs s'appuyer ? Comment faire quand le monde de l'hôpital est devenu si technique qu'il en a perdu l'hospitalité ?

Prenons quelques histoires qui pointent les limites du moment et interrogent sur l'avenir.

Mourir sur un brancard aux urgences

C'était il y a quelques années. Hôpital européen Georges-Pompidou (Paris XVe), au service des urgences : une femme arrive en fin d'après-midi avec son père très âgé, manifestement en grande difficulté respiratoire. Le vieil homme est à bout de course. La fille et le père attendent. Finalement, le médecin des urgences décide de garder le vieil homme. La femme quitte les urgences vers 22 heures, laissant des souhaits clairs : la prévenir si la situation de son père s'aggrave, elle n'habite pas très loin. Elle veut être là.

Elle revient le lendemain, vers 13 heures. Ne trouve plus son père. S'interroge. On lui apprend qu'il est mort. « Mais quand ? » demande-t-elle. « Vers minuit », lui dit-on. « Pourquoi ne m'a-t-on pas prévenue ? » Pas de réponse. On lui indique que le corps de son père est dans une chambre. Elle s'y rend. Et là, c'est l'effroi. Il a été comme oublié : sur son corps, il y a toujours plusieurs perfusions, rien n'a été fait ni préparé. Et c'est elle qui, à bout, les lui retire.

« J'en ai pleuré quand on m'a raconté cette histoire », explique la responsable d'une association de malades. Certes, tous les décès ne se déroulent pas ainsi, dans une terrible négligence humaine. Mais les faits sont là : les personnes âgées sont de plus en plus nombreuses à mourir aux urgences. Rien ou si peu a été conçu ou préparé pour. Parfois, elles restent sur des brancards, d'autres fois non.

Tout cela n'est pas nouveau, mais c'est presque la routine. Chaque équipe se débrouille, au gré des disponibilités et des tempéraments. Aux urgences de l'hôpital Tenon à Paris, ce constat : « Nous avons de plus en plus de personnes âgées qui arrivent, et qui meurent, raconte le Pr Étienne Hinglais. Autour de 120 décès par an, soit un tous les trois jours. 90 % des morts [dans le service] sont des personnes âgées. » À Nantes, le chef des urgences du CHU, le Pr Philippe Lecomte, comptabilise, lui, un décès de personne âgée par jour. « Cela fait maintenant plusieurs années que l'on connaît cela. »

Comment meurt-on aux urgences, en France ? « Nous avons publié en 2010 la plus grosse étude multicentrique sur plus de 2 500 décès, dans 174 services d'urgences en France », détaille le Pr Lecomte. Les résultats sont impressionnants : la moyenne d'âge de la personne décédant aux urgences est de plus de 77 ans. Pour près de 80 % des personnes décédées, une décision de limitation ou d'arrêt des traitements a été prise ; en clair, une décision d'euthanasie passive. Pour 58 % d'entre elles, cette décision a été discutée avec la famille ou des proches. En moyenne, la mort survient rapidement, dans les sept heures suivant l'arrivée aux urgences.

Mourir, vieux et oublié

Bref, des décès particuliers, rapides, et dans lesquels la médecine est très présente. Dans les années 1980-1990, on mourait beaucoup dans les services de soins (chirurgie, cancérologie, etc.) des hôpitaux ; ce n'est plus le cas. Dans ces unités très actives, les personnes âgées ne sont pas gardées. Elles sont renvoyées chez elles ou dans leur maison de retraite. Ensuite ? Souvent, au dernier moment, tout le monde panique. En maison de retraite, la seule aide-soignante présente va se sentir dépassée. Appelle le Samu. Alors, la personne mourante revient aux urgences, dans un état de grande fragilité clinique. Que faire ?

Autre exemple, qui a défrayé récemment la chronique. Cela se passe aux urgences de Lariboisière qui sont les plus fréquentées de Paris. Un flot incessant de patients, plus de 230 par jour, avec une particularité liée au quartier : on y trouve des gens perdus, ne sachant pour certains pas trop où dormir, des précaires, des toxicos.

Bref, c'est une petite foule, dense et fragile, qui fréquente chaque jour ce lieu trop petit, avec une vingtaine de médecins pour y faire face et une centaine de membres du personnel soignant.

Comme le veut la procédure, c'est d'abord une infirmière qui reçoit le patient et l'oriente soit pour une prise en charge immédiate quand l'urgence vitale est manifeste, soit vers un circuit long si cela nécessite des examens ou une hospitalisation, soit enfin vers un circuit court qui absorbe près des deux tiers des malades. C'est dans cette salle d'attente que va arriver la femme de 55 ans. Transportée par une brigade des pompiers, elle n'a pu être prise en charge dans un centre médico-social du quartier. Elle est enregistrée à 18 h 50, puis orientée vers le circuit court, et installée sur un brancard. Ses troubles sont couverts par le secret médical, mais elle semble souffrir de vertiges et de maux de tête.

Ce jour-là, l'activité est soutenue, avec près de 250 passages. Il manque un médecin, et quand le praticien de garde prend son service à 18 heures, il y a 30 patients en attente dans le circuit court. Que va-t-il se passer pour cette femme ? Rien. Tout le monde est débordé. Et vers 6 heures, alors qu'il reste encore une dizaine de personnes en attente, une infirmière la découvre « face vers le mur, inanimée ». Son décès sera confirmé dix minutes plus tard. « Il est clair qu'il y a eu un problème de surveillance dans la zone de circuit court, a commenté lundi le Pr Pateron. Avec une activité très soutenue, les procédures n'ont pas été appliquées. Et quand il y a surcharge, le délai d'attente s'allonge. »

Tous les observateurs ont pu noter l'espace trop exigu des urgences, et insister sur la nécessité de retirer toute une série de tâches administratives au personnel soignant. Quant aux moyens, c'est la question qui fâche.

Dans ces deux histoires, c'est la question de l'hospitalité qui est en jeu, devenue le point de fuite de notre système actuel. Certains se défendent en affirmant que ce ne sont que des dysfonctionnements, de simples bavures, et qu'en tout état de cause ils ne sont en rien le miroir des pratiques existantes. Est-ce si sûr ? Les vieux dérangent, on en fait trop ou pas assez. Cette question de leur prise en charge sera déterminante. À quoi sert-il d'être « soigné » s'il manque cette indispensable qualité du soin que permet ou pas le lieu qui vous accueille, en particulier en fin de vie ? Cela interroge aussi bien les institutions de santé que les pratiques elles-mêmes. Et cela pose la place du médecin et sa responsabilité. Deux exemples pour l'illustrer.

Quand s'arrêter ? Qui décide ?

En 2018 et 2019, le Centre national des soins palliatifs et de la fin de vie a tenu une dizaine de réunions à travers la France, autour de la question de l'obstination déraisonnable, cette nouvelle notion qui est apparue dans la loi dite Claeys-Leonetti de 2015 pour remplacer celle d'acharnement thérapeutique. « C'est une notion plus vaste », explique la Dr Véronique Fournier, sa présidente. « Elle ne touche pas seulement la question des soins, mais aussi celle des conditions de vie, du confort. » Et dans chaque débat qu'elle a animé, elle présentait une histoire, « un cas » comme on dit en médecine pour interroger la place de la médecine.

Ainsi cette histoire, débattue à Limoges, en novembre 2018. C'est celle d'Alice, une jeune femme de 25 ans, atteinte d'une leucémie aiguë, traitée par une greffe de moelle osseuse. Véronique Fournier raconte :

> « Deux ans plus tard, à la suite d'une infection grave généralisée, elle est hospitalisée en réanimation. Bien qu'elle ait été vite mise hors de danger vital grâce à la réanimation, elle a développé des lésions ischémiques des extrémités (mains et pieds), ce qui est une complication connue d'un tel choc septique. Toutes nécessitent des amputations, sans urgence au niveau des mains, mais plus urgentes au niveau des pieds, du fait de la surinfection. Pour bien faire, disent les médecins, il faudrait amputer très vite tous les orteils du pied gauche et la totalité du pied droit, sans quoi la gangrène risque de se propager et de mettre la vie d'Alice en danger. Étant donné son état de santé et les soins intensifs qui doivent lui être prodigués, Alice n'est pas consciente, elle est profondément sédatée : elle est

> donc actuellement dans l'incapacité de pouvoir exprimer ce qu'elle souhaiterait. Son père, qu'elle avait désigné comme sa personne de confiance lorsqu'elle avait appris qu'elle était malade, a présenté à l'équipe médicale les directives anticipées qu'Alice avait rédigées avant de recevoir sa greffe de moelle. Dans celles-ci, elle indiquait qu'en cas d'échec de la greffe ou de complication, elle ne souhaitait ni acharnement thérapeutique, ni vivre en situation de handicap. La famille rapporte également qu'Alice avait été très éprouvée par son long parcours en hématologie dont elle sortait à peine. Elle s'interroge sur la capacité d'Alice de pouvoir affronter à nouveau une telle épreuve d'amputations multiples et les années de reconstruction qui s'ensuivront. »

Telle est la situation. L'équipe médicale s'interroge. Faut-il réaliser ces amputations ? Seront-elles à l'origine d'un handicap du type de ceux dont Alice n'aurait pas voulu ? Peut-on faire cela ? Serait-on en situation d'obstination déraisonnable ? Et enfin, bien sûr, qui doit en décider ?

Autre histoire, débattue à Lyon, en décembre 2018. Celle de M. P. âgé de 86 ans. Il a été un grand militaire. Il a consacré l'essentiel de sa vie à son métier. « Sa femme est, elle aussi, octogénaire », raconte Véronique Fournier.

> « Elle l'a suivi dans toutes ses affectations successives et a élevé leurs quatre enfants. Ils vivent maintenant seuls tous les deux. Depuis quelques années, il a été diagnostiqué "Alzheimer". Il est suivi en consultation spécialisée, mais sa femme pense qu'il n'a pas totalement pris la mesure du diagnostic. Son état cognitif s'est franchement aggravé depuis quelques mois. Elle ne peut plus le laisser seul un instant. Il est dépendant d'elle pour tous les actes de la vie quotidienne. Quand il se lève la nuit pour aller aux toilettes, il se perd, ne sait plus pourquoi il s'est levé et fait ses besoins ailleurs que dans les toilettes. Pour le reste, il a l'air gai, content de sa vie, ne se plaint pas, il semble heureux de pouvoir travailler encore un peu au jardin. Il chantonne volontiers. Mais ce n'est plus le même homme, et Mme P. souffre de voir que son mari ressemble désormais si peu au grand homme qu'il a été. Elle dit qu'il n'aurait jamais voulu se voir dans cet état.

Mme P. est inquiète. Elle sent que le jour va arriver où elle n'arrivera plus à s'occuper seule de son mari. Elle craint par-dessus tout d'être obligée de l'institutionnaliser. Elle lui a promis que jamais cela n'arriverait. Elle a peur de ne pas pouvoir tenir sa promesse. Et surtout, elle voudrait bien qu'il n'ait pas à vivre jusqu'au bout la déchéance que suppose la maladie dans ses extrémités.
Que faire ? Et surtout comment faire ? Son mari est par ailleurs porteur d'un pacemaker du fait d'une maladie du rythme cardiaque banale pour laquelle il a été appareillé il y a des années. Ils vont régulièrement chez le cardiologue pour vérifier le bon fonctionnement du pacemaker. À la dernière consultation, le cardiologue a dit qu'il conviendrait de penser à changer bientôt la pile du pacemaker : elle commence à s'user. Lors de la consultation suivante en gériatrie, Mme P. interpelle la gériatre : serait-il envisageable de ne pas changer la pile du pacemaker, ne pourrait-on pas considérer que cela serait de l'obstination déraisonnable de le faire ? Cela serait tellement plus doux si M. P. s'éteignait à l'occasion d'un arrêt de fonctionnement de son pacemaker… »

Voilà. Ce sont des choix auxquels sont confrontés le monde médical, mais aussi tout un chacun. Ce sont des situations cliniques que la médecine technique a elle-même créées. On aurait pu évoquer ces dilemmes terribles auxquels un grand nombre d'équipes du Samu ou de réanimation sont confrontées. Réanimer ou pas ? Jusqu'à quel âge ? Quel degré de handicap est supportable, et pour qui ?

Rien n'est simple, mais sur tous ces choix, la médecine a sa responsabilité. Certains vont dire : « Tout cela relève des services ou des unités de soins palliatifs. » Est-ce, là encore, si sûr ? « C'est toute la médecine qui doit savoir être palliative », écrivait récemment Étienne Caniard, ancien président de la Mutualité française, dans son livre *Mieux soignés demain !*, pointant une évolution essentielle, parallèle à la technicité accrue des soins. Et Étienne Caniard détaillait : « Il faut remettre de l'humanité dans la médecine, et plus encore parce qu'on est dans une période de progrès médical important. C'est probablement un des enjeux du système de soins aujourd'hui [1]. »

Et pour lui un des enjeux est la place du patient : « Il faut beaucoup d'humilité, il faut redonner ses lettres de noblesse à l'accompagnement, il faut redonner ses lettres de noblesse à l'écoute du patient. Quand vous avez une maladie chronique, et qu'il faut privilégier des éléments qui permettent un maintien à domicile, ce sont des choix personnels, et il faut que la médecine soit à la disposition – le terme est un peu fort – mais au moins à l'écoute du patient pour essayer de lui proposer un certain nombre de solutions. Or, dans notre système de santé, le médecin et la médecine, dans sa dimension scientifique et technologique, sont dominants et tout-puissants, avec une faible prise en compte des choix médico-économiques, et encore moins de prise en compte des attentes des patients [2]. »

Ce serait une erreur de croire que l'équation économique est le seul baromètre des enjeux à venir. La technicité a pris une place de plus en plus importante dans nos vies. Et nous n'avons pas évoqué le poids des neurosciences qui, pour ne prendre qu'un exemple, étouffe aujourd'hui toute pensée différente dans le monde de la santé mentale. Sans évoquer les big data et l'intelligence artificielle.

Or nos systèmes de santé reposent aussi sur des valeurs. Ce fut celle de l'hospitalité avec les premiers hôpitaux ; ce fut celle de la pertinence ou de l'efficacité quand la médecine s'est mise à guérir. Est arrivée ensuite la bienfaisance : ne pas nuire. La question de l'autonomie de la personne a toujours été évidemment présente, mais plus ou moins explicitée selon les moments.

L'enjeu de nos systèmes de santé est de ne pas oublier que tout se construit sur un équilibre entre ces différentes valeurs. La vie ensemble impose d'expliciter ces choix.

RÉFÉRENCES

[1] É. Caniard, *Mieux soignés demain !*, Paris, Le Cherche Midi, 2016.
[2] *Ibid.*

35

L'affaire Vincent Lambert : les insuffisances de la loi

André Grimaldi

Le cas de Vincent Lambert est devenu l'affaire Vincent Lambert en raison de six ans de procédures judiciaires. Et sa mort ne mettra peut-être pas un terme au recours en justice de ses parents. En effet, leur opposition à l'arrêt des traitements ne relevait pas de la conviction d'exprimer le souhait de leur fils mais exprimait clairement leur engagement à défendre une cause philosophique, selon laquelle tout doit être mis en œuvre pour maintenir la vie biologique de l'être humain quel que soit son degré de conscience. Et cette position n'est pas seulement celle des intégristes des diverses religions.

L'acharnement thérapeutique

Pour ces personnes, ni un état pauci-relationnel, ni un état purement végétatif de réveil sans réponse, ni même la mort cérébrale ne doivent interrompre le maintien en vie artificiel. À l'opposé, l'épouse, un demi-frère et un neveu témoignaient de la volonté exprimée avant son accident par Vincent Lambert de ne pas être maintenu en vie dans un état végétatif. En arrêtant les traitements et en procédant à une sédation terminale, le Dr Sanchez a parfaitement respecté la loi, comme la justice l'a confirmé à plusieurs reprises. Mais cette loi avait été promulguée pour empêcher

« l'obstination déraisonnable des médecins », pas pour s'opposer à « l'acharnement thérapeutique souhaité par des membres de la famille ». La loi Claeys-Leonetti visait les patients en fin de vie (« le cancer généralisé » sans espoir thérapeutique, auquel il faut éviter la dernière chimio).

Ce n'était pas le cas de Vincent Lambert. L'hydratation, la nutrition par sonde, le traitement d'une infection urinaire ou la prévention des escarres sont des traitements, mais le qualificatif d'« acharnement thérapeutique » justifiant l'arrêt des traitements peut être discuté. Il relève d'une décision médicale collégiale prenant en compte, à défaut de directives anticipées rédigées par le patient ou du témoignage de la famille sur ce qu'aurait été, selon elle, le souhait du patient. Si tous les membres de la famille de Vincent Lambert avaient assuré qu'il n'aurait pas souhaité l'arrêt des traitements (notamment en raison de ses convictions religieuses), il me semble que la médecine aurait dû écouter la famille unanime et poursuivre les traitements, tout en s'interdisant tout acte invasif qui relèverait indiscutablement de l'acharnement thérapeutique déraisonnable. On ne demande pas à un proche, particulièrement à un père ou à une mère, de décider la mort de son enfant, fût-il un adulte, on peut seulement lui demander de l'accepter. D'où l'importance des déclarations anticipées. Encore faut-il qu'elles soient régulièrement mises à jour car elles peuvent changer avec l'âge et avec la survenue de maladies. D'où également l'importance, en l'absence de directives anticipées, d'une hiérarchie pour témoigner de la volonté supposée du patient. Il nous semble que ce devrait être dans l'ordre : une personne de confiance, le conjoint, les parents, les enfants. La personne de confiance devrait le plus souvent être un médecin que l'on connaît depuis longtemps et avec qui on a pu parler de sa fin de vie.

Les insuffisances de la loi

Mais, quand rien de cela n'a été fait ou n'est possible, les membres de la famille devraient pouvoir se décharger de la décision sur l'équipe médicale. « Je vous fais confiance, faites comme si c'était votre mère », ou « comme si c'était votre enfant ». « S'il n'y a plus rien à faire, faites qu'il ne souffre pas et qu'il puisse partir sans prolonger encore pendant des jours l'hospitalisation… », parfois même tout simplement « faites ce qu'il faut », ou « faites au mieux » (ce qui n'enlève rien de la responsabilité médico-légale du médecin). De ce point de vue, la sédation profonde et continue (le coma provoqué) de Vincent Lambert pendant neuf jours ne peut se comprendre qu'en raison d'une protection contre le risque d'acharnement judiciaire des parents. Il faudrait mettre un terme à cette hypocrisie de la loi qui permet d'arrêter les traitements et de mettre en place une sédation terminale, tout en veillant à ce que la mort survienne « naturellement ». Le risque est de passer de l'acharnement thérapeutique à la « défausse » sur le patient ou sur la famille. Le médico-légal tend à remplacer la relation.

L'affaire Vincent Lambert va sûrement aggraver cette « notarisation » relationnelle. D'autant qu'une partie de la société revendique, au nom de l'autonomie, une information complète et transparente sur le pronostic, pour que chacun puisse décider du jour et de l'heure de sa propre mort. Comme si la personne était transparente à elle-même et comme si la mort était extérieure au mourant. Certes, il est des personnes hypercontrôlantes qui veulent tout maîtriser et avoir le dernier mot ou des patients qui refusent des soins vitaux (une amputation, une dialyse…) de peur d'être amenés ensuite à « capituler » face à une éventuelle escalade thérapeutique qu'ils n'auraient plus la force de stopper. « Si je dois être amputé de la jambe, je préfère partir avant en m'injectant un flacon d'insuline… » Mais la réalité est souvent bien plus complexe. La volonté s'émousse devant l'épreuve, d'autant que le corps est fatigué. La vie change de rythme et d'intensité.

Le temps s'allonge. L'ambivalence prend la place de la radicalité qui était celle du « encore bien portant ». On sait qu'on va mourir, on a même dit au médecin de soins palliatifs qu'on préférait dormir plutôt que de rester lucide, et deux minutes plus tard, on fait des projets pour les prochaines vacances ou pour le prochain Noël… Le médecin ne peut-il pas respecter cette ambivalence sans chercher à la clarifier en poussant le malade ou la famille dans leurs ultimes retranchements ? Ne peut-il pas ne pas dire toute la vérité sans pour autant mentir ? Est-il possible qu'il ne réponde pas aux questions qu'on ne lui pose pas, sans qu'il se sente obligé de les poser lui-même ? Encore faut-il prendre le temps de parler au patient et à ses proches. Parler n'est ni se taire ni tout dire. De ce point de vue, les médecins, tous les médecins, devraient avoir une formation en soins palliatifs.

Reste une question majeure non traitée par la loi : celle des personnes ayant une maladie neurodégénérative incurable et qui ne veulent ni vivre l'expérience de la déchéance physique et/ou mentale, ni la faire vivre à leur famille, et qui pour cela souhaitent fixer une limite au-delà de laquelle elles ne souhaitent pas aller. Une future loi devrait leur permettre d'avoir accès à une sédation terminale conformément à leur souhait, précisément exprimé au début de leur maladie et discuté avec un médecin. La France a progressé en matière de législation sur la fin de vie, mais nous sommes loin d'en avoir fini avec le débat de société qui doit précéder la loi et assurer les conditions de son application.

En guise de conclusion : *fake news* et vérité en médecine

Tout au long de cet ouvrage ont été remises en cause certaines « évidences » du débat actuel sur l'avenir du système de santé : non, la « médecine personnalisée » n'est pas une médecine de la personne mais, au contraire, le dernier avatar du réductionnisme scientiste qui fait fi de ce que devrait être la « troisième médecine » des maladies chroniques ; non, l'hôpital-entreprise et l'extension de la vieille logique de la médecine libérale à l'ensemble du système de santé ne sont pas les solutions à la crise que traverse l'offre de soins mais, au contraire, de funestes contresens sur ce que devrait être la médecine du XXIe siècle ; non, la mise à la diète budgétaire de l'hôpital n'incite pas les soignants à se réorganiser mais est un facteur d'entropie organisationnelle qui pousse ces derniers à fuir des conditions de travail dégradées et un pouvoir d'achat en berne ; non, les assurances-maladie privées ne sont pas substituables à la Sécurité sociale, mais elles sont au contraire inefficientes et inégalitaires ; non, la santé publique ne peut être réduite à la « responsabilisation » des individus promus « acteurs libres de leur santé », et à la police des risques sanitaires, au risque non seulement de prolonger la coupure historique entre le système de soins et la prévention mais aussi de laisser en friche l'indispensable lutte contre les inégalités sociales et géographiques de santé ; non, il n'y a pas de « virage ambulatoire » grâce au développement de la médecine de premier recours et au travail d'équipe dans les maisons de santé pluriprofessionnelles et les centres de santé, mais une destruction lente de l'hôpital public, etc. Ces idées aussi fausses que répandues font inéluctablement penser à la panique que suscite la prolifération des *fake news*.

Mais contrairement à ce que soutient un certain discours « élitiste », celles-ci ne sont pas l'apanage d'Internet et des réseaux sociaux. Des idées reçues et fausses sont largement propagées par les gouvernements eux-mêmes et les très nombreux groupes d'intérêt du secteur de la santé : pour les uns, il s'agit de « cadrer » le débat public, grâce à des « plans com' », pour faire avaler la pilule amère des « réformes », pour les autres, de s'ouvrir de nouveaux marchés aux dépens du service public de la santé. La frontière entre vérité et *fake news* ne se superpose pas à celle qui sépare gouvernés et gouvernants ou encore « gens ordinaires » et élites. Ce que l'on qualifie de *fake news* sont souvent les idées des autres. Encore faut-il s'accorder sur l'existence d'une vérité, en médecine comme ailleurs. Or, nous allons le voir en guise de conclusion, entre ceux qui pensent qu'ils détiennent la vérité et qu'il faut simplement faire de la « pédagogie » à destination des ignorants et ceux qui nient de façon dangereuse que l'on puisse se mettre d'accord sur un socle de faits incontestables, la ligne de crête est étroite pour ceux qui estiment qu'un débat public à la fois sérieux et serein sur l'avenir du système de santé est non seulement possible mais souhaitable.

36

La vérité existe-t-elle en médecine ?

Frédéric Pierru

« Vous croyez qu'en posant la bonne question vous aurez la vérité ? Il n'y a pas de vérité. Demandez aux chefs, ils vous serviront un mensonge. Et à moi, ils serviront une balle de fusil. »

Anatoli DIATLOV, vice-ingénieur en chef de la centrale nucléaire de Tchernobyl, condamné à dix ans de camp, série *Chernobyl*, HBO, 2019.

« Être un scientifique, c'est être naïf. Nous sommes tellement concentrés sur la recherche de la vérité que nous ne voyons pas que bien peu de gens veulent que nous la trouvions. Pourtant elle est toujours là quelque part, que nous la voyions ou non, que nous choisissions de la dire ou non. La vérité se moque de nos besoins et de nos désirs, elle se moque de nos gouvernements et de nos idéologies, de nos religions. Elle reste là, à attendre, pour l'éternité. »

Pr Valeri LEGASSOV, série *Chernobyl*, HBO, 2019.

« La vérité n'est jamais amusante, sans cela tout le monde la dirait. »

Michel AUDIARD.

Entre « vériphobie [1] » et « vériphilie », l'air du temps semble quelque peu schizophrénique, particulièrement dans le domaine de la santé, l'une des trois premières préoccupations des Français. D'un côté, en effet, le grand public semble avoir un appétit gargantuesque pour une vérité qui serait enfin révélée : la « vérité » – sur les médicaments [2], sur l'hôpital public, sur les vaccins, etc. – fait l'objet de très nombreux articles de presse et ouvrages. L'immense succès populaire de la récente mini-série de la chaîne HBO sur la catastrophe de Tchernobyl de 1986, peu avant l'effondrement du bloc soviétique, en atteste : toute l'intrigue repose sur le combat du mensonge et du déni des acteurs politico-administratifs d'une part, lesquels savent enrôler des savants avec force peur, corruption ou simple conformisme, et de la vérité scientifique d'autre part, incarnée par un professeur de physique nucléaire – dont les tourments provoqués par la tension psychologique entre allégeance idéologique et éthique intellectuelle le mèneront au suicide – qui fut très impliqué dans la gestion du drame. Autre exemple : la popularité des « lanceurs d'alerte » comme Irène Frachon qui fit éclater le scandale du Mediator et qui, elle aussi, a fait l'objet d'un film hagiographique [3] démontre combien le ressort de la lutte du scientifique pour la vérité contre les mensonges industriels et politiques est un puissant ressort de l'imaginaire contemporain : le David scientifique contre le Goliath, sinon le Léviathan, politico-administratif capturé par des intérêts privés est une ficelle scénaristique à l'évidence efficace.

De l'autre côté, pourtant, ce même public semble douter de tout, au point même de douter qu'il existât une vérité… tout court. On reconnaît là les inquiétudes montantes des élites à l'égard de l'avènement de la « postvérité [4] », des « *fake news* », du « complotisme », lesquels pulluleraient notamment sur les réseaux sociaux (les dénonciateurs des *fake news* et autres *fact checkers* diraient, quant à eux, toujours la vérité). Ce qui est alors visé, c'est une forme de relativisme généralisé et radical, étant entendu, comme le disait Protagoras, que « l'homme est la mesure de toute chose ». Autrement dit, il n'y aurait plus de Vérité, avec un V majuscule

– que l'on peut définir comme ce qui est en adéquation avec les faits –, mais des vérités toujours partielles et partiales, indexées sur un contexte et une époque, voire il n'existerait que des opinions qui, en régime démocratique, se valent toutes. Un homme, une femme, une opinion, une voix.

La nouveauté de l'ère des *fake news* peut susciter quelques doutes, après un XXe siècle qui a vu l'avènement des totalitarismes, de la propagande de masse, mais aussi, rappelons-le, des professionnels de la publicité et de la « communication » et autres *spin doctors* et *storytellers* [5]. On ne citera qu'un exemple dans le secteur de la santé : jusqu'à la fin du XXe siècle, pour les pouvoirs publics et les industriels français, l'amiante n'était en aucune façon un poison à l'origine de nombreux cancers, alors qu'elle était interdite depuis longtemps dans de nombreux pays. Plus généralement, la multiplication des « scandales sanitaires » depuis l'affaire matricielle du sang contaminé jusqu'à celle du Mediator souligne deux choses : le mensonge et/ou la production organisée de l'ignorance [6] ont toujours existé ; ils n'étaient certainement pas le fait des « gens d'en bas » comme nous allons le montrer. Le relativisme et le scepticisme sont partis au contraire d'en haut. La panique morale qui semble actuellement s'emparer des élites pourrait tout aussi bien être interprétée comme la peur que suscite une forme de démocratisation du mensonge ou, pour faire plus moderne, de l'intox. Les « masses » ne seraient plus des consommatrices passives de la propagande d'où qu'elle vienne. Elles en seraient aussi productrices. La fin des monopoles est toujours difficile à vivre… Et si, en plus, elles en viennent à détourner l'usage du « gilet jaune » pour protester contre les conséquences négatives de décisions politiques sur le pouvoir d'achat, censé augmenter selon l'Insee, alors vient le temps du *mea culpa* : « On a construit les bonnes solutions, mais trop loin de nos concitoyens [7]. » Singulier *mea culpa* il est vrai : la vérité reste le monopole du monarque républicain (assumé) et de sa technostructure, mais on n'a pas assez fait de « pédagogie » – un air assez usé – et pas assez « discuté », sur le registre des interminables monologues du « grand débat » de 2019… dont on attend encore les conclusions « scientifiques ». Et cette vérité, il est important de le préciser, porte sur une pseudo-théorie du « ruissellement » dont aucun travail scientifique sérieux n'a démontré la validité, au contraire [8].

Pour autant, n'y a-t-il vraiment rien de nouveau dans la configuration qui s'ouvre avec la fin du XXe siècle et, entre autres, l'apparition des nouveaux moyens d'information et de communication ? Nous ne le pensons pas. Cependant, le débat actuel est certainement mal posé. Il s'est en effet bien passé quelque chose, mais cette chose, il convient de la rechercher non dans la technologie, mais dans l'ordre socioculturel. Et les sujets afférents à la médecine et à la santé fournissent des cas limites.

Contestation des institutions et démocratisation de la vérité

Le débat sur la Vérité, son existence et son statut est vieux comme la philosophie et il n'est évidemment pas question d'en faire ici la généalogie. Disons, en résumé, qu'il oppose, depuis des siècles, deux camps : d'un côté, les « objectivistes » et les « réalistes » pour qui il existerait des « lois » (de la Nature et de la Société) que les savants auraient pour vocation et mission de découvrir ; de l'autre, les « idéalistes » et les « subjectivistes » (ou, de façon plus contemporaine, les « constructivistes »), pour qui il n'y aurait aucune réalité objective mais seulement des *perspectives* ou des *regards*, propres à chaque époque et à un contexte social. Pour ne prendre qu'un exemple, du premier point de vue, réaliste donc, les statistiques ne feraient que refléter une réalité qui leur préexisterait, alors que, pour les seconds, elles ne seraient qu'une « construction » sociopolitique, s'appuyant sur des conventions par définition arbitraires (la position ultime de cette position est la célèbre phrase de Churchill : « Je ne crois qu'aux statistiques que j'ai falsifiées moi-même »).

La position réaliste et objectiviste, qui postule une réalité objective indépendante des catégories de perception des savants, a dominé depuis les Lumières jusqu'aux années 1970. La Vérité s'adossait alors à la notion de « Progrès » et, surtout, à des Institutions comme, par exemple, l'Université, la Science et la Médecine. Les majuscules ont ici leur importance. Elles signalent que toutes ces notions et organisations bénéficiaient d'une certaine transcendance et, autre façon de le dire, d'une forte légitimité dans la population. La figure du « grand savant » ou encore celle du « grand patron hospitalier » inspiraient le respect et même parfois la crainte. Le sens du « progrès médical » ne faisait alors aucun doute : l'optimisme ambiant portait à croire qu'en donnant toujours plus de moyens aux médecins, aux chercheurs et aux hôpitaux, on allait enfin vaincre les maladies. Les verdicts des savants et des médecins – figures qui se confondent à partir de la réforme Debré de 1958 – étaient incontestés. L'information donnée au grand public était contrôlée par la profession médicale, certains médecins devenant des journalistes. Les émissions de radio puis de télévision relayaient la parole officielle d'une profession médicale encore relativement unie [9].

Cette ère s'achève avec le mouvement de Mai 68, qui est lui-même le produit de transformations socioculturelles majeures, au premier rang desquelles figurent les effets de la scolarisation de masse et ce que l'on peut appeler une « seconde révolution individualiste ». Les grandes institutions – l'Université, l'École, l'État, l'Armée, la Médecine, etc. –, qui quadrillaient la société et scandaient la biographie des individus, sont alors l'objet de contestations multiformes qui les font tomber de leur piédestal : de « transcendantes », elles deviennent immanentes au social. Leurs verdicts sont de plus en plus contestés non seulement en pratique mais aussi en « théorie », dans la philosophie et les sciences sociales. Le sociologue Pierre Bourdieu et ses collaborateurs dénoncent des verdicts scolaires qui transfigureraient en « don » et en « mérite » individuels des prédispositions sociales acquises dans les milieux sociaux bourgeois [10]. Autrement dit, la notion de « méritocratie républicaine » cacherait l'arbitraire social d'une machine à trier selon l'origine sociale, contribuant ainsi de façon décisive à la reproduction de l'ordre social. Selon la même logique, la sociologue Antoinette Chauvenet montre qu'existent à l'hôpital des filières invisibles selon là aussi l'origine sociale des patients [11]. L'anthropologie structuraliste de Claude Lévi-Strauss souligne à satiété la relativité des formes de vie et des catégories de pensée. La philosophie n'est pas en reste : Michel Foucault, par exemple, liquide purement et simplement la notion de Vérité puisque pour lui, il n'existe que des « régimes de vérité », propres à une époque donnée, et que, de surcroît, derrière tout savoir se dissimulent des stratégies de pouvoir. La médecine est l'une de ses premières cibles [12]. Ivan Illich, de son côté, après s'en être pris à l'École, alerte sur la « Némésis médicale » qui verrait la médecine curative et technique étendre indûment son territoire aux dépens de l'autonomie individuelle et de la convivialité sociale, et, pis, serait entrée dans l'ère des rendements négatifs : elle ferait désormais plus de mal que de bien (c'est la « iatrogenèse » médicale) [13]. À sa suite, de nombreux travaux de sciences sociales analyseront, avec une tonalité critique, la dynamique de médicalisation de l'existence et de « sanitarisation » de la question sociale, soit cette tendance à recoder toutes les souffrances sociales dans les catégories médicales [14]. La philosophie, la sociologie et l'histoire des sciences vont, elles aussi, contribuer à saper la notion de vérité (entre autres médicale) en soulignant à l'envi que tout savoir est irrémédiablement indexé sur des contextes sociohistoriques et, par conséquent, qu'ils sont, *par construction*, partiels et donc même partiaux, contingents (par exemple, la Science aurait été longtemps masculine et *gender blind*). Le savoir médical n'échappe pas à la règle.

On pourrait multiplier sans fin les exemples et les travaux qui obéissent à cette même logique : les Institutions sont, par nature, si l'on ose dire, socialement arbitraires, contingentes, et exercent une forme de violence, physique ou symbolique, sur des « individus » qui n'en peuvent plus car désireux de conquérir autonomie et authenticité. Par conséquent, leurs verdicts et les savoirs qu'elles produisent et/ou transmettent doivent être contestés en tant que, justement, ils sont contingents et arbitraires. On l'aura compris, la notion de « Vérité » subit alors un sérieux revers et l'on assiste à la revanche progressive des « subjectivistes » qui, avec le temps, vont devenir des relativistes radicaux.

Peut-on mourir de la tuberculose alors que les bacilles n'ont pas encore été découverts ?

La question peut paraître saugrenue. Et pourtant, elle a été soulevée, très sérieusement, par l'un des représentants les plus en vue de l'anthropologie et de la philosophie des sciences, l'un de ceux qui, à la suite de Foucault, Derrida et d'autres, comptent parmi les représentants de la *French Theory* : Bruno Latour. Selon ce dernier, en effet, les scientifiques ne peuvent dire que Ramsès II est mort de la tuberculose pour la simple (et mauvaise) raison que cette maladie et son étiologie n'avaient pas été identifiées à cette époque [15] ! Qu'un des intellectuels les plus célébrés médiatiquement puisse proférer une telle énormité sans susciter le rire souligne le chemin parcouru depuis les années 1960. La contestation sociale et académique des institutions a, selon la logique du « plus radical que moi tu meurs », mené à un relativisme en forme de jeu de massacre à l'endroit de la notion de vérité...

C'est qu'affirmer qu'entre le vrai et le faux, il ne s'agit que d'un partage arbitraire, pire, autoritaire, est une proposition très audacieuse et populaire : cet autoritarisme scientiste est décidément intolérable ! Quelle prétention, quelle morgue, quelle imposture de la part des savants ! Toute vérité n'est en réalité qu'une croyance que la violence symbolique des « sachants » a imposée pour mieux dissimuler l'arbitraire et le pouvoir... Sur toutes les ondes, on entend la condamnation du « populisme », entendu comme « démagogie ». Mais quel a été le ressort du succès de ce relativisme intégral, sinon cette abolition démagogique de la frontière entre ceux qui vouent leur vie à un sujet en accumulant les faits et les preuves et les autres qui ont, certes, leur avis, mais dont la rigueur et la robustesse ne peuvent être comparées à celles des premiers ? Il n'y a plus de faits (« tout cela c'est du "faitichisme" », dit Bruno Latour, peu avare de calembours), pas de preuves, pas de vérité. Le succès des penseurs « postmodernes » a reposé sur l'idée selon laquelle la forte division du travail dans nos sociétés modernes n'empêche pas chacun d'avoir un avis sur tous les sujets, même la physique quantique, et que cet avis est aussi légitime, aussi « vrai », que les autres. On le voit, le phénomène des *fake news* est parti du « haut », les élites intellectuelles, pas du bas, les catégories populaires. La posture radicale, sinon nihiliste, a réussi car elle épousait l'air du temps individualiste et démocratique : je ne lis pas, je ne réfléchis pas, de toute façon, les faits n'existent pas car ils sont construits, et au final mon opinion vaut celle des savants qui, en passant, sont certainement vendus à un lobby quel qu'il soit.

Nous en sommes donc rendus en un point où l'ignorance se revendique comme telle face à des savoirs produits par un univers scientifique dont les biais et intérêts sont régulièrement dénoncés au nom de la « lutte contre l'omerta ». La démocratisation du savoir finit par se transmuter en démocratisation, au mieux, de l'ignorance, au pire, de l'erreur…

N'ayons pas peur du savoir [16] !

Comment donc dépasser l'aporie entre remise de soi à l'arbitraire d'Institutions, même si elles se disent scientifiques, et valorisation de l'ignorance sous couvert de démocratisation des savoirs ? Bref, entre objectivisme et subjectivisme, étant entendu que le subjectivisme a le vent en poupe, car chacun peut croire ce qu'il veut et que tout n'est affaire que d'opinions et de croyances incommensurables ?

Sans succomber dans le « et en même temps » macronien, qui n'est jamais qu'une version de la politique de l'oxymore dénoncée il y a longtemps par Orwell, la sortie de cette impasse a depuis été trouvée. Car, au-delà du fait que le relativisme est un paradoxe logique – comme on peut affirmer *en même temps* que « toute connaissance est relative » et dire que cette dernière est une vérité incontestable –, beaucoup de travaux d'histoire, de sociologie et de philosophie des sciences ont insisté sur un point : la division du travail a fait émerger un champ scientifique relativement autonome dont la quête de la Vérité est la valeur ultime. Certes, chaque savoir scientifique comporte son angle mort – « le point de vue crée l'objet », écrivait Gaston Bachelard – mais cela ne le disqualifie pas en tant que tel. Reconnaître l'incomplétude du savoir scientifique ne revient certainement pas à admettre sa relativité et, pis encore, sa dégradation en simple « opinion », sauf à ratifier une vision stratégique et cynique de la science : l'emporte la version qui a réussi à fabriquer une coalition sociale plus forte que la position adverse. La science n'est alors plus que de la politique, une affaire de rapports de force sociaux. Est tenue pour « vraie » la version qui a réussi à construire la coalition la plus solide. Si, dans la controverse sur la génération spontanée, Pasteur l'a emporté face à Pouchet, ce n'est pas parce que le premier avait produit une explication robuste adossée à des faits solides, c'est tout simplement parce qu'il avait réussi à intéresser et enrôler des « alliés » socio-politiques et scientifiques qui lui ont permis d'imposer sa version de la « réalité » contre une version concurrente [17]...

Comme le souligne justement l'historien des sciences Dominique Pestre, « produire une connaissance humaine consiste d'abord à prendre son problème d'un certain point de vue, à énoncer quelque chose au détriment d'autre chose. Savoirs positifs et points aveugles se fabriquent dans le même mouvement [18] ». Par exemple, les phénomènes pathologiques peuvent relever d'approches différentes, complémentaires ou parallèles, dans tous les cas, « désunies » : le savoir clinique n'est pas le savoir pharmacologique qui n'est pas le savoir épidémiologique ou celui de l'infectiologie ou de la génétique. « Un même phénomène pathologique est expliqué de manières différentes et parallèles, chacune complète en son genre, chacune produisant un effet d'évidence, chacune ignorant les autres [19]. » Pour autant, ces éclairages différents ont tous leur pertinence, l'important étant d'être conscient de leurs points aveugles, de leurs angles morts. Ce qui caractérise avant toute chose la démarche scientifique, c'est sa *réflexivité* qui l'amène à penser ses propres limites. En cela, il convient de distinguer la science du scientisme, soit cette posture qui, justement, prétend tout expliquer à partir d'une approche et une seule (ce qui donne l'économisme, le sociologisme, le biologisme, le psychanalysme, etc.). Or les subjectivistes ont vite fait de jeter le bébé scientifique avec l'eau du bain scientiste.

Celles et ceux qui ont enfourché le « populisme » du savoir – le scientifique a une opinion, qui, en tant que telle, n'a pas plus de valeur que les opinions de celles et ceux non scientifiques – se sont fourvoyés. Ils ont cru démocratiser la science… Ils ont en fait démocratisé l'ignorance. Quand, pour ne prendre que cet exemple, Pierre Bourdieu et ses collaborateurs ont contesté, avec force statistiques et enquêtes ethnographiques, le verdict de l'institution scolaire, en tant qu'il contribue à la légitimation des inégalités sociales, ils l'ont fait avec une conviction : « Le savoir est vecteur de libération et d'émancipation [20]. » La méconnaissance de certaines logiques sociales revient à leur reconnaissance implicite. Ils ne retiraient pas au savoir sa valeur, ils ne dégradaient pas ce dernier en opinion, au contraire. Montrer, statistiquement, que les catégories populaires vivent, en moyenne, six ans de moins, et, double peine, en moins bonne santé peut servir de point de départ à une remise en question des politiques de santé et du fonctionnement du système de soins, lequel ne parvient pas à réduire les inégalités sociales devant la maladie et la mort. Souligner que réduire les inégalités d'accès aux soins, qui sont en France parmi les plus importantes d'Europe, contrairement aux discours qui célèbrent l'égalité de notre système de santé, ne suffira pas à réduire les inégalités sociales de santé est d'un intérêt majeur pour la conduite des politiques publiques.

On comprendra que la pierre philosophale pour trancher la querelle des objectivistes et des subjectivistes réside dans les notions de « faits » et de « preuves », toutes deux disqualifiées par les relativistes radicaux. Si tout est construit, rien n'existe, donc tout est illusion, tout n'est qu'affaire de perception. Chacun a son opinion, son avis, sa croyance et c'est comme ça… Sauf que nier l'utilité, d'un point de vue individuel, de la vaccination a des conséquences collectives en tant que l'on voit réémerger des maladies que l'on croyait appartenir au passé comme la rougeole.

Reconnaître la supériorité – gros mot – du savoir scientifique sur le savoir profane implique de reconnaître que l'univers scientifique est relativement autonome, c'est-à-dire qu'il obéit à des règles partiellement originales et spécifiques : un chercheur en sciences biomédicales doit convaincre ses pairs qu'il a accumulé assez de faits et de connaissances pour affirmer telle ou telle conclusion. Ces derniers doivent examiner le dispositif empirique et respecter la règle scientifique de la « falsifiabilité » : tout savoir est vrai dès lors qu'il n'a pas été contredit par un fait alternatif. Rendues à ce point, les choses semblent claires… sauf que dans le domaine de la santé et de la médecine, démêler le vrai du faux est devenu beaucoup plus ardu.

L'avènement paradoxal de la « médecine fondée sur les preuves »

Le paradoxe du monde de la médecine est qu'au moment même où s'imposaient les relativistes et les « postmodernes » dans le débat intellectuel, la domination de l'approche clinique était remise en cause par ceux que l'on a appelés aux États-Unis les « réformateurs thérapeutiques ». Ce mouvement, s'il s'est imposé tardivement, dans les années 1980, en France, n'est pas récent. L'historien de la médecine Harry Marks le fait remonter au début du XXe siècle [21]. Pour ses partisans – médecins, épidémiologistes, statisticiens –, la démarche clinique repose beaucoup trop sur l'intuition et les croyances constitutives de telle ou telle « école », sur des généralisations abusives à partir de quelques cas. Les cliniciens, même expérimentés, seraient plus des pragmatiques que des savants. Bref, leur approche serait trop « subjective » et, dès lors, il conviendrait de « durcir » le savoir médical par le recours à la statistique, à la loi des grands nombres en tant que cette dernière permettrait d'accéder à un niveau supérieur d'objectivité, c'est-à-dire d'impersonnalité. C'est ainsi que sont nés les « essais randomisés en double aveugle » : pour prouver l'efficacité d'un traitement, il n'est plus question d'invoquer quelques cas, mais de s'appuyer sur deux groupes de patients relativement comparables et de leur administrer, pour l'un, le médicament dont on veut tester l'efficacité et, pour l'autre, un placebo, le médecin lui-même ignorant s'il s'agit du principe actif ou du placebo (d'où la notion de « double aveugle »). Si l'on parvient statistiquement à démontrer que les résultats sont sensiblement meilleurs dans le premier cas, alors l'on pourra en conclure que le traitement est efficace.

Le recours à la statistique, on le voit, permet de « gommer » la subjectivité du clinicien. Le savoir médical acquiert ainsi plus de robustesse et d'objectivité. De fait, les essais randomisés sont devenus le juge de paix et le *gold standard* des controverses médicales. Est-ce à dire que l'*evidence based medicine* (EBM) signe une forme de fin de l'histoire des sciences médicales ? À cette question, il faut répondre par la négative.

D'abord parce que, comme toute démarche expérimentale *concrète*, l'EBM *en pratique* comporte énormément de biais ainsi que l'a montré la Collaboration Cochrane, qui réunit près de trente mille collaborateurs à travers le monde pour analyser les revues médicales. Citons-en quelques-uns : biais du consentement qui fait que les patients qui acceptent de participer à un essai clinique ne sont pas forcément représentatifs de l'ensemble des personnes touchées par une pathologie donnée ; nombre de patients trop faible pour en tirer des conclusions statistiques robustes ; perte de vue de patients en cours d'étude ; biais de publication (les essais qui aboutissent à des résultats négatifs ne sont pas publiés) ;

sophistication extrême des méthodes pour rendre la critique impossible ; tricherie sur la présentation des résultats, etc. Au final, les publications dignes d'intérêt pour la science médicale ne représenteraient qu'un centième de la littérature et, paradoxalement, l'expertise clinique serait souvent beaucoup plus crédible que les études randomisées. Mais il y a plus.

« Le progrès actuellement indépassable de l'EBM, déplore le médecin Luc Perino, aboutit bien au paradoxe de l'absence de l'individu dans une discipline qui lui est destinée. Ce déni structurel de l'individualité était le prix à payer pour plus de rigueur scientifique. Malheureusement, depuis quelques décennies, la science recule de nouveau, l'arrogance et le paternalisme des mandarins d'antan ayant été remplacés par le cynisme des marchands et la manipulation de leurs statistiques [22]... » Non seulement l'objectivité de l'EBM est souvent de façade et sert l'intérêt des firmes pharmaceutiques, mais, surtout, la médecine ne saurait être réduite à la mise en œuvre mécanique ou automatique de protocoles qui auraient été validés par l'EBM. Nous retombons ici sur une vieille controverse sur la nature scientifique ou « artisanale » de la médecine : fondée sur des savoirs scientifiques variés, la pratique de la médecine est aussi, et peut-être avant tout, une science humaine en tant que la relation thérapeutique repose sur la rencontre entre un médecin et un malade singulier, tant du point de vue clinique que social, « culturel » ou psychologique. Ce constat, en soi banal, est d'autant plus vrai à l'heure des maladies chroniques, ces maladies que la médecine ne parvient pas à guérir mais seulement à maîtriser sur un temps plus ou moins long (diabète, hypertension, cancer, etc.). Prendre en charge un malade chronique revient à faire du cas par cas car tous les malades ne vivent pas leur maladie de la même façon. Le médecin doit ici aider le patient à « composer » avec la maladie et ses conséquences sur la vie familiale et professionnelle [23].

Cette composante humaine et relationnelle de cette troisième médecine qu'est la médecine des maladies chroniques tend hélas à être déniée par l'alliance entre l'EBM et la rationalité gestionnaire qui, toutes deux, partagent une « obsession du chiffre » qui confine à la quantophrénie [24]. En effet, l'EBM était initialement un mouvement interne à la profession médicale. Mais elle a été récupérée par des pouvoirs publics soucieux certes d'assurer la qualité et la sécurité des soins mais aussi et surtout de maîtriser les dépenses de santé en faisant la « chasse au gaspi ». La tentation a été forte de vouloir standardiser à tout prix la pratique médicale, l'hétérogénéité des pratiques médicales étant *par principe* suspecte. Or, à l'évidence, si certaines variations doivent être interrogées, d'autres peuvent aussi se justifier en tant que, justement, le médecin travaille sur de l'humain, éminemment variable.

Ce qui est en cause ici, ce n'est pas le principe même de l'EBM, mais ses (mes) usages actuels par les protagonistes des systèmes de santé : industrie pharmaceutique, décideurs politiques, gestionnaires et... médecins eux-mêmes. La logique managériale, qui, pour le coup, fonctionne à la croyance et aux modes, a transformé l'EBM en une forme de *scientisme* : la mécanisation du jugement professionnel au nom d'un savoir statistique dont on ignore les limites.

Autre dérive de cette alliance délétère entre science et gestion dans le domaine de la recherche biomédicale : la bibliométrie et le financement à la quantité d'articles publiés (la chasse aux « points SIGAPS »). Si les phénomènes de triche et de plagiat ont tendance à se généraliser, c'est parce que ce type d'incitations financières – *publish or perish* – corrode l'éthique des chercheurs. Il leur faut publier vite, trop vite, et si possible des résultats « fracassants » qui vont faire le « buzz » médiatique et, surtout, qui sont susceptibles de déboucher sur des « innovations disruptives [25] ». Dès lors, on ne s'embarrasse plus avec le temps long de la recherche, avec la prudence et la réflexivité. Il se déverse des tonnes d'articles scientifiques dont l'intérêt est souvent des plus contestables. La quantité plus que la qualité. Parfois, il s'agit de fraudes pures et simples. Ainsi, en 2011, l'une des plus prestigieuses revues médicales, *The Lancet*, a été prise dans le scandale d'un article portant sur les relations entre vaccination et autisme.

Le charlatanisme est-il l'avenir de la médecine et des politiques de santé ?

On l'a dit, le scientisme est le contraire de la démarche scientifique qui suppose prudence, réflexivité et esprit critique. Or les nombreux groupes d'intérêt qui agissent sur le marché lucratif de la santé ont vite fait de discréditer la science au nom de la critique légitime du scientisme et, partant, d'alimenter la tendance contemporaine au relativisme radical. Soulignons au passage que les évolutions des médias leur facilitent grandement la tâche. Les travaux de sociologie du journalisme ont montré que les entreprises de presse, pour des raisons de rentabilité en déclin, ont supprimé les « rubricards », qui disposaient d'une expertise pointue sur tel ou tel sujet, pour les remplacer par des journalistes polyvalents, censés de surcroît être plus compréhensibles par le « grand public [26] ». Dès lors, ne pouvant plus se forger leur propre avis, ces derniers se contentent d'organiser des confrontations du type : un expert pour, un expert contre, un expert « modéré », selon un dispositif de type politique (on ne discutera pas ici du choix des experts, invités moins pour leur capital scientifique que parce qu'ils sont de « bons clients »). La « vérité », si jamais elle ressort de ce type de « débats », se situera « au milieu », ce qui, d'un point de vue scientifique, n'a strictement aucun sens. Il suffit d'imaginer un débat du type : la terre tourne-t-elle autour du Soleil ? Un expert dira oui, un autre non, un autre dira que c'est vrai la moitié du temps...

Soit l'une des affirmations contenues dans ce livre : payer un même soin par la Sécurité sociale et les mutuelles rend notre système de santé plus coûteux, plus inégalitaire et contre-productif du point de vue de la santé publique. Les défenseurs de l'industrie de la complémentaire santé ne manqueront pas de dégrader cette affirmation en une simple opinion politique... donc contestable par une autre opinion. Notons, au passage, qu'ils s'abstiennent de se placer sur le terrain des « faits » et pour cause : toutes les études scientifiques convergent vers ce constat. Où l'on voit que le relativisme radical ne fait que renforcer les inégalités et injustices sociales. En effet, tous les scientifiques, depuis au moins l'époque des Lumières, pensent que *le savoir en tant que tel est libérateur*. En aucun cas ils ne défendent la démocratisation de l'ignorance et du relativisme (« tout vaut tout et inversement, disait Nietzsche ou Michel Platini, je ne sais plus », raillait Coluche).

La fonction sociale des scientifiques – ce pour quoi ils sont rémunérés – est d'établir, même provisoirement, des « faits ». Sans « faits », il ne peut y avoir de délibération démocratique. Que ces « faits » soient provisoires, attendant d'être réfutés, ne change rien à l'affaire. Comment, en effet, débattre dès lors que l'on ne s'accorde pas sur un socle robuste de « faits » ? Le jugement de fait, écrivait il y a déjà longtemps Hannah Arendt, après Max Weber, doit être distingué du jugement de valeur que l'on porte sur ces faits. Le fait est que, sauf preuve contraire, le financement privé des dépenses de santé est à la fois inefficient et inégalitaire. À partir de ce fait, l'on peut faire des analyses différentes : certains diront qu'il n'est plus possible d'accroître la dépense publique et que l'extension du marché de l'assurance-maladie privée est inéluctable, d'autres qu'il est possible de limiter ces « inconvénients » en « régulant » ce marché, d'autres enfin, attachés à l'égalité et à la solidarité, proposeront de supprimer ce marché et d'instaurer le 100 % Sécurité sociale. Notons que la ratification des inégalités d'accès aux soins est une option politiquement très minoritaire car contraire à une valeur clé de la démocratie : l'égalité des vies, principe qui l'emporte sur la valorisation de la liberté. Pour prendre un autre exemple, il est politiquement ardu de justifier pourquoi les moins diplômés sont les moins bénéficiaires de la dialyse à domicile, et, quand ils le sont, de la greffe rénale, soit le traitement qui permet de retrouver une vie privée et professionnelle relativement normale [27].

Les « relativistes radicaux » sont en réalité des conservateurs. Ils n'ont au fond rien à dire des inégalités devant la maladie et la mort car ces inégalités ne sont que des « constructions » de scientifiques politiquement orientés. Ce faisant, ils dépossèdent les dominés de leur arme majeure après le nombre : s'appuyer sur la science pour contester un ordre social injuste. Toutefois, le tropisme relativiste du catholique Bruno Latour s'arrête à la survie de la planète : si toute vérité est relative, il y en a une qui ne saurait succomber à ce relativisme radical, c'est bien la « mère Nature ». Mais si l'on suit le raisonnement habituel du même Bruno Latour, il est impossible de départager sur le fond les travaux du GIEC et les délires des climatosceptiques. Cette inconséquence logique ne laisse d'interroger.

Pour que l'on puisse collectivement débattre d'un avenir commun, il faut donc que la délibération puisse reposer sur un socle de faits que tout un chacun reconnaît. Cela étant dit, vérité n'est pas synonyme de savoir éternel. Si les faits sont réfutés par les scientifiques alors il convient de débattre à nouveau sur ce socle de vérités nouvelles. Dans les affaires humaines, il ne peut exister de « fin de l'histoire », contrairement à ce qu'affirmaient des zélateurs très pressés du capitalisme.

« Ce qui compte, c'est ce qui marche [28] » : le pragmatisme contre la vérité

Là où l'époque voit dans la parole scientifique une manifestation d'autoritarisme insupportable – qui est-il ou elle pour départager le vrai du faux ? –, ne serait-ce pas plus raisonnable (sans être rationnel) de convenir que la division du travail social fait que certains sont plus éclairés sur certains sujets, auxquels ils ont consacré leur vie, les mêmes pouvant être totalement ignares sur tous les autres sujets ? L'auteur de cette contribution a consacré une partie de sa vie professionnelle à étudier les politiques de santé, mais, en dehors de cela, son analyse (géopolitique, par exemple) ne vaut pas plus que l'opinion de n'importe quelle autre personne.

Le relativisme radical est, par définition, insensible au sens de la nuance. Dès lors que l'on postule de façon caricaturale qu'il ne peut exister un vrai et un faux *dans l'absolu* et *de toute éternité*, alors il faut en déduire que les catégories de vrai et de faux doivent être passées par pertes et profits, dans un mouvement de grand aplanissement.

Le sens des nuances n'est pas le fort d'un monde où, pour l'emporter, mieux vaut camper sur des positions radicales et outrancières, médiatiquement rémunératrices, plutôt qu'un investissement scientifique prudent et réflexif. Disons-le autrement : qu'il n'existe aucun savoir qui puisse prétendre à l'exhaustivité et à l'éternité est une évidence. Marx déjà écrivait qu'une société ne se pose que les questions qu'elle peut résoudre… Les relativistes n'inventent rien. Ils surfent sur « l'air du temps » post-68. Mais c'est une autre chose de dire que parce que tout savoir est historiquement situé, il est contingent et donc sans consistance. Rabattant la science sur la politique, ils travaillent à démolir ce pour quoi tous les chercheurs ont lutté depuis le XIXe siècle : faire en sorte que le champ scientifique bénéficie d'une autonomie relative, notamment à l'égard du marché, de l'État ou de la politique. Pour autant, autonomie relative ne signifie pas forcément retrait dans une tour d'ivoire. Pour les savants du XIXe siècle, la science, mue par ses propres logiques, devait contribuer à une République démocratique en gestation. Science et démocratie marchent de concert. S'affronter quant à l'interprétation et à la valeur à donner à tel ou tel fait, c'est cela la démocratie. Depuis l'affaire Dreyfus, les savants se sont autorisés à entrer dans le débat public sous la figure de l'intellectuel. Mais contester la possibilité même d'établir des faits est une posture qui mène, comme l'a bien vu la dystopie orwellienne, au totalitarisme, même si ce dernier prend les atours souriants et avenants de l'« extrême centre » se réclamant de la « modération » et de la « raison » des possédants éduqués [29].

Car outre le détournement des valeurs démocratiques et libérales, les partisans de l'abolition de la notion même de vérité se réclament du *pragmatisme*. La distinction du vrai et du faux devrait céder le pas à la question de l'efficacité. Ce qui est vrai, c'est ce qui « marche », ce qui très vite est compris comme ce qui est rentable.

C'est que le scepticisme renvoie à un nihilisme plus général, lui-même adossé à un capitalisme financiarisé sans limites, dans le cadre duquel *la vérité compte moins que l'efficacité.* C'est particulièrement évident dans le cas de l'intelligence artificielle (IA), en médecine notamment, qui vise à « prévoir sans comprendre » là où les savants préfèrent « comprendre sans prévoir », comme l'a récemment fait observer le physicien Hubert Krivine [30]. Rien que l'expression d'« intelligence artificielle » est une *fake news*, travaillée par le marketing. Il n'y a rien d'intelligent dans l'IA, du moins si l'on définit l'intelligence par la capacité à innover, à sortir des routines et à créer. L'IA, c'est de la statistique inférentielle adossée à la puissance des cartes graphiques et au big data. On est très loin de *Blade Runner* ou de *Terminator* ! Ce que fait un algorithme alimenté par des millions de données, un enfant de 5 ans le fait en quelques minutes. Si vous présentez à un enfant un hippopotame et une banane, au bout de trois essais, au pire, il sait faire la distinction. Un algorithme saura le faire seulement après qu'on a entré des milliers de données et à condition que ces données soient suffisamment « calibrées ». Les machines du *deep learning* sont des boîtes noires : fonctionnant par apprentissage supervisé, personne n'est capable de comprendre la fonction qui, au final, permettra par exemple à un algorithme de distinguer sur une image d'IRM une tumeur bénigne d'une tumeur cancéreuse. Mais peu importe puisque « ça marche ». Que l'IA puisse être utile en médecine, en radiologie par exemple, personne n'en doute. Par contre, laisser croire, comme le font les « transhumanistes », qu'il y a là une possibilité de fusionner l'homme et la machine pour aboutir à des cyborgs éternels, c'est franchir le gouffre qui sépare la réalité de la science-fiction. D'ailleurs, les pionniers de l'IA comme Yann Le Cun ou Luc Julia ne cessent d'alerter l'opinion publique sur la mystification dont se rendent coupables des gens comme Laurent Alexandre, relayés par des hommes politiques comme Luc Ferry, par ailleurs très enclins à dénoncer les *fake news* !

L'IA n'est qu'un exemple parmi d'autres du dérèglement des relations entre science et démocratie. D'un côté, l'éthique savante est de plus en plus pervertie par l'irruption de logiques économiques *et* politiques qui sapent l'autonomie conquise par le champ scientifique. Plus généralement, « l'équilibre de nos régimes [démocratiques] reposait – et repose heureusement encore en partie – sur l'autonomie partielle des champs politique, économique, bureaucratique, judiciaire, scientifique [31] ». Or nous sommes en train d'assister à une forme de dédifférenciation et de perversion du fonctionnement de ces univers autonomes par un champ économique qui assoit une domination sans partage. De l'autre, l'avènement, à partir des années 1970, d'un espace public de la santé, lui-même de plus en plus soumis à des impératifs économiques et transformé par les réseaux sociaux, donne une prime de visibilité à ceux que le philosophe Pascal Engel appelle fort justement les *bullshitters*, autrement dit les producteurs de bêtises, de fadaises et autres bavardages, mais aussi les « marchands de doute », c'est-à-dire tous ceux qui promeuvent un monde dans lequel le vrai se voit retirer toute valeur. Finalement, il est quelque peu paradoxal que celles et ceux qui s'inquiètent de la montée des *fake news* soient les thuriféraires de la « start-up nation », dans laquelle toutes les activités sociales doivent être subordonnées à l'ordre économique.

RÉFÉRENCES

[1] L'expression est du philosophe P. Engel, *Les Vices du savoir. Essai d'éthique intellectuelle*, Marseille, Agone, 2019.

[2] J.-F. Bergmann, F. Chast, A. Grimaldi, C. Lejeunne, C. Hédon, *La Vérité sur vos médicaments*, Paris, Odile Jacob, 2015.

[3] E. Bercot, *La Fille de Brest*, film sorti en novembre 2016.

[4] M. Revault d'Allonnes, *La Faiblesse du vrai*, Paris, Seuil, 2019.

[5] É. Neveu, *Une société de communication ?*, Paris, Montchrestien, 2001.

[6] E. Henry, *Ignorance scientifique et inaction publique. Les politiques de santé au travail*, Paris, Presses de Sciences Po, 2017.

[7] Le président de la République Emmanuel Macron, Discours devant l'OIT, 10 juin 2019.

[8] A. Parienty, *Le Mythe de la « théorie du ruissellement »*, Paris, La Découverte, 2018.

[9] D. Marchetti, *Quand la santé devient médiatique*, Grenoble, PUG, 2010.

[10] P. Bourdieu, J.-C. Passeron, *Les Héritiers*, Paris, Les Éditions de Minuit, 1964.

[11] A. Chauvenet, *Médecines au choix, médecines de classe*, Paris, PUF, 1977.

[12] M. Foucault, *Naissance de la clinique*, Paris, PUF, 2015.

[13] I. Illich, *Némésis médicale. L'expropriation de la santé*, Paris, Seuil, 1975.
[14] R. Gori, M.-J. Del Volgo, *La Santé totalitaire. Essai sur la médicalisation de l'existence*, Paris, Denoël, 2005 ; D. Fassin, *La Raison humanitaire. Une histoire morale du présent*, Paris, Points Essais, 2018.
[15] B. Latour, « Ramsès est-il mort de la tuberculose ? », *La Recherche*, 1998, n° 307.
[16] Pour reprendre le titre du livre de P. Boghossian, *La Peur du savoir. Sur le relativisme et le constructivisme de la connaissance*, Marseille, Agone, 2009, qui constitue à ce jour la critique la plus incisive du point de vue relativiste.
[17] B. Latour, *Pasteur : guerre et paix des microbes*, Paris, La Découverte, 2011.
[18] D. Pestre, *À contre-science*, Paris, Seuil, 2013, p. 67.
[19] M. Lemoine, *La Désunité de la médecine*, Paris, Hermann, 2011, p. 186.
[20] P. Bourdieu, *Science de la science et réflexivité*, Paris, Raisons d'agir, 2001.
[21] H. Marks, *La Médecine des preuves*, Paris, Les Empêcheurs de penser en rond, 1999.
[22] L. Perino, *Les Nouveaux Paradoxes de la médecine*, Paris, Le Pommier, 2012, p. 105.
[23] A. Grimaldi *et al.* (dir.), *Les Maladies chroniques. Vers la troisième médecine*, Paris, Odile Jacob, 2017.
[24] J. Z. Muller, *The Tyranny of Metrics*, Princeton (NJ), Princeton University Press, 2018, chapitre 9.
[25] Y. Gingras, *Les Dérives de l'évaluation de la recherche. Du bon usage de la bibliométrie*, Paris, Raisons d'agir, 2014.
[26] É. Neveu, *Sociologie du journalisme*, Paris, La Découverte, 2009.
[27] C. Baudelot *et al.*, « Maladies rénales et inégalités sociales d'accès à la greffe en France », *Population*, 2016, 71 (1), p. 23-52.
[28] Tony Blair. Compter, au double sens d'importer et d'être rentable…
[29] P. Serna, *L'Extrême Centre ou le poison français*, Paris, Champ Vallon, 2019.
[30] H. Krivine, *Comprendre sans prévoir, prévoir sans comprendre*, Paris, Cassini, 2018.
[31] G. Dorronsoro, *Le Reniement démocratique. Néolibéralisme et injustice sociale*, Paris, Fayard, 2019, p. 139.

Liste des contributeurs

Nacéra Benchérif, formatrice des cadres de santé AP-HP.

François Buton, politiste, directeur de recherches, CNRS-Triangle-ENS (Lyon).

Valérie Chigot, médecin (Paris).

Claire Delage, cadre supérieure de santé, CHU Bichat (Paris).

Pierre Delion, professeur émérite de pédopsychiatrie, université Lille-II.

Mady Denantes, médecin généraliste, maison de santé Pyrénées-Belleville (Paris).

Brigitte Dormont, professeure d'économie, université Paris-Dauphine, université PSL (Paris).

Hector Falcoff, médecin généraliste, Paris XIIIe, président du conseil d'administration de la CPTS 13.

Éric Favereau, journaliste à *Libération*.

Alain Fischer, professeur au Collège de France, ancien chef de l'unité d'immunologie, hématologie pédiatriques de l'hôpital Necker-Enfants malades, membre fondateur de l'Institut des maladies génétiques (Imagine).

Anne Gervais, médecin hépatologue, CHU Bichat (Paris).

Nathalie Godard, responsable du pôle politiques publiques à Médecins du monde.

André Grimaldi, professeur émérite de diabétologie, CHU Pitié-Salpêtrière (Paris), Sorbonne Université.

Richard Lopez, médecin généraliste, président de la Fabrique des centres de santé.

Nicolas Martin, journaliste.

Didier Ménard, médecin généraliste, cité du Franc-Moisin (Saint-Denis).

Arnold Munnich, pédiatre, professeur de génétique, institut Imagine et Fédération de génétique médicale, hôpital Necker-Enfants malades (Paris), université Paris-Descartes.

Israël Nisand, professeur de gynécologie obstétrique, Hôpitaux universitaires de Strasbourg.

Thomas Papo, professeur de médecine interne, CHU Bichat (Paris), université Paris-Diderot.

Frédéric Pierru, politiste, sociologue, chercheur en sciences sociales et politiques au CNRS Ceraps-Lille-II.

Ariane Pommery, patiente experte d'addictologie, CHU Bichat (Paris).

Marion Quach-Hong, chargée de mission, Fédération des acteurs de la solidarité.

Gérard Raymond, président de France Assos santé (FAS), ancien président de la Fédération française des diabétiques.

Michel Rosenblatt, directeur d'hôpital, secrétaire confédéral de la CFDT.

Alfred Spira, professeur honoraire de santé publique et d'épidémiologie, membre de l'Académie nationale de médecine.

Didier Tabuteau, professeur associé et membre de l'Institut droit et santé (IDS) de l'université Paris-Descartes-Inserm (UMRS-1145), professeur affilié à l'Institut d'études politiques de Paris.

Jean-Paul Vernant, professeur émérite d'hématologie, CHU Pitié-Salpêtrière (Paris), Sorbonne Université.

Emmanuel Vigneron, professeur des universités en géographie de la santé et aménagement du territoire, université de Montpellier.

Table

CINQUIÈME PARTIE

Quel rôle pour les « patients experts » et les associations de patients ?

SIXIÈME PARTIE

Un « pognon de dingue » !

SEPTIÈME PARTIE

La santé publique à la peine

En guise de conclusion :
***fake news* et vérité en médecine**

DES MÊMES AUTEURS
CHEZ ODILE JACOB

Les Maladies chroniques. Vers la troisième médecine, avec Yvanie Caillé et Didier Tabuteau, 2017.

Manifeste pour une santé égalitaire et solidaire, avec Didier Tabuteau, François Bourdillon et Olivier Lyon-Caen, 2011.

D'André Grimaldi :

La Vérité sur vos médicaments, avec Jean-François Bergmann, François Chast, Claire Le Jeunne et Claire Héron, 2015.

Cet ouvrage a été composé
en ITC Galliard et en Whitney
par Nord Compo
à Villeneuve-d'Ascq (Nord).

JOUVE-PRINT, 733, rue Saint-Léonard, 53100 MAYENNE
N° d'édition : 7381-5183-X – N° d'impression : 2954025F
Dépôt légal : avril 2020

Imprimé en France